国家重大出版工程项目

Long Acting Animal Health Drug Products: Fundamentals and Applications

兽用长效制剂:基础和应用

［马来西亚］Michael J. Rathbone
［新西兰］Arlene McDowell 主编

曹兴元　冯文化　李剑勇　主译

董义春　梁先明　苏富琴　郭桂芳　主校

沈建忠　主审

中国农业大学出版社

·北京·

图书在版编目(CIP)数据

兽用长效制剂:基础和应用/(马来西亚)迈克尔·J. 拉思伯恩(Michael J. Rathbone),(新西兰)阿琳·麦克道尔(Arlene McDowell)主编;曹兴元,冯文化,李剑勇主译. —北京:中国农业大学出版社,2021.2

ISBN 978-7-5655-2529-2

Ⅰ.①兽… Ⅱ.①迈… ②阿… ③曹… ④冯… ⑤李… Ⅲ.①兽用药-长效制剂-研究 Ⅳ.①S859.5

中国版本图书馆 CIP 数据核字(2021)第 039518 号

书　名　兽用长效制剂:基础和应用

作　者　Michael J. Rathbone, Arlene McDowell　主编

曹兴元　冯文化　李剑勇　主译

策划编辑　梁爱荣　　**责任编辑**　梁爱荣

封面设计　郑　川

出版发行　中国农业大学出版社

社　址　北京市海淀区圆明园西路 2 号　　**邮政编码**　100193

电　话　发行部 010-62733489,1190　　读者服务部 010-62732336

编辑部 010-62732617,2618　　出　版　部 010-62733440

网　址　http://www.caupress.cn　　**E-mail** cbsszs@cau.edu.cn

经　销　新华书店

印　刷　涿州市星河印刷有限公司

版　次　2021 年 3 月第 1 版　2021 年 3 月第 1 次印刷

规　格　787×1092　16 开本　22.25 印张　410 千字

定　价　150.00 元

本书简体中文版本翻译自 Michael J. Rathbone，Arlene McDowell 主编“Long Acting Animal Health Drug Products：Fundamentals and Applications”。

First published in English under the title
Long Acting Animal Health Drug Products：Fundamentals and Applications
edited by Michael J. Rathbone and Arlene McDowell

译审校人员

主　　译：曹兴元　冯文化　李剑勇

主　　校：董义春　梁先明　苏富琴　郭桂芳

主　　审：沈建忠

译校人员（按姓氏笔画排序）：

王海挺（山东齐鲁动物保健品有限公司）

毛　伟（内蒙古农业大学兽医学院）

白莉霞（中国农业科学院兰州畜牧与兽药研究所）

冯文化（协和药物研究所）

师　磊（北京宇和金兴生物医药有限公司）

刘爱玲[瑞普（天津）生物药业有限公司]

苏富琴（中国兽医药品监察所兽药审评中心）

李成应（佛山东方奥龙制药有限公司）

李秀波（中国农业科学院饲料研究所）

李剑勇（中国农业科学院兰州畜牧与兽药研究所）

李艳华（东北农业大学动物医学院）

吴聪明（中国农业大学动物医学院）

邹　明（青岛农业大学动物医学院）

沈建忠（中国农业大学动物医学院）

张　璐（中国农业大学国家兽药安全评价中心 GCP 实验室）

陈　刚（中国农业科学院农业质量标准与检测技术研究所）

陈国庆（浙江海正动物保健品有限公司）

罗昊澍（北京市伟杰信生物技术有限公司）

岳永波（冀中药业有限公司）

周德刚（普莱柯生物工程股份有限公司）

郝智慧（中国农业大学动物医学院）

晏　磊（洛阳惠中兽药有限公司）

郭　强(山东鲁抗舍里乐药业有限公司)
郭桂芳(中国兽医药品监察所兽药审评中心)
黄显会(华南农业大学兽医学院)
曹兴元(中国农业大学动物医学院)
龚晓会(中国农业大学国家兽药安全评价中心 GCP 实验室)
梁先明(中国兽医药品监察所兽药审评中心)
董义春(中国兽医药品监察所兽药审评中心)
谢书宇(华中农业大学动物医学院)
廖　洪(江苏恒丰强生物技术有限公司)
瞿　伟(华中农业大学动物医学院)

编　　者

Raid G. Alany School of Pharmacy and Chemistry, Kingston University, Kingston upon Thames, UK

Alan W. Baird UCD School of Veterinary Medicine, University College Dublin, Belfield, Ireland

Sushila Bhattarai Bomac Laboratories Limited, Bayer Animal Health New Zealand, Auckland, New Zealand

David J. Brayden UCD School of Veterinary Medicine, University College Dublin, Belfield, Ireland

Jay C. Brumfield Merck Animal Health, Summit, NJ, USA

Christopher R. Burke DairyNZ, Hamilton, New Zealand

Susan M. Cady Merial Limited (A Sanofi Company), North Brunswick, NJ, USA

Peter M. Cheifetz Merial Limited (A Sanofi Company), North Brunswick, NJ, USA

Douglas Danielson Perrigo Company, Allegan, MI, USA

Padma V. Devarajan Department of Pharmaceutical Sciences and Technology, Institute of Chemical Technology, Mumbai, India

Martin J. Elhay Veterinary Medicines R&D, Pfizer Animal Health, Parkville, VIC, Australia

Keith J. Ellis Ellis Consulting, Armidale, NSW, Australia

Raafat Fahmy Center for Veterinary Medicine, Office of New Drug Evaluation, Food and Drug Evaluation, Food and Drug Administration, Rockville,

MD，USA

John G. Fletcher School of Pharmacy and Chemistry，Kingston University，Kingston upon Thames，UK

Izabela Galeska Merial Limited（A Sanofi Company），North Brunswick，NJ，USA

Shannon Higgins-Gruber Merck Animal Health，Summit，NJ，USA

Linda J. I. Horspool MSD Animal Health，Boxmeer，The Netherlands

Marilyn N. Martinez Center for Veterinary Medicine，Office of New Drug Evaluation，Food and Drug Evaluation，Food and Drug Administration，Rockville，MD，USA

Arlene McDowell New Zealand's National School of Pharmacy，University of Otago，Dunedin，New Zealand

Sandhya Pranatharthiharan Department of Pharmaceutical Sciences and Technology，Institute of Chemical Technology，Mumbai，India

Michael J. Rathbone Division of Pharmacy，International Medical University，Kuala Lumpur，Malaysia

Shobhan Sabnis Global Manufacturing Services，Pfizer Animal Health，Greater New York City Area，USA

Steven C. Sutton College of Pharmacy，University of New England，Portland，ME，USA

Thierry F. Vandamme Faculté de Pharmacie，Laboratoire de Conception et d'Application des Molécules Bioactives，Université de Strasbourg，Illkirch Cedex，France

中 文 序

兽药行业已经发展为一个新兴的规模产业，同时我国已经是重要的化学合成兽用原料药生产大国，但与此不相称的是，长期以来兽药制剂学发展缓慢，制药技术含量低，导致我国兽药产品的质量与国外兽药存在较大差距，在临床应用方面面临着诸多问题。

目前，我国原料药的研发和生产均已经处在瓶颈期，而加强兽药制剂学研究，利用新型制剂技术改造现有药物，开发高效、长效、低毒、控释的兽药新剂型和新制剂，耗资少、周期短、收效快，将成为未来十年新兽药开发的重要途径和领域。兽药制剂学是研究兽药剂型和制剂的处方设计、基本理论、制备工艺、质量控制和合理应用的综合性技术科学，在兽药领域占有十分重要的地位。合理选择兽药剂型、提高兽药制剂处方和工艺研究、提高制剂质量的稳定性、提高兽药制剂的生物利用度是兽药企业制剂开发的努力方向。

兽用长效制剂在提高动物福利、保障动物健康、减少执业兽医和养殖者工作量等方面均具有极其显著的优势，因此成为企业竞相研发的主要制剂类型。本书对目前兽药长效新剂型的发展趋势进行了详细论述，对瘤胃控释剂、缓释巨丸剂、长效注射液、兽用脂质体、微囊剂等均进行了高屋建瓴式的阐述，希望能够对国内兽用制剂的开发起到抛砖引玉的作用。

相信本书的出版，对推动国内外兽药制剂技术交流，全面提高我国兽药制剂研发水平，将产生积极的作用。

沈建忠

2020 年 6 月

原书序

兽用长效制剂对畜牧养殖业中动物的保健、生产和繁殖发挥着重要作用。兽用制剂长效技术为执业兽医、农场主和宠物主人应用长效制剂带来了极大的便利，近年来该技术显著地促进了家禽养殖业中长效制剂应用的快速增长。

制剂学家在缓(控)释制剂产品的创新性研发过程中面临众多挑战。本书为读者提供了有关兽用长效制剂设计和研发过程中的理论、应用及对相关挑战的论述，相关章节均为该领域内的权威专家撰写。本书内容广泛，不仅涵盖动物保健品市场展望、处方前研究、生物药剂学、体外溶出度试验和例证规范设置等，同时也对该领域内的主要技术进行了详细的论述。因此，本书为企业或科研机构从事制剂研究的人员或在制剂学专业学习的学生，提供了提高动物福利、保障动物健康、优化动物生产和繁殖的必要知识。

在本书第 1 章，Sabnis 和 Rathbone 论述了目前的食品动物保健品市场现状，对未来进行了展望，并预测了畜牧业的增长前景和食品动物保健品市场的最终需求。在第 2 章，Linda Hoorspool 对伴侣动物保健品市场进行了类似的分析，但得出了不同的结论。

第 3 章和第 4 章论述了养殖动物和伴侣动物的消化道解剖学和生理学，分别由 Ellis 和 Sutton 编写。这些章节阐述了反刍动物(牛和绵羊)与单胃动物(特别是犬和猫)的消化系统的显著差异，强调在设计和研发应用于这两类具有不同消化系统动物的长效制剂时，制剂学家所面对的不同挑战(和机遇)。

第 5 章对兽用控释制剂的物理化学原理进行了全面概述。Fletcher 等论述了药物处方(包括制剂主要活性成分、辅料和终产品)的基本理化特性，强调理化特性对辅料的选择和剂型的开发具有决定作用，对主要活性成分和最终产品的评价、特性、性能和质量也具有显著影响。Sutton 论述了基础生物药剂学及相关的兽药传递系统，讨论了制剂研究中给药途径和动物种属间的相似性和差异性。从鼻部、眼部给药到透皮或内服给药，举例对兽医临床中的制剂处方进行了探讨。Brumfield 对兽用制剂产品的主要分析检测技术和保障产品质量的技术规范的制定进行了阐述,本章精彩和完备的论述将使该领域内的研究人员获益匪浅。在兽医产品开发和商业化的生命周期内,Brumfield 论述了制剂开发的实用策略和分析规范的应用,当然也阐述了在主要兽药制剂市场(美国、欧盟和日本),对选择的几种类型的兽药制剂开展质量评价和登记注册时所要求的典型的分析方法,以及对兽药主流剂型如混饲或饮水颗粒剂和外用抗寄生虫制剂开发时面临的特殊挑战。Higgins-Gruber 论述了研究和开展兽药制剂的体外溶出度试验所面临的挑战。兽用长效剂型往往构成复杂,因动物种属和体重差异而制剂工艺变化较大。因此,对该类制剂开展的体外溶出度试验具有挑战性,而且结果往往无法满足注册法规的要求。Higgins-Gruber 阐述了开展兽用长效制剂体外溶出度试验的必要原则,在易于操作的质控环境下,能够较好地获得制剂在机体内的重要质量行为特征。

剩余的章节主要概述了兽用长效制剂研发领域内的技术进展。这些章节分别论述了长效瘤胃药物传递系统 (Vandamme)、阴道内兽药控释传递系统 (Rathbone)、长效注射剂和植入剂 (Cady)、乳腺内药物传递技术 (Alany)、兽用缓释疫苗 (Elhay)和 用于野生动物的药物传递系统(McDowell),对目前兽用长效制剂药物传递系统的研究策略和技术提供了丰富的知识和深度的洞见。

在本书最后一章,Baird 概述了人药和兽药传递技术领域内新兴的药物发现手段,探讨性地说明这两个领域内相关知识和技术的渗透和交流,更有助于兽药制剂的创新发展。本章有关内容深具趣味。

最后,我对所有参与本书不同章节撰写的作者所付出的时间、精力以及卓越的专业学识表示由衷的感谢和敬佩!没有他们在兽药制剂研发领域的长久耕耘,本书也不会成为有关兽用长效制剂知识的宝库!

Michael J. Rathbone 吉隆坡,马来西亚
Arlene McDowell 达尼丁,新西兰

目　　录

第1章　动物保健市场及机遇:养殖动物展望 ······ 1
Shobhan Sabnis & Michael J. Rathbone

1.1　前言 ······ 1
1.2　动物保健产业前景 ······ 4
1.3　研究合作 ······ 7
1.4　专利展望 ······ 7
1.5　控释制剂未来发展趋势 ······ 7
1.6　利基市场中小众公司的考虑 ······ 8
1.7　未来发展方向和前景 ······ 12
1.8　结论 ······ 12
参考文献 ······ 13

第2章　动物保健市场及机遇:伴侣动物展望 ······ 15
Linda J. I. Horspool

2.1　前言 ······ 15
2.2　市场及其参与者 ······ 17
2.3　兽药配制和配送 ······ 17
2.4　伴侣动物的数量 ······ 18
2.5　“同一个健康” ······ 18
2.6　抗药性 ······ 19
2.7　细分市场 ······ 20
2.8　市场发展 ······ 22
2.9　载药装置 ······ 28
2.10　食物药物相互作用和处方粮 ······ 28

2.11 药物遗传学与个体化治疗 …… 29
2.12 仿制药、标签外用药和调配药 …… 30
2.13 兽药法规和警戒 …… 32
2.14 结论 …… 33
参考文献 …… 34

第3章 养殖动物的消化道解剖学和生理学 …… 46
Keith J. Ellis

3.1 前言 …… 46
3.2 反刍动物高效生产:健康与疾病 …… 47
3.3 反刍动物消化道的解剖学 …… 49
3.4 肠道内容物及其环境 …… 51
3.5 反刍动物内服给药传递系统的设计 …… 53
3.6 结论 …… 55
参考文献 …… 55

第4章 伴侣动物的消化道解剖学和生理学 …… 57
Steven C. Sutton

4.1 前言 …… 57
4.2 胃 …… 58
4.3 小肠 …… 60
4.4 大肠(盲肠和结肠) …… 62
4.5 结论 …… 64
参考文献 …… 64

第5章 兽用控释制剂的物理化学原理 …… 67
John G. Fletcher, Michael J. Rathbone & Raid G. Alany

5.1 引言 …… 67
5.2 物态 …… 68
5.3 溶解度和溶出 …… 71
5.4 颗粒粒径和形态 …… 74
5.5 溶液 …… 77
5.6 液体的流变学和流动特性 …… 80

5.7　胶体和混悬液…… 83
5.8　稳定性…… 86
5.9　结论…… 88
参考文献 …… 88

第 6 章　生物药剂学与兽药传递系统 …… 91
Steven C. Sutton

6.1　前言…… 91
6.2　药物给药途径…… 92
6.3　控释药物传递系统及其发展趋势…… 95
6.4　结论…… 97
参考文献 …… 98

第 7 章　质量设计与口服固体制剂研究 …… 101
Raafat Fahmy，Douglas Danielson，Marilyn N. Martinez

7.1　引言 …… 102
7.2　质量源于设计 …… 103
7.3　QbD 国际共识:ICH 指导方针 …… 118
7.4　QbD 的今天和未来 …… 118
参考文献…… 120

第 8 章　终产品检测与兽药制剂质量标准研究 …… 121
Jay C. Brumfield

8.1　前言 …… 121
8.2　范围及应注意的相关内容 …… 123
8.3　质量标准开发驱动 …… 124
8.4　兽药与人类健康药品质量分析研究的异同 …… 128
8.5　关键质量属性的选择 …… 129
8.6　检测方法的选择和使用过程注意事项 …… 131
8.7　批放行试验 …… 134
8.8　稳定性试验 …… 136
8.9　产品包装测试 …… 143
8.10　原料药测试…… 145

8.11 药品测试…… 147
8.12 质量标准 …… 158
8.13 质量标准开发过程中的特殊注意事项…… 163
8.14 结论…… 167
参考文献…… 167

第9章 兽药制剂的体外药物释放试验 …… 173
Shannon Higgins-Gruber, Michael J. Rathbone & Jay C. Brumfield

9.1 前言 …… 173
9.2 体外试验的相关性 …… 174
9.3 体外试验条件 …… 176
9.4 兽药体外释放试验的挑战 …… 178
9.5 体外释放方法开发、验证和技术参数设置…… 182
9.6 体内/体外相关性…… 186
9.7 非药典释放试验案例研究:CIDR阴道内插入剂 …… 186
9.8 结论 …… 192
参考文献…… 193

第10章 长效瘤胃药物传递系统 …… 197
Thierry F. Vandamme & Michael J. Rathbone

10.1 前言…… 197
10.2 反刍动物消化系统的解剖学特征…… 198
10.3 临床治疗实例:治疗效果从长效药物传递技术获益 …… 199
10.4 胃肠线虫生命周期中长效药物传递技术的介入…… 204
10.5 瘤胃药物传递系统…… 207
10.6 Vandamme瘤胃-网胃技术:合理治疗胃肠线虫的技术 …… 212
10.7 结论…… 216
参考文献…… 217

第11章 阴道内兽药控释传递系统 …… 219
Michael J. Rathbone & Christopher R. Burke

11.1 前言…… 219
11.2 阴道解剖学、组织学、病理生理学和生理学…… 220

11.3　经家畜阴道给药…… 223
11.4　设计挑战…… 224
11.5　产品设计原则…… 228
11.6　产品的发展史…… 228
11.7　过去十年的重要技术发展…… 229
11.8　展望…… 235
11.9　结论…… 236
参考文献…… 237

第12章　兽用长效注射剂和植入剂 …… 241
Susan M. Cady，Peter M. Cheifetz & Izabela Galeska

12.1　前言…… 241
12.2　辅料的选择…… 242
12.3　水分散体和溶液取决于药物特性…… 242
12.4　油性注射液…… 243
12.5　原位储库制剂…… 247
12.6　微球…… 249
12.7　植入剂…… 251
12.8　次要用途和次要动物候选制剂产品…… 254
12.9　监管方面的考虑…… 257
12.10　结论 …… 257
参考文献…… 257

第13章　奶牛乳腺炎治疗的乳腺内给药技术 …… 264
Raid G. Alany，Sushila Bhattarai，Sandhya Pranatharthiharan，& Padma V. Devarajan

13.1　引言…… 264
13.2　乳腺炎的分类…… 266
13.3　乳腺炎对经济的影响…… 267
13.4　牛乳腺的解剖学和生理学特征…… 268
13.5　乳腺的内部功能和组织学特征…… 269
13.6　治疗策略…… 271
13.7　封闭乳头对于预防乳腺感染的作用…… 274

13.8 控释给药制剂…… 277
13.9 控释给药制剂的类型…… 277
13.10 结论 …… 283
参考文献…… 284

第 14 章 兽用缓释疫苗 …… 293
Martin J. Elhay

14.1 简介…… 293
14.2 免疫系统及接种技术的发展…… 294
14.3 控释技术是制备优质疫苗的关键…… 294
14.4 连续或脉冲释放…… 295
14.5 佐剂在缓控释中的作用…… 295
14.6 抗原到淋巴细胞的传递动力学和抗原持续性的重要性…… 296
14.7 缓控释在兽药领域的应用…… 297
14.8 缓控释疫苗在靶动物中的应用实例…… 297
14.9 兽医疫苗的缓控技术…… 300
14.10 进行缓控释应用的障碍 …… 302
14.11 结论 …… 303
参考文献…… 303

第 15 章 野生动物的给药系统 …… 308
Arlene McDowell

15.1 引言…… 308
15.2 野生动物的管理…… 309
15.3 野生动物的传递系统…… 313
15.4 对野生动物传递生物活性物质的管理…… 315
15.5 结论…… 316
参考文献…… 317

第 16 章 人药-兽药制剂技术的交汇点 …… 321
Alan W. Baird, Michael J. Rathbone & David J. Brayden

16.1 前言…… 321
16.2 生物标记物…… 322

16.3　通过动物研发出的人药…………………………………………………… 323
16.4　通过人类研发出的兽药…………………………………………………… 325
16.5　药物递送…………………………………………………………………… 326
16.6　药物基因组学、转录组学、蛋白质组学、代谢组学、糖组学和脂类组学…………………………………………………………………… 327
16.7　生物药物…………………………………………………………………… 327
16.8　医疗器械…………………………………………………………………… 329
16.9　结论和前景………………………………………………………………… 330
参考文献……………………………………………………………………………… 330

第1章

动物保健市场及机遇:养殖动物展望

Shobhan Sabnis & Michael J. Rathbone

本章展望了畜牧业未来的发展前景及其对动物保健品市场需求增长产生的拉动作用。在最近几年,动物保健行业的发展以收购和兼并为主,通过并购成立新公司扩大业务范围和创造新的业务增长,其中也包括生物技术领域。因此,与持有利基市场专利保护技术的小公司的合作或协议许可促进了这种并购的发展。事实上,伙伴关系和联盟的建立已成为大型动物保健公司的新业务策略的核心。

1.1 前言

1.1.1 畜牧业

畜牧养殖业占农业总产值的 40%,其中牧业区面积约占地球陆地表面的 30%。在全球日益发展的畜牧养殖业已形成拥有 1.4 亿从业人口的产业链,牲畜

Any views or opinions presented in this document are solely those of the author and do not necessarily represent those of the company

S. Sabnis(✉)
Global Manufacturing Services, Pfizer Animal Health, Greater New York City Area, USA e-mail: shoban. sabnis@pfizer. com

M. J. Rathbone
Division of Pharmacy, International Medical University, Kuala Lumpur, Malaysia

M. J. Rathbone and A. McDowell (eds.), *Long Acting Animal Health Drug Products: Fundamentals and Applications*, Advances in Delivery Science and Technology, DOI 10. 1007/978-1-4614-4439-8_1,

产品提供了人类1/3的蛋白质摄入需求[1]。

随着世界人口的持续增长和多数国家财富不断增加,人类对肉类和其他畜产品的实际需求呈现大幅度增长。图1.1列举了不同畜禽肉类生产大国[2]。

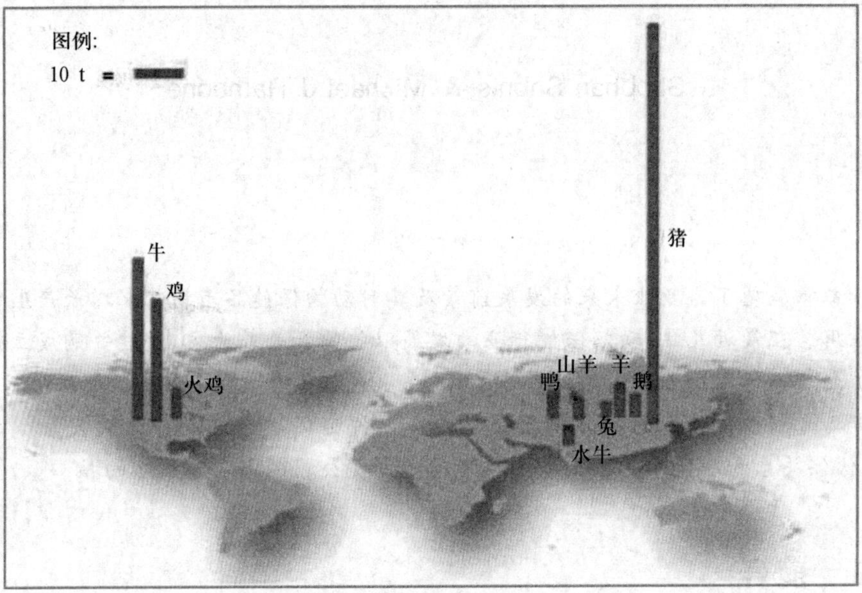

图1.1 2009年不同畜禽肉类产品生产大国

(数据来源于联合国粮农组织统计数据 http://faostat.fao.org/site/339/default.aspx)

根据联合国粮农组织的估计,全球肉类产量预计将从2000年的2.29亿t增长到2050年的4.65亿t,将增加一倍以上,而牛奶产量需要从580万t增长到1 043万t才能满足日益增长的人口的消费需求。然而,在发达国家的消费增长被认为较为平稳,消费增加预计将集中在正在和将要经历经济快速增长的国家。不同地区人均肉类和奶制品消费量的比较分别见图1.2和图1.3。

肉类和奶制品需求的增加可通过直接和间接的途径得以实现。直接途径包括提高人均占有食品动物的数量、增加肉类/胴体的数量和提高牛奶和奶乳制品的生产力。间接的途径包括完善肉制品供应链和减少终端消费者购买前后的浪费。需求的增长可能会引起肉制品生产商业模式的显著改变。未来畜牧业在许多国家的工业化和集约化程度将不断提高。图1.4介绍了影响全球肉制品生产商业模式升级的因素[1,3]。

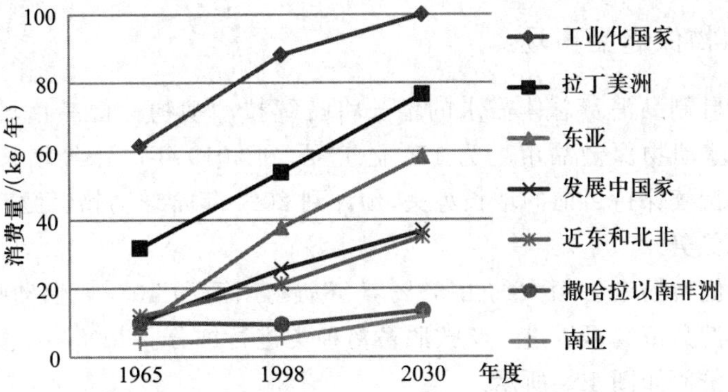

图 1.2　不同地区 1965—2030 年人均肉类消费量

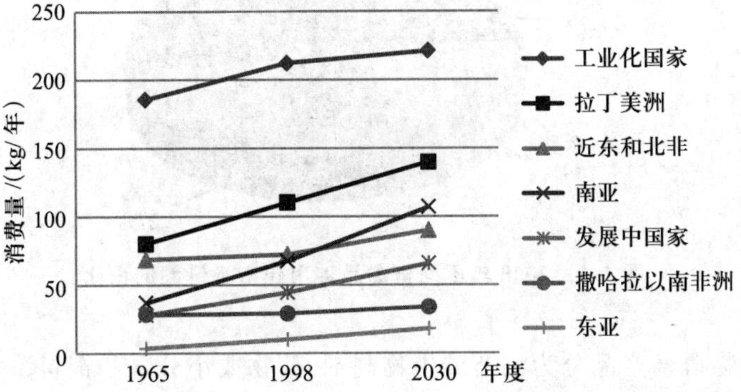

图 1.3　不同地区 1965—2030 年的人均奶制品消费量

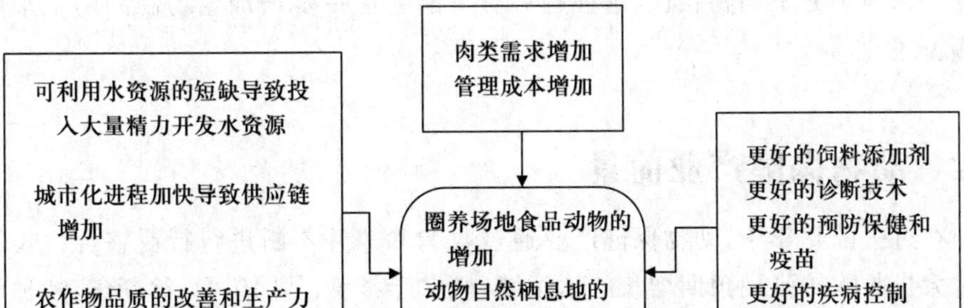

图 1.4　未来启动全球畜牧业商业化生产增长的因素

1.1.2 动物保健品市场

肉类和乳制品消费总体需求的增长将持续拉动动物保健品市场的发展。在2005年,全球动物保健品市场为175亿美元,到2010年时已经增长到192亿美元[4]。如果持续保持目前的增长势头,预计到2020年全球动物保健市场的销售额将达到300亿美元。

动物保健市场销售额大约由60%养殖动物用药和40%伴侣动物用药构成。养殖动物保健品市场可以进一步按照畜禽种类进行细分。2008年,主要畜禽品种用药的市场份额如图1.5所示。

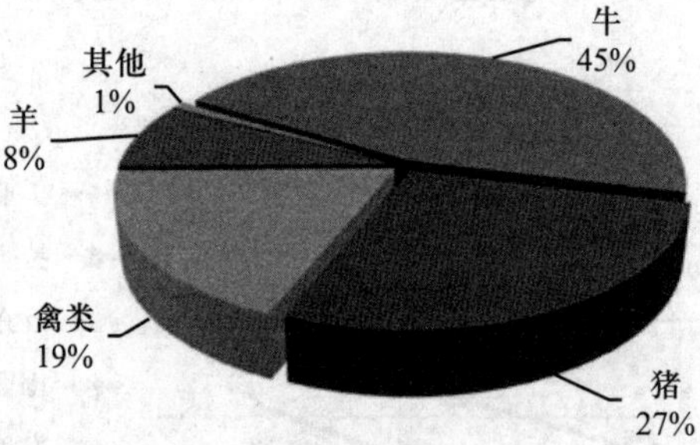

图1.5 2008年不同畜禽品种用药市场份额的占比

养殖动物兽药产品分为疫苗或生物制剂、药物或小分子和饲料添加剂三大类,市场占比分别为25%、63%和12%[4-6]。畜禽用药正在变得越来越依赖于群体和预防给药为主的方式,因此在发达和发展中国家已经向大规模化生产的商业模式转变[7]。与小分子药物相比,这种趋势有可能会进一步增加生物制品的未来市场份额。

1.2 动物保健产业前景

在过去的几年中,动物保健产业通过收购和兼并不断进行行业整合。收购者通过大量收购扩张到预期增长的新领域,如水产养殖、基因组学、诊断学、特种设备等。图1.6列举了2010年销售收入排列前20的大型企业(数据来源可查到的年收入报表)。同时,图1.6的Y2轴表示与前一年(2009年)销售收入变化的百分比。

在全球经济急剧萎缩的情况下,2009年是动物保健行业非常艰难的一年,但

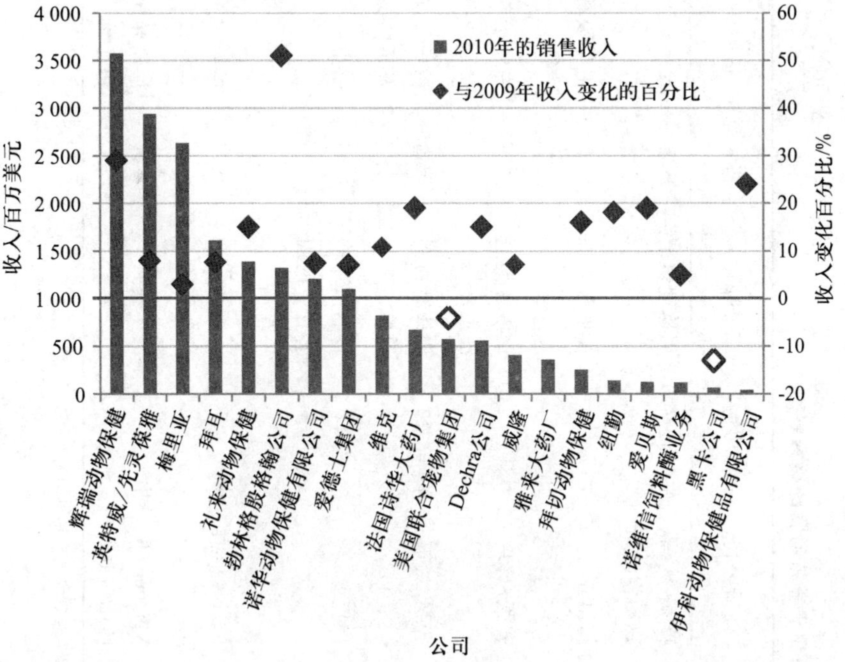

图 1.6　全球前 20 家动物保健品公司年收入比较

大多数动物保健公司发布的 2009 年营业收入仍然呈现稳健增长态势。在这些公司中,绝大多数仍然投巨资于研发。动物保健协会(AHI)报道,近 5 年来动物保健产业每年研发投资额度一直维持在 6 亿～7 亿美元,大约平均仅占国际医药产业研发投入预算的 1/40。与人用药品相比,动物保健产品只有少数几种缓控释剂型上市。少于 25 个新药申请属于控释和缓释制剂。过去 5 年申请注册的 94 个新药(不包括补充申请)中,51 个为养殖动物用药,这些产品很少属于缓控释剂型。2007—2011 年注册申请的畜禽缓释制剂如表 1.1 所示(数据来源于美国 FDA 和 EPA 数据库)。

经济因素,包括有限的兽药研发投入预算,完成产品所支付的成本竞争力和注册产品昂贵的时间成本是造成这种趋势的一些影响因素[8]。但是,在未来的几十年里,这种趋势有可能发生转变。

表 1.1　2007—2011 年注册用于养殖动物的缓释制剂

FDA 兽药中心批准的商品名	批准文号	批准日期	活性成分	注册公司	靶动物	剂型	给药途径	适应证
Revalor® XS	NADA 141-269	2007	醋酸去甲雄三烯醇酮	英特威/默克动物健康	牛(小公牛)	固体埋植剂	皮下	促生长
Longrange™	NADA 141-327	2011	爱普瑞菌素	梅里亚	牛(放牧)	注射液	皮下	牛呼吸综合征
Excede® 无菌混悬液[a]	NADA 141-209	2008	头孢噻呋结晶游离酸	普强/辉瑞	牛马	油溶性混悬注射液	皮下	牛呼吸综合征
EAZI-BREED CIDR Sheep Insert	NADA 141-302	2009	黄体酮	普强/辉瑞	羊(母羊)	固体基质阴道栓	阴道	诱导母羊发情
DYNAMAX 控释制剂	APVMA：64099/50025	2010	阿维菌素，阿苯达唑，硒、钴	梅里亚	羊(成年)	胃肠道滞留装置中的固体片剂	口服	驱虫
EPA XP 820 批准的 Capsules (澳大利亚)	EPA Reg no. 39039-17	2009	阿维菌素和胡椒基丁醚	Y-Tex Corp	牛	固体基质	耳标	控制角蝇和蜱虫
ELIMINATOR® EAR TAGS(加拿大)	NAC No.：12341562	2006/2007	氯氰菊酯和二嗪农	Vétoquinol Canada Inc.	牛	固体基质	耳标	控制角蝇和苍蝇

注：[a]EXCEDE (头孢噻呋结晶游离酸)：一种用于马的新型缓释注射抗生素，辉瑞技术公报，2010。

1.3　研究合作

经合组织(OECD)通过比较不同国家的关键指标，表明一个国家的科学影响力和研究合作措施呈正相关。在世界范围内，所有学科中利用文献被学术出版物引用频率作为标准化评价指标评选的最具影响力的前 50 所大学集中在少数几个国家。总体而言，前 50 所中的 40 所大学位于美国，其余在欧洲。以不同学科为基础，则呈现出更加多元化的画面。有证据表明，一些亚洲的大学正在成为领先的研究机构。在世界上的少数地区已经涌现许多知识密集型产业的领先公司。科学知识的生产力已经从个人转移到群体，从单个机构转移到多元机构的合作以及从国家范畴转移到国际间合作。

1.4　专利展望

如果知识产权的申请被看作研发活动的一个标志，那么排名前 5 位的动物保健公司在过去 5 年里向美国专利商标局大约申请了 120 个专利。这个数量仅占这些年来全球动物保健产业或兽医相关领域专利申请数量的 2%～3%。大多数专利由小企业注册申请。图 1.7 显示了过去 5 年里动物保健产业相关专利申请的变化趋势。虽然大多数动物保健产品相关的申请专利主要集中在养殖动物，但缓释/控释制剂专利仅占动物保健产品专利申请总量的 2%～4%。

在众多的专利申请者中，新企业发明创造的创新动力更注重企业早期发展需求和聚焦于对其生存和增长至关重要的研发活动和新产品的开发。在 2007—2009 年期间，申请至少一项专利且成立不到 5 年的新公司平均占申请专利公司总量的 25%，同时占申请专利总量的 10%[9]。

1.5　控释制剂未来发展趋势

在当前的行业背景下，制药公司仅在现有的核心技术基础上开发短期优势药物是远远不够的，它必须能承担基于当前产业发展趋势和市场竞争以及投资者利益需求进行[10]长期技术开发的风险。那种投放一种畅销产品到市场获取巨大利益的优势产品战略由于会导致产品组合范围窄、真正创新化合物数量少以及生命周期管理机会的增加等问题已经在逐渐衰退。这些机会使包括不同产业服务提供商参与的重要合作伙伴关系和联盟以及其他合作形式[11]不断涌现。普通制药公司的复苏、小分

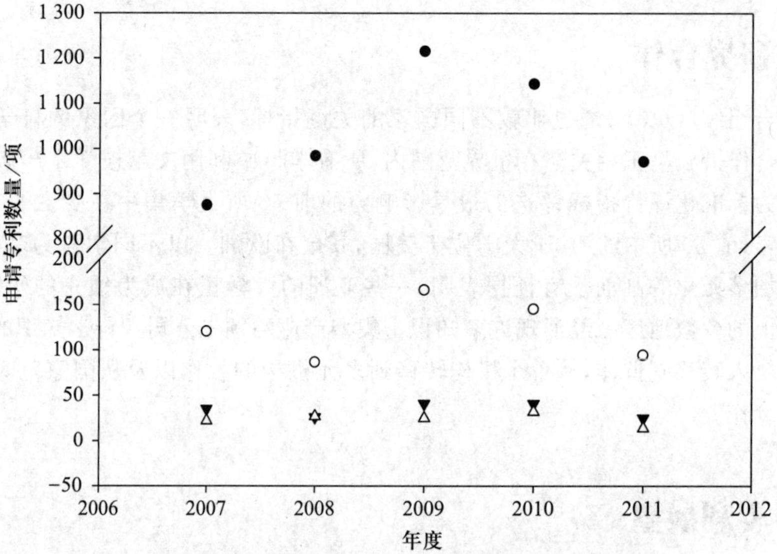

图 1.7　过去 5 年里动物保健品相关的专利申请趋势

●兽医专利申请总量;○畜禽相关专利申请总量;▼控释制剂专利申请总量;
△排名前五的动物保健公司申请的兽医相关专利数量

子药物产品利润的降低、生物制药的发展以及防重于治的诊疗趋势将会进一步增加基于利基战略的控释剂型研究公司之间的互相合作,扩大动物保健产品的种类和组合。表 1.2 列举了一些利基市场中的控释制剂技术研发公司。

1.6　利基市场中小众公司的考虑

相比于以往任何时候,如今动物保健市场的发展状态正驱动着利基市场中小众公司以开发创新性的技术,并将这些技术出售给大型的制药公司为最终目标。然而,这些小众公司应该能清醒地意识到养殖动物保健产品研发成功率是有限的,因此公司间的竞争非常激烈。利基战略小众公司应在感知潜在技术需求或临床实际需要的基础上建立药物研发技术平台。小众公司自有专长和/或对市场需求的敏感度决定着利基市场小众公司未来的发展轨迹。

打破鸡蛋的方式有很多种,在充满竞争的市场中最好的、最先进的技术可能会被要求符合所需标准而被忽略。这些标准是:成本效益、可证明的市场融入速度、市场稳健性、功能性、可靠性以及区分度。利基市场的小众公司应该将这些标准铭记于

表 1.2　利基控释技术公司

机构	技术	知识产权
爱荷华州立大学研究基金会	利用聚酐酸微球制成的单剂量控释疫苗	[12]
奥克图普拉斯（OctoPlus N. V.，）Zernikedreef 12 2333 CL 荷兰雷登市	OctoDEX™，治疗性蛋白控释释放的疫苗传递系统、微球系统、葡聚糖甲基丙烯酸羟乙酯为基质的多聚物载体系统	OctoDex 公司简报
兰格实验室，曼彻斯特大街，剑桥	可通过磁力、超声或者酶促反应促进释放的控释制剂	[13-15]
MedinCell S. A.，Cap Alpha，del' Europe 大街 34830 克拉皮耶尔，法国	可用于输送小分子，肽和蛋白质的由亲水性的单分散性聚乙二醇三维网络结构和聚乳酸疏水微区组成的凝胶传递系统（MedinGel™）	Medincell 产品介绍 http://www. medincell. com/medingel/technology
Cytogel Pharma，LLC，3 Thorndal Circle. Darien，CT	以双键官能团聚合而成的多元醇酯或由聚甘油己内酯马来酸盐和甲氧基（乙二醇）聚合而成的聚嵌段共聚物研制的可注射微球	[16，17]
Starpharma，Baker IDI Building，75 Commercial Road，Melbourne，VICTORIA 3004，USTRALIA	如聚赖氨酸树枝状大分子等高分子载体增强对小分子和生物技术药物的转运来调控药物的溶解性、半衰期、毒性和靶向性	[18] Starpharma 药物转运简介 http://www. starpharma. com/assets/downloads/Starpharma-Drug-Delivery-Summaryv3. 0. pdf
度瑞公司，2 Results Way，Cupertino，CA 95014	利用乙酸异丁酸蔗糖酯等高黏度的基质组分和扩散性辅料制成的可注射 SABER™ 控释系统 DURIN 由聚合物以及乙交酯，*DL*-丙交酯，*L*-丙交酯和 ε-己内酯形成的共聚物制备而成。这些热塑性材料在干燥时稳定，在有水环境中利用骨架水解进行降解	[19]Durect's SABERfact-sheet http://www. durect. com/pdf/SABE1R_Brochure_ July2010. pdf； [20] Durect's URINfact-sheet http://www. durect. com/pdf/DURIN_HRES. pdf

续表1.2

机构	技术	知识产权
美国康泰伦特公司 14 Schoolhouse Road，Somerset，NJ 08873	OSDrC®技术设计具有多种芯数、形状、尺寸的单核或多核片剂以保证更好的质量和释放控制	[21] OSDrC ® OPTIDOSE™ Drug Delivery Technologybrochure http://www. catalent. com/index. php/offerings/OSDrC-ROPTIDOSE-drugdelivery-technology/OSDrC-R-OPTIDOSEDrug-Delivery-Technology
Flamel Technologies，33，avenue du Dr. GeorgesLevy—Parc Club du Moulin à Vent，69693 Vénissieux Cedex—France	基于亲水、可降解的聚谷氨酸连接疏水性维生素 E 组成的聚合物。该聚合物在水性介质中自我组装形成稳定的纳米尺寸的包含多个聚合物和 95%水的水凝胶	[22] Medusa® drug delivery platform description http://www. flamel. com/wp-content/uploads/2011/11/Flamel-Technologies-Medusa-Drug-Delivery-Platform. pdf
PolyPid Ltd.，13 Hamazmera Street，Ness-Ziona 74047，Israel	BonyPid TM 是一种可生物降解的骨缝隙填充物，优点是可以有效地控制释放抗感染药物 3～4 周以成功清除感染部位细菌	[23]
Nanomi B. V.，Zutphenstraat 51，7575 EJ Oldenzaal，The Netherls	Microsieve 乳化技术适用于生产用于控制释放、诊断和分子成像的功能乳液、微球和纳米球，其核心技术是通过光刻技术制造的孔径均匀、形状高度一致的硅膜	[24,25]
Trilogic Pharma 331 Perimeter Parkway Ct，Montgomery，AL 36116	TRI-726 系统是由一个天然的三嵌段共聚物和多糖组成的，旨在利用身体温度差使溶胶到凝胶的转变。可以使液体、半固体或者气体。TRI—726 系统具有历时几小时或者几天在体内清除的能力	[26]

心,融入技术和产品理念,并利用研发环节的每一个机会将这些标准考虑进去。大型的制药公司不会花费时间和精力从事小众公司的技术开发领域,因为尽管这些技术是完全创新和设计精妙的,然而在产品众多且每种产品贡献收入有限的市场中,技术设计的精妙并不会带来销售收入的巨额增加。

近年来,动物保健产品市场只有少量的新药出现,大量现有的有较高影响力的药物已经过了专利保护期,并且畜禽动物的临床治疗条件受限(因为这些动物在老龄之前就被淘汰了,并且患病动物遭受的痛苦会影响动物性能)。因为畜牧业经济是由市场决定的,且不断上下波动,新技术必须安全、有效、产品质量高且生产成本较低。

相比于人药研发,在动物保健行业的利基战略小众公司将其技术出售或许可给大制药公司的机会是很小的。为了能够成功,小众公司需要花费时间和精力来确定市场的下一个增长点,确定合适的候选产品来证明新技术的可行性,并把向大制药公司展示自己的方案作为首要目标。

最后需要考虑的是交易的财务条件。本章讨论的所有经济因素是指小众公司在和大制药公司谈判过程中需要保持现实和理性。在谈判时,他们提出自己期望值时必须考虑该技术转化成产品所能取得的销售收入和该技术转化成产品的风险大小。

小众公司必须认识到为了确保他们的技术能够充分地引起大公司兴趣而所需要投入的时间和金钱。只有一个好的创意是不够的。事实上,已在动物试验中证明可行性的新技术也同样可能不足以引起大公司的兴趣。新技术展示给大公司的正确时机也是很难确定的,需要具体情况具体分析。一般来说,一项新技术越是接近成功注册专利,资金投入和成功/失败的风险越低,大制药公司对提交上来的技术资料感兴趣的可能性越大。总之,在大制药公司对他们技术感兴趣之前,小众公司不应该低估从创意到产品注册成功道路上需要投入大量的时间。这意味着小众公司将需要投入更大的、超过预期的时间、精力和资金以使自己的技术能够到达被大公司所关注的阶段。当然,越接近技术注册成功,在谈判过程中就越可能获得更高的资金回报。

小众公司可能会需要在他们的技术中使用某些化合物作为例子来证明这种技术作为给药系统的可能性。一般来讲,当这种技术组合提供给大公司时,通常认为传递系统作为药物治疗疾病时的实际使用情况。除此之外,如前文所提到的,一般一个新技术需要接近于注册成功才能引起大公司的兴趣(作为市场前景很广的产品),因为这样能将大公司的风险降到最低。这种需求的最终结果是该技术失去其特性(作为一个技术平台),大公司看不到除证明该技术的可行性和适应性所使用的特定药物之外的应用可能。

当大公司对一个技术感兴趣时,他们会乐意于谈判合作开发的事宜,获得该技术用于特定临床症状、药物类型或市场区域的许可,也可能是一次性买断该技术的所有权。大公司会采取一些措施来保护该技术。因此,新技术已经申请专利或者拥有一些内部诀窍是很重要的。根据技术接近进入市场注册的程度、经济因素、成功/失败的风险,合作谈判的内容包括制造成本、关键技术提供和前期付款、付款程序及最终付款。

1.7 未来发展方向和前景

生物制药正逐渐成为药剂学的主流领域。几乎所有的主要动物保健行业公司都开始了生物制药方面的研究和开发。事实上,市场占有率最高的10种人类药品中有4种都是单克隆抗体,在2010年这4种产品的销售收入超过了200亿美元。一种动物保健产品已经被批准用于治疗犬的白血病(成分包括CL/mAb 231)[27]。多家动物保健公司已启动研究项目和以合作形式来开发单克隆抗体,并且有望在几年后将产品投放到市场。由于单克隆抗体具有高度靶向动物特异性和作用部位特性,运用改进的控释技术来研究单克隆抗体在体内的转运将会是很有价值的研究方向。在动物保健行业,单克隆抗体已经广泛应用于多种诊断技术中,并且这种趋势未来10年将会进一步增长。事实上,Osborne[28]认为到2030年80%的新产品都会依赖于生物技术。尽管增长是根据趋势估计出来的,但是生物技术制药在动物保健产业中确实处于快速发展中。

监管部门对新技术的批准标准和程序需要清楚的界定,美国农业部(USDA)或者美国FDA兽药中心(CVM)将会作为生物技术产品监管主体,或者二者共同作为美国市场的监管主体。

1.7.1 小众公司发展潜力

生物技术产品进入动物保健主流市场所面临的第二个挑战是开发这些差异化产品用于较小目标群体所能获取的经济效益。只有价值增值才能保证投资获得回报。这样才能促成利基战略小众公司以合作或者专利许可的方式提供差异化的、受专利保护的技术给大型制药公司。

1.8 结论

动物保健产品市场非常复杂且受到兽医研发资金预算有限性、终端产品包含的竞争成本,以及产品注册过程冗长的时间消耗等因素的挑战。过去几年动物保健行业进行了大量的并购与重组。满足人类对动物食品需求的增长进而带动畜牧业未来增长的需要,为使用药物通过改善动物健康、生长和繁殖性能从而提高动物生产效率提供了机会。过去 50 年间,现有的小分子药物只有相对少的控释制剂产品种类(相对于人医上使用的缓控释制剂产品数量)。今天生物制药已逐渐成为药剂学的主要领域。大型制药公司对开发细分市场的差异化产品面临着较高的资金投入和较大风险,导致其对实施内部研发项目犹豫不决,这就给以研发新技术并将这些高度差异化、受专利保护的技术以合作开发或许可的形式提供给大型制药公司的利基战略小众公司提供了绝佳发展机遇。

参考文献

1. Thornton PK (2010) Livestock production: recent trends, future prospects. Phil Trans R Soc B 365:2853–2867
2. Food and Agriculture Organization of the United Nations' statistical database (FAOStat) (Sept 2011). http://faostat.fao.org/site/339/default.aspx
3. Godfray HCJ, Crute IR, Haddad L, Lawrence D, Muir JF, Nisbett N, Pretty J, Robinson S, Toulmin C, Whiteley R (2010) The future of the global system. Phil Trans R Soc B 365:2769–2777
4. Evans T (2009) Global animal health industry and trends, a US perspective. AVDA Congress: Thriving in Dynamic Times, St. Petersburg, FL
5. Foster TP, Abraham SS (in press) Veterinary dosage forms. In: Swarbrick J (ed) Encyclopedia of pharmaceutical science and technology, 4th edn. Informa Healthcare, London
6. Vetnosis Limited (2009) Veterinary report. Edinburgh, United Kingdom
7. Perry BD, Grace D, Sones K (2011) Current drivers and future directions of global livestock disease dynamics. Proc Natl Acad Sci USA 108:1–7
8. Rathbone M, Brayden D (2009) Controlled release drug delivery in farmed animals: commercial challenges and academic opportunities. Curr Drug Deliv 6:383–390
9. OECD Science, Technology and Industry Scoreboard 2011
10. Brunner CS (Jun 2004) Challenges and opportunities in emerging drug delivery technologies, PG report. Emerging Drug Delivery Technologies, # 0403
11. Vancauwengerghe CE (2011) The reshaping of pharmaceutical industry landscape: partnerships and alliances are the core of new business strategy. Drug Dev Deliv 11:8–15
12. Kipper M (2010) Controlled-release immunogenic formulations to modulate immune response. US patent 7,858,093B1
13. Sheppard NF, Santini JT, Cima MJ, Langer RS, Ausiello D (2008) Method for wirelessly monitoring implanted medical device. US patent application US2008/0221555A1
14. Sheppard NF, Santini JT, Cima MJ, Langer RS, Ausiello D (2007) Microchip reservoir devices using wireless transmission of power and data. US patent 7,226,442B2
15. Polat BE, Hart D, Langer RS, Blankschtein D (2011) Ultrasound-mediated transdermal drug delivery: mechanisms, scope, and emerging trends. J Control Release 152:330–348
16. Wu D, Chu CC, Carozza J (2011) Injectable microspheres. US patent 8,034,383
17. Wu D, Chu CC, Carozza J (2008) Hydrogel compositions comprising serum albumins for vac-

cines. US patent application 20080226725A1
18. Krippner GY, Williams C, Kelly B, Henderson S, Wu Z, Razzino P (2010) Targeted polylysine dendrimer therapeutic agent. US patent application 20100292148A1
19. Verity N (2011) Controlled-release anesthetic delivery systems, US patent application 20110009451
20. Chen G, Kleiner L, Houston P, Nathan A, Rosenblatt J (2007) Implantable caprolactone-based polyester elastomeric depot compositions and uses thereof. US patent application 20070184084A1
21. Ozeki Y, Izumi K, Watanabe Y, Okamoto H, Danjo K (2005) Advanced dry-coated tablets as a solid coating technology-1. Pharm Tech Jpn 21:1407–1413
22. Chan Y, Meyrueix R, Kravtzoff R, Nicolas F, Lundstrom K (2007) Review on Medusa®: a polymer-based sustained release technology for protein and peptide drugs. Expert Opin Drug Deliv 4:441–451
23. Emanuel N, Neuman M, Barak S (2010) Sustained-release drug carrier composition. World patent application WO2010007623
24. Wissink J, Van Rijn C, Nijdam W, Goeting C, Heskamp I, Veldhuis G (2005) Device for generating microspheres from a fluid, method of injecting at least one first fluid into a second fluid, and an injection plate. World patent application 2005115599 A1
25. Veldhuis G, Gironès M, Bingham D (2009) Monodisperse microspheres for parenteral drug delivery. Drug Deliv Technol 9:24–31
26. Alur H, Harwick J, Mondal P, Johnston T (2009) Self solidifying bioerodible barrier implant. World patent application 2009073658 A1
27. Antineoplastic agents (2010) In: Kahn CM (ed) Merck veterinary manual, 10th edn. Merck Sharp & Dohme Corporation, New Jersey
28. Oborne M (2010) The bioeconomy to 2030: designing a policy agenda. OECD Observer, 278
29. Reviere J (2007) The future of veterinary therapeutics: a glimpse towards 2030. Vet J 174:463–471

第2章

动物保健市场及机遇:伴侣动物展望

Linda J. I. Horspool

未来全球伴侣动物保健市场预计将进一步增长和朝着更专业化的方向发展。伴侣动物保健市场增长的主要动力在于不断强化的伴侣动物和主人间情感关系,主人对伴侣动物健康的关注度提高和他们对更好的动物保健的需求和期待。本章讨论药剂学工作者利用新型载体技术来设计开发伴侣动物差异化产品的背景知识,以提高给伴侣动物用药的方便性和治疗效果,这也是未来伴侣动物保健市场的发展目标。

2.1 前言

在人类生活中,伴侣动物(犬、猫和马)扮演了非常重要的角色。它们能给主人提供陪伴和一定的责任感,被关注的需要,并对主人的关注和照顾予以积极的情感回应。尽管具有一定争议,但许多研究表明伴侣动物能给主人健康带来益处[1-3],例如降低血压[2]、减少焦虑情绪[4]和降低心律失常等问题[2],使人获得稳定的心理状态[5,6],改善人的身心和心理健康状况[7]。此外,人们逐渐意识到宠物疗法是一种非常有益的治疗方法,并且正在成为许多人类疾病的主流疗法[8]。因此,人们不必为伴侣动物和主人情感关系的继续强化以及宠物药品市场需求的不断增长而感到惊讶,而市场上制剂和疫苗等宠物药品也正在不断为伴侣动物的健康和福祉做出巨大的贡献。

L. J. I. Horspool (✉)
MSD Animal Health, PO Box 31, 5830 AA, Boxmeer, The Netherlands
e-mail: linda. horspool @ merck. com

M. J. Rathbone and A. McDowell (eds.), *Long Acting Animal Health Drug Products: Fundamentals and Applications*, Advances in Delivery Science and Technology, DOI 10. 1007/978-1-4614-4439-8_ 2, © Controlled Release Society 2013

伴侣动物市场中的任何潜在的发展机会,尤其是扮演重要角色的制剂,都应该与过去几十年的技术进步相适应。有一些革命性技术已经被应用其中,比如新的活性成分和载药技术,以及其他和人类保健产品相关的新技术或发现[9]。最后,兽医产品监管框架定义和指导全球兽药产品的标准要求和审批。动物保健产品的研发同时受伴侣动物主人(消费者)需求和兽医对使用简单产品需求的推动,必须以最大限度地符合主人使用的顺应性、方便性以及尽量满足兽医专业化治疗的处方需要。

在过去10年,批准用于伴侣动物的大量产品反映了宠物用品市场依旧十分诱人[10]。伴侣动物保健市场的发展前景取决于数个相互关联的关键因素(表2.1)。

表2.1 影响伴侣动物保健市场的关键因素

消费者(伴侣动物主人)	兽医
经济性	人类健康的进步
保险	管理条例
流动性	产品目录
运输	循证医学
人与动物关系	个体化治疗
饲养物种的日益增加	新型疾病不断出现
不断增加的治疗需求/人性化	药物调配/处方
网络	药剂学
宠物店	制剂技术
非处方药	联合治疗
生活质量	企业行为
花费	实践管理
替代疗法(中草药,功能食品)	改进的治疗方法
疾病	动物保健品市场
医学和兽医学的结合"同一个健康"理念	联合市场
寄生虫的栖息环境/病原分布的变化	新兴市场
诊断方法	日益增加的成本
耐药性	规范与协调
合理用药指导	药物安全监视
使用的限制	知识产权
治疗疫苗	非专利药物
慢性疾病	分销
	宠物食品
	保健营养品

2.2　市场及其参与者

从1992年以来,伴侣动物保健市场每年以大约2.5%的增长率保持持续增长[9],已经成为全球动物保健市场增长的主要动力。虽然在2009年因受全球经济衰退的消极影响有所下降,但人们相信当经济大环境有所好转或稳定时,伴侣动物保健市场也会逐步稳定并重新上升[11]。3/4以上的伴侣动物保健市场集中在欧美地区,按照英文首字母顺序位居世界市场前10中的5个国家为法国、德国、意大利、西班牙和英国[9]。

全球伴侣动物保健市场被全球前十强公司所控制,他们占据绝大部分市场份额。数年以来,全球最大的2家伴侣动物保健公司是梅里亚和辉瑞(译者注:现为硕腾动物保健)制药。动物保健市场经历了大量的重组和并购。市场中的兼并和重组都被世界各国政府密切监管着(如欧盟委员会和美国联邦贸易委员会),防止因竞争减少、价格增加和创新下降等对消费者造成伤害。许多公司同时从事人类和动物保健产品的研发生产,在这些公司间的许多并购也有是为了人类健康项目的发展,如辉瑞制药、默克公司和赛诺菲—安万特集团[12]。在1997年成立时,梅里亚公司是作为两家从事人药的医药公司(赛诺菲—安万特集团下属的罗纳梅里厄公司和默克公司下属的MSD AgVet)合营的动物保健品分公司,并在2009年成为赛诺菲—安万特集团的全资子公司。在2003年,辉瑞公司为了其人类保健产品战略收购了法玛西亚普强公司,在2009年收购了惠氏公司。在2007年,先灵葆雅公司收购了英特威公司,随着默克公司在2009年收购先灵葆雅公司,二者合并而成的英特威/先灵葆雅动物保健品公司在2011年成为默克动物保健品公司(默沙东MSD,在北美之外)。礼来公司(Elanco,被认为是礼来公司的伴侣动物部)在2007年强势进入美国伴侣动物保健品市场,并依靠2011年收购杨森公司迅速增加北美以外的市场份额。这样的并购似乎还将继续[13]。

2.3　兽药配制和配送

兽药的处方问题已经被讨论了很多年。在一些国家,比如意大利,兽医只有有限的处方权,而兽药房在出售非处方兽药的同时可以否决大部分兽医的处方。尽管在兽药领域的培训还没有达到相应的水平[14],但兽药药剂师的地位已经有了很大提升。兽药药剂师的专业化培训包括多个方面,比如规范配制兽药的流程以及特别关注整个治疗过程的疗程,而兽医在这一过程中关注更多的是治疗的动物和需要处理医患关系。随着讨论持续不断地深入和管理的逐渐规范,兽药配制在一些国家逐渐成为兽药药剂师的职责,而这有可能导致兽医收入的减少。

网络已经逐渐成为日常生活的一部分。它已经改变了兽药从配制到销售再到物流的整个流程。在一些国家,网络兽药店已经在近10年内悄然兴起[16-18]并对传统的兽医—顾客—患畜三者之间的关系发起了挑战,它将继续影响和改变传统分销渠道。

2.4 伴侣动物的数量

伴侣动物的保有量仍在持续增长。美国62%的家庭拥有伴侣动物(不包括马),相当于7 290万户家庭[19]。其他许多国家的伴侣动物保有量正以历史上不曾出现过的高增长率持续不断增加,包括新兴市场国家,如巴西、中国、印度、墨西哥和俄罗斯。伴侣动物相关的花费也在节节攀升。在美国,伴侣动物的总花费从1988年的230亿美元增长到了2011年的约510亿美元。这些花费中,25%用于兽医医疗护理(包括兽药),20%用来买各种柜台出售的货品,剩下的则支出在宠物食品和配件购买等方面。这些趋势在其他国家也类似。

在过去10年,传统宠物如犬猫等的数量没有大量增长,真正推动市场增长的主要因素是动物主人越来越多地把钱用于保护动物健康以及兽医满足伴侣动物日益提升健康水平需要的能力增长。在不同国家,甚至相同国家的不同人对于伴侣动物的诊疗观念都具有差异,有的人带自己的宠物去预防疾病,而有的人只是去进行治疗[20,21]。对于大部分市场来说,每一只伴侣动物保健花费的增长比伴侣动物总体数目的增长更为重要[20,21]。然而,在经济不景气的情况下,动物主人对于在动物保健上的花费或多或少有些不那么情愿[22],因此,伴侣动物保健品商家想了许多创造性的替代方法来让动物主人心甘情愿为治疗掏钱[23]。

人类饲养其他伴侣动物的种类也很多,例如兔、雪貂、豚鼠或其他小型哺乳动物,以及宠物鸟、爬行动物和观赏鱼类。围绕这些动物保健和管理的产业呈现出欣欣向荣的景象。这些"独特的"伴侣动物的数目也越来越多[24]。但是,目前关于它们具体数目的资料报道很少,其专用的保健产品几乎没有,如果有的话也微乎其微。例如,在约10年前,据估计美国可能有220万户家庭饲养了500万只宠物兔[25],但时至今日,专用于它们的诊疗产品仍然少得可怜。

2.5 "同一个健康"

制药企业和动物保健品企业在"同一个健康"的理念下开展诸如临床护理、疾病监控、医学教育与研究等方面的合作[26]。气候变化、寄生虫生活史的变化、宿主与媒介接触概率的增加、动物主人导致的寄生虫的扩散以及从寄生虫流行区引进动物等都有可能导致寄生虫地理分布区域的增加和在传统流行区域外发生媒介传播风险概率的增加。这可不仅仅是改变蜱虫的地理分布,例如血红扇头蜱[27]、网纹皮刺蜱(欧洲)和海湾花蜱(美国)[28],还代表了发生蜱传播性疾病风险的增加,如巴贝斯虫病[29],还改变了其他一些寄生虫传播媒介和媒介传播疾病的地理分布,如利什曼原虫病[30,31]和犬心丝虫病[32]。在欧洲,温暖夏季适合心丝虫的传播——尤其适合三叶心丝虫的传播,因此犬心丝虫病在欧洲愈发常见。

其他寄生虫,特别是后圆线科肺线虫[33,34]和犬鞭虫[35]也表现出比预期的传播范围更广和/或流行性更强。还有一些寄生虫表现出更严重的公共卫生风险,如弓蛔虫[36]和多房棘球绦虫[37]。伴侣动物寄生虫委员会(http://www.capcvet.org)和欧洲伴侣动物寄生虫科学顾问委员会(http://www.esccap.org)两个非营利性的独立组织为了确保恰当的全年防控措施提出了更强的危机意识、更好的监控以及更深刻的认识动物发病机理和流行病学的需要。

2.6　抗药性

药物失效的可能原因之一就是抗药性的产生。抗药性是许多微生物如细菌、真菌和寄生虫等固有的特点或仅在使用时产生选择性耐药,特别是在使用药物的浓度或者其他方式导致药物浓度低于有效杀灭大多数靶标病原微生物的浓度时更为严重。抗药性产生的第一步是突变选择株具有抗性,或者病原微生物能够耐受大剂量的药物或毒素,而获得耐药基因降低了微生物对化疗药物如抗生素和杀虫剂的敏感性。

另外一个担忧就是多重耐药基因在不同细菌间的传播[38-41]。例如,在过去的5～7年里,针对伴侣动物特别是犬的一种重要条件感染性病原菌——耐甲氧西林伪中间葡萄球菌(MRSP)的流行已经成为一个严重的问题[42]。虽然 MRSP 在人体定植和引起人 MRSP 感染的报道相对少见,但其多重耐药特征意味着会给动物健康带来严重风险,也可能对人类健康造成危害[43]。可感染伴侣动物的致病性耐甲氧西林金黄色葡萄球菌(MRSA)来源于人源性耐甲氧西林金黄色葡萄球菌[43]。多国兽医协会已经制定审慎的使用原则,促进伴侣动物临床合理和选择性地使用抗生素[42]。将来,还会在食品动物临床有限制地使用一些抗生素,这也可能扩展到伴侣动物临床抗生素的使用。

有证据表明,犬恶丝虫编码 P-糖蛋白转运体的基因是一种选择性的单核苷酸多态性基因。当纯合子的鸟嘌呤核苷(“GG-GG”)基因高频率表达时就表现出对高剂量的大环内酯类抗寄生虫药物不敏感,换句话说,也就是对大环内酯类抗寄生虫药物产生抗药性[44]。微丝虫抑制试验可用于确定抗药寄生虫的存在,或许更重要的是可以调查抗药性的地域分布[44]。如果确实产生了广泛性的抗药性问题,则需要在不久的将来提出替代治疗策略和方案以避免犬产生不必要的痛苦。这可能需要一个简单的、高成本效益和安全的方法来管理感染病例。内共生体的沃尔巴克氏体属改变犬恶丝虫感染的炎症和免疫反应,似乎为常规抗生素治疗提供了一个靶标[45]。

错误的防控方案[46,47]导致驱杀犬猫跳蚤的失败是非常普遍的[46]。不同虫株[46]和不同虫株群体(如实验室保存和田间分离的虫株群体间)[47]的跳蚤对杀虫剂的敏感性具有相当大的差异。有报道指出,跳蚤虫株似乎对一些已经使用了数年的控制跳蚤[48]的杀虫剂产生了耐受性[48]。敏感性的变化导致其在防治跳蚤感染的临床效果的差异[47]。其中一些差异可能反映了田间虫株真实的抗药性,但这尚未有明确的记录[48-51]。未能成功控制跳蚤侵扰[46,47]的主要因素包括治疗间隔时间不恰当以及跳蚤复杂的生物学特征,如跳蚤、宿主和环境三者之间的关系[46,47]。治疗失败事件已经被记录在案,如果抗药性普遍存在,那么这将对控制跳蚤侵扰的管理造成巨大的挑战。目前,亟须寻找新的合适的策略如交叉用药和联合用药等用于寄生虫病的防控。其中,在兽医临床中实施了对马的驱虫交叉用药、活性成分的联合用药也已用于扩大对体表寄生虫的抗虫谱[52-54]。另外,新药的开发也将越来越重要。

2.7 细分市场

伴侣动物的寿命较长,它们的保健需求通常反映了人类保健的趋势[55,56]。特别是对伴侣动物,兽医诊断和疾病监测水平也紧随着人类医学的诊断和检测技术发展趋势。在兽医临床,诊断成像技术,如超声、计算机断层扫描(CT)和磁共振成像(MRI)技术的应用已很平常。许多兽医诊疗机构具有室内的临床生化和血液学分析仪,还可以开展针对如致病因子等的快速检测。

某些条件下人和动物疾病具有相似之处,如超重和肥胖在伴侣动物和主人之间有类似的后果[57,58]。因此难怪伴侣动物保健产业被认为是动物保健产业中最像人类医药的行业,并紧随着人类医学的发展而发展。人类医学的许多创新,至少从新实体化合物来讲,上市以后会立即调整和改变以适合伴侣动物的使用。

在人类疾病的病理生理学研究和医药产品的研究过程中,犬、猫作为实验动物已经被使用多年。事实上,在某些情况下,与啮齿动物相比,伴侣动物可能为人类医学提供更好的疾病模型，特别是对于那些类似于人类的自然发生的疾病，如肿瘤[59-61]。同样的，猫的糖尿病对于人类Ⅱ型糖尿病来讲是一个非常好的模型[62]，但在脂类代谢方面有差异，也不会发展为典型的代谢综合征[63]。相反，在某些方面，啮齿动物和人的疾病可能不是良好的伴侣动物疾病模型，如充血性心力衰竭和犬的糖尿病[64]。

感染（病毒性、细菌性和寄生虫性）仍然是伴侣动物面临的最大风险之一。慢性和年龄相关性疾病，如犬充血性心力衰竭、猫慢性肾病、犬和马的肾上腺皮质功能亢进（马发病率相对较低）等内分泌疾病、猫甲状腺功能亢进、犬猫糖尿病和伴侣动物关节炎被诊断出的频率越来越高。兽医仍然缺乏对基于循证治疗决策的精确预后折点值的大规模流行病学调查研究。尽管在该领域开展了相关研究工作，例如猫慢性肾病[65]，人类仍将继续推动基于循证医学的正确设计和治疗控制决策研究，这将最终使伴侣动物受益。

当然，有许多人医的新产品用于犬、猫和马的疾病治疗的例子。这些药物可能被开发用于治疗人和伴侣动物相似的适应证（表 2.2）。许多药物也许被开发用于伴侣动物，但并不一定开发用于人类医学，如某些昔布类药物。最终，部分药物专用于伴侣动物而不会用于人类医学。特别明显的是驱虫剂类药物，许多开发用于控制体表和体内寄生虫的药物来源于农药（表 2.2），这可能部分解释了为什么有许多治疗药物开发用于治疗犬、猫、马的疾病，而不是主要服务于人类健康。由于制药公司的专利保护限制，研发用于人类疾病治疗的新化合物一般不会立即被动物保健公司开发用于动物疾病的治疗。例如，血管紧张素Ⅱ受体拮抗剂已被用于人类心血管疾病的治疗[66]，但尚未引入兽医临床用于伴侣动物心血管疾病的治疗。

表 2.2　批准用于人类和/或动物保健的部分药物

批准用于人和伴侣动物的药物	血管紧张素转换酶抑制剂——卡托普利、贝那普利、雷米普利
	抗生素——青霉素（例如，氨苄西林，（增效）阿莫西林），头孢菌素（例如，头孢羟氨苄，头孢氨苄），氨基糖苷类（例如，阿米卡星，庆大霉素），二氨基（例如，甲氧苄啶）
	止吐药——多潘立酮
	抗真菌剂——制霉菌素，唑类（例如，克霉唑，咪康唑），泊沙康唑
	抗原虫——米替福新
	皮质类固醇——倍他米松戊酸酯，氢化可的松醋丙酯，糠酸莫米松
	利尿剂——呋塞米，螺内酯
	体表杀虫剂——合成拟除虫菊酯-氯菊酯，溴氰菊酯
	胃酸抑制剂——西咪替丁，奥美拉唑
	激素——雌三醇，甲状腺素

续表2.2

	静脉麻醉药——丙泊酚
	非甾体抗炎药物——美洛昔康
	大环内酯——伊维菌素
	巯基咪唑——甲巯咪唑,卡比马唑
	磷酸二酯酶抑制剂——匹莫苯丹[a]
	受体酪氨酸激酶抑制剂——马赛替尼
批准用于伴侣动物而未批准用于人的药物	驱虫药——艾默德斯,芬苯达唑,苯硫氨酯
	抗生素——头孢菌素(例如,头孢喹肟,头孢维星),氟喹诺酮类药物(如恩诺沙星,马波沙星,奥比沙星,普多沙星)
	止吐药——马罗匹坦
	体表杀虫剂——吡虫啉,S-烯虫酯,吡丙醚,氟虫腈,茚虫威
	体内外杀虫剂——莫西菌素,司拉克丁,米尔倍霉素肟
	静脉麻醉药——氯胺酮
	微粒体甘油三酯转移蛋白抑制剂——dirlotapide,米瑞他匹
	抗精神病药——地托咪定,右美托咪定,美托咪定,罗米非定,甲苯噻嗪
	磷酸二酯酶抑制剂——丙戊茶碱
	受体酪氨酸激酶抑制剂——Toceranib

2.8 市场发展

与20年前相比,当前伴侣动物保健产品的发展前景截然不同。那时产品研发主要以杀灭病毒、细菌和寄生虫等传染性病原体为主,因而研发出生物制剂或疫苗(主要针对病毒和细菌)、抗生素和驱虫剂(对体内、外寄生虫)等几个类别。目前,驱虫剂和抗感染药以及其他药物是最大的药物类别,其次为生物制剂。

当今世界范围内,感染性疾病仍是伴侣动物的最主要疾病。传统上,弱毒活苗和/或灭活疫苗用来预防多种病毒和细菌的感染。技术的进步使得重组病毒疫苗已经用于伴侣动物,比如重组的金丝雀痘[67]或黏液瘤苗[68]。或许更重要的是,给伴侣动物接种疫苗,特别是对犬狂犬病的免疫预防,不仅降低了这种毁灭性疾病对犬的危害,同时通过减少患病犬的撕咬行为和野生储存宿主从而降低其对人类的危害。过去20年,主要通过口服疫苗免疫接种使得野生储存宿主减少[69]。对一些病原如猫疱疹病毒[70]和猫杯状病毒的保护性(无菌性)免疫仍然不清楚。最近,疫苗研究主要集中在那些新近报道的病毒,如猫免疫缺陷病毒(FIV)和其他类型的病原体如伯氏疏螺旋体、婴儿利什曼虫等[71-74]以及西尼罗河病毒等新兴疾病的病原体。其中,仍然面临的一个重要的挑战是如何区分人工免疫和自然感染动物。其中可能的方法之一就是引入所谓的疫苗标记技术,使疫苗免疫反应与自然感染不同,通过简单的检测就可以区分感染动物和疫苗接种动物。这种疫苗已经在畜禽疫苗市场上市和销售使用,可能不久这种疫苗也将在伴侣动物疫苗市场出现。尽管安全有效的疫苗已经广泛使用,但大量幼犬在产生免疫保护之前因细小病毒和犬瘟热病毒的感染遭受到疾病的严重侵扰,这可能是因为母源抗体干扰了免疫应答能力。目前,没有任何抗病毒药批准用于伴侣动物。

婴儿利什曼原虫是犬利什曼病的致病因子,其疫苗已经在巴西存在了数年[71、72],而在欧盟最近才上市[73、74]。利什曼病每年给人造成非常严重的发病率和死亡率[75],犬是利什曼原虫的储存宿主,因此其已成为一个重要的公共卫生安全问题。婴儿利什曼原虫疫苗是一个重大的突破,这可能是人类在对抗这种人畜共患病过程中向前迈进的重要一步。在人类医学,传播媒介的控制也可能仍然是至关重要的。

治疗性疫苗技术也已经出现。美国农业部给予有条件批准的第一个治疗犬黑色素瘤的癌症治疗疫苗[76]使兽医进入了该领域。但疫苗市场未来的增长点主要是积极发展预防性疫苗,而不是治疗性疫苗。

2.8.1　依从性

如果说具有推动伴侣动物细分市场和人药市场发展的共同命题,那就是治疗依从性,即在治疗过程遵循处方疗程的意愿。在谈到伴侣动物的依从性,这意味着宠物主人愿意并且必须能够做到。虽然在人类医学进行了广泛研究,但实际上很少有特异针对伴侣动物主人依从性的评估研究,许多这样的研究也就是评估短疗程的抗生素治疗而不是长期药物治疗[77-80]。有趣的是,有建议提出 1～3 年[81]长时间的免疫接种间隔(即使是强制性的狂犬病疫苗接种)实际上有可能提高疫苗接种依从性。犬心丝虫病预防的依从性如犬恶丝虫检测和免疫接种日期记录等还有相当大的改善空间[82],这可能是近年来的一些预防失败最明显的原因[44]。

依从性可通过减少治疗频率或使给药更容易(和/或记住给药)以及避免主人在伴侣动物治疗后继续给药的需要。利用动物种属和新药内在活性之间独特的相互作用的例子有许多。但是,这也可通过联合用药(减少给药次数)、新的载药技术和提供增值服务如电子提醒系统来解决。

2.8.2　肠道内和肠道外给药

口服给药是常见和最简单的给药途径,尤其是给犬用药。市场上许多片剂是传统制剂,风味咀嚼片类口服片剂也开始出现在细分市场。例如,多年来,犬恶丝虫(犬心丝虫)标准的预防措施是每月给予犬低剂量的大环内酯类药物(如米尔贝肟、伊维菌素或莫西菌素)的矫味咀嚼片。这利用了两个基本条件:微丝蚴对这些低剂量化合物具有异常高的敏感性和这些脂溶性分子具有相对较长的半衰期。新的非甾体消炎药(NSAIDs),如卡洛芬[83、84]和美洛昔康,通过适当的结构改造拥有了更好的安全性,在作用强度和剂型方面来将更适合伴侣动物使用。卡洛芬固体口服制剂以及利用芳香剂蜂蜜进一步调制的美洛昔康口服混悬液芳香剂使的低剂量给药和给药便捷性更容易实现,尽管后者是按照体重计算剂量并用含刻度注射器以推注方式经口进行投药。现在,许多昔布类非甾体消炎药(NSAIDs)主要批准口服用于犬[85-87]。吗伐考昔因其半衰期长特别引人关注,这意味着只需每月口服一次[88]。

犬口服常规片剂补充甲状腺素是治疗犬原发性甲状腺功能衰退的传统疗法,该方法最初开发用于治疗人类原发性甲状腺功能衰退。这种治疗方法的缺点之一就是需要制备许多不同规格的片剂以便精确地投递剂量。甲状腺素的液体制剂能够利用标有精确刻度的注射器调整给药剂量[89]。这种制剂不仅减少了兽医库存需要,也已被证明适合给犬每日用药一次,这主要是基于该制剂口服无溶出阶段,能快速达到更高的血药峰浓度,因此能给甲状腺功能衰退犬的主人提供更好的依从性[89,90]。

另外一种减少口服给药频率的方法是将现有的活性成分制成缓释制剂。例如,甲巯咪唑或前体药物卡比马唑常规片剂,至少在最初治疗时,需要每天服用2次甚至3次才能在猫甲状腺功能亢进的治疗中取得最佳功效[91,92]。一种通过延长药物吸收过程而产生更高药时曲线下面积和长时间维持有效甲巯咪唑浓度的卡比马唑缓释片剂已经批准用于猫,每日给药仅一次[93,94]。

固定比例的复方片剂,如那些治疗人高血压的片剂,迄今为止还没有被开发出来用于兽医临床。在某些条件下,这种制剂可能有助于简化口服给药,如在治疗犬充血性心力衰竭等必须应用多种药物治疗时。

犬利什曼病的传统治疗方案是注射五价锑注射剂[95]。最近,最初被开发用于治疗人皮肤瘤和利什曼病[96]的烷基胆碱磷酸二酯(米替福新)已被批准用于治疗犬利什曼病[97]。它的优势在于可通过口服给药,而不需要注射给药。此外,可以每天口服用于止吐的多巴胺-D_2受体拮抗剂多潘立酮,已经表明可以用来调节犬利什曼病的治疗过程[98]。

胰岛素给药途径可能有许多避免肠道外注射给药的新方法,如结合纳米技术等其他技术[100]的口腔、鼻腔和经皮给药[99]。如果这些给药途径被证明是技术可行的和有成本效益的,将有力促进伴侣动物主人的依从性。其中一些给药途径已经在犬进行了研究[101],这将极大简化治疗,但目前尚未完成临床试验。尽管吸入给药已经作为人使用胰岛素的一种途径[99,102],但这还未被人类患者高度接受[99],且在患病动物使用也并不一定比皮下注射更容易。在早期诊断的猫糖尿病治疗中,如果能将口服的降糖因子制剂制备成具有较长的给药间隔和给药方便的制剂,也将具有重要作用和意义。

在控制伴侣动物体表寄生虫的药物研发的最新进展是来自植保领域的天然化合物多杀菌素[103]。多杀菌素是具有系统活性的化合物,其片剂在临床上每月口服一次用于控制犬跳蚤[104,105]。该化合物或更准确地表述该产品的市场动态也在某种程度上改变了跳蚤治疗药物领域的细分市场。这种创新的成功很可能将会看到在这一领域的进一步发展。这一领域未来的发展也可能来自植保领域的进步,并将继续专注于简化给药方法和增加用药的依从性。

传统的体表寄生虫药主要剂型为粉剂、喷雾剂和项圈。这些制剂中,许多面临作用时间相对较短的难题,需要频繁给药以避免产生保护间歇期。在 20 世纪 90 年代早期,每月口服给药一次氯芬奴隆和苯甲酰脲被证明对阻断跳蚤的发育是有效的。另外,依赖于皮下组织储存作用而维持活性的长效注射制剂(6 个月给药一次)对控制跳蚤也有效[110]。

犬心丝虫病全年防控管理的依从性是相当低的[82]。疗效持续 6 个月[111]或 12 个月[112]的缓释注射剂的开发对于提高伴侣动物主人的顺应性是非常必要的。人类需要每天口服的避孕的固体剂型已经部分被能在几个月[113]至几年[114]间持续释放孕激素的埋植剂所替代。在兽医临床,促性腺激素类似物埋植剂已被批准用于犬和马[115-117],利用无须外科手术取出的可降解型埋植剂[116]将进一步促进这种技术的发展和进步。因为它能以最小干预而起到长效的作用,这种技术还可能适用于其他细分市场。

常规的抗生素注射剂需要每天给药。头孢维星属于广谱头孢菌素类,因其在犬猫体内能维持长时间的抗菌活性已被研究开发。研究表明,该制剂在犬体内能维持高于对金黄色葡萄球菌的最小抑菌浓度(MIC)的时间为 12 d 左右[119],在猫体内能维持高于对多杀性巴氏杆菌最小抑菌浓度的时间为 14 d 左右[120]。虽然这种长效注射剂的成本高于阿莫西林—克拉维酸钾片,但这种不利可能被前者无须伴侣动物主人较好的依从性和可降低治疗失败率的优势所抵消[121],至少对于简单的细菌感染如此。然而,也有一些担心,特别是对那些不太敏感的病原,这种体内药物浓度长时间低于最小有效浓度的现象可能会诱导耐药性的产生[122]。

卡洛芬和美洛昔康注射剂作为猫围手术期的止疼药已经使用了多年[123,124]。最近,罗贝考昔[125]也被用作猫围手术期的止疼药。然而,这个领域仍然缺少的是能够可靠地检测和监测这些种属动物痛苦的手段。事实上,猫在临床试验过程中很少显示疼痛迹象或表现出完全的愤怒,使得对痛苦的监测特别具有挑战性。虽然用于测量和评估这一类药物对猫止痛作用的模型已经建立,但是从这一步到临床疗效与安全评价试验甚至到批准兽医临床的常规使用仍然处于早期阶段。

2.8.3 局部用药

局部用药常用于在皮肤局部起作用。糖皮质激素通常局部给药用于治疗伴侣动物的皮肤病,尤其是犬的。许多局部给药制剂是用于外耳道的油性混悬剂或者用于局部皮肤的乳膏剂和软膏剂,非油性凝胶剂[126]和喷雾剂[127]也在使用。环孢素是一种钙调磷酸酶抑制剂。喷雾剂可能为口服环孢素(也称为环孢霉素、环孢菌素 A)在犬过敏性皮肤疾病(过敏性皮炎)的治疗中提供一种替代制剂[128]。新型钙调磷酸酶抑制剂可用于过敏性皮炎的治疗,并可能有助于通过功效的增强和剂型的优化(减少给药次数)提高治疗效果和依从性。

糖皮质激素在治疗皮肤病、过敏和哮喘时,尤其是用于人,经常受限于其潜在的严重副作用。这些药物的毒副反应能作用于碳水化合物、蛋白质、脂肪代谢和免疫系统。糖皮质激素抗炎作用被认为主要通过抑制糖皮质激素受体的转录,而副作用主要是转录的激活。许多新药物,如氢化可的松醋丙酯[127]和糠酸莫米他松[129],可在犬局部使用。这些药物改善了老药效力,如倍他米松戊酸盐[130,131],但副作用并没有相应地增加。例如,按照推荐的用药剂量和频率在外部耳道给药 7 d 后,糠酸莫米他松是有效的且并未明显干扰犬的过敏测试[132]。当前,人类医学的研究都集中在开发所谓的游离类固醇,这类药物的抗炎作用和不良反应是非耦合的(所谓的转录抑制假设)。这类药物在使用时具有抗炎作用,但不会像当前的皮质类固醇在长期和高剂量使用时会产生严重副作用[133]。目前,还没有合适的甾体类治疗皮炎的药物,因此研究工作主要集中在开发糖皮质激素受体的配体类的非甾体类药物[133,134]。实际上,这些药物是否可行仍富有争议[133,134],动物保健成本的限制可能也会延长这些药物开发上市的进程,但未来在这些方面应会有所突破。这类药物一旦研制成功并批准在动物上使用,在兽医皮肤病的治疗中可能会有重要的作用,特别是对过敏性皮炎的治疗。

在 20 世纪 70 年代末,人们发现一些候选的除草剂具有杀虫活性。杀虫剂在植物保护的应用中受使用者(农民)自身安全性、环境的长期残留和快速诱导虫株耐受性等问题的困扰。这导致研究者集中开发设计特异性靶向昆虫神经系统的化学物质,从而希望提高使用者安全性、降低环境中的长期残留、减缓耐药性的产生。这些新化合物(吡虫啉、氟虫腈)都是昆虫神经毒素,对敏感的昆虫成虫快速起效[135]。氟虫腈喷雾剂已用于防治犬和猫的跳蚤[136]。随后,吡虫啉[137,138]、氯菊酯[139]和氟虫腈[140]的小容量浇泼剂被开发用于控制伴侣动物体表寄生虫。用药以后,这些脂溶性活性分子能持续存在于角质层、表皮层和毛囊—皮脂腺单位[141,142]。这些产品已经永远改变了小动物体表寄生虫药市场。今天,这样来源于植保领域的产品有许多。最近,该领域上市的产品是茚虫威,它是动物保健领域唯一批准的噁二嗪类杀虫剂,需要昆虫酶(据称为酯酶和/或酰胺酶)的活化或生物活化(甲氧基化脱羧酶)从而产生一种高杀虫活性的代谢物[143]。茚虫威原形化合物的活性较弱,在环境中的持续时间短,在体内被哺乳动物肝药酶(inone 基团的羟化和甲氧羰基的水解)降解成具有杀虫活性的 S-异构体形式[143]。

还有许多驱虫剂在局部使用时具有全身性活性[144]。这些药物单独或与常规的局部使用的杀外寄生虫药的联合应用能扩大常规产品对包括内寄生虫(如犬心丝虫)和其他体表寄生虫(如螨)的抗虫谱[145,146]。

局部给药的优势是可以避免口服,因此特别适合给猫用药。驱虫药历来以片剂形式口服给药,但最近更多的是以风味片的形式在犬和猫使用[147-149]。艾默德斯是一种由山茶叶真菌微菌群(无孢菌类)产生的天然 N-甲基环辛缩酚酸肽半合成衍生物[150],具抑制线虫活性[151]。已经开发出一种用于猫的新型浇泼剂,避免了口服给药[152]。同样,治疗猫甲状腺功能亢进症的甲巯咪唑也可以局部给药,从而代替传统的口服片剂给药方式。含有普朗尼克卵磷脂有机凝胶的即配即用型局部用药制剂似乎对猫胃肠道副反应较少[153],该结论需假定药物因皮肤渗透性差吸收较少而猫舔舐理毛时经口摄入了大部分[154]。最近,一种新型脂溶性甲巯咪唑局部给药制剂似乎已经达到了商业化所需的高质量标准[155]。

蠕形螨导致的疥癣的传统治疗方法是给予甲咪类杀虫剂——双甲脒,尽管其有可有效作用于昆虫和蜱章鱼胺受体[156]的特性,由于其具有哺乳动物 α_2 肾上腺素能受体的激动剂样作用[157],所以在制备成使用者和患畜友好型的制剂方面还具有很大困难。双甲脒浇泼剂的出现是一个进步[158],虽然双甲脒仍然存在全身副作用风险和强烈化学气味等不足。由于在治疗其他寄生虫病时需要比目前市场上的产品更频繁用药(例如,每周一次或每 2 周一次)[159-161],所以双甲脒浇泼剂对蠕形螨病的治疗仍然具有挑战。因此,还有巨大的改善空间去提高治疗的依从性。甲脒杀虫剂类的新药仍在不断的开发,但这些新化合物能否上市的关键在于是否具有很好的疗效但同时具有较少副作用和缺点。

2.9 载药装置

在过去25年里,虽然只有带针注射器在皮下给药时常规使用[163,164],但是带或不带针头注射装置已经存在了几十年[162]。这些设备有助于改善病人的生存质量和治疗依从性[164]。这种技术在兽医临床使用只在最近才开始[165-167]。

自20世纪80年代中期,药贴经皮给药已经开始用于人类医学。随着阿片类药物贴片在人实现经皮给药后,这些药物贴片已经被研究用于兽医临床[168]。虽然这种技术使给药更容易,但它不是特别适合在犬和猫的门诊治疗[169]。这些给药技术已经取得一定进步[170],但并不意味着这些给药方法在兽医临床上广泛使用,然而通常认为未来的发展应以不引起疼痛的非注射给药方式为方向。

治疗犬外耳炎的产品中通常含有抗生素、抗真菌药和皮质类固醇。多种药物已经应用多年,但也有一些新药物如三唑类抗真菌药泊沙康唑和合成糖皮质激素糠酸莫米松[129]用于临床。这些产品通常是从常规的塑料瓶逐滴挤出并滴加到外耳道。最近,一种含有抗菌药——皮质类固醇的新产品已上市销售[171]。该产品是将抗生素和皮质醇类药物预混在一个泵里[171],这简化了治疗,但美中不足的是只能给固定剂量,没有考虑到因动物大小差异而需不同的剂量。此外,外耳道通过毛细作用将这些水溶性药物吸收,就像人医临床中使用的产品一样[172],而且兽医通过给予耳贴来降低主人在伴侣动物慢性和经常过敏性疾病治疗中的依从性。许多皮肤病科兽医通过将其他制剂与耳芯或耳贴相结合,以确保渗出的治疗药物能在清理外耳道几周内实现原位吸收。时至今日,这种长效给药系统还没有广泛商用。考虑到这种病症发生的频繁性和长期性,在给药系统不断进步的基础上,也许未来针对这一疾病的给药系统将避开动物主人的参与。

2.10 食物药物相互作用和处方粮

许多伴侣动物主人常常将药物和食物一起进行投喂,这是一种简化的给药方法之一。人们很早就已经意识到饲喂的食物和饲喂形态可能会改变药物的生物利用度。食物可通过如下多种但不局限于这几种机制影响药物的药代动力学,例如提高药物溶解度、改变胃肠道生理状态或直接与药物的相互作用。许多这样的作用,比如四环素的阳离子螯合机制,已经长时间为人们所知[173]。食物作用使新药的研发更加复杂,特别是当临床试验需要监控食物的摄取和给药剂量的关系。在很多情况下,对药物和食物的相互作用的了解程度是有限的。这些相互作用可能是积极的[93,174-179]——胃肠道内的食物增强了药物的吸收，或者是消极的[85,176,180-182]。现在，有一些模型可以定性地预测饲喂对药物吸收的影响[183]。研制特定配方，比如自乳化递药系统，可以在未来为减少或最小化或完全阻止药物和食物的相互作用提供了一种可能[184,185]。不过更重要的是，伴侣动物采食状况对药物作用的基础理论还需要进一步深入研究。

数十年来，合适的处方粮已经应用于辅助一些传统药物的治疗，如治疗心脏病时限制盐的摄入。所谓的处方粮已经商业化20多年了。最近，一种低碘处方粮已被商业化用于治疗猫的甲状腺功能亢进。限制碘摄入并不是一件新鲜事，在人类放射性碘疗法中，往往会在治疗前进行短期的1～2周低碘饮食[186]。但是，长期的低碘饮食是富有争议的，因为碘缺乏被证明有诸多危害，如导致甲亢和甲状腺肿大[187]，也可能导致心血管疾病[188]。也就是说，类似于上述饮食治疗，通过控制碳水化合物的摄入，可以降低糖尿病猫对胰岛素的需求[189,190]，低碘处方粮为通过控制饮食来实现治疗提供了一种可能的突破。在未来，处方粮治疗会进一步成为可能。

2.11　药物遗传学与个体化治疗

一直以来，在使用抗菌药物治疗时，人们往往通过细菌培养和药敏试验来实施个体化治疗。最近，新指标被用作确定临床和流行病学的折点值。如时间依赖性抗菌药（如青霉素类和头孢菌素类），血药浓度高于最小抑菌浓度的时间被用来预测临床疗效[191]。对非时间依赖性抗菌药（又称浓度依赖性抗菌药，如氨基糖苷类和氟喹诺酮类药物），则 C_{max}/MIC 或 AUC/MIC 作为判断依据[191]。最终，“突变选择窗”假说认为，某一种抗菌药物在一个特定的浓度区间可以选择出具抗性增强的突变株[192]。这种方法利用 AUC 和 MPC（防突变浓度，指防止耐药突变菌株被选择性富集扩增所需的最小抗菌药物浓度）的比值作为指标，通过控制给药间隔来维持血药浓度，从而延缓耐药性的产生[192]。尽管在这方面已经有了一些研究，但至今这些替代指标在兽医领域的应用还鲜有报道（目前兽医临床抗菌药物 PK-PD 研究报道日益增多，译者注）。药动学-药效学同步模型（PK-PD）研究的进一步发展被认为将有助于合理调整治疗方案从而更好地适应不同个体的治疗需求。

三磷酸腺苷（ATP）结合盒（ABC）转运蛋白超家族在药物药动学和药效学方面的作用在逐渐被人们所认识。ABCB1 基因（即以前的多药耐药基因，MDR1）的表达产物，P-糖蛋白（P-gp），是研究最清楚的药物转运体之一，特别是在兽医领域。P-gp 在多种正常组织中表达，包括肠、脑毛细血管内皮细胞、成纤维细胞和胆道微管细胞,其主要作用是主动外排底物药物[193]。基于这种功能,P-gp 限制药物的口服吸收,阻止许多药物进入中枢神经系统,并加快将药物排出体外。许多在兽医临床使用的药物都是 P-gp 的底物,包括许多化疗药物和大环内酯类药物。ABCB1 基因在牧羊犬发生了缺少 4 个碱基对的天然突变,包括柯利牧羊犬、澳洲牧羊犬和喜乐蒂牧羊犬[194-200]。这种突变(ABCB1-1D)的影响在于,基因突变犬对于药物的耐受剂量远低于野生基因型的犬,因为它们无法将药物从脑中排至血液[194,196,198-200]。这方面的进一步研究可能将催生更多个性化治疗。

在人类医学,药物在不同个体之间的代谢差异已经被充分认识,而在兽医领域,群体药动学研究仍处在不断争论中。虽然群体药动学的研究并不是必需的,但是它将为基于选择正确给药方案的临床试验和安全性试验提供进一步的证据[174](目前兽药群体药动学研究已见大量报道,译者注)。看上去,个性化治疗仍将继续发展,未来甚至会为某一种群的亚种提供特异性的产品说明。

2.12 仿制药、标签外用药和调配药

动物保健公司将高达全年营业额的 10%投入产品的研发中[9]。事实上,产品研发成本已经增长了 150%以上[9]。尽管动物保健市场远小于人类保健市场,但动物保健品的投资和产品研发复杂性可能还将持续增长以便更好与人类保健产品一致。

2.12.1 仿制药

仿制兽药是指与原研兽药在成分数量和含量(例如活性成分和剂型)上保持一致的产品,并且通过合理设计的生物等效性试验被证明与参比制剂具有生物等效性。生物等效性是一个复杂的问题[201]。其假设是,如果两种药物具有生物等效性,那么产品根据药效学和安全性作为衡量标准的药理学作用应大体相同。但事实不是这样,在一些重要的参数上二者无法保持一致,尤其涉及作用效果的参数,因为仿制制剂和参比制剂的药代动力学特征通常并不完全相同。此外,还有很多其他需要考虑的因素,比如药代动力学参数高度变异的药物、缓释剂型以及外用制剂,所以仅仅简单估算生物等效性可能并不恰当[202-205]。

在人类医疗领域,参比制剂的资料和专利保护到期后,上市的仿制药可产生巨大的经济效益。也就难怪,知识产权的保护经常会引起法律诉讼[206]。在动物保健品领域,知识产权的保护显得同等重要[207],这是收回研发成本的前提,每种专利药物的研发成本 5 000 万~20 000 万欧元(合 6 500 万~26 500 万美元)[9]。批

准的仿制兽药的临床应用是合法的，兽医可以以批准的原研药物的相同方式使用这些药物。除非缺乏合适的兽药，与批准上市兽药一样，人用制剂（包括仿制药）一般不允许在兽医临床使用。

因为众多知名品牌制剂的活性成分专利保护已经过期，所以在伴侣动物保健品各细分市场都存在大量仿制药物。这些仿制药物的入市使该市场领域产品的组合更加丰富，虽然产品价格并没有像人药一样呈现大幅度的下降，但该市场领域价格体系通常会产生变化。那些拥有专利权的公司通常会通过对活性成分申请衍生专利或改变剂型来保持竞争力（如将传统片剂改变成适口的咀嚼片或增加新的活性成分）[52]。考虑到研发一种新的动物保健品所耗费的时间（8～12 年）[9]和经济成本之后，不难发现，围绕知识产权的争夺和保护仍将十分重要和激烈，甚至会产生诉讼。这里的新产品不仅是新专利的化学物质，也包括新剂型和生产工艺。

2.12.2　标签外用药

欧盟计划立法确保兽药产品的质量、安全性和治疗效果。然而，众所周知的是在某些情况下，未经授权的药物治疗的效益大于潜在的风险。这种法定豁免的情况叫作“标签外用药”，可以用来扩大现有兽药的使用范围。

这种标签外用药从法律上允许执业兽医在没有合法药物可用时，通过自己的临床判断使用合适的药物。当执业兽医在进行治疗时，对于某一特殊情况没有合适的合法药物可用，可以使用批准用于另一情况的处方、适用另一种动物、另一国家允许合法使用甚至是人用药物，所谓特殊情况，包括一些特殊的进出口要求。这种情况只适用于药物无法由兽医、兽药药剂师或持有生产许可的厂家临时制备的情况（无法提供、制备或是作为权宜之计的更改其他药物，只能是权宜之计）。

在标签外用药情况下，药物的选择应当基于临床治疗需求而不是成本考虑。所以，不能仅仅因人用药物比兽药便宜，就选择使用人药。标签外用药不仅仅适用于药物选择，也适用于给药频率的选择。不按照批准的兽药产品说明书和标签使用的任何变化都是不按标签使用（标签外用药）。

2.12.3　调配兽药

所谓的“调剂学”是指临时生产（或调配）兽药用于动物的现象，在美国[208]比在欧洲[209]更常见。对于不同的动物个体来讲，调配兽药比商品化产品更能提供更加差异化的选择，因而调配的兽药在某些情况下是一个更好的选择，比如对于那些体重小于商品化兽药说明书标称重量的动物，自行调配药物更容易控制剂量，又比如有些动物个体对添加色素或者佐剂过敏时调配的兽药当然更好。一般来说，调配兽药及其生产质量没有审评标准[210],这种兽药并没有变得大张旗鼓或者大力推广(我国尚未对调配兽药开展立法,译者注)。

兽医给动物治疗时的责任就是应同时为使用兽药的安全性和疗效负责[208]。自行配制的兽药在某些特殊情况下不失为一种很好的选择,但因其可能面临显而易见的困难,特别是在质量方面[208,211],并不提倡大量广泛使用。药物辅料也许不相同,批量检查也许没有进行,终产品的长期稳定性试验往往没有执行,开封之后的保质期和最佳保存条件也往往不甚明了[212-214]。例如,研究表明,自行配制的鱼精蛋白锌胰岛素就被发现很少符合美国药典(USP)标准[215]。一般来说,自行调配的兽药往往没有明确的成分、含量和特征说明,即便是那些在美国几乎常规用于伴侣动物的自行调配兽药。

在伴侣动物市场的许多小市场中,由于许多品牌中有效成分中存在仿制产品,因此不再受到知识产权保护。仿制药进入者使市场变得越来越拥挤,尽管价格下降的幅度不如人类医学那样大,但市场的定价结构通常会发生变化。一些品牌仍然能够通过增加其他要求,更改配方(例如,从传统片剂改为风味咀嚼片或通过添加其他活性剂来保持竞争优势[52])。考虑到开发新的动物保健产品所花费的成本和所需的时间(8～12 年)[9],很可能不仅在新化合物研发过程产生知识产权纠纷,而且配方和制造过程中的知识产权也会仍然重要,竞争激烈并且可能引起诉讼的领域。

2.13 兽药法规和警戒

2.13.1 兽药法规

在颁发许可证之前,动物保健产品的质量、安全性和有效性都需要试验证明并通过监管部门的科学评审。这个过程确保只有那些满足确定标准,并且经过深入研究和仔细评审的兽药才能上市[9]。作为整个程序的一部分,最终该产品所有的研究数据将会被汇总成一份文件或者档案交予相关的主管部门。

在美国,美国农业部(USDA)负责疫苗的登记注册,至少是负责那些预防感染性疾病的药品[216]。同样的,美国环境保护局(EPA)负责杀虫剂的登记注册,包括那些用于犬、猫体表驱虫的局部用驱虫药。美国食品和药物管理局(FDA)兽医中心(CVM)主要负责兽药产品管理,包括需要兽医处方且作用于体内寄生虫的杀虫剂[216]。欧洲药品管理局是由负责审评人用和兽用药物的不同部门组成的评审中心。其核心的工作职责就是负责审评新的生物制品和化合物、新技术药物或新制剂等其他药品[9]。

产品审批不是一次性的过程而是需要持续性工作以维护现有产品的许可证，这可能要花费动物保健公司年度研发预算的 35%[9]。不仅如此，总体来讲，药物审批费用还在不断上涨，审评要求也变得更加严格。随着审批条件越来越复杂，至少对于创新和新型动物保健产品，药物上市所需要的时间和成本仍在不断增加。对于这样的情况，一系列措施已经开始促进协作。在兽药注册技术要求国际协调委员会(VICH)的框架下，美国、欧盟、日本以及作为观察员的加拿大、澳大利亚和新西兰，已经共同协调处理产品给予市场授权前所需要提交的审批资料[217]。许多指导原则已经实施，其中包括疫苗的研发指导原则。

另一些法案则提倡创新和增加审批药品的数量，如 EMA 倡议支持中小微型药品公司的研发[218]。至少有 31 家公司(16 家动物保健公司和 15 家涉及人用和兽用药物的公司)已经达到了中小型企业法(SME)的严格规定的标准，但是审批通过率远不如大型公司，这主要是产品质量问题[218]。为了提高动物福利，实施孤儿药和次要动物用药(MUMS)的规章制度已经被提上日程，不仅涉及这些所谓的次要动物，也包括在主要伴侣动物不经常(很少)使用的药物[219-221]。

2.13.2　上市后兽药监管

兽药警戒(或上市后兽药监管)包括了监控、研究、评估以及对兽药产品疑似不良反应的评价(包括缺乏在患畜预期的疗效和作用)。监管数据并不仅仅来源于兽药产品的研发阶段，还包括其上市销售以后的情况。许多国家建立有完善的报告机制，这样动物保健产品的提供者和使用者就可以报告兽药的疑似不良反应。这个系统被应用于追踪所有用于动物的药品，无论是否按标签使用或标签外用药。

某种兽药产品上市后，继续了解其在某个动物种群的疗效和安全性是一个很重要的课题。由于信息来源于使用该产品的庞大动物群体，并且可能存在与其他兽药的相互作用以及在疾病状态、生理机能改变的条件下，反映了产品可能的药动学特征上的变化(如吸收程度和速率)。兽药警戒数据的收集，有助于根据兽医临床适应证的治疗效果进一步调整兽药产品许可。

2.14　结论

在可预见的未来，全球伴侣动物保健市场将继续迅猛增长，也会朝着更专业化的方向发展。伴侣动物保健市场增长的主要推动力在于主人与伴侣动物之间更加亲密的关系、主人不断增强的动物保健意识以及希望为伴侣动物提供更好护理的意愿。随着城市化进程的继续推进,人们饲养伴侣动物的数量和种类将会发生深刻的变化,这些物种的健康护理需求预计将会增长。当然,这会受到经济、社会和人口结构变化趋势的影响。顺应全球药品管理的需求,需要在伴侣动物临床开展基于证据为基础的研究,将进一步推动产品研发费用增长。在更大的人类保健市场的影响下,新化学实体将不断涌现。在传统的给药技术不断受到挑战的情况下,注重结合制剂新技术并增加伴侣动物依从性和疗效的差异化产品将继续增加。

参考文献

1. Friedmann E, Son H (2009) The human-companion animal bond: how humans benefit. Vct Clin North Am Small Anim Pract 39:293–326
2. Arhant-Sudhir K, Arhant-Sudhir R, Sudhir K (2011) Pet ownership and cardiovascular risk reduction: supporting evidence, conflicting data and underlying mechanisms. Clin Exp Pharmacol Physiol 38:734–738
3. Wood L, Giles-Corti B, Bulsara M (2005) The pet connection: pets as a conduit for social capital? Soc Sci Med 61:1159–1173
4. Jennings LB (1997) Potential benefits of pet ownership in health promotion. J Holist Nurs 15:358–372
5. McConnell AR, Brown CM, Shoda TM, Stayton LE, Martin CE (2011) Friends with benefits: on the positive consequences of pet ownership. J Pers Soc Psychol 101:1239–1252
6. Knight S, Edwards V (2008) In the company of wolves: the physical, social, and psychological benefits of dog ownership. J Aging Health 20:437–455
7. Cline KM (2010) Psychological effects of dog ownership: role strain, role enhancement, and depression. J Soc Psychol 150:117–131
8. Palley LS, O'Rourke PP, Niemi SM (2010) Mainstreaming animal-assisted therapy. ILAR J 51:199–207
9. International Federation for Animal Health-Europe (IFAH-Europe) (2008) Facts and figures about the European animal health industry. http://www.ifaheurope.org/files/ifah/documentslive/41/199_FFfinal.pdf. Accessed 29 Jan 2012
10. Philips M (2007) The pets we love–and drug. Newsweek 149:40–41
11. Volk JO, Felsted KE, Thomas JG, Siren CW (2011) Executive summary of phase 2 of the Bayer veterinary care usage study. J Am Vet Med Assoc 239:1311–1316
12. Buhr BL, Holtkamp D, Sornsen S (2011) Healthy competition in the animal health industry. Choices 26. Accessed 16 Mar 2012
13. Geary TG, Thompson DP (2003) Development of antiparasitic drugs in the 21st century. Vet Parasitol 115:167–184
14. Ceresia ML, Fasser CE, Rush JE, Scheife RT, Orcutt CJ, Michalski DL, Mazan MR, Dorsey MT, Bernardi SP (2009) The role and education of the veterinary pharmacist. Am J Pharm Educ 73:16
15. McDowell A, Assink L, Musgrave R, Soper H, Chantal C, Norris P (2011) Comparison of prescribing and dispensing processes between veterinarians and pharmacists in New Zealand: are there opportunities for cooperation? Pharmacy Practice 9:23–30
16. O'Rourke K (2002) Florida Board of Pharmacy disciplines PetMed Express. Savemax.

Internet pharmacies given another chance. J Am Vet Med Assoc 220(1583–1584):1604
17. van Herten J (2008) KNMVD sees veterinary court decision about internet pharmacy Medpets in good hands. Tijdschr Diergeneeskd 133:815
18. Anonymous (2001) DEA addresses queries about Internet pharmacies. J Am Vet Med Assoc 219(4):423–424
19. American Pet Product Association (APPA) (2012) 2011–2012 National Pet Owners Survey. http://www.americanpetproducts.org/press_industrytrends.asp. Accessed 29 Jan 2012
20. Klumpers M, Endenburg N (2009) Pets, veterinarians, and multicultural society. Tijdschr Diergeneeskd 134:54–61
21. Wolf CA, Lloyd JW, Black JR (2008) An examination of US consumer pet-related and veterinary service expenditures, 1980-2005. J Am Vet Med Assoc 233:404–413
22. Baguley J (2011) An analysis of the demand for and revenue from companion animal veterinary services in Australia between 1996 and 2006 using industry revenue data and household census and pet ownership data and forecasts. Aust Vet J 89:352–359
23. Dunn L (2006) Small animal practice: billing, third-party payment options, and pet health insurance. Vet Clin North Am Small Anim Pract 36:411–418, vii
24. Vermeulen P, Endenburg N, Lumeij JT (2008) Numbers of dogs, cats, birds, and exotic animals in veterinary practices in the Netherlands 1994–2005 and possible consequences for the veterinary curriculum. Tijdschr Diergeneeskd 133:760–763
25. USDA (2002) US Rabbit industry profile. http://www.aphis.usda.gov/animal_health/emergingissues/downloads/RabbitReport1.pdf. Accessed 16 Mar 2012
26. Palatnik-de-Sousa CB, Day MJ (2011) One Health: the global challenge of epidemic and endemic leishmaniasis. Parasite Vectors 10:197
27. Parola P, Socolovschi C, Jeanjean L, Bitam I, Fournier PE, Sotto A, Labauge P, Raoult D (2008) Warmer weather linked to tick attack and emergence of severe rickettsioses. PLoS Negl Trop Dis 2:e338
28. Teel PD, Ketchum HR, Mock DE, Wright RE, Strey OF (2010) The Gulf Coast tick: a review of the life history, ecology, distribution, and emergence as an arthropod of medical and veterinary importance. J Med Entomol 47:707–722
29. Porchet MJ, Sager H, Muggli L, Oppliger A, Müller N, Frey C, Gottstein B (2007) A descriptive epidemiological study on canine babesiosis in the Lake Geneva region. Schweiz Arch Tierheilkd 149:457–465
30. Petersen CA (2009) Leishmaniasis, an emerging disease found in companion animals in the United States. Top Companion Anim Med 24:182–188
31. Aspöck H, Gerersdorfer T, Formayer H, Walochnik J (2008) Sandflies and sandfly-borne infections of humans in Central Europe in the light of climate change. Wien Klin Wochenschr 120(Suppl 4):24–29
32. Genchi C, Kramer LH, Rivasi F (2011) Dirofilarial infections in Europe. Vector Borne Zoonotic Dis 11:1307–1317
33. Morgan E, Shaw S (2010) Angiostrongylus vasorum infection in dogs: continuing spread and developments in diagnosis and treatment. J Small Anim Pract 51:616–621
34. Helm JR, Morgan ER, Jackson MW, Wotton P, Bell R (2010) Canine angiostrongylosis: an emerging disease in Europe. J Vet Emerg Crit Care (San Antonio) 20:98–109
35. Traversa D (2011) Are we paying too much attention to cardio-pulmonary nematodes and neglecting old-fashioned worms like *Trichuris vulpis*? Parasite Vectors 4:32
36. Rubinsky-Elefant G, Hirata CE, Yamamoto JH, Ferreira MU (2010) Human toxocariasis: diagnosis, worldwide seroprevalences and clinical expression of the systemic and ocular

forms. Ann Trop Med Parasitol 104:3–23
37. Torgerson PR (2006) Mathematical models for the control of cystic echinococcosis. Parasitol Int 55(Suppl):S253–S258
38. Cohn LA, Middleton JR (2010) A veterinary perspective on methicillin-resistant staphylococci. J Vet Emerg Crit Care 20:31–45
39. Ewers C, Grobbel M, Bethe A, Wieler LH, Guenther S (2011) Extended-spectrum beta-lactamases-producing gram-negative bacteria in companion animals: action is clearly warranted! Berl Munch Tierarztl Wochenschr 124:94–101
40. Murphy CP, Reid-Smith RJ, Boerlin P, Weese JS, Prescott JF, Janecko N, Hassard L, McEwen SA (2010) Escherichia coli and selected veterinary and zoonotic pathogens isolated from environmental sites in companion animal veterinary hospitals in southern Ontario. Can Vet J 51:963–972
41. Loeffler A, Lloyd DH (2010) Companion animals: a reservoir for methicillin-resistant *Staphylococcus aureus* in the community? Epidemiol Infect 138:595–605
42. Prescott JF (2008) Antimicrobial use in food and companion animals. Anim Health Res Rev 9:127–133
43. van Duijkeren E, Catry B, Greko C, Moreno MA, Pomba MC, Pyörälä S, Ružauskas M, Sanders P, Threlfall EJ, Torren-Edo J, Törneke K (2011) Review on methicillin-resistant *Staphylococcus pseudintermedius*. J Antimicrob Chemother 66:2705–2714
44. Geary TG, Bourguinat C, Prichard RK (2011) Evidence for macrocyclic lactone anthelmintic resistance in *Dirofilaria immitis*. Top Companion Anim Med 26:186–192
45. McCall JW, Genchi C, Kramer LH, Guerrero J, Venco L (2008) Heartworm disease in animals and humans. Adv Parasitol 66:193–285
46. Dryden MW, Rust MK (1994) The cat flea: biology, ecology and control. Vet Parasitol 52:1–19
47. Bossard RL, Hinkle NC, Rust MK (1998) Review of insecticide resistance in cat fleas (Siphonaptera: Pulicidae). J Med Entomol 35:415–422
48. Lemke LA, Koehler PG, Patterson RS (1989) Susceptibility of the cat flea (Siphonaptera: Pulicidae) to pyrethroids. Econ Entomol 82:839–841
49. Bass C, Schroeder I, Turberg A, Field LM, Williamson MS (2004) Identification of the Rdl mutation in laboratory and field strains of the cat flea, *Ctenocephalides felis* (Siphonaptera: Pulicidae). Pest Manag Sci 60:1157–1162
50. Bass C, Schroeder I, Turberg A, Field LM, Williamson MS (2004) Identification of mutations associated with pyrethroid resistance in the para-type sodium channel of the cat flea, *Ctenocephalides felis*. Insect Biochem Mol Biol 34:1305–1313
51. Bossard RL, Dryden MW, Broce AB (2002) Insecticide susceptibilities of cat fleas (Siphonaptera: Pulicidae) from several regions of the United States. J Med Entomol 39:742–746
52. Young DR, Jeannin PC, Boeckh A (2004) Efficacy of fipronil/(S)-methoprene combination spot-on for dogs against shed eggs, emerging and existing adult cat fleas (*Ctenocephalides felis*, Bouché). Vet Parasitol 125:397–407
53. Otranto D, Lia RP, Cantacessi C, Galli G, Paradies P, Mallia E, Capelli G (2005) Efficacy of a combination of imidacloprid 10%/permethrin 50% versus fipronil 10%/(S)-methoprene 12%, against ticks in naturally infected dogs. Vet Parasitol 130:293–304
54. Prullage JB, Tran HV, Timmons P, Harriman J, Chester ST, Powell K (2011) The combined mode of action of fipronil and amitraz on the motility of *Rhipicephalus sanguineus*. Vet Parasitol 179:302–310

55. Kraft W (1998) Geriatrics in canine and feline internal medicine. Eur J Med Res 3:31–41
56. Bonnett BN, Egenvall A (2011) Age patterns of disease and death in insured Swedish dogs, cats and horses. J Comp Pathol 142(Suppl 1):S33–S38
57. Gossellin J, Wren JA, Sunderland SJ (2007) Canine obesity: an overview. J Vet Pharmacol Ther 30(Suppl 1):1–10
58. Heuberger R, Wakshlag J (2011) Characteristics of ageing pets and their owners: dogs v. cats. Br J Nutr 106(Suppl 1):S150–S153
59. Hahn NM, Bonney PL, Dhawan D, Jones DR, Balch C, Guo Z, Hartman-Frey C, Fang F, Parker HG, Kwon EM, Ostrander EA, Nephew KP, Knapp DW (2012) Subcutaneous 5-azacitidine treatment of naturally occurring canine urothelial carcinoma: a novel epigenetic approach to human urothelial carcinoma drug development. J Urol 187:302–309
60. Thamm D, Dow S (2011) How companion animals contribute to the fight against cancer in humans. Vet Ital 45:111–120
61. Withrow SJ, Wilkins RM (2010) Cross talk from pets to people: translational osteosarcoma treatments. ILAR J 51:208–213
62. Henson MS, O'Brien TD (2006) Feline models of type 2 diabetes mellitus. ILAR J 47:234–242
63. Hoenig M (2006) The cat as a model for human nutrition and disease. Curr Opin Clin Nutr Metab Care 9:584–588
64. Catchpole B, Ristic JM, Fleeman LM, Davison LJ (2005) Canine diabetes mellitus: can old dogs teach us new tricks? Diabetologia 48:1948–1956
65. White JD, Malik R, Norris JM (2011) Feline chronic kidney disease: can we move from treatment to prevention? Vet J 190:317–322
66. Martineau P, Goulet J (2001) New competition in the realm of renin-angiotensin axis inhibition; the angiotensin II receptor antagonists in congestive heart failure. Ann Pharmacother 35(1):71–84
67. Poulet H, Minke J, Pardo MC, Juillard V, Nordgren B, Audonnet JC (2007) Development and registration of recombinant veterinary vaccines. The example of the canarypox vector platform. Vaccine 25:5606–5612
68. Spibey N, McCabe VJ, Greenwood NM, Jack SC, Sutton D, van der Waart L (2012) Novel bivalent vectored vaccine for control of myxomatosis and rabbit haemorrhagic disease. Vet Rec 170:309
69. Blancou J (2008) The control of rabies in Eurasia: overview, history and background. Dev Biol (Basel) 131:3–15
70. Cohen C, Artois M, Pontier D (2000) A discrete-event computer model of feline herpes virus within cat populations. Prev Vet Med 45(3–4):163–181
71. Parra LE, Borja-Cabrera GP, Santos FN, Souza LO, Palatnik-de-Sousa CB, Menz I (2007) Safety trial using the Leishmune vaccine against canine visceral leishmaniasis in Brazil. Vaccine 25:2180–2186
72. Dantas-Torres F (2006) Leishmune vaccine: the newest tool for prevention and control of canine visceral leishmaniosis and its potential as a transmission-blocking vaccine. Vet Parasitol 141(1–2):1–8
73. Bourdoiseau G, Hugnet C, Gonçalves RB, Vézilier F, Petit-Didier E, Papierok G, Lemesre JL (2009) Effective humoral and cellular immunoprotective responses in Li ESAp-MDP vaccinated protected dogs. Vet Immunol Immunopathol 128:71–78
74. Lemesre JL, Holzmuller P, Gonçalves RB, Bourdoiseau G, Hugnet C, Cavaleyra M, Papierok G (2007) Long-lasting protection against canine visceral leishmaniasis using the LiESAp-MDP

vaccine in endemic areas of France: double-blind randomised efficacy field trial. Vaccine 25:4223–4234
75. den Boer M, Argaw D, Jannin J, Alvar J (2011) Leishmaniasis impact and treatment access. Clin Microbiol Infect 17:1471–1477
76. Kling J (2007) Biotech for your companion? Nat Biotechnol 25:1343–1345
77. Adams VJ, Campbell JR, Waldner CL, Dowling PM, Shmon CL (2005) Evaluation of client compliance with short-term administration of antimicrobials to dogs. J Am Vet Med Assoc 226:567–574
78. Barter LS, Maddison JE, Watson AD (1996) Comparison of methods to assess dog owners' therapeutic compliance. Aust Vet J 74:443–446
79. Barter LS, Watson AD, Maddison JE (1996) Owner compliance with short term antimicrobial medication in dogs. Aust Vet J 74:277–280
80. Grave K, Tanem H (1999) Compliance with short-term oral antibacterial drug treatment in dogs. J Small Anim Pract 40:158–162
81. Rogers CL (2011) Rabies vaccination compliance following introduction of the triennial vaccination interval—the Texas experience. Zoonoses Public Health 58:229–233
82. Rohrbach BW, Odoi A, Patton S (2011) Survey of heartworm prevention practices among members of a national hunting dog club. J Am Anim Hosp Assoc 47:161–169
83. Vasseur PB, Johnson AL, Budsberg SC, Lincoln JD, Toombs JP, Whitehair JG, Lentz EL (1995) Randomized, controlled trial of the efficacy of carprofen, a nonsteroidal anti-inflammatory drug, in the treatment of osteoarthritis in dogs. J Am Vet Med Assoc 206:807–811
84. Fox SM, Johnston SA (1997) Use of carprofen for the treatment of pain and inflammation in dogs. J Am Vet Med Assoc 210:1493–1498
85. King JN, Arnaud JP, Goldenthal EI, Gruet P, Jung M, Seewald W, Lees P (2011) Robenacoxib in the dog: target species safety in relation to extent and duration of inhibition of COX-1 and COX-2. J Vet Pharmacol Ther 34:298–311
86. Roberts ES, Van Lare KA, Marable BR, Salminen WF (2009) Safety and tolerability of 3-week and 6-month dosing of Deramaxx (deracoxib) chewable tablets in dogs. J Vet Pharmacol Ther 32:329–337
87. Steagall PV, Mantovani FB, Ferreira TH, Salcedo ES, Moutinho FQ, Luna SP (2007) Evaluation of the adverse effects of oral firocoxib in healthy dogs. J Vet Pharmacol Ther 30:218–223
88. Cox SR, Lesman SP, Boucher JF, Krautmann MJ, Hummel BD, Savides M, Marsh S, Fielder A, Stegemann MR (2010) The pharmacokinetics of mavacoxib, a long-acting COX-2 inhibitor, in young adult laboratory dogs. J Vet Pharmacol Ther 33:461–470
89. Le Traon G, Burgaud S, Horspool LJ (2008) Pharmacokinetics of total thyroxine in dogs after administration of an oral solution of levothyroxine sodium. J Vet Pharmacol Ther 31:95–101
90. Le Traon G, Brennan SF, Burgaud S, Daminet S, Gommeren K, Horspool LJ, Rosenberg D, Mooney CT (2009) Clinical evaluation of a novel liquid formulation of L-thyroxine for once daily treatment of dogs with hypothyroidism. J Vet Intern Med 23:43–49
91. Trepanier LA (2006) Medical management of hyperthyroidism. Clin Tech Small Anim Pract 21:22–28
92. Trepanier LA, Hoffman SB, Kroll M, Rodan I, Challoner L (2003) Efficacy and safety of once versus twice daily administration of methimazole in cats with hyperthyroidism. J Am Vet Med Assoc 222:954–958
93. Frénais R, Burgaud S, Horspool LJ (2008) Pharmacokinetics of controlled-release carbima-

zole tablets support once daily dosing in cats. J Vet Pharmacol Ther 31:213–219
94. Frénais R, Rosenberg D, Burgaud S, Horspool LJ (2009) Clinical efficacy and safety of a once-daily formulation of carbimazole in cats with hyperthyroidism. J Small Anim Pract 50:510–515
95. Noli C, Auxilia ST (2005) Treatment of canine Old World visceral leishmaniasis: a systematic review. Vet Dermatol 16:213–232
96. da Silva SM, Amorim IF, Ribeiro RR, Azevedo EG, Demicheli C, Melo MN, Tafuri WL, Gontijo NF, Michalick MS, Frézard F (2012) Efficacy of combined therapy with liposome-encapsulated meglumine antimoniate and allopurinol in the treatment of canine visceral leishmaniasis. Antimicrob Agents Chemother 56(6):2858–2867
97. Guerin PJ, Olliaro P, Sundar S, Boelaert M, Croft SL, Desjeux P, Wasunna MK, Bryceson AD (2002) Visceral leishmaniasis: current status of control, diagnosis, and treatment, and a proposed research and development agenda. Lancet Infect Dis 2:494–501
98. Gómez-Ochoa P, Castillo JA, Gascón M, Zarate JJ, Alvarez F, Couto CG (2009) Use of domperidone in the treatment of canine visceral leishmaniasis: a clinical trial. Vet J 179: 259–263
99. Heinemann L (2011) New ways of insulin delivery. Int J Clin Pract Suppl 170:31–46
100. Reis CP, Damgé C (2012) Nanotechnology as a promising strategy for alternative routes of insulin delivery. Methods Enzymol 508:271–294
101. Saffran M, Field JB, Peña J, Jones RH, Okuda Y (1991) Oral insulin in diabetic dogs. J Endocrinol 131:267–278
102. Zarogoulidis P, Papanas N, Kouliatsis G, Spyratos D, Zarogoulidis K, Maltezos E (2011) Inhaled insulin: too soon to be forgotten? J Aerosol Med Pulm Drug Deliv 24:213–223
103. West SD, Turner LG (2000) Determination of spinosad and its metabolites in citrus crops and orange processed commodities by HPLC with UV detection. J Agric Food Chem 48:366–372
104. Snyder DE, Meyer J, Zimmermann AG, Qiao M, Gissendanner SJ, Cruthers LR, Slone RL, Young DR (2007) Preliminary studies on the effectiveness of the novel pulvicide, spinosad, for the treatment and control of fleas on dogs. Vet Parasitol 150:345–351
105. Robertson-Plouch C, Baker KA, Hozak RR, Zimmermann AG, Parks SC, Herr C, Hart LM, Jay J, Hutchens DE, Snyder DE (2008) Clinical field study of the safety and efficacy of spinosad chewable tablets for controlling fleas on dogs. Vet Ther 9:26–36
106. Blagburn BL, Vaughan JL, Lindsay DS, Tebbitt GL (1994) Efficacy dosage titration of lufenuron against developmental stages of fleas (*Ctenocephalides felis felis*) in cats. Am J Vet Res 55:98–101
107. Hink WF, Drought DC, Barnett S (1991) Effect of an experimental systemic compound, CGA-184699, on life stages of the cat flea (Siphonaptera: Pulicidae). J Med Entomol 28:424–427
108. Hink WF, Zakson M, Barnett S (1994) Evaluation of a single oral dose of lufenuron to control flea infestations in dogs. Am J Vet Res 55:822–824
109. Hotz RP, Hassler S, Maurer MP (2000) Determination of lufenuron in canine skin layers by radioluminography. Schweiz Arch Tierheilkd 142:173–176
110. Franc M, Cadiergues MC (1997) Use of injectable lufenuron for treatment of infestations of *Ctenocephalides felis* in cats. Am J Vet Res 58:140–142
111. Lok JB, Knight DH, Wang GT, Doscher ME, Nolan TJ, Hendrick MJ, Steber W, Heaney K (2001) Activity of an injectable, sustained-release formulation of moxidectin administered prophylactically to mixed-breed dogs to prevent infection with *Dirofilaria immitis*. Am J Vet

Res 62:1721–1726

112. Holm-Martin M, Atwell R (2004) Evaluation of a single injection of a sustained-release formulation of moxidectin for prevention of experimental heartworm infection after 12 months in dogs. Am J Vet Res 65:1596–1599
113. Bhatnagar S, Srivastava UK, Takkar D, Chandra VL, Hingorani V, Laumas KR (1975) Long-term contraception by steroid-releasing implants. II. A preliminary report on long-term contraception by a single silastic implant containing norethindrone acetate (ENTA) in women. Contraception 11:505–521
114. Simon P, Sternon J (2000) Etonorgestrel (Implanon) subcutaneous implant. Rev Med Brux 21:105–109
115. Meinert C, Silva JF, Kroetz I, Klug E, Trigg TE, Hoppen HO, Jöchle W (1993) Advancing the time of ovulation in the mare with a short-term implant releasing the GnRH analogue deslorelin. Equine Vct J 25:65–68
116. Trigg TE, Wright PJ, Armour AF, Williamson PE, Junaidi A, Martin GB, Doyle AG, Walsh J (2001) Use of a GnRH analogue implant to produce reversible long-term suppression of reproductive function in male and female domestic dogs. J Reprod Fertil Suppl 57:255–261
117. Rubion S, Desmoulins PO, Rivière-Godet E, Kinziger M, Salavert F, Rutten F, Flochlay-Sigognault A, Driancourt MA (2006) Treatment with a subcutaneous GnRH agonist containing controlled release device reversibly prevents puberty in bitches. Theriogenology 66:1651–1654
118. Stegemann MR, Passmore CA, Sherington J, Lindeman CJ, Papp G, Weigel DJ, Skogerboe TL (2006) Antimicrobial activity and spectrum of cefovecin, a new extended-spectrum cephalosporin, against pathogens collected from dogs and cats in Europe and North America. Antimicrob Agents Chemother 50:2286–2292
119. Stegemann MR, Sherington J, Blanchflower S (2006) Pharmacokinetics and pharmacodynamics of cefovecin in dogs. J Vet Pharmacol Ther 29:501–511
120. Stegemann MR, Sherington J, Coati N, Brown SA, Blanchflower S (2006) Pharmacokinetics of cefovecin in cats. J Vet Pharmacol Ther 29:513–524
121. Van Vlaenderen I, Nautrup BP, Gasper SM (2011) Estimation of the clinical and economic consequences of non-compliance with antimicrobial treatment of canine skin infections. Prev Vet Med 99:201–210
122. Mateus A, Brodbelt DC, Barber N, Stärk KDC (2011) Antimicrobial usage in dogs and cats in first opinion veterinary practices in the UK. J Small Anim Pract 52:515–521
123. Slingsby LS, Waterman-Pearson AE (2002) Comparison between meloxicam and carprofen for postoperative analgesia after feline ovariohysterectomy. J Small Anim Pract 43:286–289
124. Morton CM, Grant D, Johnston L, Letellier IM, Narbe R (2011) Clinical evaluation of meloxicam versus ketoprofen in cats suffering from painful acute locomotor disorders. J Feline Med Surg 13:237–243
125. Kamata M, King JN, Seewald W, Sakakibara N, Yamashita K, Nishimura R (2012) Comparison of injectable robenacoxib versus meloxicam for peri-operative use in cats: results of a randomised clinical trial. Vet J 193:114–118
126. Degim IT, Hadgraft J, Houghton E, Teale P (1999) In vitro percutaneous absorption of fusidic acid and betamethasone 17-valerate across canine skin. J Small Anim Pract 40:515–518
127. Nuttall T, Mueller R, Bensignor E, Verde M, Noli C, Schmidt V, Rème C (2009) Efficacy of a 0.0584% hydrocortisone aceponate spray in the management of canine atopic dermatitis: a randomised, double blind, placebo-controlled trial. Vet Dermatol 20:191–198
128. Nuttall TJ, Mcewan NA, Bensignor E, Cornegliani L, Löwenstein C, Rème CA (2012)

Comparable efficacy of a topical 0.0584% hydrocortisone aceponate spray and oral ciclosporin in treating canine atopic dermatitis. Vet Dermatol 23:4–10, e1–e2
129. Horspool LJI, Weingarten A (2011) Novel agents in the treatment of canine otitis externa. Proceedings SCIVAC International Congress, Rimini, Italy, 27–29 May 2011. pp 241–243
130. Ghubash R, Marsella R, Kunkle G (2004) Evaluation of adrenal function in small-breed dogs receiving otic glucocorticoids. Vet Dermatol 15:363–368
131. Ginel PJ, Garrido C, Lucena R (2007) Effects of otic betamethasone on intradermal testing in normal dogs. Vet Dermatol 18:205–210
132. Reeder CJ, Griffin CE, Polissar NL, Neradilek B, Armstrong RD (2008) Comparative adrenocortical suppression in dogs with otitis externa following topical otic administration of four different glucocorticoid-containing medications. Vet Ther 9:111–121
133. Clark AR, Belvisi MG (2012) Maps and legends: the quest for dissociated ligands of the glucocorticoid receptor. Pharmacol Ther 134:54–67
134. De Bosscher K, Beck IM, Haegeman G (2010) Classic glucocorticoids versus non-steroidal glucocorticoid receptor modulators: survival of the fittest regulator of the immune system? Brain Behav Immun 24:1035–1042
135. Moffat AS (1993) New chemicals seek to outwit insect pests. Science 261:550–551
136. Postal J-MR, Jeannin PC, Consalvi P-J (1995) Field efficacy of a mechanical pump spray formulation containing 0.25% fipronil in the treatment and control of flea infestation and associated dermatological signs in dogs and cats. Vet Dermatol 6:153–158
137. Arther RG, Cunningham J, Dorn H, Everett R, Herr LG, Hopkins T (1997) Efficacy of imidacloprid for removal and control of fleas (*Ctenocephalides felis*) on dogs. Am J Vet Res 58:848–850
138. Jacobs DE, Hutchinson MJ, Krieger KJ (1997) Duration of activity of imidacloprid, a novel adulticide for flea control, against *Ctenocephalides felis* on cats. Vet Rec 140:259–260
139. Endris RG, Matthewson MD, Cooke MD, Amodie D (2000) Repellency and efficacy of 65% permethrin and 9.7% fipronil against *Ixodes ricinus*. Vet Ther 1:159–168
140. Hutchinson MJ, Jacobs DE, Fox MT, Jeannin P, Postal JM (1998) Evaluation of flea control strategies using fipronil on cats in a controlled simulated home environment. Vet Rec 142:356–357
141. Cochet P, Birckel P, Bromet-Petit M, Bromet N, Weil A (1997) Skin distribution of fipronil by microautoradiography following topical administration to the beagle dog. Eur J Drug Metab Pharmacokinet 22:211–216
142. Chopade H, Eigenberg D, Solon E, Strzemienski P, Hostetler J, McNamara T (2010) Skin distribution of imidacloprid by microautoradiography after topical administration to beagle dogs. Vet Ther 11:E1–E10
143. McCann SF, Annis GD, Shapiro R, Piotrowski DW, Lahm GP, Long JK, Lee KC, Hughes MM, Myers BJ, Griswold SM, Reeves BM, March RW, Sharpe PL, Lowder P, Barnette WE, Wing KD (2001) The discovery of indoxacarb: oxadiazines as a new class of pyrazoline-type insecticides. Pest Manag Sci 57:153–164
144. Pacey MS, Dutton CJ, Monday RA, Ruddock JC, Smith GC (2000) Preparation of 13-epi-selamectin by biotransformation using a blocked mutant of *Streptomyces avermitilis*. J Antibiot (Tokyo) 53:301–305
145. Bishop BF, Bruce CI, Evans NA, Goudie AC, Gration KA, Gibson SP, Pacey MS, Perry DA, Walshe ND, Witty MJ (2000) Selamectin: a novel broad-spectrum endectocide for dogs and cats. Vet Parasitol 91:163–176
146. von Samson-Himmelstjerna G, Epe C, Schimmel A, Heine J (2003) Larvicidal and persistent

efficacy of an imidacloprid and moxidectin topical formulation against endoparasites in cats and dogs. Parasitol Res 90(Suppl 3):S114–S115
147. Kopp SR, Kotze AC, McCarthy JS, Traub RJ, Coleman GT (2008) Pyrantel in small animal medicine: 30 years on. Vet J 178:177–184
148. Shoop WL, Mrozik H, Fisher MH (1995) Structure and activity of avermectins and milbemycins in animal health. Vet Parasitol 59:139–156
149. Zajac AM (1993) Developments in the treatment of gastrointestinal parasites of small animals. Vet Clin North Am Small Anim Pract 23:671–681
150. Weckwerth W, Miyamoto K, Iinuma K, Krause M, Glinski M, Storm T, Bonse G, Kleinkauf H, Zocher R (2000) Biosynthesis of PF1022A and related cyclooctadepsipeptides. J Biol Chem 275:17909–17915
151. Harder A, Schmitt-Wrede HP, Krücken J, Marinovski P, Wunderlich F, Willson J, Amliwala K, Holden-Dye L, Walker R (2003) Cyclooctadcpsipeptides—an anthelmintically active class of compounds exhibiting a novel mode of action. Int J Antimicrob Agents 22:318–331
152. Charles SD, Altreuther G, Reinemeyer CR, Buch J, Settje T, Cruthers L, Kok DJ, Bowman DD, Kazacos KR, Jenkins DJ, Schein E (2005) Evaluation of the efficacy of emodepside + praziquantel topical solution against cestode (*Dipylidium caninum*, *Taenia taeniaeformis*, and *Echinococcus multilocularis*) infections in cats. Parasitol Res 97(Suppl 1):S33–S40
153. Hoffman SB, Yoder AR, Trepanier LA (2002) Bioavailability of transdermal methimazole in a pluronic lecithin organogel (PLO) in healthy cats. J Vet Pharmacol Ther 25:189–193
154. Sartor LL, Trepanier LA, Kroll MM, Rodan I, Challoner L (2004) Efficacy and safety of transdermal methimazole in the treatment of cats with hyperthyroidism. J Vet Intern Med 18:651–655
155. Hill KE, Gieseg MA, Kingsbury D, Lopez-Villalobos N, Bridges J, Chambers P (2011) The efficacy and safety of a novel lipophilic formulation of methimazole for the once daily transdermal treatment of cats with hyperthyroidism. J Vet Intern Med 25:1357–1365
156. Evans PD, Gee JD (1980) Action of formamidine pesticides on octopamine receptors. Nature 287:60–62
157. Hsu WH, Kakuk TJ (1984) Effect of amitraz and chlordimeform on heart rate and pupil diameter in rats: mediated by alpha 2-adrenoreceptors. Toxicol Appl Pharmacol 73:411–415
158. Rugg D, Hair JA, Everett RE, Cunningham JR, Carter L (2007) Confirmation of the efficacy of a novel formulation of metaflumizone plus amitraz for the treatment and control of fleas and ticks on dogs. Vet Parasitol 150:209–218
159. Fourie LJ, Kok DJ, du Plessis A, Rugg D (2007) Efficacy of a novel formulation of metaflumizone plus amitraz for the treatment of demodectic mange in dogs. Vet Parasitol 150:268–274
160. Fourie JJ, Delport PC, Fourie LJ, Heine J, Horak IG, Krieger KJ (2009) Comparative efficacy and safety of two treatment regimens with a topically applied combination of imidacloprid and moxidectin (Advocate) against generalised demodicosis in dogs. Parasitol Res 105(Suppl 1): S115–S124
161. Heine J, Krieger K, Dumont P, Hellmann K (2005) Evaluation of the efficacy and safety of imidacloprid 10% plus moxidectin 2.5% spot-on in the treatment of generalized demodicosis in dogs: results of a European field study. Parasitol Res 97(Suppl 1):S89–S96
162. Weller C, Linder M (1966) Jet injection of insulin vs the syringe-and-needle method. JAMA 195:844–847
163. Bohannon NJ (1999) Insulin delivery using pen devices. Simple-to-use tools may help young and old alike. Postgrad Med 106:57–58, 61–64, 68

164. Rex J, Jensen KH, Lawton SA (2006) A review of 20 years' experience with the NovoPen family of insulin injection devices. Clin Drug Investig 26:367–401
165. Burgaud S, Guillot R, Harnois-Milon G (2012) Clinical evaluation of a veterinary insulin pen in diabetic cats. *Proceedings World congress WSAVA/FECAVA/BSAVA* 11-15 April 2012. Birmingham, UK, p 499
166. Burgaud S, Riant S, Piau N. Comparative laboratory evaluation of dose delivery using a veterinary insulin pen. Proceedings World congress WSAVA/FECAVA/BSAVA, 11–15 April 2012, Birmingham, UK, p 567
167. Burgaud S, Guillot R, Harnois-Milon G (2012) Clinical evaluation of a veterinary insulin pen in diabetic dogs. *Proceedings World congress WSAVA/FECAVA/BSAVA* 11-15 April 2012. Birmingham, UK, p 568
168. Kyles AE, Papich M, Hardie EM (1996) Disposition of transdermally administered fentanyl in dogs. Am J Vet Res 57:715–719
169. Hofmeister EH, Egger CM (2004) Transdermal fentanyl patches in small animals. J Am Anim Hosp Assoc 40:468–478
170. Reed F, Burrow R, Poels KL, Godderis L, Veulemans HA, Mosing M (2011) Evaluation of transdermal fentanyl patch attachment in dogs and analysis of residual fentanyl content following removal. Vet Anaesth Analg 38:407–412
171. Rigaut D, Sanquer A, Maynard L, Rème CA (2011) Efficacy of a topical ear formulation with a pump delivery system for the treatment of infectious otitis externa in dogs: a randomized controlled trial. Int J Appl Res Vet Med 9:15–28
172. Clamp PJ (2008) Expansile properties of otowicks: an in vitro study. J Laryngol Otol 122:687–690
173. Barza M, Brown RB, Shanks C, Gamble C, Weinstein L (1975) Relation between lipophilicity and pharmacological behavior of minocycline, doxycycline, tetracycline, and oxytetracycline in dogs. Antimicrob Agents Chemother 8:713–720
174. Cox SR, Liao S, Payne-Johnson M, Zielinski RJ, Stegemann MR (2011) Population pharmacokinetics of mavacoxib in osteoarthritic dogs. J Vet Pharmacol Ther 34:1–11
175. McKellar QA, Galbraith EA, Baxter P (1993) Oral absorption and bioavailability of fenbendazole in the dog and the effect of concurrent ingestion of food. J Vet Pharmacol Ther 16:189–198
176. Shiu GK, LeMarchand A, Sager AO, Velagapudi RB, Skelly JP (1989) The beagle dog as an animal model for a bioavailability study of controlled-release theophylline under the influence of food. Pharm Res 6:1039–1042
177. Watson AD, Rijnberk A, Moolenaar AJ (1987) Systemic availability of o, p'-DDD in normal dogs, fasted and fed, and in dogs with hyperadrenocorticism. Res Vet Sci 43:160–165
178. Campbell BG, Rosin E (1998) Effect of food on absorption of cefadroxil and cephalexin in dogs. J Vet Pharmacol Ther 21:418–420
179. Xu C-H, Cheng G, Liu Y, Tian Y, Yan J, Zou M-J (2012) Effect of the timing of food intake on the absorption and bioavailability of carbamazepine immediate-release tablets in beagle dogs. Biopharm Drug Dispos 33:30–38
180. Küng K, Hauser BR, Wanner M (1995) Effect of the interval between feeding and drug administration on oral ampicillin absorption in dogs. J Small Anim Pract 36:65–68
181. Le Traon G, Burgaud S, Horspool LJI (2009) Pharmacokinetics of cimetidine in dogs after oral administration of cimetidine tablets. J Vet Pharmacol Ther 32:213–218
182. Thurman GD, McFadyen ML, Miller R (1990) The pharmacokinetics of phenobarbitone in fasting and non-fasting dogs. J S Afr Vet Assoc 61:86–89

183. Parrott N, Lukacova V, Fraczkiewicz G, Bolger MB (2009) Predicting pharmacokinetics of drugs using physiologically based modeling–application to food effects. AAPS J 11:45–53
184. Tanno FK, Sakuma S, Masaoka Y, Kataoka M, Kozaki T, Kamaguchi R, Ikeda Y, Kokubo H, Yamashita S (2008) Site-specific drug delivery to the middle-to-lower region of the small intestine reduces food-drug interactions that are responsible for low drug absorption in the fed state. J Pharm Sci 97:5341–5353
185. Perlman ME, Murdande SB, Gumkowski MJ, Shah TS, Rodricks CM, Thornton-Manning J, Freel D, Erhart LC (2008) Development of a self-emulsifying formulation that reduces the food effect for torcetrapib. Int J Pharm 351:15–22
186. Sawka AM, Ibrahim-Zada I, Galacgac P, Tsang RW, Brierley JD, Ezzat S, Goldstein DP (2010) Dietary iodine restriction in preparation for radioactive iodine treatment or scanning in well-differentiated thyroid cancer: a systematic review. Thyroid 20:1129–1138
187. Zimmermann MB, Andersson M (2011) Prevalence of iodine deficiency in Europe in 2010. Ann Endocrinol (Paris) 72:164–166
188. Hoption Cann SA (2006) Hypothesis: dietary iodine intake in the etiology of cardiovascular disease. J Am Coll Nutr 25:1–11
189. Kirk CA (2006) Feline diabetes mellitus: low carbohydrates versus high fiber? Vet Clin North Am Small Anim Pract 36:1297–1306
190. Mori A, Sako T, Lee P, Nishimaki Y, Fukuta H, Mizutani H, Honjo T, Arai T (2009) Comparison of three commercially available prescription diet regimens on short-term post-prandial serum glucose and insulin concentrations in healthy cats. Vet Res Commun 33:669–680
191. Toutain PL (2002) Pharmacokinetic/pharmacodynamic integration in drug development and dosage-regimen optimization for veterinary medicine. AAPS PharmSci 4:4
192. Blondeau JM (2009) New concepts in antimicrobial susceptibility testing: the mutant prevention concentration and mutant selection window approach. Vet Dermatol 20:383–396
193. Macdonald N, Gledhill A (2007) Potential impact of ABCB1 (P-glycoprotein) polymorphisms on avermectin toxicity in humans. Arch Toxicol 81:553–563
194. Geyer J, Döring B, Godoy JR, Moritz A, Petzinger E (2005) Development of a PCR-based diagnostic test detecting a nt230(del4) MDR1 mutation in dogs: verification in a moxidectin-sensitive Australian Shepherd. J Vet Pharmacol Ther 28:95–99
195. Geyer J, Gavrilova O, Petzinger E (2009) Brain penetration of ivermectin and selamectin in MDR1a, b P-glycoprotein- and BCRP-deficient knockout mice. J Vet Pharmacol Ther 32:87–96
196. Griffin J, Fletcher N, Clemence R, Blanchflower S, Brayden DJ (2005) Selamectin is a potent substrate and inhibitor of human and canine P-glycoprotein. J Vet Pharmacol Ther 28:257–265
197. Han JI, Son HW, Park SC, Na KJ (2010) Novel insertion mutation of ABCB1 gene in an ivermectin-sensitive Border Collie. J Vet Sci 11:341–344
198. Mealey KL, Bentjen SA, Gay JM, Cantor GH (2001) Ivermectin sensitivity in collies is associated with a deletion mutation of the mdr1 gene. Pharmacogenetics 1:727–733
199. Mealey KL (2008) Canine ABCB1 and macrocyclic lactones: heartworm prevention and pharmacogenetics. Vet Parasitol 158:215–222
200. Roulet A, Puel O, Gesta S, Lepage JF, Drag M, Soll M, Alvinerie M, Pineau T (2003) MDR1-deficient genotype in Collie dogs hypersensitive to the P-glycoprotein substrate ivermectin. Eur J Pharmacol 460:85–91
201. Martinez MN, Hunter RP (2010) Current challenges facing the determination of product

bioequivalence in veterinary medicine. J Vet Pharmacol Ther 33:418–433
202. Baynes R, Riviere J, Franz T, Monteiro-Riviere N, Lehman P, Peyrou M, Toutain P-L (2012) Challenges obtaining a biowaiver for topical veterinary dosage forms. J Vet Pharmacol Ther 35(suppl 1):103–114
203. Bermingham E, Del Castillo JR, Lainesse C, Pasloske K, Radecki S (2012) Demonstrating bioequivalence using clinical endpoint studies. J Vet Pharmacol Ther 35(Suppl 1):31–37
204. Claxton R, Cook J, Endrenyi L, Lucas A, Martinez MN, Sutton SC (2012) Estimating product bioequivalence for highly variable veterinary drugs. J Vet Pharmacol Ther 35(Suppl 1): 11–16
205. Modric S, Bermingham E, Heit M, Lainesse C, Thompson C (2012) Considerations for extrapolating *in vivo* bioequivalence data across species and routes. J Vet Pharmacol Ther 35(Suppl 1):45–52
206. Pillai X, Kinney WA (2010) Strategies for strengthening patent protection of pharmaceutical inventions in light of federal court decisions. Curr Top Med Chem 10:1929–1936
207. Elliott G (2007) Basics of US patents and the patent system. AAPS J 9:E317–E324
208. Boothe DM (2006) Veterinary compounding in small animals: a clinical pharmacologist's perspective. Vet Clin North Am Small Anim Pract 36:1129–1173, viii
209. Agelová J, Macesková B (2005) Analysis of drugs used in out-patient practice of veterinary medicine. Ceska Slov Farm 54:34–38
210. Anonymous (2007) New recommendations to modernize drug manufacturing. FDA Consum 41(4)
211. Lust E (2003) Compounding for animal patients: contemporary issues. J Am Pharm Assoc 44:375–386
212. Davis JL, Kirk LM, Davidson GS, Papich MG (2009) Effects of compounding and storage conditions on stability of pergolide mesylate. J Am Vet Med Assoc 234:385–389
213. Hawkins MG, Karriker MJ, Wiebe V, Taylor IT, Kass PH (2006) Drug distribution and stability in extemporaneous preparations of meloxicam and carprofen after dilution and suspension at two storage temperatures. J Am Vet Med Assoc 229:968–974
214. Nguyen KQ, Hawkins MG, Taylor IT, Wiebe VJ, Tell LA (2009) Stability and uniformity of extemporaneous preparations of voriconazole in two liquid suspension vehicles at two storage temperatures. Am J Vet Res 70:908–914
215. Scott-Moncrieff JC, Moore GE, Coe J, Lynn RC, Gwin W, Petzold R (2012) Characteristics of commercially manufactured and compounded protamine zinc insulin. J Am Vet Med Assoc 240:600–605
216. Hunter RP, Shryock TR, Cox BR, Butler RM, Hammelman JE (2011) Overview of the animal health drug development and registration process: an industry perspective. Future Med Chem 3:881–886
217. Holmes M, Hill RE (2007) International harmonisation of regulatory requirements. Rev Sci Tech 26:415–420
218. Carr M (2010) The Small- and Medium-sized Enterprises Office (SME Office) at the European Medicines Agency. Bundesgesundheitsblatt Gesundheitsforschung Gesundheitsschutz 53: 20–23
219. Mackay D (2004) Vaccines for minor use/minor species (MUMS) in the European union. Dev Biol (Basel) 117:141–143
220. Nolen RS (2004) Senators unanimously approve MUMS bill. J Am Vet Med Assoc 224:1225–1226
221. Quigley K (2012) Veterinary medicines: what is the MUMS/limited markets policy? Regulatory Rapporteur 9:8–9

第3章
养殖动物的消化道解剖学和生理学

Keith J. Ellis

大多数养殖动物的解剖和生理学特点在很多方面与人类相似，但在某些方面也存在着显著差异。本章通过对不同哺乳动物生理结构和功能的基本理解探讨它们特别是与药物传递和代谢有关能力的差异性。由于反刍家畜在养殖动物中所占比重较大，并且该类动物与单胃动物消化生理明显不同，因此本章讨论主旨更倾向于反刍家畜。读者如需研发特定制剂活性成分的传递技术，则需阅读更多有关传递技术方面的著作，本章仅仅提供了药物吸收环境的必备知识。当读者因某种利益需求采用不常见的给药方式对家畜治疗后，本章对治疗结果与给药之间的相关性进行了论述。

3.1 前言

从其他的生命形式进化以来，人类一直依赖动物作为其主要的食物来源，同时利用动物的皮、被毛和骨改善生存环境。对获得动物源性产品的需求一旦出现，随着时间推移人类必然获得动物饲养技能，“养殖”动物的概念和各种植物（蔬菜）资源种植一同出现了。

对于不同的民族，“养殖”动物意味着不同的含义。一些文明非常依赖于猪、各种禽类和水产动物的养殖，当然也包括如兔、犬、袋鼠等动物的养殖。上面所述的

K. J. Ellis (✉)
Ellis Consulting, 91 Pinegrove Road, Armidale, NSW 2350, Australia
e-mail: kjrcellis@hotmail.com

M. J. Rathbone and A. McDowell (eds.), *Long Acting Animal Health Drug Products: Fundamentals and Applications*, Advances in Delivery Science and Technology, DOI 10.1007/978-1-4614-4439-8_3, © Controlled Release Society 2013

动物种类一般统称为“单胃”动物，但是它们也有许多不同，如发酵功能在动物前肠或后肠，或者某特定种属动物存在的独特消化机制。

反刍动物在养殖动物中占有较大比重。常见的反刍动物种类包括绵羊、牛、山羊和鹿，同时自然界中还有大量的其他沿着类似进化路径而存在的草食动物[1]。用最简单的术语描述，反刍动物作为草食动物，已经进化出前胃消化系统，并能够利用该系统将植物中的结构性碳水化合物转变为一种有效的能量来源[2]，完成上述功能主要是依靠瘤胃内大量的厌氧微生物群落及其产生的如水解酶和纤维素酶等酶类。

当然，应该也不难理解，具有不同程度前肠或后肠发酵功能的其他动物也可以作为人类的食物来源[3]，但如各种非洲野生动物、马和骆驼等，在传统意义上讲极少作为这种目的来被养殖。

对于不同的动物，其获取食物的来源各异，有植物性的，也有动物性的，甚至某些特殊的动物如兔，它们食用自己的粪便。人们对于动物采用前肠发酵相对优势的原因进行了长时间(或许会永远持续下去?)的重要推断。然而，考虑到家畜对人类的重要性，保障动物的健康变得十分重要。高效大规模的动物生产促进了经济发展，但同时也增加了人类面临着感染不同动物源疾病的风险，这导致需要“动物健康给药”。在本章内容中主要希望阐明对反刍动物如何合理给药。

3.2 反刍动物高效生产:健康与疾病

为了优化生长和生产，动物必须保证健康。与其他任何生物体一样，家畜健康依赖于获得满足机体所有代谢需求的足量高品质食物，以及抵御多种病原体和寄生虫攻击的能力。

这些主题在读者可直接获得的科学文献和书籍中已被广泛讨论[4-6]，本章列举的目的仅仅是为未来的思考和构建以后章节提供了一个框架。

3.2.1 营养

良好的营养是机体健康的保证。与散养动物随意自由采食不同，“养殖”动物通常限制在狭小的空间内(小牧场、局部区域或圈舍)，喂什么吃什么。随着养殖技术的进步，大多数养殖者可以根据动物不同时期的生长需要而提供必要的营养。

例如，放牧饲养的牲畜通常需要补充微量元素。已经很清楚，如果某一地区内的土壤中某种必需微量元素缺乏，则牧草不可能从土壤中将其吸收，食用牧草的动物就会逐渐出现该微量元素缺乏症,因此必须给予含有相应活性成分的制剂。

当然,有多种营养物质需要通过药物传递系统给予,同时人们日益关注通过给予动物一定具有药理学效应的活性成分调节其生理功能,进而改变(期望的)营养物质的转化效率,或者满足现代消费者对低脂肪含量动物源性产品的需求。

3.2.2 对抗病原和疾病

所有动物均对致病病原体易感。限制或封闭饲养的家畜个体间更容易相互传播疾病。因此,人们认识到要定期对家畜使用疫苗、抗菌药物或其他抗病活性成分。此外,某些种属动物具有特殊需要处置的独特情况。例如,牛的瘤胃臌胀疾病是由于瘤胃内产气过多,压力过大,其最终可导致动物死亡,但如果给予特定的化学性或生物活性的药物进行治疗,可显著降低该病的死亡率。

3.2.3 寄生虫控制

家畜对多种体内和体外寄生虫易感,而大多数寄生虫对家畜生产的数量和质量都产生显著影响,因此,必须控制寄生虫的感染。合适的饲养管理可避免部分寄生虫感染,但其他的感染必须通过给予兽用普通或长效化学性或生物性制剂进行治疗。在开发合适的药物治疗方案时,必须考虑每种寄生虫的生活周期史和寄生环境。

也应该认识到,部分感染人类的寄生虫要么也寄生在家畜体内,要么将家畜作为中间宿主。因此,安全有效地控制寄生虫感染对饲养家畜和人居环境均有利。

3.2.4 患畜适应性和治疗方式

1. 制剂需求

与人医临床和伴侣动物临床中的个体治疗方式不同,养殖动物通常需要以牛群/羊群的方式进行群体给药。然而,群体动物中单个动物的社会价值往往低于人或伴侣动物个体,所以需要较低治疗费用的群体给药方法。由于养殖动物的治疗程序往往借鉴于人医的临床应用(如注射剂),这种情形就要求开发一些适用于家畜的特殊剂型。

另一个需要面对的问题是很难对动物实施给药治疗,如某些放牧牲畜每年可能只会被集中 1～2 次,很难像人医临床用药一样遵从特定的治疗方案!因此,人们采取了相应的措施,特别是利用缓控释制剂技术,开发家畜临床治疗专用产品来满足市场需求。

2. 给药过程

大部分应用于人医临床的药物给药方式通常也适用于家畜和其他哺乳动物。

这些给药方式包括内服、注射、皮下、鼻腔、透皮、直肠和阴道内给药。根据动物种属和特定疾病的治疗需要，每种给药方式都各有利弊。

例如，由于家畜很难控制吸气，鼻腔给药比较困难。类似的，某些养殖者也不喜欢注射给药，因为给不易控制的动物给药时会给操作者造成一定程度的伤害，同时动物注射部位的组织局部病变会导致屠宰后胴体难以销售。

需要注意的是，当给反刍动物投喂片剂时，有可能因反刍反射动作而立即将药物吐出，操作者给药时很难避免上述情形发生。

另外，在养殖场，阴道内给药治疗（在人医临床由于社会文化可能未能广泛应用）广泛用于家畜繁殖，同时也有一些其他的特殊应用。

当然也有一些特殊的间接方法用于家畜给药“治疗”，如将药物混合到水中饮用，或者将挥发性生物药物浸润耳标后进行耳部佩戴，或者将药物加入盐砖中供动物舔舐。

反刍动物最常用的有效给药方式是瘤胃内给予大丸药，该大丸药通常采用缓控释技术控制制剂活性成分进入肠道[7-9]。反刍动物的消化道功能特征将在下面详细阐述，而有关大丸剂的应用将在本书第 11 章（译者注：原书如此，应该是第 10 章）进行论述。

3.3　反刍动物消化道的解剖学

读者要认识到反刍动物消化道解剖学的复杂性。下面仅仅对与有关内服药物传递系统相关的知识进行了简要概述。反刍动物消化道的前端部分与人类消化道相比差异显著，详细阐述见下面内容和图 3.1 [10]。

3.3.1　网瘤胃

网瘤胃是一个巨大的囊（羊的容量为 5 L，牛的容量为 50 L），位于食管的（胸廓的）末端，在腹腔正中矢状面的左半部，紧靠膈肌的后面。瘤胃通常被描述为“一个折叠成 S 状，且被收缩肌皱褶分隔的管状囊”组织[2]。网胃直接位于瘤胃的贲门（食物从食管进入瘤胃的入口）下面，有不同于瘤胃的黏膜表面。网瘤胃内拥有大量的厌氧微生物，它们负责消化牧草、分解纤维素、利用非蛋白氮合成微生物蛋白，为家畜提供了肠道内不易代谢的蛋白质来源。此外，通过相当数量的糖发酵和蛋白质同化作用，瘤胃内可产生大量挥发性的脂肪酸，构成了瘤胃消化的主要能源物质。而对于其他具有类似发酵功能的动物，发酵场所通常位于肠道后段。

划分瘤胃的肉柱（几乎是连续的）被一系列神经信号刺激收缩，促进瘤胃内容物的混合，推动食团逆呕到口腔，进行再咀嚼，同时伴随着瘤胃发酵产生气体的释放(嗳气),这种现象称为反刍。前面食团沿着消化道进一步促进消化。总之,瘤胃运动是松散的,不同于肠道的蠕动。

瘤胃紧靠腹壁,使其便于进行瘤胃造瘘术的操作。瘤胃功能、药物传递技术和瘤胃内环境对制剂活性成分的影响均可采用瘤胃造瘘术进行研究。瘘管可以被有效地密封,但如果封口破裂,瘤胃需要一定时间才能重新恢复到正常的厌氧环境。除了上述风险外,经瘤胃造瘘术处理的牛是完全正常的。

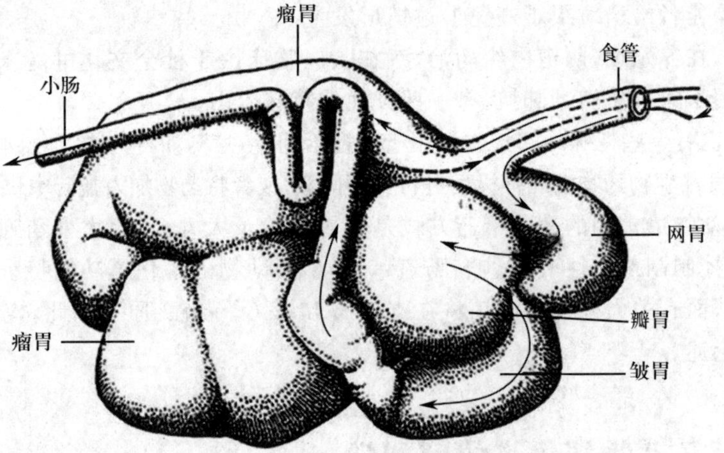

图 3.1　反刍动物的消化系统示意图(引自 Annison Lewis[10])

3.3.2　食管沟和网瓣口

食管沟是靠近食管端的具有较多皱褶的瘤胃组织,该部位也是食物颗粒反刍离开瘤胃的场所。在尚未反刍的青年动物,该结构可直接使吸入的乳汁经食管进入瓣胃(见下述),从而直接运送到肠道,但动物成年后,食管沟的该功能丧失。

在成年反刍动物反刍时,这些组织对于反刍的饲料食团积聚起着一定的作用,同时控制着瘤胃发酵过程中牛的嗳气行为,“筛选”较大的食物颗粒进行再咀嚼,促进较小的食物颗粒通过瓣胃向消化道下段运行。

1. 瓣胃

瓣胃为一连接瘤胃和皱胃的紧缩复杂器官,其大小和复杂性(可能也是功能)因反刍动物种属不同而有差异(如牛的瓣胃显著大于绵羊)。瓣胃结构上的显著特征是胃内膜面存在大量的细小叶,在传递食糜时发挥部分“筛选”功能。此外,瓣胃还可能具有其他吸收和弱化学功能,例如去除缓冲体系,从而有助于提高消化过程的整体效率。

就目前的认识,该器官对药物传递技术的影响甚小。

2. 皱胃

该器官有时候又称为“真胃”。在很多方面,皱胃与许多单胃动物的胃功能类似,分泌大量的胃酸和类似胃蛋白酶的分子,促进食糜的进一步分解。

对于载药系统,该器官有两方面的物理特性值得关注。

第一个特性是皱胃黏膜表面特别是靠近瓣胃的部分有大量的皱褶,而靠近幽门端的部分几乎没有皱褶。这些皱褶为分泌和吸收过程提供了巨大的表面空间,同时也可大大延长载药颗粒的驻留时间。

已有证据表明,尽管这些皱褶随着胃的蠕动和液体的流动来回摆动,但较高密度的固体小颗粒仍稳稳地驻留在皱褶底部,并不随消化液的流动而改变位置。这种特性已经用作反刍动物铜缺乏时给药治疗的基础[11],当然该特性也可用于其他多种药物的给药治疗。

第二个特性是由于动物的整体行为和休息时皱胃的运动和静置方式,使得皱胃更倾向于朝着某一个固定的方位,就是说相对稳定的“水平”方位,也使得皱胃的皱褶基本上保持在一个固定的方位。该特性与人的情况完全不同,因为人休息与走动时胃内的皱褶从一边翻到另一边。人们推测反刍动物皱胃可能具有内在机制,使其匹配显著增强的瘤胃滞留功能。与人类内服给药时需要给予“漂浮”的剂型相比,反刍动物的皱胃也可能为给药提供了一个更加简洁的方案[12]?

皱胃造瘘术可用于评价不经过瘤胃而通过皱胃直接给药后药物的行为。然而,需要明确的是,与瘤胃造瘘术不同,该技术对皱胃的蠕动和消化液的分泌过程均有显著的影响。

3. 消化道后段

从制剂活性成分传递技术角度来看,这部分肠道无特别值得关注之处。大部分其他动物关于消化道后段如空肠、回肠、盲肠等部分的功能阐述也适用于反刍动物。

或许在研究药物传递系统的时候对直肠还值得进行关注。直肠的有些区域(派伊尔结)可能是与免疫相关生物分子结合的区域[13]。当然,该部分的解剖学特点也使得经恰当设计的药物传递装置能够稳定驻留,但需要考察活性成分理想的释放机制来满足发挥生物学功能的需要。

3.4　肠道内容物及其环境

现代制剂学已经采用多种技术解决了制剂活性成分向特定组织或器官的靶向

传递问题,其中,大部分技术对反刍家畜和其他哺乳动物都适用。但由于反刍动物特殊的消化系统,与其他哺乳动物相比,内服药物在家畜上的应用存在着明显限制。

下面章节详细论述反刍动物消化系统的解剖学,以解释反刍动物如何通过一系列包括咀嚼、逆呕、再咀嚼的行为,瘤胃发酵和其他对微生物的处置等过程而消化利用牧草(通常是有效获取食物的唯一来源),进而将食糜运输到消化道后段以不同于单胃动物的方式进行处置和吸收。

反刍动物消化系统中两个重要的组成部分——瘤胃和皱胃为研发药物传递系统提供了许多便利选择。

3.4.1 瘤胃

瘤胃是一个具有高度复杂性、动态性和潜在(化学性的)破坏性的生态系统和环境。

特别的是,瘤胃内含有大量摄入的牧草。根据瘤胃内食物的性质和数量以及动物机体的生理状态,反刍动物每日摄取的干物质量可以约为其体重的1%～3%。为了保证发酵和消化过程的正常进行,瘤胃必须为液态环境——也就是说,瘤胃内必须有充足的水,或者机体适应性地减少水的排泄。正是瘤胃内具有的液态环境,使得对于不同种属的反刍动物或在饲喂后的不同时间内,瘤胃内容物从呈水样到浓稠的固态状变化。

瘤胃内具有一个有效的缓冲系统(主要由吞入的大量唾液构成,见下述),使其内容物的pH稳定在6左右,该环境十分利于微生物活动。牛瘤胃内的电解质浓度很高,这些电解质主要通过连续摄入牧草、大量微生物发酵和反刍时混入唾液(一头牛近似100 L/d)这三种方式获得。

如先前所述,大部分牧草的发酵和消化是由高度复杂的细菌和纤毛虫生态系统完成的[14]。然而,作为瘤胃的基本功能之一,如果通过瘤胃内服给予保健或治疗疾病的化学性或生物性药物,瘤胃的消化破坏性成为药物发挥作用的重要限制性因素。

反刍动物瘤胃内发酵产生的大量气体通过有规律的嗳气行为排出,从而降低瘤胃内的压力。整个网瘤胃的内环境是厌氧性的(高度还原性的),因此通常在瘤胃的背侧区域有一个约占瘤胃总体积10%的“气帽”。瘤胃内的气体主要是二氧化碳、甲烷,还混有一些氮气、氨气、硫化氢和氢气。牛的嗳气量因时间、饲料类型、饲养阶段和反刍周期不同而变化,对于个体牛,一般来说,每小时嗳气量在50～120 L,每天嗳气量超过1 000 L。

不考虑瘤胃内饲料的物理特性是否一致，瘤胃肉柱不停地规律性运动使得瘤胃内几乎无静止区域。牧草颗粒经连续地混合和微生物的持续分解，一部分准备运送到瓣胃，另一部分较大颗粒经逆呕后再咀嚼。然而，对应牧草颗粒的“分选”过程（主要基于牧草的颗粒大小和性质），在瘤胃内存在着牧草颗粒分层区域。例如，在网胃和瘤胃腹囊的下部分区域含有高度液态（水样的）内容物，而在网胃和瘤胃的内容物上面通常可见未被消化的“漂浮物”。

3.4.2 皱胃

皱胃完全不同于瘤胃。极少量较大食物颗粒被运送经过瓣胃，而运送到皱胃的食糜相对均匀且迅速被其分泌的盐酸或其他消化液酸化，pH 接近 2 或更低。毫无疑问，胃液和消化液的分泌部分受神经系统调节，同时经口摄入饲料，瘤胃的不同运动以及肠道的蠕动等行为也对分泌具有一定的影响。总体来讲，当设计药物传递系统时，该部分会导致药物试验结果的高变异性，而我们对此无能为力。

对于单胃动物来说，该部分消化道主要完成“正常”的消化功能，加工的食糜或者经肠道吸收后直接进入血液，或者经肠道微生物分解代谢。在对其他动物设计给药技术时，技术专家应该遵守相同的规律。尽管尚无现成的规范可用，但如果深入研究制剂活性成分的理化性质、预想的作用靶位点和作用模式，理想的药物传递系统还是能够获得的。

3.5 反刍动物内服给药传递系统的设计

为了达到最佳治疗效果，制剂主要活性成分必须以合适的浓度、正确的方式和准确的时间运送到作用靶位。

对于反刍动物应用的内服给药剂型，为了克服瘤胃对制剂主要活性成分在到达“真胃”（皱胃）之前的破坏作用，上述原则显得尤其重要。

3.5.1 制剂活性成分的特性

制剂活性成分通过瘤胃时，如果活性分子被瘤胃处置或修饰，都会导致其在后段消化道内代谢方式的改变。瘤胃内不利的和高变异的内环境更易于破坏制剂活性成分的分子结构，并且仅仅通过去除分子上的某个官能团或增加一个基团就可轻松完成。

瘤胃对制剂活性成分分子的修饰作用以及如何避免分子在瘤胃内暴露，可通过采取外科手术造瘤胃瘘管的方法进行评估。该方法用于对多种药物进行评估时,通常采用一种称为“旁路技术”的保护措施。

对饲料成分(特别是蛋白)进行评估的瘤胃旁路技术已经非常成熟[15],其饲料成分可从简单的甲醛前处理到各种饲料颗粒包衣变化[16]。相似地,现代合成和微囊技术为保护制剂活性成分分子不被修饰和降解提供了无限的可能途径[17]。

从瘤胃转运到皱胃,内环境的显著改变为有效去除制剂的保护性包衣提供了可能,进而允许制剂的活性成分分子“裸露”释放出来,发挥期望的生物学或药理学活性。

3.5.2 释放的时间和机制

与单胃动物饲喂后食物(或制剂)直接进入胃部不同,反刍动物饲喂后食糜或给予的制剂要滞后几个小时才能被运送到皱胃。该过程可以通过选择饲喂特定粒径和密度的颗粒进行部分人为调整。对于成年反刍动物,通过刺激食管沟的运动而直接促进食物从口腔运送到皱胃的方式基本不可能实现。

更重要的是,瘤胃为含有相对大量的营养物质或制剂活性成分构成的大丸剂或“储库”装置提供驻留场所,使得营养物质或活性成分随时间以期望的方式释放。释放的营养物质或活性成分与食糜混合稀释后被运送到皱胃。

由于瘤胃内复杂的“筛选”机制控制反刍行为和食糜持续地向下转运,驻留在瘤胃内的大丸剂要有多种考虑。详细的论述见后面的章节,但一般来讲,任何物体在瘤胃内驻留都与其密度和粒径有关,例如密度较大的物体更容易沉积在瘤胃或网胃的底部,而与瘤胃内容物密度相似的物质易于“随意漂浮”。任何一种给药剂型都应易于通过食道,因此,根据驻留颗粒的尺寸而设计的载药装置通常在几何形状上要进行必要的调整。也就是说,给药装置的外形首先要符合给药靶动物的吞咽运动模式,当到达瘤胃后,载药装置必须改变形状,以便变得既要大,又不至于被瘤胃敏感而排出瘤胃外。一般来说,载药装置在瘤胃内会永久驻留,因此驻留装置要保证无尖锐外缘,防止当“瘤胃空空”时损害瘤胃组织。实际上,农场主和执业兽医也清楚,很多反刍动物在放牧是会反刍出奇形怪状的物件,但大部分载药装置都会在牛的瘤胃内驻留终身。

瘤胃内的理化内环境为载药装置提供了多种释放机制。例如,瘤胃内较高的含水量有助于药物的溶解和渗透,较高的电解质浓度有利于电解作用,产生的气体有利于挥发性物质扩散到瘤胃的其他部位,产生食糜湍流可冲刷瘤胃的整个内表面。更重要的是,人们可以设计多种与上述功能一致的机械性或电子载药装置。

这些载药装置的释放机制可实际应用于给予营养物质、制剂活性成分或者“保护瘤胃”的物质,唯一的限制因素是装载剂量的大小,以及与装载成分粒径和体积的相关性。

相似地，无论是给予单次制剂进行缓释或者多次给药进行速释的行为均可通过设计特定的给药装置实施。

在研发药物传递装置的过程中，皱胃对药物的释放、滞留和吸收也具有显著的影响。正如上面所述，高密度的小颗粒可在胃部皱褶处滞留很长时间，利用该特性并结合各种类型的保护性包衣，或者利用其他的"辅助因子"，人们能够进一步有效控制皱胃内或肠道内药物的传递速率以及有效吸收程度。

3.6　结论

大多数养殖动物在饲养的某一阶段均可通过给予某种剂型的营养物质或药物增加效益。动物的行为和饲养环境，以及消化系统解剖学和生理学的不同特点，为药物或营养物质的传递系统技术研究既提供了机会，也带来了挑战。由于反刍动物构成了养殖家畜的主体，同时其特殊的消化道组成对大部分读者来说比较陌生，因此本章重点阐述了反刍动物的消化系统解剖学和生理学特点。

关于反刍动物的药物传递系统的技术见本书第 11 章(译者注:原书如此，应该是第 10 章)的论述。

参考文献

1. Richardson KC (1984) Forestomach motility in non-ruminant herbivores. In: Baker SK, Gawthorne JM, Mackintosh JB, Purser DB (eds) Ruminant physiology; concepts and consequences. University of Western Australia, Perth, pp 45–55
2. Reid CSW (1982) Fibre and the digestive physiology of the ruminant stomach. In: Wallace G, Bell I (eds) Fibre in human and animal nutrition. Royal Society of New Zealand, Auckland, NZ, pp 43–49
3. Hume ID (1984) Evolution of herbivores—the ruminant in perspective. In: Baker SK, Gawthorne JM, Mackintosh JB, Purser DB (eds) Ruminant physiology; concepts and consequences. University of Western Australia, Perth, pp 15–25
4. Lewis D (1961) In: Lewis (ed) Digestive physiology and nutrition of the ruminant. Proceedings of University of Nottingham 7th Easter School in Agricultural Science, Butterworths, London
5. Van Soest PJ (1994) In: Van Soest PJ (ed) Nutritional ecology of the ruminant. Cornell University Press, Ithaca, NY
6. Cronje PJ (2000) In: Cronje PJ (ed) Ruminant physiology, digestion, metabolism, growth and reproduction. University of Pretoria, South Africa
7. Cardinal JR (2000) Intraruminal controlled release boluses. In: Rathbone MJ, Gurny R (eds) Controlled release veterinary drug delivery: biological and pharmaceutical considerations, Chap. 3. Elsevier, Amsterdam, pp 51–82
8. Rathbone MJ (1999) Veterinary applications. In: Mathiowitz E (ed) Encyclopedia of controlled drug delivery. Wiley, New York, pp 1006–1037

9. Vandamme ThF, Ellis KJ (2004) Issues and challenges in developing ruminal drug delivery systems. In: Rathbone M (ed) Advanced drug delivery reviews, vol 56. Elsevier, Amsterdam, pp 1415–1436
10. Annison EF, Lewis D (1959) In: Annison EF, Lews D (eds) Metabolism in the rumen. Methuen & Co, London, p 15
11. Costigan P, Ellis KJ (1980) Retention of copper oxide needles in cattle. Proc Aust Soc Anim Prod 13:451
12. Whitehead L, Fell JT, Collett JH, Sharma HL, Smith AM (1998) Floating dosage forms: an in vivo study demonstrating prolonged gastric retention. J Control Release 55:3–12
13. Senel S, McClure SJ (2004) Potential applications of chitosan in veterinary medicine. Adv Drug Deliv Rev 56:1467–1480
14. Baker SK (1984) The rumen as an eco-system. In: Baker SK, Gawthorne JM, Mackintosh JB, Purser DB (eds) Ruminant physiology; concepts and consequences. University of Western Australia, Perth, pp 149–160
15. Scott TW, Cook LJ, Ferguson KA, McDonald IW, Buchanan RA, Loftus Hills G (1970) Production of polyunsaturated milk fat in domestic ruminants. Aust J Sci 32:291–293
16. Scott TW, Ashes JR (1993) Dietary lipids for ruminants: protection, utilization and effects on remodelling of skeletal muscle phospholipids. Aust J Agric Res 44:495–508
17. Desai KGH, Park HJ (2005) Recent developments in microencapsulation of food ingredients. Drying Technol 23:1361–1394

第4章

伴侣动物的消化道解剖学和生理学

Steven C. Sutton

本章概述了伴侣动物(主要是犬和猫)的消化道解剖学和生理学。胃具有消化功能和储存作用,它混合并促进食糜进入小肠进行进一步的消化和营养吸收。小肠是营养吸收的主要部位。一方面,胃内容物pH较低容易导致制剂中活性成分溶解度降低;另一方面,对于排入小肠的食糜,经小肠中胰腺分泌的消化液,胆囊分泌的胆汁(含胆盐)以及卵磷脂的作用,形成的细乳状液有助于增加制剂中水溶性活性成分的溶解度和随后的吸收。大肠(盲肠和结肠)完成营养物质的加工和吸收。大肠对制剂中活性成分的吸收与其溶解度及其在大肠中的停留时间有关。本章指出哺乳动物消化道的解剖学和生理学具有很大程度的相似性。

4.1 前言

近年来,伴侣动物的种类和品种日益多样化。美国人道协会(Humane Society)将下述动物列为宠物:犬、猫、仓鼠、沙鼠、豚鼠、兔、雪貂、马、宠物鸟、大鼠、小鼠和鱼类[1]。由于在小动物临床,犬和猫是兽医最常见的动物,因此本章中广义的伴侣动物主要是指犬和猫。但自美国养犬协会(American Kennel Association)公布了包括从猴㹴到约克夏㹴的上百个犬的品种[2],本章很难准确描述所有犬的生理

S. C. Sutton (✉)
College of Pharmacy, University of New England, 716 Stevens Avenue, Portland, ME 04103. USA
e-mail: ssuttonl @ une. edu

M. J. Rathbone and A. McDowell (eds.), *Long Acting Animal Health Drug Products: Fundamentals and Applications*, Advances in Delivery Science and Technology, DOI 10.1007/978-1-4614-4439-8_4, © Controlled Release Society 2013

学特点。例如,犬的体重变化范围非常大,吉娃娃体重约为 2 lb,而大丹的体重可达到 120 lb[3]。

在某些方面,犬和猫的差异比犬的品种之间的差异更大。例如,一条 10 lb 重的蝴蝶犬可能与缅因猫具有相同的体重,但它们的饮食习惯则完全不同。本章除了讨论犬猫品种的多样性,还尽量提供一些详细的总结,同时提醒读者牢记明显的例外情况。正如我们知道的,对于肉食性的猫类,由于其每日进食多次,每次进食量较少,因此进化出较小的胃和较短的肠道即能满足其消化食物的需要,而对于杂食性的犬类,由于每日进食次数少、每次进食量较大,则进化出较大的胃和较长的肠道才能满足消化需要。

4.2 胃

胃对营养物质和药物几乎不吸收,它主要将食物研磨/混合、储存并排空到消化道。de Zwart 及其同事已经详细论述了胃的研磨功能主要是将食物打碎呈颗粒状,进而才能通过胃的幽门排入小肠[4]。食糜排入小肠的速度与小肠对营养物质的最佳吸收状态相匹配。由于人类胃的大小与犬相似,因此空腹胃容积(水容量)也近似,约为 24 mL[5]。依据胃的大小,猫的空腹胃容积(水容量)约为犬的一半,即 12 mL 左右[6]。然而,犬的最大胃容量约为 1 L(与人类相似)[6],远远高于猫的胃容量(35 mL)[7]。

胃中最重要的消化酶为胃蛋白酶。在犬虚拟进食试验中,胃蛋白酶的分泌量可增加 4 倍,对于猫,分泌量可增加 8 倍[8]。胃内较低的 pH 环境也有助于促进前消化相(pre-digestive phase)[9]。Sutton 等列举了各种影响胃内 pH 的生理性因素,主要包括:年龄、移行性运动复合波(MMC)、疾病、应激、胃内的不同部位和食物[10]。对于禁食的家猫,报道其胃内 pH 为 2.5 ± 0.7(全距:1.5～3.7)[11]。报道的比格犬安静状态的胃内 pH 在 1～8[12]。如果模拟人类的胃,那么比格犬胃内 pH 越高则误差越大。研究者采用各种方法可提高或降低比格犬静息状态的胃内 pH[13]。然而,对于比格犬中某些亚种,静息状态的胃即可分泌大量的胃液,导致较低的胃内 pH,因此不需要对胃内 pH 进行额外的调整[14]。

正如先前的文献综述[15],移行性运动(或肌电性的)复合波 (MMC)或者管家波(house keeper wave)是一种周期性的胃肠肌肉收缩迁移,其开始于胃/十二指肠,终止于回肠。它的特点是经过一段激烈的肌肉活动后有一个相对平静的时期。对于禁食的犬,这些复合波的周期平均时间为 90～134 min。当一个复合波终止于回肠远端时,另一个波从胃/十二指肠开始[15]。在消化状态,胃的幽门关闭,防止胃内食糜过度排入小肠而超过小肠的吸收能力。幽门通常也调节从胃排入小肠的食糜的颗粒的大小，在禁食状态优先排空较大的食糜颗粒[16]，当胃内食糜颗粒直径<2 mm 时，胃部肌肉停止研磨和混合食物。对于不易消化的直径>2 mm 食糜颗粒，仍停留在胃中进行研磨和混合，直到所有直径<2 mm 的食糜颗粒排空，同时开始恢复消化间期的移行性运动复合波。

应激、体重和食物构成(如体积、密度、黏度、颗粒大小和热量)之间的差异导致不同试验动物和不同研究之间测定的胃排空时间具有较大的变异。更糟的是，上述影响因素在相同的胃排空试验中较少描述，使得比较不同研究者的结果具有一定的困难[17,18]。例如，对于禁食犬，据报道胃对液体的一级排空动力学的半衰期约为 12 min[19]；对未饲喂猫的报道，胃排空一半的钡浸润聚乙烯球(BIPS)(直径 $d=1.5$ mm)的时间约为 24 min[20]。在该试验中，对禁食的猫给予液体延长了 2 倍的胃排空时间，这可能是由于试验方法本身导致的，而与动物种属无关。

Wyse 及其合作者概述了多个采用放射性闪烁术、X 线摄影和呼出 $^{13}CO_2$ 技术进行的犬和猫的胃排空试验研究结果[17]。然而，该综述未能包括如食物能量构成和试验动物的体重等重要信息。家猫典型的每日少食多餐，而犬一餐往往摄入每日需要的大部分能量[8]。在科学研究上，比较犬和猫饲喂相似的食物后胃排空的时间十分有趣，但在模拟的家庭饲养环境下，研究犬、猫摄食后胃排空的时间对兽医和宠物主人往往能提供更有价值的信息。在一项研究中，猫饲喂每日必需的 78 kcal 能量的 ^{13}C 标记的辛酸，在 1 h 后肺部呼出含有 $^{13}CO_2$ 的浓度达到峰值[15, 21]。在另一项研究中，猫饲喂 184 kcal 能量的食物后(每日配给量的 1/4)，同时饲喂的钡浸润聚乙烯球(BIPS)(直径 $d=1.5$ mm)的胃排空一半所需的时间为(6.43±2.59) h[22]。或者是幽门对乳糜微粒直径的"筛选"作用导致 BIPS 的胃排空时间延长，或者双倍的能量物质延长了胃排空，或者两者均可能发挥作用。

有报道犬饲喂平均 319 kcal 能量的食物后(每日配给量的 1/4)，同时饲喂钡浸润聚乙烯球(直径 $d=1.5$ mm)的胃排空一半所需的时间也约为 6 h[23]。然而，该试验中所用犬为杂种犬，体重范围为 13.5～37 kg。而且不同犬胃排空的时间具有较大的变异，其中大型犬对于钡浸润聚乙烯球(直径 $d=1.5$ mm)的胃排空时间显著缩短($p<0.05$)。对于比格犬(体重 10～13 kg)，饲喂 210 kcal 热量的食物导致遥测胶囊(2.5 cm×0.6 cm×0.4 cm)的胃排空的时间延长 4 h，而饲喂每日所需 1 470 kcal 热量的食物后导致胃排空时间延长 8 h[15]。建议读者有必要精读 Martinez 等的综述，该综述详细探讨了多种生理因素对犬胃排空

时间的影响[18]。需要说明的是,相同的生理性因素也可能影响猫的胃排空时间。

4.3 小肠

在某些方面,犬和猫的消化道具有相似特点。例如,犬和猫单位长度的消化道所具有的吸收表面积相似,如犬和猫空肠吸收表面积分别为 54 cm^2 和 50 cm^2;而回肠吸收表面积分别为 38 cm^2 和 36 cm^2[8]。然而,在其他方面,犬和猫的消化道截然不同。美国科学院国家研究委员会报道,体长 0.75 m 的犬的肠道平均长度约为 4.5 m(小肠 3.9 m,大肠 0.6 m)。也有报道犬(n=6)的小肠的平均长度为(3.36 ± 0.59)m[24],或 4.14 m[6]。体长 0.5 m 的猫的肠道平均长度约为 2.1 m(小肠 1.7 m,大肠 0.4 m)[8]。

小肠分为十二指肠、空肠和回肠,是营养物质和药物吸收的主要场所。从胃中转运的水分经十二指肠以约 12 mL/(h·cm)肠道长度的速率被快速吸收[25]。小肠的长度能够保证胃排空转运的水分全部被轻易吸收。然而,当食糜排入小肠后,肠道中存在碳酸氢盐、水、胆酸盐、卵磷脂和通过十二指肠进入肠道的消化酶类,上述物质混合后提供了利于肠道中传递的理想乳液。十二指肠大量表达主动吸收转运蛋白(如钙泵、铁离子泵、多肽类和青霉素类转运蛋白)。空肠为乳化脂肪类营养物质和药物的主要场所,使它们易于吸收。胆酸盐在回肠重被吸收。

由于碳酸氢盐的分泌,肠道的 pH 接近中性。Brosey 报道,猫的十二指肠的 pH 为 5.7±0.5 [全距:4.9～6.7],空肠的 pH 为 6.4±0.5 [全距:5.9～7.6],回肠的 pH 为 6.6±0.8 [全距:5.1～7.6] [11]。有报道犬的小肠的整体平均值为 7.3±0.09[12]。

有报道犬的胆汁分泌速率为 19～36 mL/d/kg 体重,每天总的胆盐(TBS)分泌速率为 1.6～2.9 mmol/(d·kg 体重)[26]。报道 3.8 kg 体重猫的胆汁分泌速率为 1.26 mL/h,约为 8 mL/(d·kg 体重)[27],每日总的胆盐(TBS)分泌速率约为 2 mmol/(d·kg 体重)[28]。因此,尽管犬和猫分泌的胆汁的总量存在差异,但每日总的胆盐(TBS)分泌速率相同。由于上述研究结果来自 2 个不同猫的试验,因此这些数据表明猫的胆汁分泌的速率约为犬的 1/2。

目前已经对犬、猫和人的肠道的某些探针化合物(如 3-O-甲基-*D*-葡萄糖、*D*-木糖、*L*-鼠李糖、51Cr-EDTA 和乳果糖)的渗透性进行了研究。对于分子质量最大的探针分子(乳果糖),猫肠道的渗透性高于犬[29],而对于小分子质量的探针分子,犬、猫肠道的渗透性无明显差异。Chiou 等报道某些化合物在犬的肠道吸收效果要优于人类,并认为这主要是因为犬的肠道的渗透性较高[30]。总体来说,猫的肠道的渗透性最高。

正如前文所述,对于禁食的犬,移行性运动复合波的周期范围为 90～134 min。当一个复合波终止于回肠远端时,另一个波从胃/十二指肠开始[15]。然而,猫的肠道并不存在典型的禁食后的动力学模式[31]。

在一项研究中,猫禁食后,硫酸钡通过小肠的时间为(55±10)min [31]。在另一项研究中,猫(n=10)饲喂含有较高或较低纤维的食物后,有约一半的钡浸润聚乙烯球(直径 d=1.5 mm)通过小肠的时间为(2.5 ± 2.1)h[32]。

对于犬,海德堡胶囊(据报道规格与 0 号胶囊类似;21 mm×7.3 mm×7.6 mm)通过小肠的时间为 1.9 h(15～206 min) [19]。通过一项采用 γ-闪烁扫描示踪技术对片剂(规格:10 mm×6 mm)在比格犬肠道的药动学实验研究,证实片剂通过比格犬的肠道时间存在较大的变异,通过时间为 23～290 min,其中 4 条比格犬(n=6)的通过时间小于 72 min[15]。

不同种属[33,34]和品种[35]的动物在肠道代谢方面的差异最多导致制剂药动学参数的较大变异,最坏导致疗效欠佳或者毒性。肠道对药物的代谢包括肠道细菌和肠道上皮两方面作用。最近有报道证实大量的肠道共生菌不仅能够保护肠道(机体)的健康,而且也可导致疾病(如炎症性肠病)[36]。尽管未见有关犬猫肠道代谢方面的主要文献综述发表,但有综述概况了某些特定化合物的代谢和犬的肠道代谢酶的种类。Komura 综述了犬肠道内细胞色素 P450 酶(CYP3A)和葡萄糖醛酸转移酶(UGT)的作用底物[37]。Tanaka 也报道了犬和猫肝脏细胞色素 P450 酶对葡萄糖代谢的种属差异性[33]。但有报道犬和猫肝脏细胞色素 P450 酶活性无明显差异[34]。

简单来说,小肠就是将胃排空的食糜转运到大肠的通道。然而,对于犬,报道的食物通过小肠的平均时间具有较大的变异性。当人们认识到,犬的小肠有 4 m 长,同时肠道前行或逆行收缩运动,混合肠内容物,因此食物通过小肠的时间比猫具有更大的变异性就易于理解了。对于人,食物通过肠道的时间为 3～3.5 h,并且不受食物构成的影响。与人相比,食物通过犬的肠道平均时间的较大变异性让人困惑,值得进行深入研究(图 4.1)。

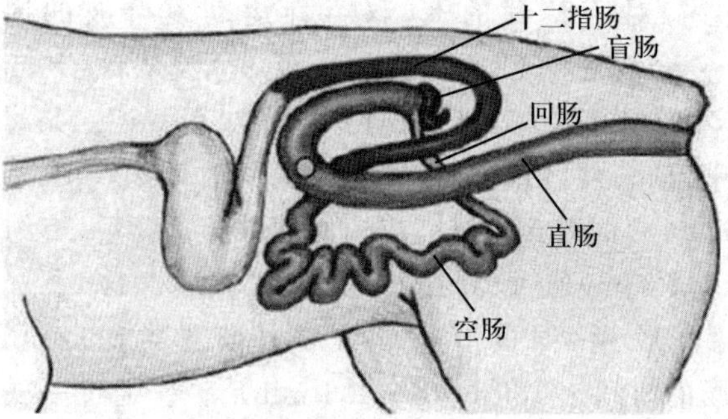

图 4.1 犬的结肠[41]

4.4 大肠(盲肠和结肠)

盲肠是一个扩张的囊,或"盲肠"位于回肠和结肠之间,犬和猫的盲肠退化为附件。犬的盲肠无类似于从回肠到结肠的移行性运动复合波(MMC)运动[38]。猫的盲肠比犬的短小,可能与其食肉性有关。大肠的基本功能是对水分的重吸收、形成和储存粪便。然而,小肠内未能吸收的糖类可由结肠内的细菌代谢为短链脂肪酸,并经大肠吸收[39,40]。犬和猫的结肠均包括升结肠、横结肠和降结肠三个部分。升结肠部分的肠容物常含有水分,当水分重吸收后,粪便排出时会比较干燥。大部分未能消化的食物或颗粒停留在犬和猫结肠的时间称为结肠驻留时间[42]。猫的横结肠主要用于储存粪便(图 4.2)[8]。犬的横结肠也具有类似功能,同时乙状结肠也具有储存粪便的能力。

据报道犬和猫的结肠内 pH 分别为 6.5 和 6.2 [44]。由于结肠内水的含量变化较大,因此通常较难测定结肠内的 pH。尚未见犬和猫结肠内含水量多少的研究报道。根据对人类结肠的研究,推测犬或猫的结肠含水量可能范围为 10～50 mL [45]。

放射性标记的食物、颗粒或非崩解性的片剂或胶囊在健康动物的结肠驻留时间通常通过测定给药时间和放射性标记物从粪便排出的时间获得(剂量-排便时间)。结肠驻留时间可通过减去胃排空时间和小肠通过时间的计算得到。Peachey 及其同

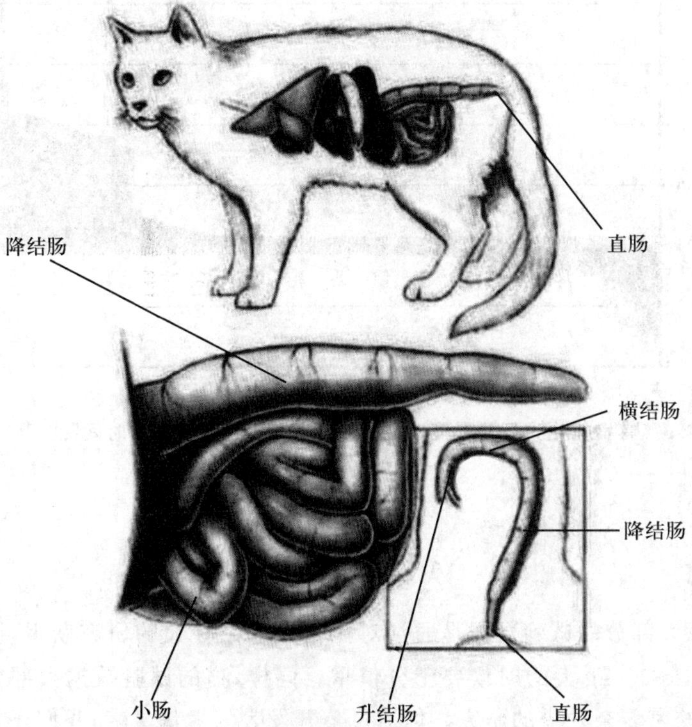

图 4.2　猫的结肠[43]

事报道铬在幼猫的总的胃肠道通过时间(剂量-排便时间)为(26.5±4.8) h,而老年猫通过时间为(35.7±14.1) h[21]。该试验中,猫禁食过夜后给予 50 g 含标记物的猫罐头食品(约为 15%的每日能量需要)。Peachey 认为幼猫和老年猫的剂量-排便时间的差异与胃排空时间无关,主要是老年猫的大肠蠕动功能减弱导致[21]。需要说明的是,升结肠内的粪便在排出之前可能会储存更长时间。因此,正如先前文献综述中关于比格犬的报道,剂量-排便时间并不总是等于单独测定的胃排空时间、小肠通过时间和结肠驻留时间三者之和。例如,有报道健康成年猫,硫酸钡从右结肠到左结肠排空半衰期仅为 (60±5)min[46]。

犬对非崩解性胶囊(35 mm×10 mm)的结肠通过时间为(7.1±1.4)h($n=3$)[47]。然而,比格犬对非崩解性片剂(10 mm×6 mm)的剂量-排便时间为 6 h 至 4 d 或以上(图 4.3)。依据我们对 180 个片剂(4 片/犬)的研究结果,剂量-排便时间测定结果的变异来源主要是乙状结肠储存粪便导致[15]。

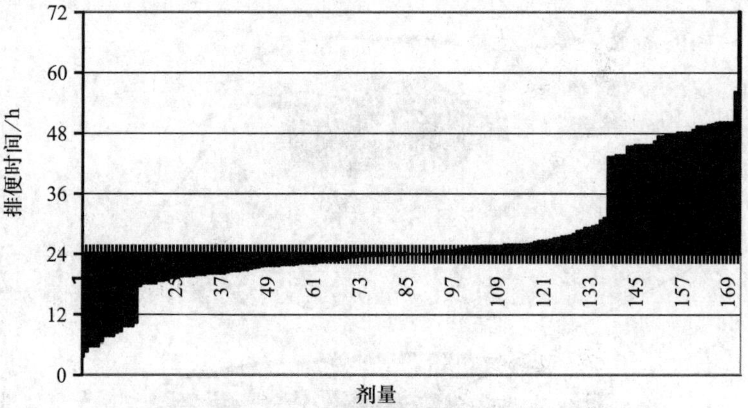

图 4.3 禁食比格犬饲喂非崩解性片剂后获取的“剂量-排便时间”图[15]

4.5 结论

由于本章大部分的试验数据是通过对比格犬和杂种犬的研究获得,因此外推应用到体重 10～15 kg 犬的时候要十分慎重。同样,猫的试验数据大部分是来自对体重 4 kg 的家养杂种猫的研究。但通过公开发表的大量文献,我们还是能够得出犬和猫消化生理的一般性结论:

(1)猫每日少食多餐,而犬一餐往往吃更多食物;

(2)犬和猫对 1.5 mm 直径的不易消化的颗粒具有相同的胃排空时间;

(3)尽管食物通过犬的小肠的平均时间具有较大的变异性,但食物通过犬和猫小肠的平均时间接近;

(4)食物通过犬和猫的结肠时间以及两种动物的结肠内环境都相似。

参考文献

1. HumaneSociety (2011) Pets. http://www.humanesociety.org/animals/pets/
2. AKA (2011) Breeds. http://www.americankennelassociat.org/
3. Patronek GJ, Waters DJ, Glickman LT (1997) Comparative longevity of pet dogs and humans: implications for gerontology research. J Gerontol A Biol Sci Med Sci 52A:B171–B178
4. de Zwart I, de Roos A (2010) MRI for the evaluation of gastric physiology. Eur Radiol 20:2609–2616
5. Geigy (1981) Units of measurement, body fluids, composition of the body, nutrition. In: Lentnered C (ed) Geigy scientific tables. CIBA-GEIGY Ltd, Basel, Switzerland

6. Kararli T (1995) Comparison of the gastrointestinal anatomy, physiology, and biochemistry of humans and commonly used laboratory animals. Biopharm Drug Dispos 16:351–380
7. Janssen P, Tack J, Sifrim D, Meulemans AL, Lefebvre RA (2004) Influence of 5-HT1 receptor agonists on feline stomach relaxation. Eur J Pharmacol 492:259–267
8. Beitz D, Bauer J, Behnke K, Dzanis D, Fahey G, Hill R, Kallfelz F, Kienzle E, Morris J, Rogers Q (2006) Nutrient requirements of dogs and cats. In: NRCotN Academies (ed) Animal nutrition series. The National Academies Press, Washington, DC
9. Schubert ML, Peura DA (2008) Control of gastric acid secretion in health and disease. Gastroenterology 134:1842–1860
10. Sutton SC, Smith PL (2011) Animal Model Systems Suitable for Controlled Release Modeling, in Controlled Release in Oral Drug Delivery, Wilson CG, Crowley PJ (eds) Springer: Glasgow. p. 71–90
11. Brosey BP, Hill RC, Scott KC (2000) Gastrointestinal volatile fatty acid concentrations and pH in cats. Am J Vet Res 61:359–361
12. Lui CY, Amidon GE, Berardi RR, Fleisher D, Youngberg CA, Dressman JB (1986) Comparison of gastrointestinal pH in dogs and humans: implications on the use of the beagle dog as a model for oral absorption in humans. J Pharm Sci 75:271–274
13. Polentarutti B, Albery T, Dressman J, Abrahamsson B (2010) Modification of gastric pH in the fasted dog. J Pharm Pharmacol 62:462–469
14. Sagawa K, Li F, Liese R, Sutton S (2009) Fed and fasted gastric pH and gastric residence time in conscious beagle dogs. J Pharm Sci 98:2494–2500
15. Sutton SC (2004) Companion animal physiology and dosage form performance. Adv Drug Del Rev 56:1383–1398
16. Hasler W (2008) The physiology of gastric motility and gastric emptying. In: Yamadaed T (ed) Textbook of gastroenterology. Blackwell, Oxford
17. Wyse CA, McLellan J, Dickie AM, Sutton DGM, Preston T, Yam PS (2003) A review of methods for assessment of the rate of gastric emptying in the dog and cat: 1898–2002. J Vet Intern Med 17:609–621
18. Martinez MN, Papich MG (2009) Factors influencing the gastric residence of dosage forms in dogs. J Pharm Sci 98:844–860
19. Dressman JB (1986) Comparison of canine and human gastrointestinal physiology. Pharm Res 3:123–131
20. Chandler M, Guilford G, Lawoko C (1997) Radiopaque markers to evaluate gastric emptying and small intestinal transit time in healthy cats. J Vet Int Med 11:361–364
21. Peachey SE, Dawson JM, Harper EJ (2000) Gastrointestinal transit times in young and old cats. Comp Biochem Physiol A Mol Integr Physiol 126:85–90
22. Chandler ML, Guilford G, Lawoko CRO (1997) Radiopaque markers to evaluate gastric emptying and small intestinal transit time in healthy cats. J Vet Intern Med 11:361–364
23. Allan FJ, Guilford WG, Robertson ID, Jones BR (1996) Gastric emptying of solid radiopaque markers in healthy dogs. Vet Radiol Ultrasound 37:336–344
24. Szurszewski J (1969) A migrating electric complex of canine small intestine. Am J Physiol 217:1757–1763
25. Fordtran JS, Dietschy J (1968) Water and electrolyte movement in the intestine. Gastroenterology 50:263–285
26. Kararli T (1989) Gastrointestinal absorption of drugs. Crit Rev Ther Drug Carrier Syst 6:39–86
27. Radberg G, Svanvik J (1986) Influence of pregnancy, oophorectomy and contraceptive steroids on gall bladder concentrating function and hepatic bile flow in the cat. Gut 27:10–14

28. Rabin B, Nicolosi R, Hayes K (1976) Dietary influence on bile acid conjugation in the cat. J Nutr 106:1241–1246
29. Johnston KL, Ballevre OP, Batt RM (2001) Use of an orally administered combined sugar solution to evaluate intestinal absorption and permeability in cats. Am J Vet Res 62:111–118
30. Chiou WL, Jeong H, Chung S, TC W (2000) Evaluation of using the dog as an animal model to study the fraction of oral dose absorbed of 43 drugs in humans. Pharm Res 17:135–140
31. Wienbeck M, Wallenfels M, Kortenhaus E (1987) Ricinoleic acid and loperamide have opposite motor effects in the small and large intestine of the cat. Z Gastroenterol 25:355–363
32. Chandler ML, Guilford WG, Lawoko CR, Whittem T (1999) Gastric emptying and intestinal transit times of radiopaque markers in cats fed a high-fiber diet with and without low-dose intravenous diazepam. Vet Radiol Ultrasound 40:3–8
33. Tanaka A, Inoue A, Takeguchi A, Washizu T, Bonkobara M, Arai T (2005) Comparison of expression of glucokinase gene and activities of enzymes related to glucose metabolism in livers between dog and cat. Vet Res Commun 29:477–485
34. Chauret N, Gauthier A, Martin J, Nicoll-Griffith DA (1997) In vitro comparison of cytochrome P450-mediated metabolic activities in human, dog, cat, and horse. Drug Metab Dispos 25:1130–1136
35. Mealey KL, Bentjen SA, Gay JM, Cantor GH (2001) Ivermectin sensitivity in collies is associated with a deletion mutation of the mdr1 gene. Pharmacogenetics 11:727–733
36. Suchodolski J (2011) Microbes and gastrointestinal health of dogs and cats. J Anim Sci 89:1520–1530
37. Komura H, Iwaki M (2011) In vitro and in vivo small intestinal metabolism of CYP3A and UGT substrates in preclinical animals species and humans: species differences. Drug Metab Rev 43:476–498
38. Sarna SK, Prasad KR, Lang IM (1988) Giant migrating contractions of the canine cecum. Am J Physiol Gastrointest Liver Physiol 254:G595–G601
39. Jeppesen PB, Mortensen PB (1998) The influence of a preserved colon on the absorption of medium chain fat in patients with small bowel resection. Gut 43:478–483
40. Shimoyama Y, Kirat D, Akihara Y, Kawasako K, Komine M, Hirayama K, Matsuda K, Okamoto M, Iwano H, Kato S, Taniyama H, Shimoyama Y, Kirat D, Akihara Y, Kawasako K, Komine M, Hirayama K, Matsuda K, Okamoto M, Iwano H, Kato S, Taniyama H (2007) Expression of monocarboxylate transporter 1 (MCT1) in the dog intestine. J Vet Med Sci 69:599–604
41. West DA, Fortner JH, Sutton SC, Sagawa K, Novak EN, Rogers KL, Volberg ML, Trombley J, Evans LAF, McCarthy JM (2005) Canine model for colonic drug absorption. in 56th AALAS National Meeting. St. Louis, MO
42. Maskell I, Johnson K (1993) Digestion and absorption. In: Burger I (ed) The Waltham book of companion animal nutrition. Pergamon Press, New York
43. HillsVet.com (2012) Atlas of veterinary clinical anatomy. http://www.hillsvet.com/practice-management/feline-colon-normal.html
44. Smith HW (1965) Observations on the flora of the alimentary tract of animals and factors affecting its composition. J Pathol Bacteriol 89:95–122
45. Sutton S (2009) Role of physiological intestinal water in oral absorption. AAPS J 11:277–285
46. Wienbeck M, Kortenhaus E, Wallenfels M, Karaus M (1988) Effect of sennosides on colon motility in cats. Pharmacology 36:31–39
47. McGirr MEA, McAllister SM, Peters EE, Vickers AW, Parr AF, Basit AW (2009) The use of the InteliSite® Companion device to deliver mucoadhesive polymers to the dog colon. Eur J Pharm Sci 36:386–391

第 5 章

兽用控释制剂的物理化学原理

John G. Fletcher, Michael J. Rathbone & Raid G. Alany

本章介绍关于药物制剂的基本理化特性，具体内容涵盖了制剂的活性成分、辅料和最终的制剂产品。重点关注化合物理化性质对于制剂组分选择的重要性、剂型的发展过程，以及理化特性在制剂产品的评价与表征过程，及其性能和质量方面的重要作用。

5.1 引言

药剂学中物理化学原理相关的知识是药品研究与开发的基础。因此，对活性药物成分、辅料、制备方法和最终产品理化性质的了解，促进组分与辅料的合理选择，有利于制备工艺参数的选择，为质量控制检测奠定了基础。

药物的理化性质影响一个剂型的制造能力，决定辅料的选择，影响引进原材料测试的合理选择，从而保障辅料在成品中的适用性，以及提供对终产物和上市后产品评价和评估合理性（如产品质量属性）。总之，化合物的理化性质在产品从处方前研究到产品质量控制的整个开发过程中具有重要的作用。

J. G. Fletcher (✉)
Schoor Phamcay and Chemistr. Kingston Unvsrsty. Kingston upon Thames，UK
e-mail：j. fetcher@kingston. ac. uk

M. J. Rathbone
Division of Pharmacy，International Medical University，Kuala Lumpur，Malaysia

R. G. Alany
School of Pharmacy and Chemistry，Kingston University，Kingston upon Thames，UK

M. J. Rathbone and A. McDowell (eds.), *Long Acting Animal Health Drug Products: Fundamentals and Applications*, Advances in Delivery Science and Technology, DOI 10. 1007/978-1-4614-4439-8_5,

正如对人药产品研究和开发所发挥的作用一样,物理化学的基本原理也为兽药产品的开发奠定了基础。其中的区别在于运用该原理所产生的结果不同。人和小动物(如猫和犬)用药的研发产品在尺寸、形状和载药量方面均较为接近,其常用剂型包括片剂、胶囊剂、小型植入剂、微球、原位凝胶、溶液剂和混悬剂等。相比之下,家畜(如牛、羊、猪等)用药的体积则较大,存在多种人与小动物药品不具备的形态,且活性成分含量高。此外,家畜控释制剂所涉及的药物通常不具备人用控释制剂所要求的"理想特性"(表 5.1)。然而,针对所有病患群体用药的物理化学原理是相同的,同时也为药品的设计提供了科学基础。

本章阐述与兽药制剂研发相关的物理化学原理,该原理为药品组分、工艺的合理选择、鉴别及评价提供有力依据。

5.2 物态

物质的三态,即固态、液态和气态。在有机分子构成的固态物质中(如药物),各分子通过非共价作用力和化学键结合在一起固定分子位置。这些作用力包括离子相互作用、氢键和范德华力。在不同情况下,带正电的官能团和带负电的官能团存在相互作用力,其中单一(或作用双方)官能团的电荷状态可能是通过诱导而产生的。固态物质中的分子运动仅限于振动,该特性使固态物质具备固定的形状和体积(在特定温度下)。液态物质的分子运动则较为自由,但分子间仍存在相互作用,因此,液态物质具有固定的体积,却没有特定的形状。气态物质中,分子间不存在相互吸引力,因而不具备固定的形状和体积。气态物质可以占据任意特定的体积。气体的压力由气体分子与容器壁表面的碰撞而产生。随着容器内气体分子的增多,压力也会增大。

5.2.1 结晶

结晶是指物质由液态转变为固态的过程。结晶包括凝固和沉淀,可以视为熔化和溶出的逆向过程(见 5.3 节)。随着分子间(非共价)化学键的形成,结晶过程释放能量。在结晶过程中,分子发生重新排列,由液态中相对无序的结构变得更为规则。这种有序的结构被称为晶格,其中的重复单元(假设看作一种组织形式)称为晶胞[1]。被称为"长程有序"的状态是构成晶体物质的关键因素。非晶物质和液态物质可能存在"短程有序"的状态,且仅有部分分子有序排列。当固体熔化时,需要向该系统提供断键的能量,以破坏晶格结构。所需的能量被定义为熔融焓。

表 5.1　适宜制备成为控释产品的药物特性及人用和动物用控释产品的制剂学依据

要素	特性	人	小动物	家畜
药物特性	剂量尺寸	低剂量	低剂量	剂量大小仅受限于最终产品的尺寸
	效能	功效强	功效强	不考虑
	亲脂性	理想的亲水/亲脂平衡力	理想的亲水/亲油平衡力	不考虑
依据	药物利用度	改善药物利用	改善药物利用	不考虑
	顺应性	改善患者顺应性的主要原因	改善主人顺应性的主要原因	不考虑
	便利性	鼓励患者遵循给药方案的主要原因	鼓励主人遵循给药方案的主要原因	通过下列途径促进收益： 减少与动物接触的时间 减少动物的治疗时间(放牧、圈养，用药) 更好地利用农场工人的时间
	成本	非主要考虑因素	非主要考虑因素	通过改善成本与收益之比，降低治疗成本，提高利润
	压力	不考虑	减轻主人的压力	减轻动物和农民的压力 通过减少动物应激，提高利润
	制备控释产品的理由	治疗疾病	治疗疾病	减少治疗时间，降低治疗成本，减轻动物压力，减少与动物接触的时间，以提升利润
		改善患者的健康和福利延长寿命	改善动物的健康和福利延长寿命	

尽管结晶可由非晶态自发产生,但通常以溶液中析出沉淀来描述结晶(见5.2.3章节)。在一定温度下,液体(溶剂)中所溶解的固体(溶质)超过了可容纳的量,即形成过饱和溶液,是引发结晶第一步的常用方法。晶核的形成(成核)主要有两种方式。初级结晶方式是,当存在足量不能溶解的溶质分子时,溶质分子自发地聚集形成结晶;次级结晶方式是,通过加入结晶晶种,可引发结晶过程。主动向系统中添加结晶,称为引晶种技术。杂质例如灰尘颗粒或固体(如搅拌器或容器壁)等,也可能作为结晶的晶种。由于在实验条件下,较难判断结晶到底是由杂质或固体引发,还是自发形成的,因此,该结晶过程难以区分为初级结晶还是次级结晶。

5.2.2 同质多晶

在标准条件下,虽然钻石和石墨都是由碳构成的固体,但它们有非常不同的特性。它们的外观和硬度不同。石墨能导电,而钻石不能。导致以上差异的原因在于钻石中的碳原子排列为四面体结构,而石墨中的碳原子排列为层状六边形结构。上述不同形式的物质称为多晶型物。

与之类似的,包括药物在内的有机分子可以有序排列成不同的结构,从而形成不同的多晶型物[1-4]。不像碳原子的共价键,这些多晶型物中存在的是非共价键。由于每种多晶型物的非共价键存在差异,因此它们具有不同的熔点和熔融焓。一般来说,多晶型物是一种稳定的形态,表明该物质具备最稳定的热力学状态[3]。对碳原子来说,石墨属于稳定的状态。以其他形态存在的状态称为亚稳态,在一定时间内会转化为稳态。然而,在你扔掉自己众多钻石戒指之前,其实有钻石向石墨的转变过程,该过程需要在真空和高温(约1 000℃)条件下,经过漫长的时间(数百万年)才能完成。对有机分子构成的各种多晶型物来说,上述转化过程可能需要数年、数月或数分钟就可以完成。因此,在将药物制成制剂的过程中,对各种多晶型物的形态及其物理稳定性有较为清楚的认识是十分重要的。这是因为多晶型物的形态改变可能影响其溶解度(具体原因将在5.3节中阐明)和表观饱和溶解度。通过改变结晶过程中溶剂的类型,使溶剂和溶质的相互作用方式发生变化,就可能获得不同的多晶型物。同时,通过改变结晶过程的温度或达到过饱和状态的速度,也可能得到不同的多晶型物[5]。

假多晶型物或溶剂化物是指除了主要结构分子之外,晶格中还含有溶剂的一类物质。对于药物来说,一水合硫酸锌即属于该类物质。当溶剂为水时,则被定义为水合物[5]。假多晶型物也具有不同的物理性质,如不同的密度、熔点和熔融焓[4]。

5.2.3 非晶态

由于晶体的形成过程具有时间依赖性，因此有可能产生缺乏晶格、结构无序的固体，该类物质称为非晶态聚合物。非晶态聚合物在许多方面可以看作是极黏稠且没有熔点的液体。大多数聚合物或多或少都存在部分非晶体状态，它们的尺寸限制了自身排列成为重复结构单元的能力。快速冷却的火山岩(如黑曜石)可能缺乏晶格结构。包括药物在内的有机分子也能以非晶态聚合物的形式存在。非晶态聚合物被分为两种状态：玻璃态和橡胶态。处于玻璃态的非晶态聚合物相对比较坚硬、易碎，分子分布固定，物质密度较大。当非晶态材料受热后，将经历玻璃态转化过程，热容量(使材料升温1℃所需的能量)增大。这是因为体积的骤然增加和分子运动的自由度增大。分子运动的自由度变化使材料更具弹性和延展性，部分材料将由此成形或被拉伸，此状态为橡胶态。橡胶态作为液态的延续，不会发生进一步相变。处于橡胶态下的玻璃才可进行吹制。非晶态聚合物作为亚稳态多晶型物，本身不稳定，经过一定的时间会转化成为稳态或亚稳态多晶型物。根据聚合物的性质和储存条件，上述转化可能将经历数分钟甚至数年的过程(这也是在白垩纪之前不存在黑曜石工具的原因)。通常情况下，储存温度低于玻璃态转变温度(T_g)时，材料更为稳定[6]。但对于药物来说，建议将其储存于至少低于玻璃态转变温度50℃的环境中，以保证药品在保质期内的稳定性[7]。

然而，材料中有水作为塑化剂存在时，使材料稳定性问题复杂化。塑化剂是一类用于降低非晶态材料玻璃态转变温度的小分子物质。可降低硬性塑料(如PVC，聚氯乙烯)的玻璃态转变温度，使其更具弹性的邻苯二甲酸酯，就是广为人知的一个例子[8]。与之类似的，少量的水就能对非晶态材料的物理稳定性产生有害作用。由于非晶态物质(甚至是玻璃)中的分子分布极为分散，所以非晶态药物中的含水量可能达到5%～10%(W/W)[4,9]。

5.3 溶解度和溶出

物质的溶解度是指在特定的温度和压力条件下，该溶质(物质)能够溶于溶剂中的最大量。测定溶解度最简单的方法是向溶剂中加入过量的固体物质，并使其达到溶解平衡。该过程属于动态平衡，溶质不断地溶解于溶剂，以及从溶剂中析出。因此，可能存在过饱和溶液的产生。最简单的办法是通过加热溶剂，随着温度的升高，更多的溶质将被溶解。如果温度缓慢降低，晶核的形成不一定会发生(至少最初不会发生)[2]。

溶出是从固体到液体的状态改变。按药物被吸收到发挥药效这一顺序来讲,药物需要溶解于溶液中[10,11]。正如熔化一样,在固体溶出的过程中,维持固态的非共价键将被破坏。溶剂和溶质之间将形成新的化学键。溶出通常是吸热过程,新键形成的能量低于破坏固体晶格的能量(同时还要考虑为了容纳溶质,而破坏溶剂分子间的化学键)。

由于不同的多晶型物的晶格焓不同,其溶出度(见 5.2.1 章节)和表观饱和溶解度也存在差异。但正如前文所述,溶解度是一个平衡值,大多数稳定的多晶型物或假多晶型物与溶液相之间仅有一种真正平衡的状态。因此,尽管刚开始稳态多晶型物在溶液中达到平衡时的表观浓度较高,但经过一定时间后,系统将发生变化并产生真正的平衡状态。

5.3.1 溶出度

修正的 Noyes-Whitney 公式(5.1)描述了影响固体溶出度各因素间的关系[12-14]。该模型(图 5.1)对溶出过程提出了假设:在粒子的表面,有一个饱和溶液的界面,溶剂分子沿颗粒表面的浓度梯度界面发生被动扩散,进入溶液体系中。

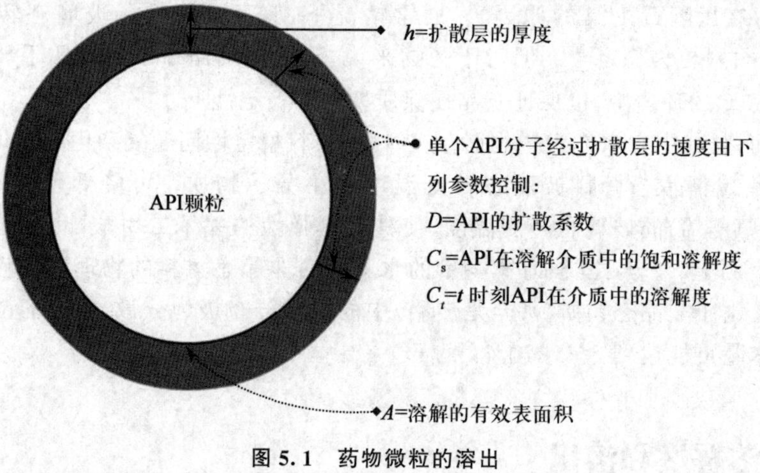

图 5.1 药物微粒的溶出

修正的 Noyes-Whitney 公式

$$dC/dt = [AD(C_s - C_t)]/h \tag{5.1}$$

式中,dC/dt 为溶出度;A 为溶解的有效表面积;D 为化合物的扩散系数;C_s 为化合物在溶液介质中的溶解度;C_t 为 t 时刻化合物在介质中的浓度;h 为扩散层的厚度。

在 Noyes-Whitney 公式中,表面积和饱和溶解度是两个可以变化的主变量。

在讨论上述变量如何发生变化之前，其他变量先不予考虑。药物在特定溶剂中的扩散系数是固定不变的。扩散层的厚度仅可通过搅拌溶液产生改变(因此你会对咖啡或茶进行搅拌)。

如果采取口服固体制剂或混悬剂(常用于人和家养宠物)，或设计一种滞留于反刍动物的胃(瘤胃)中的装置作为考察模型，药物溶解于胃肠道，该环境中无法控制液体的体积。实际上可能存在所谓的"漏槽条件"(图5.2)。Noyes-Whitney公式涉及的环境是具备固定体积的介质，即水槽中放置有一个已装满水的洗盆[图5.2(a)]，随着固体溶于水中，溶液浓度增大[15]。该过程使扩散层中的浓度梯度逐渐变得平缓，因而溶解变慢。在图5.2(b)中，水槽中装有体积相近的水，但进水口开放，并移除塞子，使水发生持续的流动交换，因此浓度不会增加，溶解不受影响。

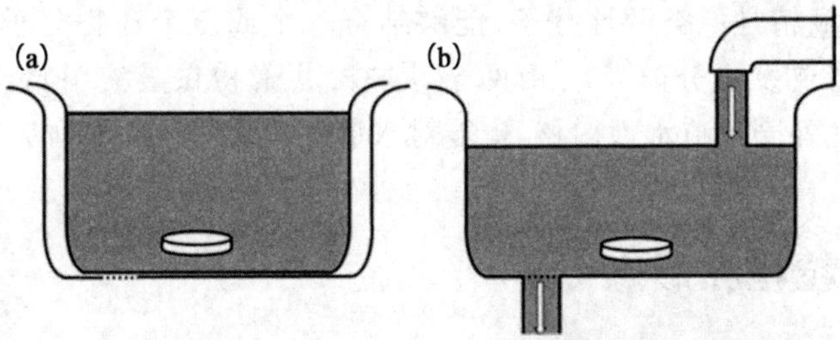

图5.2　在固定体积的溶液中溶出(a)和漏槽条件下的溶出(b)

在胃肠道中，物质通过排泄和吸收，不断地进行着交换。水持续发生着排泄和吸收，因此，漏槽条件能更好地反映体内的真实情况。

通过增大表面积可以提升溶出度，或通过限制表面积的大小以减缓药物的释放。数目众多的药物小颗粒比数目较少的药物大颗粒拥有更大的表面积，因此控制颗粒的大小是非常重要的(见5.4节)。对于不同形状的颗粒，其表面积和体积的比值也不同($SA:V$)。球体的表面积和体积之比最小。随着颗粒的形状偏离球体越多，其表面积和体积之比越大。颗粒表面粗糙或含有孔洞者，其表面积和体积的比值比表面光滑的颗粒大。大多数固体制剂通过一定的压缩工艺制备而得，颗粒之间的聚集减少了表面积。同样地，溶解性较差的物质易于聚集成团或被溶剂排斥。崩解剂作为辅料可加入制剂处方中，以解决上述问题[16]。崩解剂是一类可溶或不可溶的亲水材料，当与水接触后发生膨胀，使制剂中各成分分散，尽可能地增大表面积。如果要阻碍溶解过程，可利用疏水性辅料降低制剂成分的可润湿性，并阻碍溶剂和制剂成分的相互作用，从而有效减少表面积。

虽然化合物的真实饱和溶解度是不变的，但也可通过一些方法改变表观饱和溶解度。只要药物和辅料在药品保质期内稳定，且制剂在服用过程中，药物和辅料不出现再结晶现象,那么就可以通过改变药物或辅料的晶型,或利用其非晶态物,以提高溶出度[3]。

一种药物可以通过化学结构修饰来产生一种更易溶解的前体药物,这被定义为"活性母体药物的生物可逆性化合物"[17]。严格来说,前体药物包括成盐形式的药物,以及易于发生局部解离的药物复合物(见 5.4.1 章节)。忽略上述修饰机制,该方法的目的是通过减少药物的晶格焓或引入离子化基团,以提高药物的溶解度。其中还存在一些问题。在理想的情况下,前体药物在溶液中将降解为药物和前体基团。如果该过程无法发生,主动吸收(依赖于药物的亲脂性)则可能被亲水性的前体基团或药物在体内的分布所限制。

增溶作用(利用惰性分子提高药物分子的溶解度)能提升药物的溶解度,从而促进溶出。环糊精是一类两性分子,能够结合一个或多个药物分子,在溶出过程中,该复合物需要发生分离[18]。由两亲性嵌段共聚物在溶液中自组装形成的胶束,具备亲水性外壳和疏水性内核,也能对水溶性差的药物起到增溶作用。

5.4 颗粒粒径和形态

制剂中,微粒的粒径是药物和辅料的重要特征。粒径与溶出度密切相关(见 5.4.2 节),而溶出度又能够影响药物的吸收和生物利用度[13,14]。粉末的粒径并非单一的数值,而是存在分布范围。理想的粒径分布范围应该较窄,并呈现单峰分布。制剂中粒径分布范围广或存在双峰分布,或粒径非常小,均可能导致在制剂中出现问题[20]。

选择某批胶囊作为该种剂型的代表,每个胶囊应该都含有等量的活性成分(DS)(辅料也是如此)。确保符合该条件最直接的办法就是保证每粒胶囊的内容物重量相等。但此方案并不可行,胶囊(以及大多数其他剂型)不是根据重量填充的。对于胶囊剂来说,最简单的办法是将胶囊填充完全。这需要进行一系列的假设。首先,颗粒要有相同的密度。如果颗粒的组成均一,那么密度才可能相等。其次,颗粒的体积和空隙容积(颗粒间隙的空间)需要一致,满足该条件则需要颗粒的粒径相对均一。然而,如果颗粒的粒径分布范围较广,小颗粒易于沉降分散在底层。当分别对顶层、中间层和底层的颗粒取样时,可以发现底层的颗粒密度比顶层更大(图 5.3)。

5.4.1 粉体流动性

在制备均一剂型的过程中,粉体的流动性是一项重要因素。良好的颗粒流动性确保了胶囊囊体和片剂冲模的填充等步骤。如果颗粒流动性差就会出现漏填的

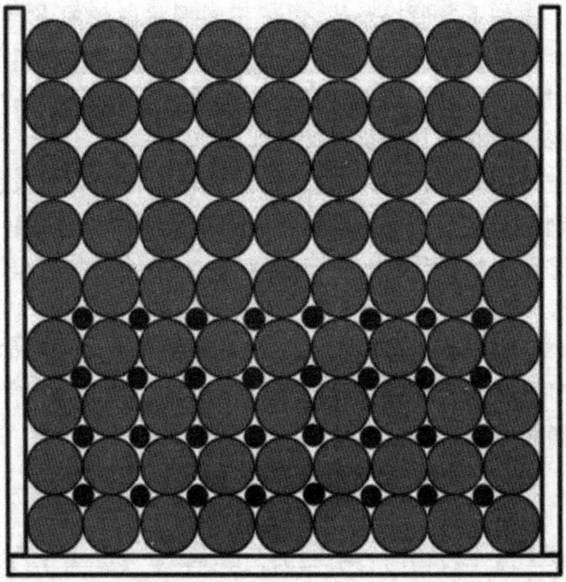

图5.3　含有两种不同尺寸微粒的典型例子。小微粒易填充于大微粒之间的空隙中，使聚集更加紧密，因而底层粉末比顶层粉末的密度更大

情况；要么没有流动仍然保持静止，要么骤然发生流动。可以用一些方法来测定粉体的流动性。休止角是最为常见的方法。将底部封闭的漏斗固定于圆形底座上方，然后向漏斗内添加待测粉末，并开放漏斗底部，使粉末在底座形成堆积层。堆积层与水平面所形成的角度，称为休止角。休止角越大，粉末的流动性越差。在生产过程中，休止角的界限值约为50°。当休止角超过该值，则需要作出针对性的改善措施。另一项相关测试方法是压缩指数[21]。将圆柱形容器置于可对其进行垂直敲击的底座上，并倒入粉末。记录初始体积和敲击100次以后的终体积。利用初始体积和终体积计算压缩指数(5.2)或Hausner比(5.3)。

$$压缩指数(\%)=100\times(V_0-V_f)/V_0 \tag{5.2}$$

$$\text{Hausner 比}=V_0/V_f \tag{5.3}$$

流动性好的粉末在敲击前已自然均匀分布，敲击后的差异不明显。而流动性差的粉末则需要敲击才能实现稳定分布。压缩指数通常的可接受范围为大于25%(Hausner比=1.34)。对于某些压缩相对迅速的粉末来说，压实速度也是一项重要的考察指标，甚至比压缩指数更能反映流动性的优劣。

大多数流动性问题是由于微粒大小或形态引起的。结晶材料在显微镜下的形态称为晶体习性。正如上文所提及的,由于不同形状微粒的表面积和体积之比不同,晶体习性会对溶出度产生影响。不同形状微粒的流动性也存在差异。球形(可以预期)是流动性最好的形态,而棒状颗粒的流动性通常是最差的。晶体的形状可以通过改变结晶形成的介质环境进行调整[3]。

对于流动性较差的粉末,改善其流动性的主要途径是将粉末进行制粒[22]。粒化过程采用黏合剂,如聚乙烯吡咯烷酮,将一定量的微粒黏合到一起。尽管可以选择只对药物微粒进行制粒,但粒化过程更常见的是通过黏合剂,同时使药物和辅料发生黏合。在微粒转运过程中,崩解剂的加入起到破坏微粒结构的作用(见 5.3.1 章节)。加入稀释剂或填充剂以增加重量[16]。根据需要,上述辅料也应具备良好的流动性,并易于压缩。制粒是一种既能够获得大粒径微粒优点(增强流动性),同时保持了小粒径微粒特质(改善溶解性)的药剂学手段。

5.4.2 粒径减小(粉碎)[23,24]

前文已述及需要减小粒径的若干原因,其中最主要是为了改善流动性。通常以特定种类的研磨设备调节粒径,并采用各种研磨设备以实现不同的粒径分布。

切割磨有两组刀片,固定组部件包裹旋转组部件。两组部件近距离(间距 1～2 mm)运转,对粉末进行粉碎。所制备的粉末颗粒粒径通常为毫米级,直径可达 100 μm。

球磨机由一段空筒构成。空筒的一端封闭,向其中加入粉末和滚珠后,对开放的另一端进行密封。将空筒置于滚轮对上旋转。在旋转过程中,粉末与滚珠之间发生跌落和撞击。球磨机制备的微粒直径为 1～100 μm。碰撞使微粒变得更小、更圆。

气流喷射磨或流能磨利用气流抵消地心引力和重力的合力,使微粒反复上升和跌落,发生相互碰撞。所制备的微粒粒径分布较广,其最小直径可达约 1 μm。

碰撞引入的能量可能给研磨机带来的一个主要问题是造成表面无序(非晶态材料)。该无序状态足以改变制剂的溶出度。这也使得对溶出度改善原因的分辨变得困难,不确定是由于表面无序,还是因为粒径的减小所致。但粒径减小的促进作用是较为持久的,而对于非晶态材料有意义的表面无序则可能随着时间的变化而改变,再结晶也会导致溶解状态和其他特性的改变[25]。研磨过程中的能量还可能导致多晶型物的形态变化。由于可能造成溶出度降低,所以该转变对于亚稳态晶型转变为稳态晶型的影响尤为明显。

5.4.3 粒径分析[20,23]

由于粒径能够影响溶出行为,因此对粉末粒径分布的描述非常重要。微粒的粒径分析有许多方法。因为微粒体系具备非均一性，所以通常观测粒径的分布情况。通过一种测定方法（下文将进行阐述），即可确定中位数、众数和四分间距。

最简单的方法之一是摇筛法。一系列的筛子放置于可振荡的平台上。顶层的筛子尺寸最大，底层的最小，并按$\sqrt{2}$级数的关系排列。这种排列方式使微粒在筛子间发生逐层连续分离。称量每个筛子内容物的质量，以计算粒径的分布和相关均值。

显微镜也可用作测算微粒粒径的分布，但该方法相对较慢且冗繁。其他测定技术还包括根据微粒在电极间产生的电阻值划分粒径大小的电感应法，以及通过测定惰性液体中微粒的沉降速度，以表征粒径大小的激光散射法。

5.5　溶液[26]

当溶质分子（例如药物）溶于溶剂中，即形成溶液。溶剂可分为非极性和极性（如水）两大类。极性溶剂又被分为质子供体型（如乙醇）和非质子供体型（如二甲基亚砜）。根据相似相溶原则，极性化合物易溶于极性溶剂中，而非极性化合物易溶于非极性溶剂中。

水作为极性溶剂，可溶解极性分子。非极性溶剂，如正己烷，则溶解非极性分子。该现象是由于为了实现溶解，溶剂分子和溶质分子间的吸引力必须要克服溶质分子间的吸引力。按照经典的相似相溶原理，极性溶剂可溶解极性溶质。但在某些情况下，极性相互作用比非极性相互作用更强，使相对非极性分子的极性区域饱和。某些同时含有极性区域和非极性区域的分子可作为表面活性剂。构成细胞脂质双分子层的磷脂属于表面活性剂。含有疏水区和亲水区的蛋白可作为表面活性剂。去污剂和洗涤剂中含有的离子型与非离子型表面活性剂可以帮助清除衣物和碗盘上的油脂。在 5.7 章节中将对表面活性剂进一步进行阐述。

5.5.1　电离和 pK_a[26-28]

水分子是极性分子，由于其中氧原子的电负性比氢原子更强，二者共用的电子更接近氧原子。因此，氧原子带有少量负电，而两个氢原子则带有相应正电荷。氯化钠在水中溶解，可以自由地解离成为带有正电荷的钠离子和带有负电荷的氯离子。前者被带负电的氧原子包围，而后者被带正电荷的氢原子包围。

pH 属于对数标度，与溶液中质子（或氢离子）浓度的负对数值近似相等。水分子解离得到带正电荷的氢离子（H^+）和带负电荷的氢氧根离子（OH^-），其 pH 值为 7.0。加入酸，如盐酸（HCl），随着氢离子和氯离子的解离，增强了溶液的酸性,使 pH 降低。严格地说,氢离子被水分子吸收生成 H_3O^+。二氧化碳(CO_2)与水反应时发挥酸的作用,通过释放 1～2 个氢离子(H^+),生成了碳酸氢根离子(HCO_3^-)和碳酸根离子(CO_3^{2-})。当加入诸如氢氧化钠(NaOH)等碱时,pH 随着氢离子的减少而升高。这是由于氢氧根离子(OH^-)吸收一个质子生成了水分子。同样地,如氨分子(NH_3)等碱性物质常溶于水中,吸收一个质子后带上正电荷(NH_4^+,铵离子)。上述为 Lowry-Brønsted 理论中所定义的酸和碱。但并非只有带电荷的分子才能溶于水。例如蔗糖可溶于水,是因为蔗糖与水相似,均具有带微量电荷的羟基。

许多药物都是弱酸性或弱碱性物质(或同时是弱酸/碱性化合物)。但与上述盐类物质不同,仅有部分药物分子在溶液中带有电荷。弱酸或弱碱的水溶性取决于电离程度,而电离程度又取决于溶液的 pH 和分子的特性。酸解离常数(K_a)用来表示特定 pH 下的电离程度[公式(5.4)和公式(5.5)]。

公式(5.4)表示酸解离常数对数值(pK_a)、pH 与不带电(AH)和带电(A^-)酸粒子之间的关系,中括号代表浓度:

$$pK_a = pH + lg([AH]/[A^-]) \tag{5.4}$$

公式(5.5)表示酸解离常数对数值(pK_a)、pH 与不带电(B)和带电(BH^+)碱粒子之间的关系,中括号代表浓度:lg([BH^+]/[B])

$$pK_a = pH + lg([BH^+]/[B]) \tag{5.5}$$

公式(5.6)表示弱酸在特定 pH 条件下的总溶解度(S)、不带电部分的溶解度(S_0;不同 pH 下为常数)、pH 和 pK_a 之间的关系:

$$pH = pK_a + lg(\{S - S_0\}/S_0) \tag{5.6}$$

5.5.2 分配系数(和分布系数)

为了使药物到达体循环或病症部位发挥作用,药物需要透过细胞膜进行吸收。所有的细胞膜都是由磷脂双分子层构成的。双分子层由磷脂自发排列而成,亲水的磷酸盐头部朝外,甘油二酯尾部朝内。药物进入细胞或被吸收需要跨越该界面。通常以被动扩散的方式实现药物排泄的过程,也要穿过该分子层。因此,为了穿透双分子层,药物需要具有一定的亲脂性。但分子常以个体的形式被吸收,因而药物首先需要溶解(通常是水中)。所以药物也需要具备一定的亲水性。

药物在各种溶剂中的溶解度是重要的参数,而且了解药物在两种溶剂中的分布情况也是非常有益的。比如油和水是不能互溶的,二者会形成独立的分层。如果向该体系中加入苯分子,则有一部分溶于水,而大多数会溶于油相。对于含有大量羟基的葡萄糖分子,则大多数溶于水相中(图 5.4)。油相浓度与水相浓度的比值，称为分配系数(P)。由于 P 值变化范围较大，通常将其以 10 取对数($\log_{10}$)得到 $\log P$ 值。

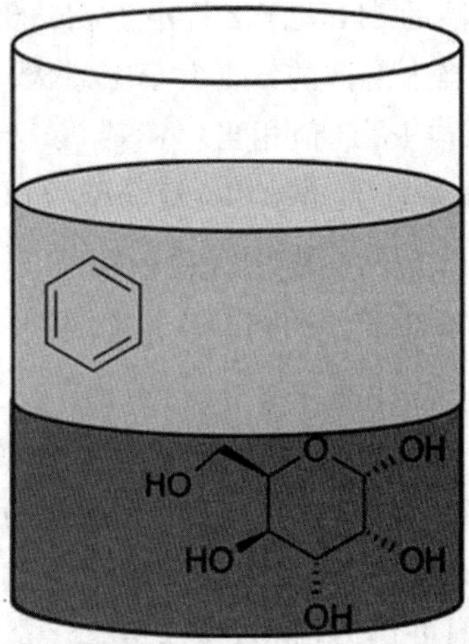

图 5.4　苯和葡萄糖在油和水中的分布

涉及弱酸或弱碱的情况则更为复杂。以苯甲酸在油和水中的分布情况为例(图 5.5)。在油相中，苯甲酸可能以单个的分子形式存在，也可能通过羧基形成氢键以二聚体的形式存在。该情况是个常数，可测算出油相中的浓度。相比之下，苯甲酸在水相中发生电离，其电离程度取决于溶液的 pH。若改变 pH，更多的苯甲酸将分布于水相中，分配系数也随之改变。该观测值称为分布系数(D 或 $\log D$)，常提供特定 pH 条件下的该值[29]。由于接近人血浆的 pH 条件，常引用 pH 7.4 条件下的 $\log D$ 值。此外，许多哺乳动物，如猫、犬、牛和马，它们的血浆 pH 大致相

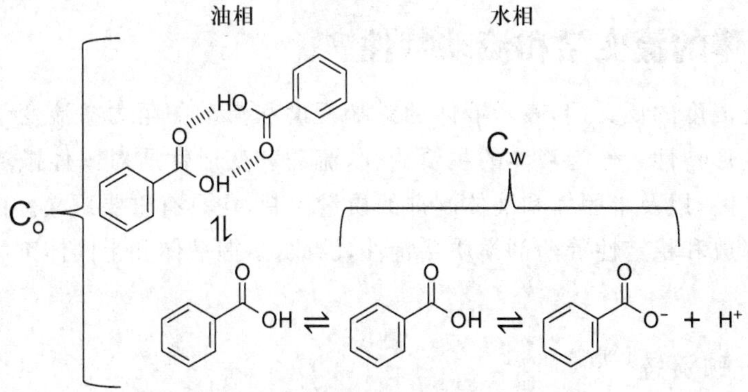

图 5.5　苯甲酸在油和水中的分布

似,因此,兽药制剂中的该参数存在标准值。

在 pK_a 已知的情况下,利用公式(5.7)和公式(5.8)中的一个,即可将 $\log D$ 转换为 $\log P$。实际上,当水溶液的 pH 大于 2 且小于 pK_a 时,酸性药物的 $\log D$ 值与 $\log P$ 值相当。对碱性药物,当水溶液的 pH 大于 2 或大于 pK_a 时,若药物未发生实际电离(99%),其 $\log D$ 值与 $\log P$ 值相当。

公式(5.7)表示特定 pH 条件下,酸的 $\log D$、pK_a 和 $\log P$ 之间的关系:

$$\log D_{(pH)} = \log P - \log\{1 + 10^{(pH - pK_a)}\} \tag{5.7}$$

公式 5.8 表示特定 pH 条件下,碱的 $\log D$、pK_a 和 $\log P$ 之间的关系:

$$\log D_{(pH)} = \log P - \log\{1 + 10^{(pK_a - pH)}\} \tag{5.8}$$

通常,测定 $\log P/\log D$ 值的经典方法是利用 1-辛醇和水。与许多生物膜类似,1-辛醇具有氢原子结合受体和供体特性。1-辛醇部分极化的性质可包合水分子,生物脂质膜也具有同样的特性,该性质使分配行为比低极性的非水溶剂更复杂[30,31]。此外,还有三种溶剂可作为油相:丙二醇二壬酸酯(PGDP),作为质子结合受体;三氯甲烷,作为质子结合供体;环己烷,作为惰性溶剂[32,33]。由于药物通过亲脂性相互作用发生结合,异丁醇被用作测定药物与血清蛋白的结合情况,从而模拟药物在蛋白和溶液中的分布行为[34]。

$\log P$ 值较低(<0)的药物吸收困难,适于设计成以注射方式给药的剂型。$\log P$ 具有中间值(0~3)的药物可溶解于胃肠道并被吸收,因而适于作为人和小动物的口服用药。$\log P$ 值较高(2~4)的药物适于开发透皮给药系统,因为角质层作为哺乳动物表皮的最外层,主要由干燥的死细胞构成。如果药物的 $\log P$ 值非常高(>4),则存在较大的风险,因为当药物进入体循环后易于在脂肪组织中蓄积而产生毒性[35]。

5.6 液体的流变学和流动特性

黏度是流度的反义词,表示液体的黏稠程度和流动的阻力。流变学包括液体的流动和变形特性。作为液体的主要特性,流动和变形性质对固体微粒在液体中的溶解和扩散,以及半固体和液体制剂的质量控制,均具有重要意义。由于能够影响药物的释放和稳定性等药剂学质量特性,因此,掌握液体和半固体剂型的黏度极为重要。

5.6.1 牛顿流体[36]

流速(du/dy 也被称为切变速度)与切变应力(τ)成正比的液体,称为牛顿流体。流速与切变应力通过动态黏度(μ)相关联。所有的气体、部分液体(如水、乙醇、橄榄油和甘油),和熔融金属均遵循牛顿黏度法则(5.9):

$$\tau=\mu(\mathrm{d}u/\mathrm{d}y) \tag{5.9}$$

黏度的测定方法通常有两种:一种方法是采用落球黏度计,根据 Stokes 定律,以球体通过液体的自由沉降速度测算黏度;另一种方法则是采用毛细管黏度计,使液体在重力作用下流过毛细管,根据液体流速与黏度的关系得到结果。

5.6.2 非牛顿流体[36,37]

非牛顿流体是指不遵循上述法则的流体,如图 5.6 所示。牛顿流体的流动曲线是一条经过原点的直线。Bingham(塑性)流动要求所施加的作用力达到最小切变应力。当作用力小于该切变应力时,液体呈现弹性体状态,且不发生流动。其流动特性可用包含 Bingham 屈服应力(τ_y)的牛顿修正公式描述(5.10)。

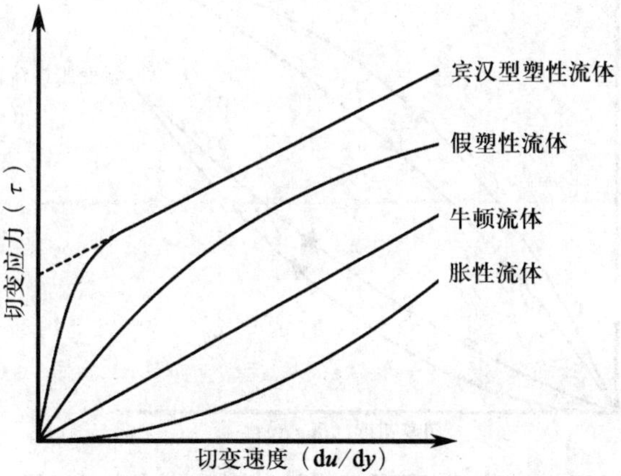

图 5.6　各种流体行为的流动曲线(流变图)

Bingham 塑性流体的流动公式:

$$\tau = \tau_y + \mu(\mathrm{d}u/\mathrm{d}y) \tag{5.10}$$

公式(5.10)表明 Bingham 塑性流动在流变图中可用直线表示。在达到 Bingham 屈服应力前,液体已具备流动趋势,且为流动累积了初始速度。某些半固体物质即为 Bingham 塑性体,常见的有牙膏和蛋黄酱等。

与蛋黄酱相比,番茄酱与众多含有聚乙烯吡咯烷酮、纤维素和聚丙烯酸等聚合物的水基性制剂相同,均呈现假塑性流动。假塑性流动与牛顿流动和 Bingham 塑性流动不同,其流动速率的流变图并非直线。随着切变速度的增加,切变应力的增速减缓。即搅拌速度增大,黏度降低。其原因是剪切力的作用是为了解除聚合物链段间的缠绕,并使链段按剪切力的方向排列,而该过程却持续妨碍了布朗运动,使链段发生缠绕。

胀性流动可看作是假塑性流动的逆过程。黏度随切变速度的增加而增大。最常见呈现胀性流动的是含有反絮凝状态微粒的混悬剂(见5.6章节)。絮凝状态的混悬剂呈现塑性或假塑性行为。

剪切力对非牛顿流体的作用时间也可能影响黏度。向假塑性材料施加剪切力时,黏度降低。当剪切力消除,且材料黏度的改变具有可逆性时,但不会迅速恢复原状,该类材料称为触变材料。假塑性材料和胀性材料均具有触变特性。当假塑性材料或胀性材料的切变速度经过先增大后降低的过程,流变学曲线将呈现两个阶段(图5.7)。

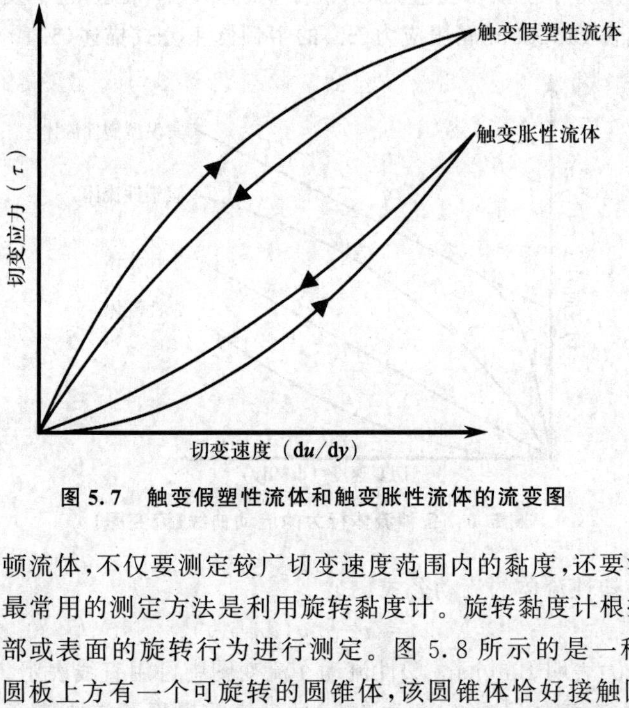

图5.7 触变假塑性流体和触变胀性流体的流变图

对于非牛顿流体,不仅要测定较广切变速度范围内的黏度,还要深入了解液体的变化过程。最常用的测定方法是利用旋转黏度计。旋转黏度计根据圆锥或圆筒在待测液体内部或表面的旋转行为进行测定。图5.8所示的是一种圆锥形黏度计。在固定的圆板上方有一个可旋转的圆锥体,该圆锥体恰好接触圆板。圆锥体和圆板之间的空隙填充材料。由于圆锥体和圆板所形成的夹角小于1°,因此该空隙非常小。通过测定与液体接触的圆锥体所传递的力矩,可以测算得到黏度。圆锥体可以持续朝同一方向旋转,或来回摆动[38]。

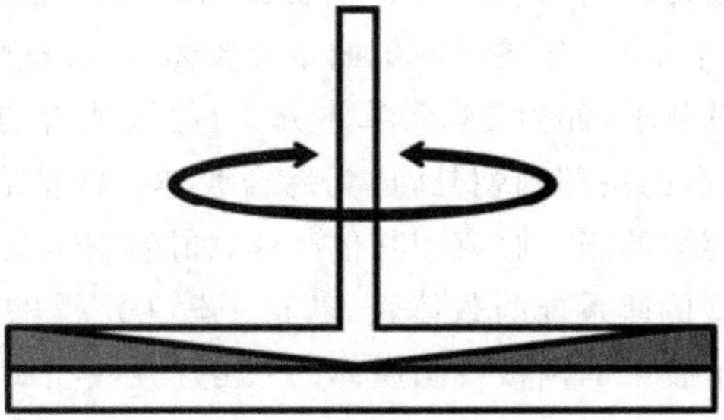

图 5.8　圆锥形黏度计

5.7　胶体和混悬液

分散体系由两相组成。混悬液包括液体连续相和构成分散相的固体微粒，乳剂则包括两种液相。尽管较大的微粒偶尔也具有相似的行为，但胶体通常用来描述分散相(胶体的)微粒直径介于 1 nm 至 1 μm 的分散系统。连续相为水的体系，称为水状胶体。牛奶是一种水状胶体，其中的油脂构成了分散质的胶体微粒，而水则为连续相。磷脂和蛋白作为表面活性剂，对胶体体系起到稳定作用。但牛奶在 12～24 h 出现分层：乳脂(含有高浓度的油脂)和乳液。可利用均质化手段使牛奶呈现稳定的单层状态。与牛奶类似，许多不稳定的药剂学胶体系统，如混悬剂、乳膏剂和气雾剂等，均需要均质过程。

5.7.1　胶体系统[39,40]

胶体系统分为两大类：主要依靠连续相的排斥作用形成的疏液胶体，以及通过连续相的相互作用与自组装形成的亲液胶体。

当溶解度较差的疏水性药物溶于水中所形成的较好混悬液，其体系中的水和药物相互排斥，该例子即为疏液胶体体系。此外，药物微粒互相聚集，且不易分散的过程称为絮凝。其近义词有团聚和聚集，后者用来形容溶液中蛋白质的行为。合并表示液体微粒的聚集。Ostwald 熟化是导致大微粒形成的第二种现象。实际上，混悬剂中的药物和水处于接近溶液的平衡状态。该平衡属于动态过程，药物分子不断地溶解和析出。由于大微粒的热力学稳定性更好，因此大微粒增大，而较小的微粒体积变得更小，表面积和体积之比降低。药物和水分子的相互排斥，使表面积最小的微粒具有最佳的稳定性。

严格来讲，亲液胶体包括溶液，但本章节仅涉及更为复杂的体系。由表面活性剂参与形成的一类亲液胶体称为缔合胶体。当表面活性剂溶于水中时,在低浓度条件下,分子单独分散于溶液中,形成了简单的亲液胶体。当浓度高于临界胶束浓度(CMC)时,表面活性剂分子(超过 50 个单体分子)将聚集并自组装构成球形。疏水的尾部位于内部,亲水的头部则朝外,成为缔合胶体。清洁衣物的过程中,由洗涤剂构成的胶束可以溶解油脂。胶束和其他载体,如脂质体(具备与细胞类似的双分子层结构),作为药物传递系统的载体,已获得了较为广泛的关注。因为疏水性药物可以有效地溶解于胶束的内核或脂质体的双分子层中。

胶体微粒处于被定义为布朗运动的无规则运动状态。因此,微粒会自发地由浓度高的区域扩散至浓度较低的区域。该扩散过程服从 Fick's 第一定律(5.11):

$$\mathrm{d}m/\mathrm{d}t = -DA(\mathrm{d}C/\mathrm{d}x) \tag{5.11}$$

式中,$\mathrm{d}m$ 是物质的质量,$\mathrm{d}t$ 是扩散时间,D 是扩散系数,A 是扩散面积,$\mathrm{d}C/\mathrm{d}x$ 是扩散的浓度梯度。

粒径大于 0.5 mm 微粒的沉降速率服从 Stokes' 定律(5.12)。粒径小于 0.5 mm 的微粒则更容易受布朗运动的影响:

$$v_s = 2/9\{(\rho_p - \rho_f)/\mu\}gR^2 \tag{5.12}$$

式中,v_s 是微粒的沉降速度(m/s),ρ_p 和 ρ_f 分别是微粒和液体的质量密度(kg/m^3),μ 是动态黏度(N s/m^2),R 是半径(m),g 是重力加速度(m/s^2)。

5.7.2 乳剂[40]

乳剂由两种互不相容的液体组成,油和水是常用体系,通常为一种液体均匀地分散于另一种液体中。一般认为乳剂体系为疏水系统,分散相会随着时间出现合并。不可逆的合并则称为破裂。乳剂易于通过乳析而出现分层。之所以出现乳析是因为分布不均的牛奶会分离产生乳液层和富含油脂的乳脂层。常用 Stokes' 定律(5.12)来评价沉降速率。对于乳析过程,该定律也适用。通过混合搅拌或摇动,乳析会成为可逆过程。使用匀质机减小分散相液滴的半径,可以降低乳析的速度。

使乳剂稳定的主要方法是利用作为乳化剂的表面活性剂。蛋黄酱是由油和醋构成的乳剂,其中的卵蛋白和卵磷脂起到使其稳定的作用。药剂学中的表面活性剂包括:头部基团带负电的阴离子表面活性剂、非离子表面活性剂,以及存在一定毒性,且仅限于局部机体使用的阳离子表面活性剂。阳离子表面活性剂和非离子表面活性剂通常联合应用于动物内服制剂的制备。诸如前面提到的卵磷脂,作为两性表面活性剂,可用作静脉注射用脂肪乳剂的专用乳化剂。

表面活性剂的选择依据是亲水亲油平衡值(HLB)。根据分子结构中亲水部分和亲油部分的相对比例,乳剂的每种非水组分(油/脂肪/蜡)均有相应的 HLB

值。这些组分的 HLB 加权平均值可以通过计算得到，该值与表面活性剂的 HLB 值相对应。

外用乳剂可分为软膏剂、乳膏剂和凝胶剂。软膏剂是一种可形成封闭性油膜的半固体制剂，适用于活性化合物的局部给药，而非透皮给药。乳膏剂通常为水包油型乳剂，因此，在部分处方中需要添加防腐剂。乳膏剂扩散迅速，更适宜采取全身性给药方式。乳膏剂的封闭性较差，不会产生与软膏剂类似的皮肤水化作用。凝胶剂是一种半固体制剂，以亲水性聚合物增加液体成分（通常是水）的黏稠程度。

5.7.3　混悬剂[40,41]

混悬剂可分为胶体分散体系（微粒粒径小于 1 μm）和粗粒混悬体系（微粒粒径大于 1 μm）。由于选择适于溶解药物活性成分的液体介质较为困难，因此，通常制备的是药物的混悬剂而不是溶液剂。这也是将新霉素制成滴耳混悬剂的原因。混悬剂常用于家养宠物的口服给药。混悬剂还可作为驱虫药的给药方式，以治疗反刍动物的胃气胀。

在 5.4 章节中已提到，药物微粒的大小对于稳定性非常重要。注射用药或眼部给药时，较大的药物微粒（大于 5 μm）可能产生刺激性和肌肉毒性。然而，正如 5.3.1 章节所述，药物微粒的大小可以降低溶出度，从而减缓了药物进入血液循环的吸收速度。因此，可通过增加微粒的大小，设计具有缓释特性的注射剂。口服混悬剂与外用混悬剂的使用较为常见。洗剂作为浓度较稀的混悬剂（部分洗剂属于溶液剂），所含的固体物质非常少，在患处使用后迅速蒸发干燥。糊剂是具备封闭性的浓稠混悬液，含有大量固体物质，用于吸收渗出物。混悬剂具有疏水优势，因此稳定性相对较差。Ostwald 熟化和絮凝的危害作用已在 5.7.1 章节中介绍[41]。

混悬剂的初始制备过程较为困难，尤其是当活性成分在连续相中的溶解性较差的时候。但其润湿性较差，因此活性成分和连续相的相互作用有限。因此，常加入表面活性剂作为润湿剂。黄原胶、藻酸盐和纤维素等材料的低浓度溶液作为胶体，包裹于固体微粒表面。在高浓度条件下，上述材料会使混悬剂的黏稠度增大，从而降低微粒的沉淀速度（5.12）。理想情况下，混悬剂黏度的增大，导致具有触变性的假塑性或塑性流体的形成（见 5.6.2 章节）。如果储存的液体是黏稠的，当施加一定的切变应力（如倾倒或注入）后，体系将产生可逆性的破坏，使该过程更为容易。

判断体系处于絮凝或非絮凝状态十分重要，因为每种状态均有各自的缺点。在非絮凝体系中，微粒间的相互作用有限，沉降过程取决于单个微粒的大小。较大的微粒更易于沉淀，而较小的微粒则保持悬浮状态。该过程进行时，体系可能不会出现变化。最终,较小的微粒也将沉淀,在混悬液的底部,将形成结块,并且难以重新悬浮。在絮凝体系中,较大的微粒和较小的微粒相互作用,共同沉降。沉积层的形成更加迅速,但堆积松散,因而易于分散。

5.8 稳定性

原料药和药品的稳定性或不稳定性,通常考虑以下三个方面:化学、物理、微生物学。当探讨蛋白或核酸产品时,常采用第四个方面:生物学。但实际上,生物学的变化常与物理或化学变化紧密相关[42-44]。活性成分化学结构的改变通常是限制保质期的主要原因。对于胶体分散体系和粗粒混悬体系,物理稳定性是最为常见的问题(见 5.7.3 章节)。微生物污染常见于含水制剂中,而对于储存合适的固体制剂,则较少出现微生物污染问题。因为在该条件下,微生物将干燥失水,并且缺乏良好的生存环境。在注射用药传递系统中,绕过了动物对热原和细菌的防御屏障,因此,微生物污染对该系统最为关键。

5.8.1 化学稳定性

药物(或辅料)的化学降解途径有许多种。水解是由水分子造成的降解。水解常见于形成酰胺键或酯键的羧酸基团。由于氧的电负性大于氮的电负性(见 5.5.1 章节),酯键比酰胺键更为敏感[45]。溶剂化作用包括非水溶剂的效应。氧化作用是指涉及失去电子的分子降解过程。对于药物等有机化合物来说,氧化代表失去氢,或氢氧键转化为碳氧键的过程。光照、微量金属、氧气和氧化剂均可能参与氧化过程。许多药物具有手性中心,因此存在两种(或多种)形态,各形态之间具备类似于左右手的镜像关系。以顺式和反式,或右旋和左旋,作为常用的前缀。两种形态的药物通常具有不同的活性或毒性。顺式苄氯菊酯的毒性比反式苄氯菊酯的毒性大 10 倍。右美沙芬用作猫、犬的止咳药,而其对映体(左美沙芬)则是一种类鸦片麻醉药[46]。有些药物会自发地从一种形态转化为另一种形态(外消旋作用),使活性发生改变[47]。在含有酸或碱的水溶液中,肾上腺素会发生变化。还原性糖和氨基化合物之间的 Maillard 反应也存在类似的问题。

化学稳定性可以通过多种途径得到改善,降低储存温度能提高稳定性,但该方法对于讲求成本的兽药并非特别适用。以非水溶剂替代水作为溶剂,也可提升稳定性。如果改变溶剂种类的方式不可行,还可尝试调节溶液的 pH。溶液中的质子对水解具有促进作用。氢氧根离子也可以对某些反应起到类似的催化效果。因此,中性的缓冲溶液环境有助于药物的稳定。琥珀色玻璃可以阻挡紫外辐射和可见光谱的短波长端光线。不透明的容器或纸盒可提高稳定性。尽管铝箔相对较昂贵,但也可以有效阻挡光照。塑料并不能完全防潮,因此,常用铝箔或玻璃容器防止水解的发生。为了防潮,还可加入二氧化硅干燥剂。

5.8.2　物理稳定性

在之前的章节中,已用较大篇幅对物理稳定性进行了阐述。然而,对此仍然有一些值得考究的地方。由于水蒸气可以渗透塑料包装,以塑料容器储存的水溶液药品在储存过程中,浓度会增大。该情况对多种已确定给药剂量的预充型注射剂会造成特殊的问题[48]。为了使制剂工业中所使用的塑料具备更好的韧性,通常会添加塑化剂(见 5.2.3 章节)。这些塑化剂可能溶于液体制剂中,导致容器或药品产生变化。该问题对聚氯乙烯而言,尤为突出[43]。蛋白制剂的稳定性存在较大的问题。活性蛋白通常不仅仅只是一条氨基酸长链,而且还具备特定的三维折叠结构。在储存、干燥或低温条件下,影响蛋白活性的三维结构可能被破坏[43,49]。

5.8.3　微生物稳定性

与食品相比,制剂产品受微生物污染及其导致的产品腐败问题影响较小。对于注射剂,需要监控其中活的微生物和所有热原的情况[50]。对于其他给药途径的制剂,则通常需要保证每克或每毫升产品中,菌落形成单位的最大值处于 100～1 000。在上述条件下储存的制剂产品,其中含水制剂会使微生物的数量有所上升,但不足以引起腐败。在乳膏剂和混悬剂等含水制剂中,通常需要利用对羟基苯甲酸酯、苯甲醇等作为防腐剂。多用途滴耳剂是典型的无菌产品,但仍加入防腐剂苯扎氯铵,以防止患者或患病动物在使用过程中带来的污染。苯扎氯铵也作为杀菌剂和清洁剂,用于某些皮肤喷雾剂。防腐剂的筛选通常并非一个简单的过程。pH 的改变可能影响防腐剂的活性。而分布于乳剂油相中的防腐剂,对存在于水相中的微生物生长的抑制作用较弱。

5.8.4　稳定性试验[42-44]

人药的稳定性试验大多由三大市场(欧洲、美国和日本)协调制定。由于稳定性检测的耗时较长、且较为昂贵,因此,除了气候偏热,以及干燥或潮湿程度差异较大的地区不同之外,大多数国家通常都愿意遵从上述制定的指导方针的建议。兽药及其产品的指导原则也遵循该指南。

原料药及其药品的影响因素试验是通过破坏活性成分,以鉴别降解产物,并评价稳定性。该试验包括温度(10～50℃的温度递增)、湿度(相对湿度不低于

75%)、氧化、光照,以及一定 pH 范围内溶液剂或混悬剂的水解作用,对稳定性的影响效应。稳定性试验在长期、加速条件下进行。长期试验的条件通常为 25℃、相对湿度 60%,或 30℃、相对湿度 65%。具体条件的选择是根据受试产品销售市场的区域气候情况决定。在气候条件为Ⅳ类(炎热、潮湿)的国家,人药的测试在更为严苛的条件下进行,温度 30℃、相对湿度 75%。因此,上述条件对兽药产品的测试也是可以接受的。通常需要提供至少 12 个月的数据。加速试验条件 40℃、相对湿度 75%,或 30℃、相对湿度 65%的中间条件均可作为测试条件。对于冷藏储存的药品,长期储存的温度条件为 5℃,且变化范围在 2~8℃。原料药或其产品的加速试验按照常规的长期试验条件,在室温条件下进行。

5.9 结论

本章阐述了一系列与制剂活性成分、辅料、制备工艺和终产品相关的物理、化学特性。上述特性为制剂组分和辅料的合理选择、生产参数的有效制定,以及质量监控测试奠定了基础。对药物物理化学性质的透彻了解是制剂的根本。药物的物理、化学特性决定了其制剂化能力、辅料的合理选择、活性成分的化学稳定性、制剂的物理稳定性,以及最终产品的特性和质量属性。

参考文献

1. Florence AT, Attwood D (2011) Solids. In: Physicochemical principles of pharmacy, 5th edn. Pharmaceutical Press, London, pp 7–42
2. Mullin JW (2001) Crystallization, 4th edn. Butterworth-Heinemann, Oxford, Boston
3. Buckton G (2007) Solid-state properties. In: Aulton ME (ed) Aulton's pharmaceutics, 3rd edn. Churchill Livingston Elsevier, Philadelphia, pp 110–120
4. Yu L (2001) Amorphous pharmaceutical solids: preparation, characterization and stabilization. Adv Drug Deliv Rev 48:27–42
5. Morissette SL, Almarsson Ö, Peterson ML, Remenar JF, Read MJ, Lemmo AV, Ellis S, Cima MJ, Gardner CR (2004) High-throughput crystallization: polymorphs, salts, co-crystals and solvates of pharmaceutical solids. Adv Drug Deliv Rev 56:275–300
6. Duddu SP, Zhang G, Dal Monte PR (1997) The relationship between protein aggregation and molecular mobility below the glass transition temperature of lyophilized formulations containing a monoclonal antibody. Pharm Res 14:596–600
7. Hancock BC, Zografi G (1997) Characteristics and significance of the amorphous state in pharmaceutical systems. J Pharm Sci 86:1–12
8. Marín ML, López J, Sánchez A, Vilaplana J, Jiménez A (1998) Analysis of potentially toxic phthalate plasticizers used in toy manufacturing. Bull Environ Contam Toxicol 60:68–73
9. Hancock BC, Zografi G (1997) The relationship between the glass transition temperature and

the water content of amorphous pharmaceutical solids. Pharm Res 11:471–477
10. Ashford M (2007) Gastrointestinal tract-physiology and drug absorption. In: Aulton ME (ed) Aulton's pharmaceutics, 3rd edn. Churchill Livingston Elsevier, Philadelphia, pp 270–285
11. Kahn CM, Line S (eds) (2010) The Merck veterinary manual, 10th edn. Merck Publishing Group, Rahway
12. Noyes AA, Whitney WR (1897) The rate of solution of solid substances in their own solutions. J Am Chem Soc 19:930–934
13. Brunner E (1904) Reaktionsgeschwindigkeit in Heterogenen Systemen. Z Phys Chem 43:56–102
14. Nernst W (1904) Theorie der Reaktionsgeschwindigkeit in Heterogenen Systemen. Z Phys Chem 47:52–55
15. Aulton ME (2007) Dissolution and solubility. In: Aulton ME (ed) Aulton's pharmaceutics, 3rd edn. Churchill Livingston Elsevier, Philadelphia, pp 16–32
16. Rowe RC, Sheskey PJ, Quinn ME (eds) (2009) Handbook of pharmaceutical excipients. Pharmaceutical Press, London
17. Taylor MD (1996) Improved passive oral drug delivery via prodrugs. Adv Drug Deliv Rev 19:131–148
18. Loftsson T, Brewster ME (1996) Pharmaceutical applications of cyclodextrins. 1. Drug solubilization and stabilization. J Pharm Sci 85:1017–1025
19. Kwon GS (2003) Polymeric micelles for delivery of poorly water-soluble compounds. Crit Rev Ther Drug 20:357–403
20. Staniforth JN, Aulton ME (2007) Particle size analysis. In: Aulton ME (ed) Aulton's pharmaceutics, 3rd edn. Churchill Livingston Elsevier, Philadelphia, pp 121–136
21. Carr RL (1965) Evaluating flow properties of solids. Chem Eng 72:163–168
22. Summers MP, Aulton ME (2007) Granulation. In: Aulton ME (ed) Aulton's pharmaceutics, 3rd edn. Churchill Livingston Elsevier, Philadelphia, pp 410–423
23. Rhodes MJ (2008) Introduction to particle technology, 2nd edn. Wiley, Hoboken, NJ
24. Staniforth JN, Aulton ME (2007) Particle Size Reduction. In: Aulton ME (ed) Aulton's pharmaceutics, 3rd edn. Churchill Livingston Elsevier, Philadelphia, pp 137–144
25. Mosharraf M, Nystrom C (2003) Apparent solubility of drugs in partially crystalline systems. Drug Dev Ind Pharm 29:603–622
26. Florence AT, Attwood D (2011) The solubility of drugs. In: Physicochemical principles of pharmacy, 5th edn. Pharmaceutical Press, London, pp 141–183
27. Po HN, Senozan NM (2001) The Henderson–Hasselbalch equation: its history and limitations. J Chem Educ 78:1499–1503
28. Aulton ME (2007) Properties of solutions. In: Aulton ME (ed) Aulton's pharmaceutics, 3rd edn. Churchill Livingston Elsevier, Philadelphia, pp 33–41
29. Constable PD (2009) Comparative animal physiology and adaption. In: Kellum JA, Elbers PWG (eds) Stewart's textbook of acid-base. Lulu, Raleigh, pp 305–320
30. Avdeef A (2003) Absorption and drug development: solubility, permeability and charge state. Wiley, Hoboken, NJ
31. Leo AJ, Hansch C, Elkins D (1971) Partition coefficients and their uses. Chem Rev 71:525–616
32. Leahy DE, Taylor PJ, Wait AR (1989) Model solvent systems for QSAR Part I. Propylene glycol dipelargonate (PGDP). A new standard solvent for use in partition coefficient determination. Quant Struct Act Relat 8:17–31
33. Leahy DE, Morris JJ, Taylor PJ (1992) Model solvent systems for QSAR. Part II. Fragment

values (f-values) for the critical quartet. J Chem Soc Perkin Trans 2:705–722
34. Rosenkranz H, Förster D (1979) Comparative study of the binding of acylureidopenicillins and carbenicillin to human serum proteins. Infection 7:102–108
35. Lipinski CA, Lombardo F, Dominy BW, Feeney PJ (2001) Experimental and computational approaches to estimate solubility and permeability in drug discovery and development settings. Adv Drug Deliv Rev 46:3–26
36. Bear J (1972) Dynamics of fluids in porous media. Dover Publications Inc, New York
37. Lieberman NP, Lieberman ET (2003) A working guide to process equipment. McGraw-Hill, New York, pp 449–453
38. McKennell R (1956) Cone-plate viscometer. Anal Chem 28:1710–1714
39. Lyklema J (2005) Fundamentals of interface and colloid science: particulate colloids (Fundamentals of interface & colloid science). Academic Press, Waltham
40. Florence AT, Attwood D (2011) Emulsions, suspensions and other disperse systems. In: Physicochemical principles of pharmacy, 5th edn. Pharmaceutical Press, London, pp 241–280
41. University of the Sciences in Philadelphia (2011) Remington: the science and practice of pharmacy, 21st edn. Pharmaceutical Press, London
42. The International Conference on Harmonisation of Technical Requirements for Registration of Pharmaceuticals for Human Use (2003) ICH topic Q1A stability testing of new drug substances and products. Available from http://www.ich.org/fileadmin/Public_Web_Site/ICH_Products/Guidelines/Quality/Q1A_R2/Step4/Q1A_R2__Guideline.pdf
43. The International Conference on Harmonisation of Technical Requirements for Registration of Pharmaceuticals for Human Use (1995) ICH topic Q5C stability testing of biotechnological/biological products. Available from http://www.ich.org/fileadmin/Public_Web_Site/ICH_Products/Guidelines/Quality/Q5C/Step4/Q5C_Guideline.pdf
44. International Cooperation on Harmonisation of Technical Requirements for Registration of Veterinary Products (2008) VICH GL3(R) stability testing of new drug substances and medicinal products (revision). Available from http://www.vichsec.org/pdf/2007/GL03_ST7(R).pdf.
45. Brown WH, Foote CS, Iverson BL, Anslyn EV (2010) Organic chemistry: enhanced, 5th edn. Cengage Learning Inc, Stamford
46. Gaginella TS, Bertko RJ, Kachur JF (1987) Effect of dextromethorphan and levomethorphan on gastric emptying and intestinal transit in the rat. J Pharmacol Exp Ther 240:388–391
47. Reddy IK, Mehvar R (2004) Chirality in drug design and development. Marcel Dekker, New York
48. Medicines and Healthcare products Regulatory Agency (MHRA) (2007) Phthalates/DEHP in PVC medical devices. Available from http://www.mhra.gov.uk/Safetyinformation/Generalsafetyinformationandadvice/Technicalinformation/PhthalatesinPVCmedicaldevices/index.htm
49. Murphy KP (2001) Stabilization of protein structure. In: Murphy KP (ed) Protein structure, stability, and folding. Humana Press Inc, Totowa
50. European Pharmacopoeia (2010) Section 5.2 parenteral preparations, 7th edn. EDQM Publications, Strasbourg, pp 3144–3146

第6章

生物药剂学与兽药传递系统

Steven C. Sutton

生物药剂学是桥接药剂学和生理学的一门学科。本章讨论了有关兽药传递系统在动物种属及给药途径间研究和观察到的异同点,同时为值得注意的综述提供参考。深入讨论了药物溶解度在速释制剂中的问题,以及概述生物降解微球在控释注射剂的应用。列举了多种从鼻腔、眼部给药到透皮和内服给药的兽医临床应用制剂。如果制剂和生物药剂学结果表明其在某一种属动物中具有较高的生物利用度,那么它在其他种属的动物也是否具有类似的效果呢?如果深入掌握了有关特殊种属动物的生理学特性及配方的药剂学原理,我们就可对上述问题进行合理预测,同时也可以充分利用兽药制剂众多的给药途径和已经发表的大量人医的临床前研究资料,大步迈进兽药制剂学的黄金时代。

6.1 前言

根据莫斯比医学词典[1]的定义,生物药剂学是一门研究制剂的理化特性、组成以及在机体内活性的学科[2]。特别是,该学科连接了生理学和药剂学这两门学科。本章综述了在动物种属间及给药途径之间的研究和观察获得的有关兽药传递系统

---

[1] 8th edition. © 2009, Elsevier

[2] http://medical-dictionary. thefreedictionary. com/biopharmaceutics

S. C. Sutton (✉)
College of Pharmacy, University of New England, 716 Stevens Avenue, Portland, ME 04103, USA
e-mail: ssutton 1 @une. edu

M. J. Rathbone and A. McDowell (eds.), *Long Acting Animal Health Drug Products: Fundamentals and Applications*, Advances in Delivery Science and Technology, DOI 10. 1007/978-1-4614-4439-8_6, © Controlled Release Society 2013

的相似性和差异性。但本章核心是研究动物的生理状态对制剂产品或制剂活性成分的药理学作用。动物几乎可以通过所有的给药途径进行给药。目前在临床前研究中主要报道的动物给药途径多倾向于人类的给药途径。由于生物药剂学和兽药传递系统的知识可以独立编撰成书,因此本章重点概述主要种属动物和最常见的给药途径。

6.2 药物给药途径

6.2.1 注射给药

静脉注射(IV)给药除非急诊应用否则极少应用于小动物临床。此外,除了选择合适的血管外,物种之间注射给药途径差别不大。皮下注射(SC)给药途径对于小动物仅适用于胰岛素制剂应用[1]。对于肌肉注射(IM)给药途径已被 Shah 及其同事综述发表[2]。

6.2.2 鼻腔给药

有研究证明,极难吸收的药物分子可以通过鼻腔给药途径有效用于某些疾病的急性治疗。当清醒状态的犬经鼻腔给予 100 μL 浓度为 30 mg/mL 的阿伦磷酸钠生理盐水溶液后,其生物利用度为 50%,与相同剂量药物的内服给药方式相比,生物利用度提高了 50 倍[3]。生物利用度大大提高主要由于三个因素:高浓度的活性药物成分具有良好的水溶性、本身具有促进渗透的能力,以及无明显的体液稀释作用。芬太尼也成功应用于猫的鼻腔给药[4]。同时对于较大分子药物,鼻腔给药也能显著提高生物利用度,但由于同时需要给予渗透增强剂,这种制剂不太可能长期应用[5]。

6.2.3 眼部给药

除了偶尔应用滴剂和软膏剂,在兽医临床较少通过眼部和耳部途径给药。动物眼部用药物传递系统,也包括人的,都要求药物活性成分能够充分溶解、无刺激性(等渗性和中性 pH)和足够的黏滞性。由于使用过多滴眼药从结膜流失导致浪费,因此使用一滴眼药水(约 50 μL)应该与多滴的疗效一样。Proksch 等报道兔子和猴子每只眼睛滴 50 μL 含有 300 mg 的喹诺酮类抗菌药物的眼药水对眼部的常见感染均有良好的疗效[6]。如果有感兴趣的读者,也可以对 Mitra's 团队撰写的一篇优秀综述进行研读[7]。

6.2.4　关节给药

在人类临床上[8]，关节内给药的药物传递系统要保证活性药物成分精确地到达局部作用部位，最近该技术也成功应用于兽医临床[9]。然而，寻找保证关节内的药物浓度可以达到发挥药理学活性的方法仍然具有一定的挑战性。首先溶液中的活性药物成分保证具有药理学作用，同时还能在局部靶组织迅速渗透。随着制剂工艺的发展，例如设计的微囊或微球制剂将关节腔作为储库释放活性成分的制剂技术充满希望[10]（见 6.3 章节）。

6.2.5　透皮给药

透皮给药途径在人类药剂学领域也较为受限，由于要求小分子药物既要剂量小、作用部位小，还要保证最优分配系数在 1～3[11]。动物给药前需要将体表的部分区域的毛剃短（不是剃光），这增加了透皮剂应用的复杂程度。如将动物体表给药区域的毛剃光，制剂的渗透能力则可增加 5 倍[12]。最后还要防止动物通过舔舐、摩擦或掘洞等行为将给药区域的透皮剂除去。透皮给药途径最初包含广泛应用于食品动物的浇泼剂。在一篇综述中报道，伊维菌素浇泼剂的生物利用度为皮下注射给药方式的 15%，当然这还包括动物舔舐给药区域后增加的药物吸收部分[13]。对于小动物而言，有报道对猫给予甲巯咪唑[14,15]、阿替洛尔[16,17]和犬给予芬太尼后，对透皮制剂和静脉给药、内服给药的生物利用度进行比较研究[18]。透皮吸收促进剂对透皮剂的渗透有促进作用，但会增加对皮肤的刺激性[19]。

猫应用甲巯咪唑透皮剂的生物利用度有显著的变化[14]。例如，0.05 mL 普朗尼克磷脂有机凝胶（PLO）中含 2.5 mg 甲巯咪唑用于猫的内耳廓给药（每个耳朵交替给药），给药 4 周后，67%的猫经透皮剂治疗后甲状腺功能恢复正常（而内服给药治疗有 82%的猫恢复正常）[20]。但甲巯咪唑透皮剂的绝对生物利用度较低，且变异系数较大（11.4 ± 18.7）%[15]。

猫每日 2 次经内耳廓给予 1.1 mg/kg 阿替洛尔透皮剂，其中含有 2.5%吐温-20 卡波姆凝胶，连续给药 1 周后，血药浓度平均峰值为内服相同剂量药物的 24%[透皮剂：135 ng/mL（范围：25～380 ng/mL）]；内服[569 ng/mL（范围：242～854 ng/mL）][16]。本研究中峰值平均浓度与相对生物利用度之间具有相关性，则与内服制剂相比，透皮剂的相对生物利用度除了变异性较大，结果还是比较不错（24%）。本试验中透皮剂连续给药后的血药最大峰值平均浓度为最小峰值平均浓度的 15 倍。

猫经内耳廓给予 30 μg/kg 芬太尼（PLO 基质）透皮剂后，血药浓度却小于

0.2 ng/mL,而内服给予 2 μg/kg 芬太尼后血药浓度为 1 ng/mL[4]。如果血药浓度与相对生物利用度具有相关性,则芬太尼透皮剂的相对生物利用度为内服制剂的 1%。

商品化产品 Duragesic®透皮贴(25 μg/h 芬太尼,杨森制药,泰特斯维尔市,新泽西州)对猫经透皮给药后具有较好的生物利用度。例如,透皮贴给药仅 12 h 后,血药浓度即达到稳态,为(2.05 ± 0.89)ng/mL,对应的生物利用度为 36%。当猫去除透皮贴后,芬太尼血药浓度缓慢下降[21]。相对来说,犬给予芬太尼透皮贴后稳态血药浓度和生物利用度与猫类似,但当犬去除透皮贴后,芬太尼血药浓度下降非常迅速[18]。有数据显示,对于过度肥胖的猫,芬太尼在脂肪组织中与在透皮剂中的分配系数相似,因此当去除透皮贴后,脂肪组织提供了额外的药物储存。这种现象应该不具有种属特异性,而是成年猫久坐不动的生活习惯导致的。根据我们的经验,一条 13.5 kg 的比格犬仅有较少的脂肪组织。

6.2.6 口腔与舌下给药

在某些情况下,内服给药存在较强的首过效应,活性药物成分易于被胃酸或胰酶降解,此时活性药物成分的口腔给药的生物利用度往往优于内服给药。但口腔给药方式也具有挑战性,人还可以将制剂在口腔含化,但对动物非常困难,因此,制剂本身必须能够使活性成分保留在口腔内直到其溶解和吸收[22]。如果药物在唾液 pH 环境下具有较大的 log*D* 值,则其吸收迅速。对于某些药物,口腔给药 5 min 后大部分药物经黏膜吸收[23]。据报道,犬经口腔黏膜给予丁丙诺啡后,药物的绝对生物利用为 38%~47%[24],而猫,绝对生物利用度将近 100%(因为猫的唾液 pH 为 9)[25]。

6.2.7 内服给药

如本书第 4 章所述,胃具有储存和加工食物的功能。Martinez 等论述了药剂学和生理学方面的各种因素对制剂在胃内滞留的影响[26]。胃对制剂及其活性成分的作用主要包括胃酸降解和内环境对制剂的破坏、滞留、崩解及溶出作用。胃内环境范围较大,从禁食状态下的高酸性到喂食后胃内装满水和食物的混合物的低酸性。如果动物禁食后给药,而制剂中的活性成分暴露于 pH 较低的酸性环境,则制剂活性成分可能很容易降解。

如制剂包被一层肠溶衣,防止在低 pH 时水的渗透,则该制剂可在禁食动物给药 2 h 后经胃排空运输到肠道[27]。如果制剂的肠溶衣有缺陷,允许水分渗透进入片剂内,则胃部的收缩蠕动力量可使片剂崩解。但是,如果制剂足够小(直径

<2 mm微丸),那么该制剂的胃排空则非常迅速[28]。未包衣的片剂吸水后可能崩解较快。对于大部分制剂中的活性成分,动物禁食后胃内水的含量均不能完全溶解药物,但含有活性成分的微丸可以快速经胃排空后进入十二指肠,活性成分持续溶解并经肠道吸收。

食物对胃的生理功能的影响包括:①渗透性;②黏度;③热量密度;④容积(包括消耗的水分)[26]。因此,通过对犬猫小样本量的研究发现,猫少食多餐半固体的蛋白质类食物对胃的生理功能的影响与进食后的犬类似。很多文献举例说明食物可以影响胃的生理功能,其中部分研究结论可能相互抵触,但如果上述胃的4个指标都很一致,则研究结论基本一致。最近发表的文章有些例外,大部分对食物作用的研究未能提供可以进行比较的详细资料。

感兴趣的读者可以仔细阅读 Martinez 等撰写的有关食物对药物作用影响的综述[26],包含内容如下:

(1) 食物在速释片周围成膜,因此延缓崩解和溶出[29];

(2)通过延缓对乙酰氨基酚的胃排空,降低其吸收速率,但不改变其吸收程度[30];

(3)依据胃幽门的"筛选"特性,预期延缓含有阿司匹林的3 mm肠包衣颗粒的胃排空[30];

(4) 发现8 mm × 3.4 mm规格的肠衣包片的胃滞留情况[30],与Fix及其同事所观察的结果一致[31];

(5) 根据犬小肠的水体积、头孢羟氨苄的溶解度(17 mg/mL[33])和Sutton的计算(经调整适合应用于犬)[34],预期延缓胃排空,促进头孢羟氨苄在十二指肠内的溶解度增加近1 g[32]。

虽然食物对制剂或活性成分具有干扰作用,但仍有一些简单实用的技巧可以应用。在人医方面研发避免食物干扰的齐拉西酮制剂时,对齐拉西酮纳米混悬液在比格犬体内的行为进行了详尽细致的研究[35]。如图6.1所示,齐拉西酮纳米混悬液在禁食比格犬体内的暴露情况与进食后给予普通商品化的胶囊制剂的情况类似。在兽医临床上,也已开展关于选择不同的食物饲喂犬来考察食物对齐拉西酮商品化胶囊剂影响的研究[36]。

6.3 控释药物传递系统及其发展趋势

如同人医领域,兽医领域进行控释制剂研究的动力主要是减轻不良反应和提高患畜依从性。很显然在兽医诊疗过程中提高患畜依从性还有很大空间。例如,

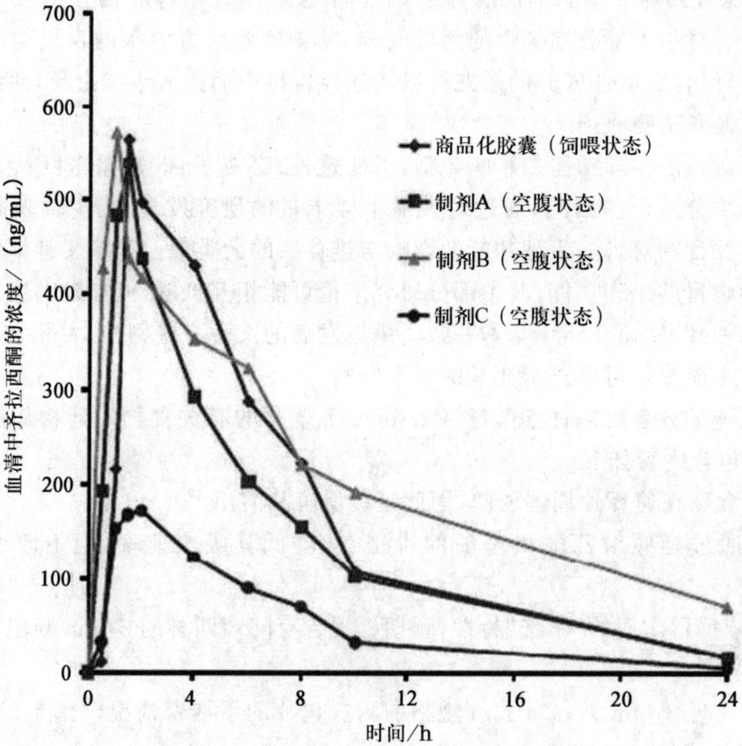

图 6.1　比格犬进食后给予传统的速释齐拉西酮胶囊和空腹给予齐拉西酮纳米混悬剂(制剂 B)后的血清药物浓度[35]

仅有 1/3 的犬主人能够接受连续 5～10 d 的抗菌药物治疗[37,38]。人们了解,猫、家畜和野生动物(包括外来物种和动物园物种)更难满足依从性。控释植入剂或仓储制剂已经成功地应用于养殖动物(例如,抗生素和生长激素),尽管已投放市场,但 API 残留和休药期的问题仍然是一个挑战[39,40]。采用聚乳酸-羟基乙酸共聚物微球[poly (lactic-co-glycolic) acid,PLGA]制备的控释注射剂技术广泛应用于人类制剂领域[41]。该技术也可以成熟地应用到兽药制剂领域。利用反刍动物消化系统的优势,瘤胃载药装置(杀灭寄生虫)已成功研制,同时也伴随一系列问题和挑战[42]。

兽医一直寻求延长 API 从胃滞留向整个小肠的输送方法,历经 30 多年的努力,目前仍没有稳定可行的办法延长制剂在胃内滞留时间[43]。另一方面,当市场开始对成本效益进行调查时,兽医领域已经开始应用传统的控释传递系统。同时我们可以在 Rathbone 的综述中看到很多挑战[44]，该综述表达的是可以将人用药品自然直接地应用于伴侣动物犬身上[36]。地尔硫卓控释片在比格犬上的研究已经过去将近 20 年[45]，另一种用于治疗犬的强迫症的药物——舍曲林控释制剂[46]也于 8 年前在比格犬上进行了具体研究[47]。

猫用内服控释制剂也进行了研究，发现猫每日内服一次卡比马唑（甲巯咪唑的前药）控释片延长了在体内的释放时间（图 6.2）[48]。但另外一种卡比马唑控释片并没有上述体内延长释放的特性[49]。在后者的研究中，卡比马唑控释片的半衰期与前者研究的静脉给药的半衰期相似，因此所谓的“缓释”特性根本不存在，这很可能是由于“松软”的片剂在胃内崩解所致。

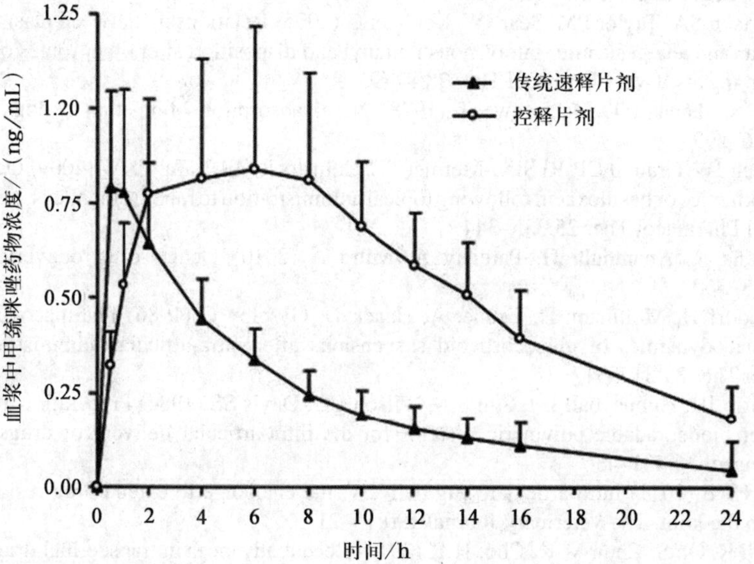

图 6.2　猫内服给予甲巯咪唑传统速释片剂和控释片剂后的血浆药物浓度

6.4　结论

兽药传递系统的研究正徘徊在十字路口。在过去的 10 年，人用制剂的市场效益平稳增长时，兽药制剂的市场盈利能力也在增强。大部分人用制剂在临床前研究中已经通过动物试验进行了评估，如前所述，控释制剂的研究也进行了大量报道。此外，阐明制剂控释特性本质的技术（如闪烁扫描术）和难溶于水的活性药物成分的制剂技术（如纳米混悬剂）均显而易见。过去曾经作为“大型制药公司”的商业秘密的经验与知识,在文献中均已经广泛报道,这些都是扩大兽药行业的有力工具。

参考文献

1. Gilor C, Graves TK (2010) Synthetic insulin analogs and their use in dogs and cats. Vet Clin North Am Small Anim Pract 40:297–307
2. Shah J, Sutton S, Way S, Brazeau G (2012) Parenteral formulations: local injection site reaction and muscle tolerance. In: Swarbrick J (ed) Encyclopedia of pharmaceutical technology. Informa Healthcare USA, Inc, New York
3. Sutton SC, Engle K, Fix JA (1993) Intranasal delivery of the bisphosphonate alendronate in the rat and dog. Pharm Res 10:924–926
4. Robertson SA, Taylor PM, Sear JW, Keuhnel G (2005) Relationship between plasma concentrations and analgesia after intravenous fentanyl and disposition after other routes of administration in cats. J Vet Pharmacol Ther 28:87–93
5. Harai S, Ikenaga T, Matsuzawa T (1978) Nasal absorption of insulin in dogs. Diabetes 27:296–299
6. Proksch JW, Granvil CP, Rl Siou-Mermet TL, Comstock MRP, Ward KW (2009) Ocular pharmacokinetics of besifloxacin following topical administration to rabbits, monkeys, and humans. J Ocul Pharmacol Ther 25:335–344
7. Gaudana R, Ananthula H, Parenky A, Mitra A (2010) Ocular drug delivery. AAPS J 12:348–360
8. Derendorf H, Mollmann H, Gruner A, Haack D, Gyselby G (1986) Pharmacokinetics and pharmacodynamics of glucocorticoid suspensions after intra-articular administration. Clin Pharm Ther 39:313–317
9. Ratcliffe JH, Hunneyball IM, Smith A, Wilson CG, Davis SS (1984) Preparation and evaluation of biodegradable polymeric systems for the intra-articular delivery of drugs. J Pharm Pharmacol 36:431–436
10. Scott HRE (2011) Intra-articular drug delivery: the challenge to extend drug residence time within the joint. The Veterinary Journal 190:15–21
11. Subedi R, Oh S, Chun M-K, Choi H-K (2010) Recent advances in transdermal drug delivery. Arch Pharm Res 33:339–351
12. Banerjee PS, Ritschel WA (1989) Transdermal permeation of vasopressin. I. Influence of pH, concentration, shaving and surfactant on in vitro permeation. Int J Pharm 49:189–197
13. Canga A, Prieto A, Liebana J, Martinez N, Vega M, Vieitez J (2009) The pharmacokinetics and metabolism of ivermectin in domestic animal species. Vet J 179:25–37
14. Trepanier LA (2007) Pharmacologic management of feline hyperthyroidism. Vet Clin North Am Small Anim Pract 37:775–788
15. Hoffman SB, Yoder AR, Trepanier LA (2002) Bioavailability of transdermal methimazole in a pluronic lecithin organogel (PLO) in healthy cats. J Vet Pharmacol Ther 25:189–193
16. MacGregor JM, Rush JE, Rozanski EA, Boothe DM, Belmonte AA, Freeman LM (2008) Comparison of pharmacodynamic variables following oral versus transdermal administration of atenolol to healthy cats. Am J Vet Res 69:39–44
17. Khor KH, Campbell FE, Charles BG, Norris RLG, Greer RM, Rathbone MJ, Mills PC (2011) Comparative pharmacokinetics and pharmacodynamics of tablet, suspension and paste formu-

lations of atenolol in cats. J Vet Pharmacol Ther. doi:10.1111/j.1365-2885.2011.01342.x: 1-10
18. Kyles A, Papich M, Hardie E (1996) Disposition of transdermally administered fentanyl in dogs. Am J Vet Res 57:715–719
19. Magnusson B, Walters W, Roberts M (2001) Veterinary drug delivery: potential for skin penetration enhancement. Adv Drug Deliv Rev 50:205–227
20. Sartor LL, Trepanier LA, Kroll MM, Rodan I, Challoner L (2004) Efficacy and safety of transdermal methimazole in the treatment of cats with hyperthyroidism. J Vet Intern Med 18: 651–655
21. Lee DD, Papich MG, Hardie EM (2000) Comparison of pharmacokinetics of fentanyl after intravenous and transdermal administration in cats. Am J Vet Res 61:672–677
22. Rathbone MJ, Drummond B, Tucker I (1994) The oral cavity as a site for systemic drug delivery. Adv Drug Deliv Rev 13:1–22
23. Rathbone MJ, Hadgrath J (1991) Absorption of drugs from the human oral cavity. Int J Pharm 74:9–24
24. Abbo L, Ko J, Maxwell L, Galinsky R, Moody D, Johnson B, Fang W (2008) Pharmacokinetics of buprenorphine following intravenous and oral transmucosal administration in dogs. Vet Ther 9:83–93
25. Robertson SA, Lascelles BDX, Taylor PM, Sear JW (2005) PK-PD modeling of buprenorphine in cats: intravenous and oral transmucosal administration1. J Vet Pharmacol Ther 28:453–460
26. Martinez MN, Papich MG (2009) Factors influencing the gastric residence of dosage forms in dogs. J Pharm Sci 98:844–860
27. Minami H, McCallum R (1984) The physiology and pathophysiology of gastric emptying in humans. Gastroenterology 86:1592–1610
28. Davis SS, Hardy JG, Taylor MJ, Whalley DR, Wilson CG (1984) The effect of food on the gastrointestinal transit of pellets and an osmotic device (Osmet). Int J Pharm 21:331–340
29. Abrahamsson B, Albery T, Eriksson A, Gustafsson I, Sjoberg M (2004) Food effects on tablet disintegration. Eur J Pharm Sci 22:165–172
30. Kaniwa N, Aoyagi N, Ogata H, Ejima A (1988) Gastric emptying rates of drug preparations. I. Effects of size of dosage forms, food and species on gastric emptying rates. J Pharmacobiodyn 11(8):563–570
31. Fix JA, Cargill R, Engle K (1993) Controlled gastric emptying III. Gastric residence time of a nondisintegrating geometric shape in human volunteers. Pharm Res 10:1087–1089
32. Campbell and Rosin (1998) Effect of food on absorption of cefadroxil and cephalexin in dogs. J Vet Pharmacol Ther 21:418–420
33. Tsuji A, Nakashima E, Deguchi NKY, Hamano S, Yamana T (1983) Physicocemical properties of amphoteric B-lactam antibiotics. III Stability, solubility and dissolution behavior of cefatrizine and cefadroxil as a function of pH. Chem Pharm Bull 31:4057–4069
34. Sutton S (2009) Role of physiological intestinal water in oral absorption. AAPS J 11:277–285
35. Thombre AG, Shah JC, Sagawa K, Caldwell WB (2012) In vitro and in vivo characterization of amorphous, nanocrystalline, and crystalline ziprasidone formulations. Int J Pharm. doi:10.1016/j.ijpharm.2012.02.004:
36. Sutton SC, Smith PL (2011) Animal model systems suitable for controlled release modeling. In: Wilson CG, Crowleyed PJ (eds) Controlled release in oral drug delivery. Springer, Glasgow
37. Maddison J (1999) Owner compliance with drug treatment regimens. J Small Anim Pract 40:348
38. Barter LS, Watson ADJ, Maddison JE (1996) Owner compliance with short term antimicrobial

medication in dogs. Aust Vet J 74:277–280
39. Medlicott NJ, Waldron NA, Foster TP (2004) Sustained release veterinary parenteral products. Adv Drug Deliv Rev 56:1345–1365
40. Ahmed I, Kasraian K (2002) Pharmaceutical challenges in veterinary product development. Adv Drug Deliv Rev 54:871–882
41. Mitra A, Wu Y (2010) Use of In Vitro-In Vivo Correlation (IVIVC) to facilitate the development of polymer-based controlled release injectable formulations. Recent Pat Drug Deliv Formul 4:94–104
42. Vandamme TF, Ellis KJ (2004) Issues and challenges in developing ruminal drug delivery systems. Adv Drug Deliv Rev 56:1415–1436
43. Prinderre P, Sauzer C, Fuxen C (2011) Advances in gastro retentive drug-delivery systems. Exp Opin Drug Deliv 8:1189–1203
44. Rathbone M, Brayden D (2009) Controlled release drug delivery in farmed animals: commercial challenges and academic opportunities. Curr Drug Deliv 6:383–390
45. Zentner GM, McClelland GA, Sutton SC (1991) Controlled Porosity Solubility- and Resin-Modulated Osmotic Drug Delivery Systems for Release of Diltiazem Hydrochloride. J Controlled Release 16:237–244
46. Rapoport JL, Ryland DH, Kriete M (1992) Drug treatment of canine acral lick: an animal model of obsessive-compulsive disorder. Arch Gen Psychiatry 49:517–521
47. Sutton SC (2004) Companion animal physiology and dosage form performance. Adv Drug Del Rev 56:1383–1398
48. Frénais R, Rosenberg D, Burgaud S, Horspool LJI (2009) Clinical efficacy and safety of a once-daily formulation of carbimazole in cats with hyperthyroidism. J Small Anim Pract 50:510–515
49. Longhofer S, Martín-Jiménez T, Soni-Gupta J (2010) Serum concentrations of methimazole in cats after a single oral dose of controlled-release carbimazole or sugar-coated methimazole (thiamazole). Vet Ther 11:E1–E7

第7章

质量设计与口服固体制剂研究

Raafat Fahmy, Douglas Danielson, Marilyn N. Martinez

本章目的是提供一个关于质量源于设计(Quality by Design,QbD)的高层次概述,介绍QbD工具箱中各种可用选项和利用QbD进行药品开发的优势。同时给出ICH指南中提出的术语、定义及QbD在产品生命周期内的应用实例,有助于产品了解与质量标准研究的多种因素之间的相互关系。

缩写

API 药物活性成分
CPP 关键工艺参数
CQA 关键质量属性
DOE 实验设计
FMEA 失效模式与影响分析
ICH 国际协调会议
ISO 国际标准组织
QbD 质量源于设计
QRM 质量风险管理
QTPP 目标药品质量概述

R. Fahmy(✉) · M. N. Martinez
Center for Veterinary Medicine, Office of New Drug Evaluation,
Food and Drug Evaluation, Food and Drug Administration, Rockville, MD, USA
e-mail: raafat. fahmy @ fda. hhs. gov

D. Danielson
Perrigo Company, Allegan, MI, USA

M. J. Rathbone and A. McDowell (eds.), *Long Acting Animal Health Drug Products: Fundamentals and Applications*, Advances in Delivery Science and Technology, DOI 10. 1007/978- 1-4614-4439-8_7,

MTC 微晶纤维素
MSPC 多变量统计过程控制
MST 材料科学四面体
NIR 近红外光谱仪
PAR 可接受范围
PAT 过程分析技术
PIP 工艺-成分产品图
PQS 药物质量体系
RPN 风险优先数
RTRT 实时放行监测
SPC 统计过程控制

7.1 引言

质量源于设计(QbD)可定义为“基于健全的科学与质量风险管理,开始于预定目标分析并强调对产品和工艺的理解及工艺控制的一种系统的研发方法”(ICH Q8)。虽然在制药领域用 QbD 研发产品具有创新性,但在其他领域已长期广泛应用,如汽车制造业、航空业、石油化工业和食品卫生业等。

药品生产和管理的一个基本目标是确保经许可后每一批次上市销售的药物在体内行为达到预设的性能特征。当开发一个新药产品或改进传统药物品种时,全球的监管机构都鼓励制药企业采用 QbD 理念。在过去的几年,来自美国、欧洲和日本等法规机构的专家多次召开国际协调会议(ICH)建立了采用 QbD 的理念的基础框架。

基于科学与风险分析,QbD 理念提供理解药品生产的手段。它可以提供一种方法,使科学家通过对物料特性、生产工艺和生产控制的理解来确保生产的药品与设定体内性能特征保持一致的方法[如目标药品质量概述(quality target product profile,QTPP)]。QbD 也为药品生产者和药品监管部门在变更质量标准或上市后诸多变更提供更多的灵活性。总之,ICH 发布了几个与药品生产质量相关的指导性文件,与 QbD 相关的文件有 ICH Q8(R2)[药物开发]、ICH Q9[药品质量风险管理]和 ICH Q10[药品质量系统]。

本章高度总结了在 QbD 工具箱中的各种有用的选项及 QbD 在药品开发中采用的应用优势,介绍了 ICH 指南中的一些术语、定义及 QbD 贯穿于整个产品的全生命周期的实例,讲述多个影响因数之间的内在相互关系对于理解产品及制定质量标准的贡献。

7.2　质量源于设计

正如文件 ICH Q8 所述“产品的质量不能依赖监测得来的”，换而言之即质量建立在对产品的设计中，因此理解生产工艺是对整个产品开发途中最有效的部分。

在 QbD 规范中，必须理解制剂和原料的关键质量属性（critical quality attributes，CQAs）（需要被控制的物理、化学、生物、微生物的特性来确保药品质量）和关键工艺参数（critical process parameters，CPPs）（过程参数的输入将影响产品质量）。为了取得这种理解，并对于与制造过程中和原料相关的所有独立变量必须进行研究，（如设备、厂地、参数、辅料来源及其等级等）。如此，关键的质量属性（CQAs）和关键的工艺参数被确立并能得到有效的控制，结果可以减少产品性能变化、提高药品质量、降低生产失败的风险、增加生产效率。

与 QbD 方法相反的是依据三期临床批次数据（不一定是放大批）制定质量标准，这种方法不可能获取对于剂型和制造工艺必要的机理研究，在对产品缺乏理解的情况下发展的质量标准，可能会出现两种情形，制定的质量标准太严格超出保证产品性能必要的范围或太宽松不能保证批次间产品在患者体内应答一致，都会造成放大生产时产品性能发生变化。

当以 ICH Q8(R2)文件为依据生产药品时，应充分考虑关键制剂属性和生产工艺关键参数，通过评估明白确定哪些参数的变化会对产品质量有影响。因此当依据 QbD 开发新产品时应从以下步骤考虑(图 7.1)：

(1)设定与目标药物质量、安全性、有效性相关的目标药物质量概述。

(2)使用交互式的过程设计处方和合适制造工艺，设计中包含确定物料关键属性和制造关键工艺参数的内容。

(3)设计工艺理解策略程序，先通过风险评估和统计模式模型确认物料的 CQAs、CPPs 与产品的 CQAs 间的有机联系，物料的选择和制造工艺取决于目标产品质量概述与对工艺的理解。

①制剂的关键质量属性与药物活性成分（active pharmaceutical ingredient，API）及辅料的类型和可用数量直接相关，使制剂能够达到希望的质量。

②制剂生产工艺的 CPPs 与所有涉及 API 和辅料的工艺相关。

(4)结合得到的目标产品及生产工艺的了解，利用风险管理设置合理的控制策略。这些策略通常基于建议设计空间（来自产品生产的初始目标条件）制定。

(5)基于空间设计和高风险变量的确认，建立一个产品最小失败概率的工艺（风险管理）。

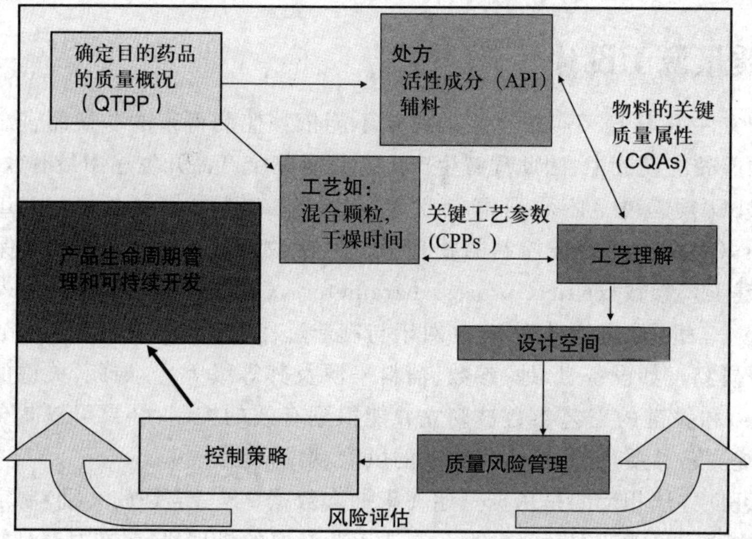

图 7.1 QbD 方法进行产品开发和生命周期管理

(6)基于制剂质量风险管理的工具,设置方案去执行风险管理策略,即确定控制策略。这些控制策略成为保证批次间产品质量和性能一致的基础。

(7)通过对产品和生产过程了解,制剂研发者在上市产品的生命周期中对产品的管理及改进具有极大的灵活性。

全面理解产品处方和生产过程,建立设计空间和控制策略。当生产过程处于设计空间内时,产品的质量和性能就会在最小的风险处,因此 QbD 方法会使患者和厂家均受益,它可以降低产品上市生命期内的生产管理变更时法规监管机构监管力度。

7.2.1 目的药品质量概况

药品应具有无污染、重现性好和疗效可靠的质量特性。[1]

QTPP 过程是个确立物料及产品关键属性的起始点,指导研发者设计处方和生产工艺。这与"以最终目标的设计"为基础的药物研发策略相类似,提供一个理解那些将会牵涉到产品的安全性和有效性的因数,在文件[ICH Q8(R2),2009]中 QTPP 包括以下方面[3]:

- 使用目的(治疗功效)及给药途径;
- 剂型、给药系统和剂量;
- 包装容器密封系统;

• 治疗实体的药物代谢特征和药物传输系统的药代动力学特征(如溶出行为、空气动力学行为);

• 制剂的质量标准限度如无菌性、纯度、稳定性、药物释放度等。

由于QTPP是唯一与患者相关的产品性能的元素,因此与传统制剂生产型质量标准相差较大,如QTPP包含容器密封系统(开发注射剂的一个关键部分)、药代动力学和生物等效性等信息,这些问题传统上都不属于药物放行规范中的重要部分[3]。相反,产品质量标准包括粒径测定、片剂硬度测定等,而这些测定不属于QTPP中的典型部分。

建立QTPPs的体外药物释放应与临床预期结果相关联[4-6],且这些信息可应用于整合产品设计的变量,如产品设计中药物的动力学响应的整合、药物的吸收特性和在目标患者治疗的预期药动学响应作用等。

7.2.2 关键质量属性

关键质量属性是药物的物理、化学、生物、微生物的特性或特征,特性特征应具有适当的限度、范围、分布用来保证产品的预期质量。例如,常释片应包括含量、含量均匀度、溶出度、杂质等为常规CQA属性。与QbD范例相关的两个特别CQAs:①CQAs与原料药,辅料,中间体(制备过程中的物质)具有相关性;②CQAs可被定义为成品(ICH Q8)。

风险评估,物料的物理化学及生物学特性和通常科学规律的知识,这些部分全部整合在一起用于识别需要研究及控制的潜在的高风险变量[7]。制成药物的制剂CQA与药物的安全性、有效性直接相关[3]。

7.2.2.1 选择适合的生产工艺并确定原料和辅料的CQAs

产品开发是一个交叉学科。例如,用流变学(如研究材料的流动性特征)和溶液化学指导溶液剂的研究,开发片剂会涉及粉末流动性与固态物料间的相互影响。研发制备具有最佳药物输送系统的药品时,应进行处方前研究,确定原料药最适的药物成盐形式和晶型,理解并评估所建议剂型的关键属性,同时理解在不同工艺过程和体内环境中物料的稳定性。

研究者使用材料科学四面体(material science tetrahedron,MST)这一概念增加对药物处方特性的了解,有利于药物制剂的研发。例如,测试三种不同技术压片前物料混合情况,这一阶段先于压片阶段:粉末直接压片、干法制粒压片和湿法制粒制片。直接压片法是最理想的制法,因为此法可以使物料的混合更均匀,且不用压片前制粒。干法制粒指将所有成分混合后挤压、减少混合后的体积并形成颗粒,具有一致尺寸颗粒可自由流动混合,这些可以通过滚筒挤压和“节桶”来实现。最后,湿法制粒其工艺主要是加入混合液体黏合剂后再与粉末混合来制备。

制备具有给药稳定、均一且有效的制剂,理解固体物料的性质非常重要,即理解活性成分的单一状态及其与辅料混合时的状态,这主要基于剂型和工艺需求来决定。仅仅依赖 USP 辅料专著是不能完全理解它们固有物理属性、它们与处方中其他成分的相互作用情况及其与制备工艺本身的问题。

稍后文中将讨论辅料的一个功能,此功能可以通过 MST 了解,即辅料的稀释能力。稀释能力是一个工艺性能的特性,这个特性可定义为直接压片辅料能够容纳原料的数量。由于稀释潜能受药物活性成分可压缩性影响,直接压缩的赋形剂应具有较高的稀释潜能以减少最终剂型的重量。

MST 利于我们对固态物料属性的了解如辅料的加工硬化。对于滚筒制粒而言无论是物料的加工硬化还是 API 的加工硬化都非常重要。在辅料的流动性和可压缩性不变的前提条件下,辅料的变形性对滚筒制粒具有重要的影响,重新加压时辅料应表现出良好的性能。

将干粉物料从搅拌处转移到压片处时所存在常见的问题是粉体分离。由于 API 和辅料密度不同,直接压片时粉体易于发生分离现象,且物料干燥混合时可能会产生静电,这也会导致粉体分离,而粉体分离又易导致片重和含量均匀度的变化。

如果粉末的混合特性不适合于干法直接压片,且药物对湿热不敏感,则可以用湿法制粒工艺,将物料制备成颗粒以达到预期的流动性要求。好流动性对于降低片剂重量差异、确保较高的密度适用于大片重的填充及物料的可压缩性是非常重要地。湿法制粒使片剂的大量粉末的粒度尺寸变化保持在较小的范围内,同时消除粉体的分离问题。优良的可压性可以使用更多量的 API,促进 API 在片剂中的更好地分散。

7.2.2.2 材料科学四面体

名词“材料科学四面体”是描述以下四个基本元素之间的相互作用[8]:

• 性能:制剂的有效性、安全性、可制造性、稳定性和生物利用度。

• 特性:在体内环境 API 与生物靶点的相互作用,辅料、API 及制剂的机理和理化性质。药物活性成分的理化性质包括含水量、粒径、晶体性质、晶型、手性和静电荷。

• 结构:描述组成产品的几何形态,考虑如分子、晶型、粉体以及制成颗粒各种组分的属性。

• 工艺:化学合成、结晶、粉碎、制粒和压片。

四类基本元素的鉴别和四种元素(四面体的六个边)的相互作用同等重要,都应认真理解(图 7.2)。

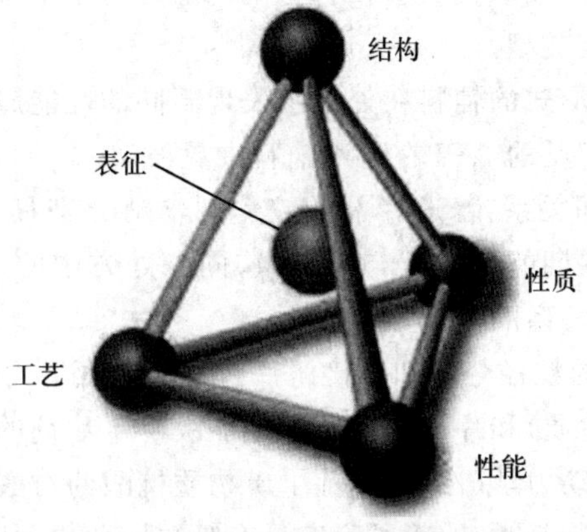

图 7.2　物料科学四面体

在 QbD 框架内使用物料科学四面体示例如下：

a. 结构-性质间关系：用 QbD 方法用于剂型研发时，需要理解处方组成成分与产品 QTPP 中确定的 CQAs 之间的相互关系，而这些信息的理解主要来自理论或经验(衍生于实验)。处方研发应重点评估最高风险属性，最高风险属性是在最初风险评估模式中给出的。结构-性质关系示例如下：

• 药物的结晶结构会严重影响晶体性质，不同晶型 API 具有不同的溶解度、溶出速率、密度、硬度和结晶形状[9]。

• 许多辅料采用喷雾干燥法制备，因为无定形态要比结晶态具有更强的可塑性，因此可压缩成硬度更好的片剂。

• 辅料常具有多种功能，这主要是它的理化性质决定了其具有不同的使用属性。

b. 结构-工艺过程间的关系：辅料和 API 的理化性质影响生产工艺。示例如下：

• 许多片剂可用的辅料具有不同的级别，级别不同其结构也有差异。每种级别的辅料都有其独特性，能为制造工艺提供相应的优势。

• 颗粒形状和颗粒尺寸影响片剂的可压性，适合的片剂颗粒应制成球状，粉末的流动性在混合和压片时具有优势。细粉的存在可以填充颗粒间的空隙，使模具填充均匀，但大量的细粉出现会损坏颗粒的流动性，导致模具填充和片剂顶裂。

c. 结构-性能间的关系：直接压片的辅料所具有的性能是由其结构决定的，结构修饰的淀粉是很好的例子，淀粉的直链结构经修饰后即可以做黏合剂也可作崩解剂或两者兼有。适合此类的结构与性能关系有：

•分子质量不同及取代类型(结构)不同的羟丙基甲基纤维素具有独特的性能属性,可应用于特定类型。

•含水或无水形式的辅料在处方中表现不同的性能属性。如含水辅料可以压制硬度较高的片,相反的 API 在无水辅料中更稳定。

d. 性能-性质间关系:普通片剂和胶囊剂辅料分别具有内在的和表面的两种属性,能产生相应预期的性能。与此相似,同一处方中的 API 可以表现不同的性能特性。这种类型关系的例子如下:

•API(性质)的粒径分布和直接压片(性能)中含量均匀度间的关系。

•水分含量(性质)和片剂颗粒压缩性能决定了片剂的硬度和脆碎度。

•酸中和反应动力学(性质)显示了矿物质抗酸药对酸中和反应的性能快慢。

•当制备口服制剂时,淀粉可稳定具有吸湿性药物预防其降解的性能[10]。

e. 制备工艺-性能间的关系:药品生产中间体和终产品的性质与机械设备操作参数(工艺程序),参数体现了制备工艺-性能间的关系。示例如下:

•湿法制粒可以弥补某种 APIs 可压缩性问题,提供了制备可压性差 API 制成片剂一个可靠的手段。相反,过度工艺过程(湿法制粒混合时间延长)可能会使片剂溶出延迟。

•某些灌装的管线会吸附溶液中的防腐剂。

f. 工艺-性质间的关系:设备操作参数(工艺)对中间体和终产品性质的影响就是工艺-性质间的关系。示例如下:

•在湿法制粒时,喷雾速率和搅拌速度影响颗粒的大小、易碎性和颗粒密度。

•在湿法制粒时,微晶纤维素(microcrys talline cellulose,MTC)独特的吸湿性促进水分在物料中均匀分散,防止局部过湿。其次,在湿法制粒的颗粒筛分操作中,MTC 可抑制挤压并有助于生产批次间的均一性。

由以上实例可以看出,应用 MST 从大范围内可选的物料属性、工艺过程和工艺参数帮助制剂研究者预测产品性能是没有价值的,一旦确定,原料药、辅料、制造工艺、设备设计特性和操作参数与制剂性能之间的关系就能确认,阐明这些变量对产品 CQAs 的各自贡献。通过理解工艺参数、辅料性质、中间体性质及终产品性质间的联系,可以让生产研究者监视和控制适当的 CPPs。

7.2.3 工艺理解和实验设计

利用质量风险管理的迭代程序、实验确定的设计空间和相关的 CQAs,这些迭代研究结果可用于评估每个变量对 QTPP 的影响程度[11]。

药物研发的传统方式主要是利用方差(全部或部分)统计设计和响应面的方

法,系统评估处方/工艺变量对产品CQAs的相关性。这些方法可以提供对工艺的深入理解,但在评价影响QTPP的生产工艺和处方因子方面无效的。只能通过增加实验数目来阐明确定每一个附加的因数,实验数目将以指数形式增长,在实际中限制了其应用。因此,减少这种实验负担机制的可用性对于支持产品开发中使用这种系统方法的实用性是至关重要的[11]。

使用QbD开发产品时,可以通过使用风险评估的方法来优化实验数目,因为风险评估可以识别出需要进一步研究的变量(例如,造成产品失败的最大风险变量)。因此,一个精心的实验设计(design of experiment,DOE)途径去研究生产变量时提供一个允许科学家减少实验到那些能够真正影响产品质量和性能的因子。这些因素一旦被确定,每一个变量的影响可以通过一系列的实验单独或合并研究其效应。

一般来说,可以采用三种类型的实验进行研究:①筛选实验获得关键变量;②相互作用研究相关变量之间的相互影响;③优化研究,谨慎地开发一个规划的设计空间。

• 筛选实验用来限制初始参数的数量,通过已有的科学文献和前期实验结果来设置参数。将这些变量和属性的数量缩小到只被认为对CQAs具有较大的潜在影响而需要进一步研究的限度。筛选实验提供一个高层次、全面(而不是深入)的配方变量总结。因此比互相作用或优化研究需要更少的试验。在这方面,模型如中心组合设计(CDD)或Plackett-Burman (PB)可能会表现出某些与析因试验相同的属性,但是,BP模型可以给出影响产品CQAs工艺过程及处方的重要变量但不能体现变量间相互作用。

• PB设计的优点是用相对较少的试验筛选出多重因子,缺点是这种设计不能监测变量间的相互作用。由于无法重复这些相互作用的研究,因此也不能很好地复制这些相互作用的研究,就不容易刻画内在的可变性。尽管PB设计具有这些局限性,但当需要大量的研究来实现一个高分辨析因设计时,PB设计是更务实的解决方案。

• 相互作用实验比筛选实验涉及的因子更少。与筛选实验相比,相互作用实验为独立变量和非独立变量间的关系提供丰富的信息。一个显著的相互作用意味着一个变量效应大小与另一个参数“水平”成函数相关,例如,压片的压力对片剂溶出度和崩解时限的影响取决于一个或两个辅料,(如微晶纤维素、硬脂酸镁)。相互作用研究可以设计成部分析因设计或完全析因设计。

• 优化研究可以完整地提供变量如何影响QTPP的数据。其目的是限制调查参数的数目,因此可用完整析因设计。这些优化研究的结果可以使设计者评估二次方(或更高级)方程,这些方程绘制一个响应面。这样做可以辨别物料 CQAs 及 CPPs 对产品性能的影响。可以确定最大最小参数的范围、这些参数合并可以获得最佳工艺参数,同时产品的性能被确定并包含在设计空间中,识别和纳入的产品性能。

用于优化研究常用设计有 Box-Behnken、三级阶乘和混合设计。使用放大批及生产批次进行优化研究。

7.2.4 设计空间

证明完全理解生产工艺后,科学家开始研究并规划设计空间的界限。

文件 ICHQ8R2 中定义设计空间为:"已确定的工艺参数范围,已证明在该范围内可以保证质量。在空间内的运行不被认为是变更,而空间外的操作认为是变更,通常需要启动批准后变更的程序。设计空间由申请人提出,由监管部门评估和批准。"

设计空间的大小取决于剂型、设备和批量。在设计空间内的区域称为控制空间,它是由物料 CQAs 和工艺 CPPs 的上限或下限组成边界。如果控制空间远小于设计空间,那么这个工艺十分稳定。换句话说,如果产品在限定空间内生产就没有改变产品质量和性能的风险,工艺呈现出极低的产品失败概率。然而,如果不符合上述情况,在设计空间内要严格控制工艺来确保产品持续生产的一致性[2]。如图 7.3 所示。

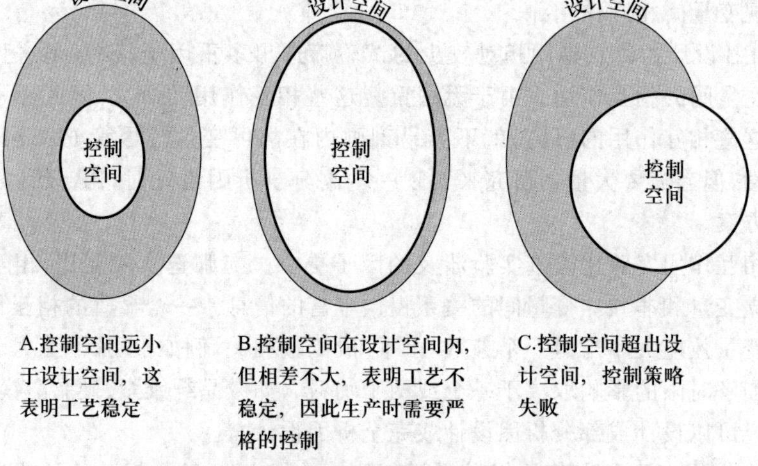

图 7.3 控制策略和设计空间之间的关系

设计空间应与QTPP、产品的CQAs和生产的控制策略相关联。虽然这不是监管部门必须的要求，开发一个设计空间能够证明对产品及工艺的理解，提高生产和监管的灵活性。

一般来说，设计空间研究应从小试批次开始，控制策略研究用于管理可能发生的残余风险。研究设计空间依据第一性原理（即对生产工艺单个变量理解基本知识）同时/或使用的经验模型。统计分析已有的数据可帮助建立描述设计空间的置性水平，包括确保产品质量和性能一致的边界。当为一个单元操作开发设计空间，应考虑全部的操作工艺，特别是中间体的上游和下游步骤。

设计空间内的影响因子包括但不局限于原料药和辅料的来源、生产工艺与/或生产设备的变化等。设计空间可以利用以下技术实现：

• 确认可接受范围（proven acceptable ranges，PARs），物料CQAs的上限与下限和CPPs的上限与下限能确保产品符合QTPP。通过前期知识经验、科学判断和实验数据制定确认可接受范围。

• 传统测试或反馈/前馈参数调整机制。

• 过程分析技术（process analytical technology，PAT）。

• 数学表达式。

设计空间的边缘不是必须要验证，但可能需要对涉及放大相关参数的设计空间作为工艺验证的一部分进行确认研究，设计空间验证包括监视或监测放大相关参数对CQAs的影响。确认设计空间一般由变更引发，如场地、规模或设备变更。此外，确认通常在对设计空间内变更可能产生可能后果评估的结果的指导下。[12]。

这种变化的例子包括辅料的含量比例或等级的变化，生产场地变化、放大生产量及使用新设备等。空间确认应该在对产品研发及在设计空间内的变化导致潜在风险评估的彻底理解为指导。当缩小设计空间为较小变更，当扩大设计空间就构成一个主要的制造变更同时ICH Q8指出这种变更需要监管机构的介入。

图7.4为设计空间中建立了两个参数之间的关系（参数1，参数2）的实例，参数对体外溶出度（Y轴）的影响[ICH Q8(R2)]。

生产者应保存应用设计空间进行生产的相关数据资料，在对设计空间变更时合适的申报文件满足不同地区的法规需求。

7.2.5 风险评估和风险管理

定期的质量风险评估常在药物工艺开发的早期进行，但是在产品的研发过程和产品生命周期内随着知识的获得不断重复进行。这非常有利于处方和工艺参数的变量对产品关键属性影响程度的鉴别和排序[7]。

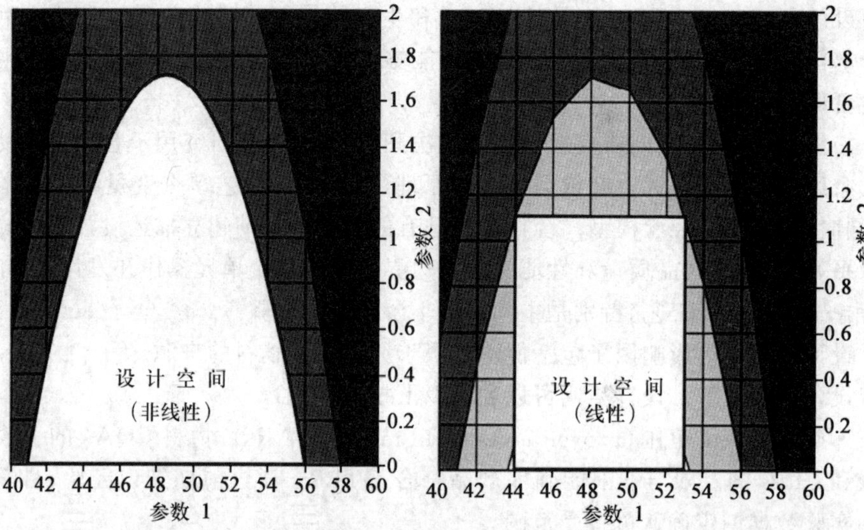

图 7.4 设计空间(表示为等高线图)的两个参数(参数 1 和 2)均对体外溶出度有影响,其中响应面为白色区域和各种深浅的灰色阴影:从白色到黑色区域代表溶出度由 85%~90%逐渐下降。在这个例子中,一个参数可接受范围依赖于另一个参数。参数可接受的变化由为白色区域定义的范围[ICH Q8(R2)][3]

一种基于风险评估的路径来评价控制策略在不同尺度下的适用性,这是控制策略开发的一部分。这一评估应包括来自各种变量引起的风险,如原料、工艺设备、设施、环境控制、人员能力、技术经验和历史经验(前期的知识)。

定量风险分析技术已在工程学的设计空间中应用多年,但在制药行业的应用时间相对较新。

风险分析是风险评估的一部分,在 ICH Q9 中的定义为"它是对事件发生的可能性和严重性进行定性或定量的关联过程"。在一些风险管理工具中,它具有探测危害(具有可测性)的能力同时将危害分解成因子评估。因此,根据风险评估结果可以建立质量风险管理方案,质量风险管理是一种控制策略,包括了将辅料、活性成分、工艺过程和设备设施等相关的参数和属性。风险控制策略应与制备工艺(如在线监测)控制、成品规格、质量控制的分析方法、监测频率、系统反馈/前馈控制机制及相关的预防、纠正措施等相结合。

在医药领域中,质量风险管理(QRM)的重要性无论是在理论还是在应用中都快速增长[2]。质量风险管理的工具可用于构建结构模型和定量模型,用于支持当设定设计空间时选择产品相应的 CQAs,并作为 QbD 的准则常常作为探索设计空间一部分被频繁应用[13]。尽管优化设计空间参数的定量方法并不是最新出现的,但在将定量分析应用于QbD是具有新意的,将“基于风险的思考”作为一种框架应用于质量风险管理中,将药品全生命周期内制造产品质量与病患风险(目标药品的质量概况)关联[7]。

计算机的快速发展让质量风险管理方面得到了革命性的变化。能够在计算机上进行Monte Carlo模拟计算,QRM应用于日常风险管理与基于DOE工艺设计成为现实[14]。现在无数单机可用程序软件内加了电子表格软件、成熟的统计软件包或可作为独立软件使用[13,15,16]。

7.2.6 建立设计空间和控制策略的风险评估工具

支持建立设计空间和控制策略时,Ishikawa鱼骨图可以识别那些影响QTPP的独立变量(原辅料和工艺参数)。例如,直接压片法制备常释片重点控制策略的焦点是控制上游的物料性质,如粒径、形状、密度、干燥失重、等级和物料来源等,API和辅料的质量标准会影响这些属性。相反,如果是碾压法制备片剂颗粒模型,则需要重点注意那些影响粒径、形状、密度和卡尔指数的工艺参数。

跟随风险“原因和结果”做图,以碾压法制备常释片来举例说明如何组织和呈现所有可能影响QTPP的变量(图7.5)。

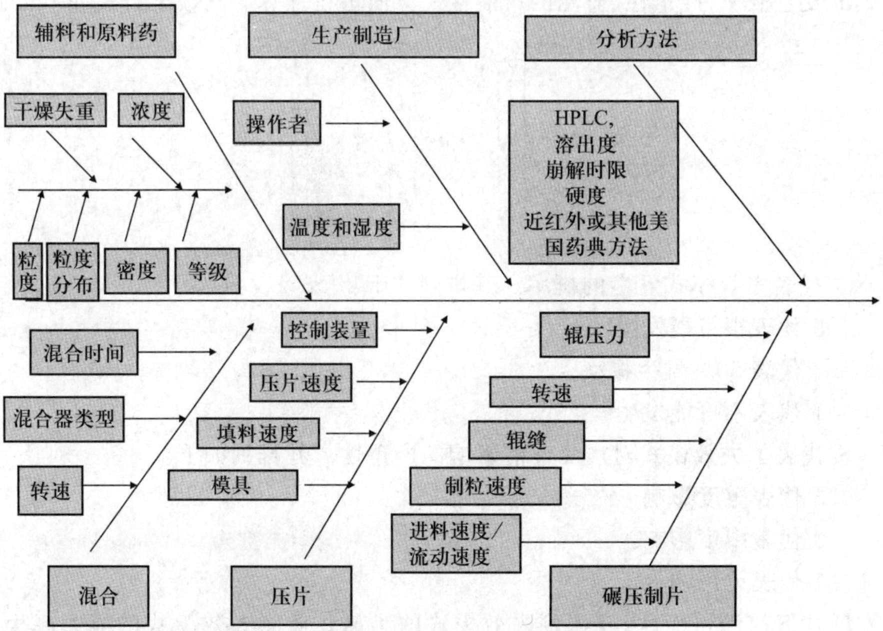

图7.5 碾压法制片的Ishikawa鱼骨图

用鱼骨法总结出来的参数图,帮助研究者基于已有的知识、经验与初始可预见的结构决定哪些参数需要研究和控制,这个图包括所有的剂型和生产变量,以及分析方法和在线控制系统。在文件 ICH Q9 中,风险分析可以鉴别哪些变量及单元操作会严重影响产品质量属性。

筛选研究和变量结果可以进一步通过失效模式与影响分析(failure modes effect analysis,FMEA)进一步评估(如识别在设计或工艺中潜在问题的一种方法)。失效模式与影响分析是一种将降低产品质量和性能的因子分为高、中、低三档的机制。这一分析能将可能发生失效的模式优先排列(这是风险管理的目的),按照潜在结果的严重性、发生频率、可监测难易程度排列。评估一旦完成,DOE(或其他试验方法)就可用于评估排列高的风险变量对产品的影响,这可以促进对工艺的理解和控制策略的开发。根据这些信息,研究者可以识别产品需要监测和控制的 CQA。

失效模式与影响分析的另一重要功能,是可以帮助系统地收集组织内现有知识管理(特别对于大组织机构)。这一知识管理系统还可以使储备的风险信息供将来使用(加强机构的知识存储)[11]。

通过 FMEA 可以计算风险系数(risk priority number,RPN),RPN 依据失败模式的发生概率、严重性、监测的可能性三方面进行计算。其数学公式如下:

$$\mathrm{RPN}=\begin{bmatrix}5\\4\\3\\2\\1\end{bmatrix} O\times \begin{bmatrix}5\\4\\3\\2\\1\end{bmatrix} S\times \begin{bmatrix}1\\2\\3\\4\\5\end{bmatrix} D$$

O 代表失效模式发生的概率。其排列如下:

5 代表很可能发生

3 代表 50%发生概率

1 代表不可能发生

S 代表了失效模式对产品性能影响的严重性。其排列如下:

5 代表重度影响

3 代表中度影响

1 代表无影响

D 代表监测可能性,或识别失效模式的难易。监测失效模式的能力越大,对产品质量影响的风险越低。其排列如下:

1 较易难度监测发现
3 适中难度监测发现
5 较难难度监测发现

表7.1中展现的是依据FMEA排列的每一变量的风险等级，其中所有的高风险因素都应由相关方面的专家通过DOE进行研究[17]。

选择和确定用于测量和分析参数属性的设备是设计空间的最基本组成部分，其具有潜在的能力用于在线/线内工艺控制的控制。支持分析程序模型的例子是基于通过各种PAT方法产出数据的经验模式(如化学统计学)。

多个统计学模型可以用来描述工艺过程监测和控制必需的因素，这些模型包括单变量统计过程控制(univariate statistical process control，SPC)和多变量统计过程控制(multivariate statistical process control，MSPC)。这些模型是根据以预先设定生产变量限度的多批次生产，如此界定了设计空间的边界。

7.2.7 控制策略

传统方式，工艺控制是通过将关键工艺参数严格地控制在预定值(点)或范围内来实现的。这种策略不能解释变化来源于物料还是工艺引起的，后果是这些控制策略不允许在批内或批间有任何优化的灵活性，但使用在线监测和控制的方法就可以很好地弥补这一局限性。

控制策略是一种计划系列约束集，源于对当前产品及其工艺的理解中衍生而来的，能确保产品质量和功能。它可完整的确保实现市场上销售的每个批次药品的QTPP。控制的参数包括物料属性(原料药和其他产品相关物料)和设备的运行条件。同样也包括通过使用在线控制、成品质量标准、监视和管理产品的方法及测试频次来调节产品制造[17]。控制策略类型主要有：①控制所有物料的关键质量属性；②在线或离线监测系统监控关键工艺操作参数和工艺终点；③一个监测程序验证多变量预测模型(间歇式测定)；④研究并执行产品的质量标准；⑤在线或实时放行测定；⑥矫正和预防行为的前/后反馈机制。

当设计一个控制策略时，我们的目标是将产品关键质量属性与物料和关键工艺参数进行确证和相关联。控制策略可以降低风险但不能改变各种属性的重要程度。初始控制策略的开发和实施是为了保证临床批次产品的质量，随着新知识的获得，可对控制策略改进使其更有效地应用于商业生产。当产品没有明显的特征或质量属性不易于鉴别确认时，更应考虑加强工艺控制的问题(ICH-Endorsed 指南可以指导ICH Q8 / Q9 / Q10的实施)[12]。

表 7.1 应用 FMEA 模式评估原料或生产工艺中的风险故障模式和效应分析

变量	故障模式	故障影响	S	潜在原因	O	建议监测方法或当前控制	D	RPN
辅料	不同来源	物理性质	5	物理性质改变(粒径和形状)	5	肉眼检查	3	75
	级别	溶出度、硬度	5	不良或错误的等级	5	崩解,溶出度,硬度测试	5	125
	水平	溶出度、硬度	4	操作不标准或错误操作	5	崩解,溶出度,硬度测试	5	100
混合	混合速度	CU	5	操作错误或仪器故障	5	NIR	1	25
	混合时间	CU	5	缺少监测	4	NIR	2	40
	填充水平	CU	5	操作错误	4	NIR	2	40
	湿度	CU	5	空气湿度不良	3	NIR/湿度计	4	60
干法制粒	给药螺杆速度	颗粒剂均一性	4	机器故障或无改进	4	HPLC/NIR	2	32
	研磨速度	粒径、硬度	5	机器故障	5	马尔文	1	25
	滚筒压力	粒径、硬度	4	机器故障或操作失误	5	马尔文/硬度测试或卡尔指数	4	80
压片	辊结构	带的密度	3	机器故障或无改进	4	卡尔指数	4	48
	压力	硬度、溶出度	5	机器故障、操作失误或制粒失误	5	崩解,溶出度,硬度测试	3	75
	挤压速度	CU	5	机器故障或操作失误	2	NIR/HPLC	4	40
	湿度	CU 和硬度	4	空气湿度不良	2	湿度计	2	16
	模具	CU 和片重	3	操作失误	5	NIR/HPLC	5	75

61～125 高风险;31～60 中级风险;1～30 低级风险。

S,严重性,S = 1 (低) 5 (高);O,出现概率,O = 1 (低),5 (高);D,可监测难易性,D= 5 (高),1(低)。

风险优先数(RPN)= SXOXD。

来源:FDA 和马兰里大学,合同号 HHSF223200810030C。

控制策略的一个重要组成部分是有效地监控系统确保批内而非以后产品质量的一致性，监控系统可以用于寻找识别需要改进生产工艺的部分。工艺过程和产品质量监控系统应符合文件 ICHQ10 中的第四条规定。过程分析技术（process analytical technology，PAT）是这种控制策略的一个实例，通过使用实时监控及控制技术，可用于在操作中使参数在指定范围内操作（输入过程，$X1$，$X2$，$X3$，…），确保产品的属性（过程输出，$Y1$，$Y2$，$Y3$，）在某些预定的范围内。PAT 除了包括简单的测试如监控 pH 值、湿度、温度等外，它还可以包括更复杂的"仪器分析"技术如拉曼光谱，激光诱导荧光（LIF）和近红外光谱仪（NIR）等，NIR 与化学统计模型相结合提供物料提供指纹光谱。PAT 可用于控制生产参数如混合时间、粒子大小、控释片的最终包衣时间的终点、颗粒的含水量（确定干燥终点）等。它也可用来测试药品含量均匀度、含量、片剂硬度、溶出度和崩解时限等。其优点是快速、有效、不破坏样品的天然优势。

7.2.8　开发实时放行监测(Real-Time Release Test，RTRT)和工艺改进计划

RTRT 可以为 FMEA 的结果应用风险评估策略提供一个线路图，可以持续地确保工艺工作操作时和终产品的质量[3]。通过使用实时放行测试程序，持续监测生产工艺，这与生产初期、中期、末期取样监测的控制策略比具有更强的可控性。包含产品质量的反馈（包括内部来源和外部来源的，如检验报告、产品剔除、不合格产品、产品召回、偏差、审计、监管检查等）提供能用 QbD 促进工艺改进的一种机制。

产品研究开发可以丰富产品性能相关的知识，通过大范围内的原料属性、工艺选择与工艺参数等。这可以使生产厂家在一定限度范围内改变物料和工艺而不影响产品质量和功效。这些研究结果有利于建立设计空间，在许变化范围内可改变工艺和物料，提供了更大的灵活性。

7.2.9　产品生命周期管理和可持续性改进

在药物产品的全生命周期内，存在一个持续变更的需要，如辅料或辅料供应商的改变、新生产设备的引入、场地的变更、生产规模的扩大以至剂型的改变。当这些情况发生时，已建立的物料 CQAs，CPPs 和产品 CQA 之间的明确关系则变得没有价值了。这种对产品理解有能力确认计划实施的变更是否影响产品的性能。因此，应用 QbD 原则支持工艺改进并能扩大潜在的设计空间。总之，落实对产品和工艺的理解可以提高生产效率而不影响产品的质量。

7.3 QbD 国际共识:ICH 指导方针

药物开发指南(Q8)、风险管理指南(Q9)和药物质量体系(PQS) 文件(Q10)共同提供了一个系统的、基于风险和科学的药物生产、制造、开发,保证药物质量和制造效率的途径以下指导原则为国际上应用 QbD 的基础:

ICH Q8(R2)药物开发指南[3]:本指南对 QbD 的定义是一种系统的开发方法,基于坚实的科学和质量风险管理,以预定目标开始,强调对产品工艺的理解和控制。它认为产品的内在质量是不能被监测出来的,质量应通过设计建立在产品中。同样本指南需要找出一些区域,证明在这些区域中对制药和制造科学有深刻的理解可以产生法规上灵活性的基础。QbD 方法包括:①识别影响安全性和有效性的产品属性;②选择辅料和工艺能够传递这些属性;③开发稳健的控制策略来确保工艺性能的一致性;④建立设计空间;⑤验证和归档那些可以证明控制策略和将要进行工艺监测的方法是有效的工艺过程,论证提出的持续监测方法。虽然文件 Q8 指南针对的是药物制剂,但某些概念也可以用于原料药,在创建原材料的 QRM 项目中可以考虑使用。

ICH Q9 质量风险管理指南[7]:本指南定义了 QRM 原则并介绍了 QRM 工具,有利于开展有效及持续的基于风险的决策。这些原则和工具被整合到产品生产中并贯穿于整个药品生命周期。本指南可用于各种制剂如小分子药物、生物制品和生物技术产品等。QRM 的过程包含与产品相关的开发、制造、分销、核查、提交/审查等过程。

ICH Q10 药物质量体系[17]:本指南适用于原料药和制剂产品,也包括生物产品和生物制品。Q10 描述了一种基于国际标准组织(ISO)概念下的有效药物质量体系的路径,包括适用的 GMP 规则。ICH Q10 是为 ICH Q8 和 ICH Q9 实施为目的,作为一个质量体系模式贯穿于产品全生命周期的不同阶段。

此外,除 ICH 指南外,美国 FDA、EMA 和日本的 MHLW 提供专门的法规。尽管文件来源于不同管辖区的对于法规的期望,但它们共同遵循 ICH 指南中的基本原则。

7.4 QbD 的今天和未来

图 7.6 描述了 QbD 途径和各个需要确保有效的控制策略并支持持续产品改进组成。

当我们开发新药、新剂型和新的给药系统时,清楚地认识到基于科学的药物研发方法是药品全生命周期的一个基本组成部分。只有通过确认 QTPP 和 CQAs,才可以优化控制策略,才可以确保每批次产品达到预期的质量和性能[14]。在未来将面对特别重要的挑战,如新的药物传递系统,包括新的注射给药剂型和生物制品。

最后,本方法目的是减少产品变化和缺陷(这对病人有益)、缩短交货时间和减少库存(厂家存货)、提高成本效益、提高生产效率、采用适用性更好的工艺控制来促进工艺的改进实施(所有人受益)。此外,基于科学的方法促进药品生产厂家与监管者间的相互协调,这样可以确定最合适的产品质量标准来保证产品在体内的有效性。

在网站 http://www.fda.gov/downloads/AdvisoryCommittees/CommitteesMeetingMaterials/Drugs/AdvisoryCommitteeforPharmaceuticalScienceandClinicalPharmacology/UCM 266751.pdf 中可以找到在国际上关于 QbD 方法的优秀概述和讨论(来自制药企业和监管部门)

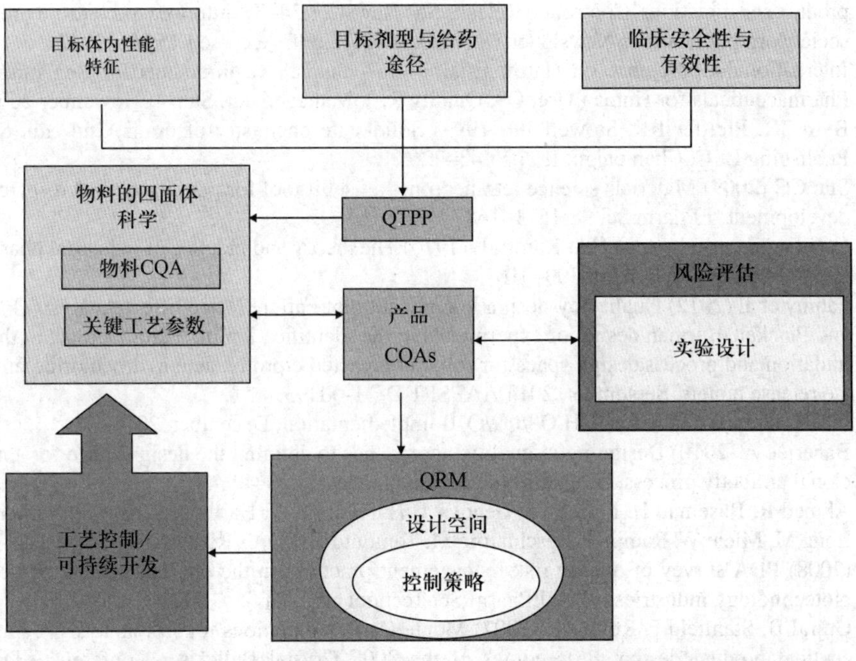

图 7.6　QbD 程序概述,从产品研发(确定 QTPP)开始到最后的工艺控制和持续的产品改进。黄色代表产品设置的体内变量和物料变量。橘色代表以物料选择和工艺选择为基础的物料四面体科学。淡蓝色代表体内和产品预期达到的性能特性。为了使市场中的每一产品都达到这些目标,需要实施风险评估/风险管理(深蓝色)。当在产品市场寿命期间实施产品改进时,通过 QbD 范例工艺进行了再循环

参考文献

1. Woodcock J (2004) The concept of pharmaceutical quality. Am Pharm Rev (Nov/Dec) 1–3
2. Yu LX (2008) Pharmaceutical quality by design: product and process development, understanding, and control. Pharm Res 25:781–791
3. International Conference on Harmonisation of Technical Requirements for Registration of Pharmaceuticals for Human Use, Q8(R1), Pharmaceutical Development, Step 5, November 2005 (core) and Annex to the Core Guideline, Step 5, November 2008
4. Martinez M, Rathbone M, Burgess D, Huynh M (2008) In vitro and in vivo considerations associated with parenteral sustained release products: a review based upon information presented and points expressed at the 2007 Controlled Relcase Society Annual Meeting. J Control Release 129:79–87
5. Martinez MN, Rathbone MJ, Burgess D, Huynh M (2010) Breakout session summary from AAPS/CRS joint workshop on critical variables in the in vitro and in vivo performance of parenteral sustained release products. J Control Release 142:2–7
6. Martinez MN, Selen A, Jelliffe R (2010) Novel methods for developing clinically relevant product specifications. Controlled Release Soc Newsl 27:34–37. http://www.controlledreleasesociety.org/publications/Newsletter/Documents/v27i2.pdf. Accessed 15 Mar 2012
7. International Conference on Harmonisation of Technical Requirements for Registration of Pharmaceuticals for Human Use, Q9, Quality Risk Management, Step 4, November 2005
8. Byrn SR, Pfeiffer RR, Stowell JG (1999) Solid-state chemistry of drugs, 2nd edn. Stripes Publishing LLC, Champaign, IL, pp 143–226
9. Sun CC (2009) Materials science tetrahedron—a useful tool for pharmaceutical research and development. J Pharm Sci 98:1671–1687
10. Lachmann L, Lieberman HA, Kanig JL (1970) The theory and practice of industrial pharmacy. Lea & Febiger, London, pp 309–316
11. Fahmy et al (2012) Quality-by-design I: application of Failure Mode Effect Analysis (FMEA) and Plackett-Burman design of experiments in the identification of "main factors" in the formulation and process design space for roller compacted ciprofloxacin hydrochloride immediate release tablets. September, 2012 AAPSPT-D-11-00493.1
12. ICH-Endorsed Guide for ICH Q8/Q9/Q10 Implementation, December, 2011
13. Banerjee A (2010) Designing in quality: approaches to defining the design space for a monoclonal antibody process. Biopharm International (May 1) 26–40
14. Ahmed R, Baseman H, Ferreira J, Genova T, Harclerode W, Hartman J, Kim S, Londeree N, Long M, Miele W, Ramjit T, Raschiatore M, Tomonto C, PDA's Risk Management Task Force (2008) PDA survey of quality risk management practices in the pharmaceutical, devices, & biotechnology industries. PDA J Pharm Sci Technol 62:1–21
15. Gujral B, Stanfield F, Rufino D (2007) Monte Carlo simulations for risk analysis in pharmaceutical product design. Proceedings of the 2007 Crystal Ball User Conference, Denver, Colorado, USA
16. ClayCamp et al University of Maryland collaborative agreement with the University of Maryland, School of Pharmacy #88FF223200810030C
17. International Conference on Harmonisation of Technical Requirements for Registration of Pharmaceuticals for Human Use, Q10, Pharmaceutical Quality System, Step 5, June 2008

第8章

终产品检测与兽药制剂质量标准研究

Jay C. Brumfield

本章概述了与兽药产品分析检测有关的主要概念，以及对关键质量属性（CQAs）质量标准的开发。讨论了在整个兽药产品研发及在商业生命周期中开发和应用质量标准的实用策略。介绍了在主要市场（美国，欧盟和日本）进行质量评估和选定类型产品注册的典型分析测试要求，以及与几种以兽药为中心的剂型相关的特殊问题，包括饲料与饮用水制剂和外用驱虫剂的制备。

8.1 前言

本章概述了与兽药产品分析检测有关的主要概念，以及对关键质量属性（CQAs）质量标准的开发。讨论了在整个兽药产品研发及在商业生命周期中开发和应用质量标准的实用策略。介绍了在主要市场（美国，欧盟和日本）进行质量评估和选定类型产品注册的典型分析测试要求，以及与几种以兽药为中心的剂型相关的特殊问题，包括饲料与饮用水制剂和外用驱虫剂的制备。

在本章中，分析检测是指物理、化学、微生物学的质量属性的非临床检测，通常采用湿化学、仪器或微生物学方法来完成。根据国际兽药产品注册技术要求协调局（VICH）“质量标准被定义为测试列表、对分析程序的引用以及适当的验收标准，它们是数值限度、范围或其他描述的测试标准。它建立了一套标准，原料药或

J. C. Brumfield (✉)
Merck Animal Health, Summit, NJ, USA
e-mail: jay.brumfield@merck.com

M. J. Rathbone and A. McDowell (eds.), *Long Acting Animal Health Drug Products: Fundamentals and Applications*, Advances in Delivery Science and Technology, DOI 10.1007/978-1-4614-4439-8_8, © Controlled Release Society 2013

药品应符合其预期用途的要求。‘符合质量标准’是指原料药/药品按照分析操作检测时,符合列出的验收标准。质量标准是制造商提出、证实并由监管机构作为批准条件批准的关键标准”[1,2]。在此定义中存在几个关键点:首先,质量标准是测试(即测试的特性)、测试方法(又称为测试程序)与验收标准的总和:

质量标准 =(测试特性)+(测试方法)+(验收标准)

或者,更简单地说:

质量标准 =(检测什么)+(如何检测)+(什么样的检测结果是可接受的或不可接受的)

因此,质量标准制定包括确定需要检测的特性,开发适当的分析测试方法以及建立合格产品的验收标准。其次,测试方法和相关的验收标准存在相关性,导致测试方法的更改可能需要验收标准的更改,反之亦然。例如,如果由于毒理学方面的原因而有必要严格确定规定杂质的标准(即降低药品中允许的最大含量),那么可能有必要修改方法以提高其灵敏度,达到检测限和定量限,并重新验证该方法。

按照质量标准进行产品检测,仅是整个产品质量控制策略的一部分[1-3]。产品的批放行测试是对产品所选关键质量属性的最终确认,而不是完整的表征和质量保证。测试策略基于在开发过程中获得丰富的产品及工艺知识(知识空间),支持商业产品工艺和质量标准必须遵守该知识空间。根据国际人用药品注册技术要求统一会议(ICH)药品开发指南,“全面的药品开发方法将产生对工艺和产品的理解,并确定变化来源。可变性来源会影响产品质量,必须进行确认、合适的解释及控制”[3]。此外,全面的质量策略包括遵守当前良好的生产质量管理规范(cGMP),其中引入了对合适的设备、经过培训的人员、经过验证的流程等的需求。它必须将设计内置于产品中[3,4]。

由于分析检测和质量标准开发是非常广泛的主题,因此在本章中对所有相关主题进行全面详细的讨论是不切实际的。提供的一些参考文献供您更详细地阅读,所引用的文献可能更针对兽药产品的应用。但应该指出的是,与人类保健产品的开发和商品化相关的文献数量要远远超过了现有和专门针对兽药产品的文献。尽管人类保健产品相关的文献非常切题,但对比人用和兽用产品的特定主题时,相同点大于异同点。事实上,用于支持兽药产品(使用小的非免疫分子学方法论证)注册的化学、制造和控制(CMC)信息是产品开发过程中积累的大量检测和质量标准知识的结晶,几乎与人类保健产品相同。人类健康和动物健康 CMC 的发展科学是相同的,监管要求也非常相似,仅有一些细微的差异(如可允许的有机杂质含量)以及与某些兽药剂型(如药物饲料)相关的特殊要求。

8.2　范围及应注意的相关内容

本节的重点是小分子(非免疫)活性物质的最终配置药物产品的分析检测和质量标准。有人每当听到“产品”这个术语时,就会考虑到配方材料。然而,出于分析测试和质量标准目的,可能会考虑到更深层次的内容——产品处方及其内包材,包括包装容器及直接接触容器的标签材料(如印刷不干胶标签)。广阔的视角非常重要,因为在整个保质期内产品的质量通常会直接受到所选包装材料和容器设计的影响。因此处方和包材的设计是密不可分的。本节主要讨论内包材(直接接触产品)和加药装置的检测注意事项。

除包装外,影响药品整体质量的其他主要因素就是产品中活性成分(原料药)及赋形剂的质量。原料药的许多物理和化学参数都能直接影响药品的生产可行性、质量及性能。例如,原料药的晶体习性/形态,晶体结构/多态性,粒度和固有溶解度会影响产品的崩解和溶解/释药性能以及稳定性。而这些特性反过来又会影响药物之间的生物利用度,从而影响生物等效性。因此,还将简要讨论原料药测试注意事项。

其他值得注意但在本节讨论之外的主题包括:

基于小分子(疫苗)和生物衍生的活性物质(如多肽或生物制品)的免疫产品:这里讨论的许多原理均适用于这些产品,但除此之外,通常还需要对其他特殊检测要求进行讨论[5-7]。通过发酵工艺或半合成工艺(即发酵衍生物再通过化学方法处理以获得纯物质)获得的纯的、均质的活性成分,均在本节中进行了讨论。

赋形剂:通用赋形剂的质量标准和检测方法可在相应许可国家/地区药典的最新版本中找到,例如美国药典/国家处方集(USP/NF)、欧洲药典(Ph. Eur.)和日本药典(JP)。另外,兽药产品通常包括被批准作为食品添加剂或饲料添加剂的原材料(如在食品化学法典(FCC)和美国饲料管理协会(AAFCO)的官方出版物中所描述)。处方通常会避免使用那些认为不安全(GRAS)的新型非药典辅料或者未批准作为食品添加剂的辅料,因为对这些辅料的研究应该类似于一个新化学实体(NCE)药物,需要更广泛的特性描述,可能包括毒理学研究来支持其使用[8]。对一些功能性辅料(如抗氧剂和微生物防腐剂)进行一些专题研究,可能需要进一步开发来支持其选择和使用。

质量设计(QbD):此处提出的质量设计(QbD)的某些原则会影响开发策略,且在本书的第 8 章中将对 QbD 在兽药产品开发中的作用进行更为全面的讨论。

半成品检测:一个产品在成为最终制剂过程中的检测,即半成品检测,通常是产品质量控制策略中的重要组成部分。当验收标准等于或小于注册标准时,在生产过程中进行的某些检测可能产生足够的数据来满足质量标准要求,且这些检测需在质量标准中列出[1,2]。半成品检测的部分对 QbD 也是非常重要的,属于生产工艺分析技术(PAT)。2002 年 8 月,美国食品药品管理局(FDA)发起了一项名为"面向 21 世纪制药 cGMPs 计划"。QbD 是计划的关键部分,而 PAT 又是 QbD 的重要元素[4]。QbD 和 PAT 的实施可能会减少最终药物产品的测试要求,且结果可能加速产品及时发行(参见下文)。根据 ICH 指南 Q8,"了解可变性的来源及其对下游加工、过程中材料和药品质量的影响,可能为转移控制和最终产品测试的量小化提供机会"[3]。近年来,PAT 和 QbD 已经成为监管机构和行业深入讨论的主题;但目前,"生产商决定与[美国食品药品]机构合作发展和执行 PAT 是自愿的"。由于 PAT 中使用的预测数学模型的可靠性通常需要全面的统计建模,因此一旦有大批量可用数据,这种技术可能最适合动物健康产品的批准实施[4]。例如,近红外光谱(近 IR)是非常有用的 PAT 技术,可用于辅料、中间体和成品的鉴定与分析。近红外分析技术优点在于它是一种即时的、非破坏性的测试,可以同时提供各种的不同质量特性的数据(例如,均一性、含量、水分)。然而,该测试的开发和验证是复杂的,因为它需要大量的校正数据来确保能够准确地区分合格和不合格的材料,而不会产生 a(类型Ⅰ)或者 b(类型Ⅱ)错误,偶尔产生合格批次的不符合质量标准或者不合格批次的结果[9,10]。根据与业内同行的私下讨论,目前似乎没有几种兽药产品采用 PAT,可能是因为要求执行此技术的大投资的回报是不明确的。

8.3 质量标准开发驱动

质量标准的开发受到诸多因素驱动,包括质量控制、客户需求以及科学、法规、法律、经济方面的考虑。

8.3.1 质量控制

质量控制测定(质量检测)的主要作用是提供最终的验证,即确保一批产品符合要求的质量标准参数,支持其放行上市。当所有测试的结果都符合注册质量标准中规定的验收标准,再加上生产商在药物有效期内建立的更多严格标准保障产品符合质量标准时,就可以实现此"批放行"。因此,药物产品在质量控制中的检测可以被视为一个风险缓解的作用,即产品质量保障通过 cGMP 的总体质量控制系统,原料工艺过程控制、验证、培训等,都是在产品放行之前进行最后的确认。此外,具有代表性的商业批次的样品通常每年都要进行长期稳定性研究,作为向许可机构做出的已上市产品稳定性承诺的一部分。这些研究提供了定期的验证，证明产品在过期前应符合质量标准。关于批放行测试和稳定性测试的其他讨论将在本章的其他部分提出。

8.3.2　客户需求

在选择一个兽药产品时，客户（即兽医、宠物主人、牧场主等）主要关注几个方面：有效性、费用或价值以及安全性。其次需要考虑的因素包括供应的可用性、产品或制造商的声誉、来自受信来源的产品推荐等。这些因素和其他因素一起影响客户对产品看法，这是商业成功的关键。影响顾客对药物有效性认知的主要因素是动物症状明显改善的速度和程度。对产品安全性的认知是基于任何副作用的观察。随着时间推移，产品性能也必须保持一致。因此，对于客户来说，产品在保质期内的效价和纯度是至关重要的，为了提供所需的产品一致性，所有批次必须实现上述指标。

除了产品对动物的影响，那些可识别的明显特征也严重影响到客户对产品质量的看法，如通过在包装或产品管理方面的视觉、嗅觉或触摸的感知（如注射产品的粘度可能阻碍其通针性）；视觉上可识别的特征可能包括外观一致性（颜色、尺寸、装量）、产品的均匀性（相分离，颗粒物或沉淀）及溶解性（产品需要复溶或可溶性粉在饮用水中的使用）；包装观测通常要注意任何泄漏，或随着时间的推移包装凸起或凹陷（镶板）、瑕疵或不正确的盖子开启力矩（盖太松/泄漏或太紧不能动）；触觉的观察可能包括产品的质地或黏度。对于经常使用的产品，客户可能还会注意到一批产品是否有不寻常的气味。由于药品的精美度、一致性和易管理等问题影响客户对产品的满意度，因此生产商需要通过适当的质量标准来预测和控制所有相关的参数。为了商业成功，客户的期望和要求需要被满足，要么提供所有一致并可接受参数的产品，要么提供标签说明。在某些情况下，可能存在不可避免的变化或已证明对产品安全性或有效性没有影响的一些随时间变化的特性。在这种情况下，可能有必要通过产品标签（如在药品说明书上中注明产品颜色可能会随时间变深，但不影响产品质量）。在其他情况下，当产品发生变化时，有必要给客户提供一些管理产品的建议。例如，可注射产品在天冷的时候可能会难以注射（由于黏度的增加），采用加温的方法可使产品较易使用，可以在标签中注明。

8.3.3　科学驱动力

研制产品的科学家应该考虑需要哪些测试才能充分表征产品的物理、化学和微生物质量特性。任何可能随时间变化的特性都是产品的稳定性指标,该稳定性是在批处理基础上(如由于药物或赋形剂批处理或工艺的变化)发生变化时通常需要表征的,且需要通过质量标准进行长期控制。除了批次产品放行和稳定性评价,在产品开发期间构建一个产品及其生产工艺的知识空间的过程中需进行大量分析测试。这些研究是整个开发过程的必不可少的一部分,是产品注册资料中发展性药学的一部分。这些研究有助于识别可变性的潜在来源,并尽量减少对开发策略的影响。这些研究有助于确定测试的临界性,或为后来质量标准的建立制定适当的验收标准。在开发过程中进行的许多检测如果只需要进行一次或几次,那将可能永远不会实现作为常规 QC 批放行与稳定性的标准。例如,光谱和质谱检测可以阐明活性物质的结构,从而作为主要参考标准表征的一部分,或杂质结构鉴定或定量的一部分[11-13]。其他开发性研究可能包括对含有不同水平防腐剂的产品进行抗菌效果测试,以制定防腐剂含量测定质量标准,研究探索药物/赋形剂的相容性,或建立一个非水溶剂的水分含量上限。

8.3.4 监管注意事项

监管注意事项可以归类为与遵从性或产品注册相关的考虑。从遵循法规的角度来看,测试活性成分、赋形剂、包装材料和最终产品的要求被纳入政府法规作为 GMPs 的一部分。例如,在美国联邦法规 21(CFR211)和详细刊登在欧盟药品管理法规集 GMP 要求。本文讨论的许多概念和实践,如批放行检测、稳定性研究、对不合格结果的调查可作为 cGMPs 的重要依据,因此生产厂家需要按照标准操作程序(SOPs)执行。

从产品注册的角度来看,在兽药批准市场之前,需要对 CMC 方面(产品、生产过程、质量标准等等)以及药效性的证据进行全面描述,靶动物安全性(TAS)、人类食品安全(HFS,如适用)、环境影响等需经各国或各地区的审评管理机构批准。质量标准总是注册资料中的重要部分,一旦获得批准,标准将成为药品制造商的法律约束力。有效期(即这些数据保证产品在截止日期将符合质量标准)作为 CMC 档案材料的一部分数据被提交,例如产品一旦打开后能使用多长时间、储存条件、在运输过程中温度和湿度的影响、用户使用制备步骤和给药方法。许多地方和政府要求和建议对注册产品的参数进行检测,包括 VICH 指导原则、政府对行业的指导以及发放许可证的机关如欧洲药品局(EMA)、美国食品和药物管理(FDA)、FDA 兽药中心(CVM)、美国环境保护署(EPA)等。此外,FDA 最近提出了一份基于科学和风险的一系列问题,供准备和审查监管注册资料时参考。这对审核(QbR)过程提出很多需要测试结果和质量标准的问题。药品生产厂家应根据产品类型查阅市场标准进行一般测试，如果产品在现有专著中有描述，则应查阅具体的测试标准，遵循拟颁发许可证的国家当局的 VICH 指南和指导文件。

8.3.5　法律注意事项

产品的注册质量标准是制造商和产品批准出售的国家授权当局之间的一个具有法律效力的合同。质量标准也是赋形剂、活性物、包装材料供应商和客户之间的法律协议。制药产品的生产通常外包给合作的生产机构（CMOs），在这些情况下，质量标准是 CMO 公司和委托方之间合同的一部分，活性成分或其他不符合注册质量标准的组分不适合用于药品的生产。然而，需要注意的是，并不是经供应商的质量标准检查控制的所有属性对产品性能都是关键的。同时，药品制造商可以确定供应商未检测但在材料被确定为合适产品生产之前必须满足的 CQAs 的附加质量标准。显然，这种做法会带来一些供应风险，即供应商没有义务供应符合制造商所有要求的材料。因此药品制造商的最佳利益是与供应商进行沟通确定质量标准，并将质量标准作为具有法律约束力的“质量协议”，以确保药品制造的所有关键质量属性能被供应商适当的控制和保证。

在大多数国家，未通过一项或多项注册质量标准测试的产品不能合法销售。在欧盟，资格人员（QP）对决定产品的销售起着关键作用。QP 拥有向市场发布产品的最终权利，并对产品的可接受性承担一定的个人法律责任。

产品测试结果往往对知识产权的创作和防御、专利声明的揭示至关重要。例如，专利声明可能包括合成工艺、生产过程及组分（通常可以通过是否存在微量成分或杂质得到验证），确定多晶型化合物的活性晶型（可以通过各种分析技术证实），以及药物发行剂型的释放机制（如体内外药物释放度考察评估）。

遵守药典要求也是质量标准的法律驱动。当产品在市场上销售时并在国家（如美国药典）、地区（如欧洲药典等）或国际（如世界卫生组织等）药典中有描述时，请遵守所列标准，除非由制造商明确说明，否则必须遵守该质量标准。适用要求可能包括通用章节，特定产品专论及有关赋形剂或产品中使用的药物专论。

8.3.6　经济考虑

为了最大程度的提高利润，生产商对商品成本特别敏感。其中包括原材料、生产、包装和应用设备、测试和分销的成本。制定质量标准需要全面考虑到必要性、风险/效益和实用性等。实用性分析检验包括：测试所需成本和时间，测试在公司内部实施或支付费用外包。实用性还包括测试不合格产品批次的可能性。在产品开发过程中应进行足够的测试，以确保该过程能够正常生产达到或超过所有质量参数的产品。如果产品无法控制,通常会产生不合格批次,将被拒收并丢弃,那将是大成本,更不用说这仅仅是与 cGMP 预期不一致。最后,值得注意的是,当有多种方法用于测试同一质量参数时,最科学严谨的测试可能并不总是最佳的质量控制方法,尤其过分的是当数据质量和信息几乎相等但执行测试的成本较高。

8.4 兽药与人类健康药品质量分析研究的异同

原材料和工艺分析测试方法的开发、优化、验证、技术转让和实施,包括质量标准制定,可以累计视为药物开发过程的“分析开发”部分。动物保健和人类保健产品分析开发在很大程度上是相同的,具备人类和动物产品质量标准建立的相同驱动程序和分析技术应用。监管相似之处是相当大的,可以从测试程序和验收标准的 ICH 和 VICH 指导原则比较中看到[1,2,14]。但是存在细微差别,这很大程度上取决于安全性考虑或针对人类未使用的特殊剂型的指导。在人用产品中,病人安全是主要核心。在动物健康方面,靶动物安全固然备受关注,但人类食品安全最重要。例如我们可以从 ICH 和 VICH 对杂质报告阈值、鉴定、阈值中对比看出,兽药产品通常允许有高含量的杂质。同时,放宽一些数据要求,以鼓励制造商注册其产品以用于次要或外来物种(由于处理的动物数量少,因此开发特定于物种的产品在经济上不可行)。

从事动物保健产品开发的科学家与从事动物卫生工作的分析科学家的主要区别在于开发速度、特殊剂型、药物剂量、给药剂量范围,以及复杂或天然成分的频繁使用。可以说,从事动物保健产品开发的科学家所面临的挑战通常要比人类保健专家所面临的挑战更大。

在人类健康和动物健康方面,分析开发开始于表征活性化合物研究阶段的初期,并持续在整个产品开发和商业化生命周期中。这个生命周期的发展阶段是不同的,对于人类与动物保健产品而言,通常更长。人类产品开发需要多年的临床前研究(非人类物种),随后是多年的人体临床研究,首先是在数量有限的健康受试者中进行治疗(Ⅰ和Ⅱa 期),然后是对有症状患者进行研究(Ⅱb 期)和大型关键临床试验(Ⅲ期)[15]。整个过程通常需要 10 年或更长时间,因此有足够的时间从早期试验中的基本配方发展到第三阶段的商业形象产品。相反,在动物保健产品的开发中,可以快速评估靶动物中的药物组分并生成安全性和有效性的临床概念验证(PoC),此时选药物可能会进入全面开发阶段(Ⅲ期)。因此,在动物健康产品开发中,Ⅰ期,Ⅱa 期,Ⅱb 期试验被明显压缩。这也意味着开发成商业形象产品的时间被压缩了。希望在临床 PoC 实现后尽快将最终制剂商业化,以便进行关键的(阶段Ⅲ)临床试验(疗效,TAS和HFC)。因此,分析开发时间大大压缩,以及CMC相关活动也频繁通往产品商品化道路。

种类繁多且富有挑战性的产品类型也使动物健康的分析发展变得复杂[16]。比如某些制剂类型对人类健康是独特的(例如,基于呼吸传递装置的产品,如干粉吸入器和计量吸入器),但在动物健康中却有许多相同或更多独特的产品类型,每种产品都有自己的独特之处,都是质量标准开发面临的一系列挑战,例如农药现货、含药饲料和饮用水管理产品。

由于体重悬殊及物种药物代谢和生理机能差异,需要输送的药物有效载荷可能会有显著差异。对于在各物种中具有相关适应证的活性物质,输送到大型动物(如马或牛)的剂量可能是输送到小型犬或猫的剂量的许多倍。即使在给定的物种内,要有效治疗体重不同的动物并保持在活性成分的治疗和安全范围之内,也可能需要几种强度或大小的药品。兽药产品分析面临挑战是需要制定适当的测试方法和质量标准来表征产品的所有优势[15]。生理功能和代谢不同可能会导致物种的药代动力学差异。因此可能会影响剂量和药物释放要求,包括体外试验的设计。兽药开发中的物种和体重差异在某些方面类似于人类患者特殊人群中的考虑因素,例如,儿童、老人、孕妇、酶或免疫功能低下的个体。

就产品组成所带来的复杂性而言,用于口服递送的兽药通常依靠天然食品或饲料成分使其变得可口。此类成分的成分通常很复杂,其中包含许多化合物,这些化合物会产生基质问题,从而可能导致分析物回收率差和产生干扰。

最后,不可否认的是,兽医医药产品的开发面临巨大的时间和成本约束。这些考虑因素与前面讨论的快速开发时间表配合使用时,意味着与人类产品开发相比,兽药产品开发期间通常生产和表征的产品批次更少。这增加了质量标准开发的挑战,因为在注册时可用于支持质量标准的数据可能非常有限。

8.5　关键质量属性的选择

兽药产品开发通常是通过产品建议书来证明其合理性并启动的,该产品建议书包含有关活性成分的假设、适应证、预期结果、基于预期目标物种和所需给药途径的产品属性,以及建立市场的详细资料和主要竞争产品等。一旦建立了这些最基本的概念,产品开发的过程就会同时从配方、分析方法和包装开始。兽药产品分析面临的挑战在于检测方法的开发,同时将其应用于表征原型配方和包装,评估其相对质量和稳定性。理想情况下,商业产品(其主要包装)尽可能早的获得有效的质量标准和开发程序,支持临床试验批放行,用于关键的安全性和有效性研究。

重要的是,要尽早识别出全面表征产品所需的所有物理、化学和微生物属性,以便为方法开发和数据收集提供足够的时间,以支持开发和注册。这些属性通常被称为关键质量特性(CQAs)[3]。确定 CQA 的过程可能需要采取以下策略:

(1) 确定已知需要的测试以及可能影响质量或随时间变化指标的其他可测试特性。

(2) 收集各种因配方和加工变量改变的产品批次的数据,这通常包括在预期和加速稳定性条件下存储的产品的稳定性数据。

(3) 基于对数据的分析,确定所需的任何检测,或是关键质量和稳定性指标。这些性质的测试应该进一步确认、验证、实施以作为质量控制检测。

(4) 记录和停止不必要的测试。

在第(1)步和第(2)步中,最好建立一个广泛的网络,探索尽可能多的潜在质量参数,以建立产品和工艺的知识空间。产品开发中的一个代价高昂的错误是,假设参数不重要,并且不需要出于注册目的而通过质量标准进行控制,而在开发后期才发现,它是非常重要的,且没有可用的数据来开发该质量标准。该 CQA 的选择过程始于识别所有已知重要的属性,以及那些可能很重要,但需要数据来衡量他们的重要性的参数。几个要求的表征的关键特性显而易见且无处不在:性状、鉴别、活性成分的含量测定,以及杂质或降解产物的测定。此类测试被认为是一般或通用测试[2],其他测试被认为是特定的检测,对于剂型类型、活性成分的物理或化学特性及预期产品的给药/使用细节(例如,一次性容器中片剂或液体产品的剂量单位的一致性)可能很重要。建立测试列表时,应完全考虑先前详述的质量标准驱动因素。

一旦确定了需要监控的参数后,下一步就是收集和分析数据。目标是同时评估原始处方(选出最佳质量、性能、稳定性)、工艺能力(均值和可变性),以及检测方法的适用性。这些研究最终导致人们理解变量的影响,包括变量的关键性(因此这些变量需要通过质量标准来控制)以及应建立何种验收标准。应测试多个产品批次,包括使用首选供应商的材料和正常加工条件制造的批次,以及使用任何替代供应商的材料,赋形剂等级或加工变量制造的批次。为了设置质量验收标准,测试使用极端条件制造的批次也可能是有益的;例如,可以在包装之前延长保存时间来制造批次,或者为了质量标准制定和开发药物而故意制造高含量的水分(例如加水研究)。使用正交设计方法收集数据以进行确认或试图选择最佳分析方法来测量某个参数也可能很有用。在某些情况下,可能需要不止一种检测方法完全表征给定参数。此外,数据可能表明一些测试是独立的,而该测试的结果与其他测试的结果几乎没有可辨别的联系(例如,微生物计数测试结果通常与其他质量测试结果几乎没有关联)。其他检测的结果可能显示质量属性以某种方式彼此关联或相互依赖,考虑悬浮液或固体口服产品中原料药的粒径可能对其药物释放性能的影响。

数据也可以通过其他已经监视的质量显示某些质量属性是无关紧要或不足以控制,此类属性将不被视为CQA,并且在某些时候可以中止对该质量属性的测试。

8.6　检测方法的选择和使用过程注意事项

8.6.1　检测方法的鉴定与开发

一旦确定了需要监视的质量属性,下一步就是选择适当的测试方法。测试方法可以从相似剂型,使用相同的活性成分其他产品,以及从文献或药典中获得。如果无法获得用于特定药物产品和活性成分的方法,则用于相似剂型或结构相似活性成分的方法可能是方法开发的新起点。当产品在许可国家的药典中列出时,预期该产品如果经过测试,至少要符合药典中规定的标准。对于最终将要销售产品的所有国家的药典要求,都需要以某种方式满足或证明其合理性[1,2]。如果药典测试方法和质量标准在许可的国家或地区之间得到统一,则可以简化此过程。当开发未在药典中列出的新产品时,仍然可能需要一些用于测试某些质量属性的通用药典测试。当药典方法应用于专论中未描述的药品时,需要验证该方法是否可用于该特定产品。即使药品列于药典中,但如果药物组合成分不允许验证药典方法(例如,由于一种赋形剂的干扰)或者已经开发出等效或更好的方法,则通常允许使用非药典(替代)方法。如果采用替代方法,最重要的是该方法足以证明产品符合药典要求[17]。为了检测其他质量属性,创新公司需要开发针对新活性成分和药品的检测方法和质量标准。参考文献[1,2]中更详细地讨论了一般和特殊检测的典型要求。

当必须开发一种新方法时,分析人员应从头开始,即分析人员应考虑最终需要实现该方法的验证参数,并设计方法以满足这些要求。方法需要进行特征化或验证,使其适合于预期目的。在产品开发的早期阶段,并不需要完全验证VICH指南或药典中所述的分析方法。一旦将原始处方用于临床研究,所需的方法验证量通常会增加,以便为临床样品质量提供更好的保证。当产品注册时,有必要根据VICH[18,19]和药典要求进行充分验证。然而,由于关键的临床试验(疗效、TAS、HFS)资金和时间风险,以及VICH注册稳定性研究,通常在这些研究中使用批次之前进行大量的方法验证。

当考量一种方法是否“满足目的”时,应当指出的是,该方法的适用性与开发和表征该方法的处方组成、制造工艺、包装材料等的内在联系。产品相关参数的任何一个更改都需要对方法进行重新评估,并且可能需要修改或重新验证方法以适应此类更改。方法的更改可能带来改进(例如,在灵敏度或特异性方面),即发现产品质量有关的新信息的潜力。对于需要不同保质期分配的任何更改,可能需要调整质量标准,且需要重新评估产品的稳定性。

8.6.2 方法验证注意事项

方法建立和验证的详细讨论超出本章范围,但是值得一提的是在各国药典及VICII指导原则[1,18]中典型推荐的高水平的验证标准。

8.6.2.1 专属性

VICH将专属性定义为:“在已知成分存在的前提下,能够明确评价分析物的能力。通常,这些物质可能包括杂质、降解物、基质等[18]。”考虑到某些兽药产品(例如,含有天然成分的C型含药饲料)基质的复杂性和可变性,即使批次之间存在差异,仍能确保常规实现专属性方法的开发可能具有挑战性。此参数通常是通过检测应用于新鲜和受压基质的非药物(安慰剂)制剂试验以评估潜在的干扰。

8.6.2.2 线性

线性是在给定范围内,一种方法展现的关系,即分析物浓度比例。某些测试可能会产生非线性关系。在那些情况下,需要充分理解并以数学方式和/或以某种方式表达样品浓度和测试结果之间的关系,以便根据参考信息或标准品能够准确地计算分析物浓度。线性通常是通过对制备的各种已知的浓度高于和低于常规样品浓度的待测样品来评估。分析物浓度的确定是根据已知样品浓度的线性回归方程表达,通常会报告斜率、截距和相关系数。

8.6.2.3 准确度

准确度也称为“真实性”,是指实际检测值与理论值之间的接近程度。产品测试的准确性通常以“回收率”试验来评价的,其中将已知浓度的分析物加标到产品基质中,通常以质量标准或标签要求的浓度加标,以检测量占添加量的百分比来表示回收率。当基质干扰检测信号(增强或减弱检测信号),或由于基质对分析物的吸附而导致偏低的回收率时,就会产生偏差。

8.6.2.4 精密度

精密度是指同一样品的一系列检测值之间的接近程度。通常会评估几种类型的精密度:系统精密度反映的是同一样品进行多次进样分析时分析仪器的精密度,它排除了样品制备中抽样误差和分析人员的误差影响。然而,重复性表示精密度,其中包括分析人员和样品制备的影响,即重复性表示的是在对同一样品进行分析时，由同一分析人员进行抽样、准备且在同一分析仪器上进行多次分析后所得分析结果的差异。中间精密度，也称为“二次分析精密度”，是评价在同一实验环境下，不同时间、不同分析人员、不同分析仪器等变量对分析结果的影响。再现性是不同实验室之间的精密度的差异，通常是方法在实验室之间转移，例如，从开发实验室转移到制造工厂的质量控制实验室。精密度通常用标准偏差和相对标准偏差(RSD)表示。

8.6.2.5 耐用性

耐用性是指在分析方法的参数发生细微的、可接受的变动时，分析方法仍然不受影响的能力。它体现了分析方法的可靠性和分析方法的关键变量。例如，在色谱分析技术中，变量包括流动相 pH、有机相比例、检测波长、流速、柱温、进样量、柱型变化等。

8.6.2.6 灵敏度

分析方法必须具有足够的灵敏度，以最低的预期浓度或按质量标准要求以可接受的精度和精确度检测被分析物并对其进行定量。灵敏度通常以检测限(LOD或 DL)和定量限(LOQ 或 QL)表示。检测限和定量限的信噪比分别为 3 和 10。

8.6.2.7 辨别能力

最终，分析测试方法需具备区分产品批次质量合格和不合格的能力。明确评估其区分能力的一种测试类型是体外溶解、崩解或药物释放测试。辨别能力表明通过制备和分析以某种方式配制或生产的产品以提供可接受和不可接受的药物释放性能(即药物释放太快或太慢)，并且可以与产品性能的体内评估联系起来。

8.6.2.8 抽样程序、样本量和采集点的注意事项

可以专门设计或应用一些试验，以评估产品在进行任何混合之前的均一性，以满足混合需求和适用于产品标签的正确说明。但是，在大多数试验中，取样时将产品混合或混合均匀处理是必要的。为了评价不同的产品性能时，需要考虑样本量。在评价产品的某些性能时，可能需要从一批大量的批次样品中随机取样产品批次或随机样品的组成。在其他情况下，取代表性剂量的样品用于较小的靶动物是合适的(例如，评估含量均匀度)。一般地，以选取 1～3 倍典型给药剂量的样本数目为宜。

还需要确定处理点和采样点的位置。例如，对于固体口服剂型的干混合物的均匀性的全面表征可能需要在各种混合时间点从混合器的不同位置采集许多小样品。某些测试可能针对散装(预包装)商品进行采集，而其他一些测试在终商品包装后进行，尤其是鉴别测试。

需要为负责此任务的人员指定采样说明，包括位置、编号、数量、存储容器和条

件。对于书写试验操作规程或质量标准的分析人员,需要详细说明要测试的样品量和每个样品要进行的重复检测数。在某些情况下,可能需要测试2个或更多准备和分析的独立重复样本,以减少差异性。

8.6.2.9 参考物质

参考材料可能包括用于比较测试的纯标准品或材料的混合物(例如,用于证明色谱方法专属性的有关物质的混合物)。参考物质需要经过鉴别、精制(如必要时通过额外的纯化处理),鉴定以支持其预期用途。许多分析实验需要进行样品和参考物质的对比,例如光谱法的鉴定试验或色谱保留时间的比较,以及活性物质或防腐剂含量的测定。

8.6.2.10 结果报告

如果未指定,由分析人员自行出具检测报告时,则可以多种方式报告结果。有些人可能选择记录“符合”或“符合规定”,其他人可能记录数值来说明检测结果的精密度。为了能够随时对比不同实验室、不同分析人员得出的实验结果,最好对数据报告模板进行标准化。这通常在书面测试程序中或通过质量标准中的验收标准所隐含的措辞和格式进行详细说明。每当产生数值结果时,最好报告数值结果,而不是“符合”,以便可以表明趋势。还应考虑有效数字并遵守药典和VICH指南中规定的数据报告惯例。例如,除非需要特殊严格控制(如具有潜在遗传毒性杂质),否则药物产品中的杂质需以活性成分标签表明的百分比表示,精确到一位小数(0.7%,1.2%)。

8.7 批放行试验

8.7.1 质量控制中的批放行试验

如前所述,测试和质量标准的主要驱动因素是在将产品用于临床或商业目的之前需要最终确认产品质量。在美国,21CFR211.165第Ⅰ部分规定“对于每批药品,应有适当的实验室测定方法来确定对药品最终规格的满意一致性,包括使用前每种活性成分的特性和强度”。最终确认通常被称为“批放行试验”,包含用适当的检测方法对所有CQAs的检测。然后将测试结果与作为产品规格一部分的预定接受标准进行比较。当所有测试结果均符合验收标准,并经公司内部实验室负责人或质量部门批准,该批次产品可以接受使用。试验结果有时不正常,可能因为一个或多个测试结果相对于历史数据而言不符合趋势(OOT)或是不符合产品标准(OOS)。在这两种情况下,都需要对问题的结果进行彻底调查,以确定结果是异常(例如,由于实验室错误导致的错误结果)还是可靠的,并且应确定意外结果的根本原因。为了调查OOT或OOS的结果,可能有必要调用通常不用于批放行试验的分析方法(例如,用荧光显微镜和光谱测试,以鉴定作为视觉外观测试一部分而观察外来异物的成分)。一旦确定了根本原因,通常会建立纠正和预防措施(CAPA),以纠正原因并防止其影响未来的批生产或测试。如果确定结果异常,则有可能(取决于实验室的操作程序)使原始结果无效,并用重新测试原始样品的结果代替或从批次中重新采样检测。当确定结果可信但不符合质量标准要求时,受影响的批次通常认为是不可使用的。显然,主要临床试验批次、注册的稳定性试验批次和验证批次都需符合批放行(有效期)最终注册产品质量标准是至关重要的,任何偏差或OOS/OOT结果需要彻底调查和备案,这些批次需要适当控制(如有必要,需要召回或限制其进一步销售)。

QC测试也提供了一个在制造过程受控的指示,即在预期的常规变化范围内执行操作以生产出一致的产品。随着时间的推移,监视多个批次的批放行和稳定性数据,使制造商能够了解整个过程的能力和可变性。反过来,制造商能够通过识别批次放行时的OOT测试结果所指示的统计异常值,以确定产品或工艺的偏差的指示趋势。异常批次可能会增加产品在整个有效期内是否符合质量标准的风险和不确定性。某些制造商也会利用实验室控制样本来评价长期分析方法的变异性。在这个过程中,对照产品批次的样品与批次放行或稳定性样品一起检测,且将对照批次的结果绘制在控制图上,以寻找方法性能的趋势。

8.7.2　分析报告

批放行结果通常以"分析报告"或CoA的文件汇总。一份完整的CoA文件应包括被测物质的所有质量标准(如试验参数的描述、参考应用的分析方法和验收标准)以及可报告的测试结果和批次放行与否的声明。CoA文件还应明确标明产品名称、产品规格、批号、生产日期、检测日期以及一些遵从性或一致性声明。例如,声明该批产品是根据现行的良好实验室操作质量标准(cGLPs)或cGMPs制造和测试的,产品符合残留溶剂药典要求(例如,USP＜411＞)和牛海绵状脑病/传染性海绵状脑病(BSE/TSE)的标准要求等。最后,CoA文件必须要有负责检测机构的手写或电子签名,例如实验室负责人或质量保证专业人员及批准日期。虽然CoA可能看起来像是产品在进入市场之前的最后证明,但它有可能需要彻底重新测试(或有选择的测试,如鉴别试验),这取决于产品生产商与最终产品的销售商。

CoA、批放行质量标准和测试方法过程是cGMP控制的文档,因此保留在受控的文档系统中,以防止意外修改。

在产品的整个生命周期中,当考虑到新的数据并实现测试改进时,测试过程和验收标准经常变化。出于这个原因,CoAs需要清楚地引用在测试时已经存在的方法和质量标准的版本。最后,产品制造商需要一个变更控制系统,该系统提供贯穿产品开发、稳定性试验以及用于工艺验证和产品商业化的方法的可追溯性。关键产品批次的方法和质量标准历史记录及样品CoAs通常作为被递交作为上市申请的文件档案。

8.7.3 简化测试

在某些情况下,批放行所需的最终产品测试量可显著减少。如参数放行,是指将工艺参数(如时间、压力或温度)与灭菌方式及验证过程中知识信息收集在一起,可替代注射产品的无菌检查。因此,在参数发布中,可通过检测工艺参数来代替实际的CQA(无菌检查)。假设,如果验证的工艺条件得到满足,产品统一的药典无菌测试将会通过(Ph. Eur. 2.6.1 无菌,JP. 4.06 无菌检查,USP＜71＞无菌检查[1,2,20])。除无菌检查试验外,我们可以设想其他实验或是其他辅料和生产条件的控制也可以通过简化测试实现"实时放行"。实时放行是基于工艺数据评估和确保过程中或最终产品验收质量的能力[4]。借助对过程/产品的充分理解(在机械水平上),"在线或在线测量与产品质量相关的关键属性可以提供一个科学的风险评估的途径,以证明实时质量保证至少是相当于或优于基础实验室测试抽样对样品检测结果"。

另一种减少批放行产品测试的方法是通过一种被称为"抽样检查"或"定期测试"的概念,在这种概念中,不是每一批产品都要检测一个确定的参数。但是关键的假设是任何批次如果进行检测,每一批产品都必须通过。重要的是确定检测频率,以保证所有批次都将通过,及确保在未经测试但OOS批次意外放行而用于动物中的情况下具有可控的风险。因此,一旦有足够的数据来确保例行符合质量标准,通常会在批准后实施。其可作为部分"日落条款"实施,在经过工艺验证后,在某些时间点,检测频率可降低。这种做法适用于溶剂残留或无机杂质检测[1,2]。测试计划还应该描述恢复测试的条件,例如,在制造工艺或场地变更的情况下[17]。对未测试批次的符合性的额外保证可以通过其他方式提供,例如通过参数发布或其他工艺测试结果[21]。

8.8 稳定性试验

8.8.1 稳定性试验的监管和科学驱动

与批试验类似,药品的稳定性试验是根植于药品生产质量标准(cGMP)中。

在美国，关于实验室控制的 21CFR211.166 I 部分描述了稳定性试验方案的预期及最低要求。包装和标签控制的 21CFR211.137 G 部分中的有效期规定："为确保药品在使用时符合鉴别、浓度、质量和纯度的适用标准，其有效期应由 211.166 节中所述的适当的稳定性试验确定。从监管的角度看，稳定性试验操作的首要目的是制定和验证产品标签中的有效期，在有效期内产品质量符合标准。这个也包括确定适当的储存条件，这些条件需与商业产品标签上的有效期一起注明。"VICH GL3 制定了兽药注册的稳定性数据要求[22]。除法规描述的要求外，稳定性研究也是药品开发过程关键的科学驱动部分。稳定性研究用于剂型开发，通过稳定性研究筛选和确定最佳剂型，以进一步优化。用于关键临床研究的产品通常在稳定性研究中进行评估，稳定性研究可以是注册稳定性研究，也可以是类似设计的补充研究。可以专门设计其他研究，以筛选和选择用于临床应用和最终市场形象产品的包装。强制降解试验，可以看作是稳定性研究中的专属性研究，其产品或活性成分放置于特殊条件下有目的的降解破坏，这在方法开发过程中非常重要。强制降解试验有助于确定分析方法是否能够检测关键质量参数(CQAs)在常规储存条件下可能发生的变化(即表明检测方法是"稳定性指示")。此外，这些研究还提供了确定的降解途径和对降解产物的分离和鉴定的方法。另外，稳定性研究常用于指导产品生产，以支持其制造过程中的保存时间或产品散装在非最终包装中可能经历的温度和湿度波动。

另外一些稳定性试验被用作评估产品在首次开启包装后的稳定性(如注射剂的密封性)或在一个规定的给药期内的稳定性(使用期内)。所有这些不同的稳定性研究提供的数据应被考虑用于质量标准的开发目的。下面对稳定性选择话题进行深入讨论。

8.8.2　强制降解试验

强制降解试验可提供了许多非常有用的信息，关于药物成分在各种条件下的稳定性、降解途径与降解产物，以及检测方法性能。研究通常是探索药物成分、药物产品类型、不同包装产品，甚至空白辅料的强制降解试验。药物通常是在极端高温、高湿、酸性、碱性、氧化(例如，在过氧化氢溶液中或在偶氮异丁腈(AIBN))和光照条件下，同时与未破坏样品对比，确定样品的敏感条件。对于药物极为敏感的条件，最好能确定主要的降解产物，以便阐明化学降解途径，从而为选择适当的抗氧化剂等稳定分子的适当方法提供思路，例如，选择合适的抗氧化剂。制剂的降解试验一般只在最相关的条件下进行。因此，所有产品通常会暴露于高温、高湿和光照条件，但只有液体制剂有可能接触酸、碱和氧化剂。强制降解研究通常在玻璃或石英等惰性容器中进行,以消除任何包装干扰的影响。然而,在极端条件下,各种原型容器中产品的稳定性研究可能对证明兼容性和选择适当的保护材料很有用。对空白辅料的强制降解试验有助于确定色谱法检测产品含量和有关物质时测出的未知峰来源(例如有可能来源于空白辅料、直接接触包材或标签材料)。此外,通过物料平衡、峰纯度检测、质谱应用或二维色谱法分析强制降解产物有助于验证方法的专属性。

8.8.3 开发期(未注册)稳定性研究

药剂学家面临的挑战是开发一个耐用的制剂工艺和稳定的产品,该产品不需要昂贵的制剂技术、昂贵的包装、冷藏或冷冻储存来达到稳定。为了在短时间内鉴别产品稳定性,同时评估在长期存储条件下(25℃/60%相对湿度)和加速存储条件下(40℃/75%相对湿度)的各种原型制剂的 CQA 通常是有用的,可用来推断产品在存储条件下较长时间内的性能。对冷冻在玻璃容器中不同包装的原型制剂的对照样品进行评估,有助于评价包装选择和制剂原型的相对稳定性。在药物成分或辅料不兼容的情况下(如在相似储存条件下,制剂比纯原料更不稳定),有必要进行一些简单的相容性研究,即将原料药加上一或两个辅料考察一段时间,找出不兼容的来源。为了支持工艺开发,通常需要对工艺中材料的稳定性进行评估,包括最终产品在包装前的稳定性。这类研究有助于为散装药物在包装之前确定一个保留时间。

常规进行开发期稳定性研究以保证临床样品的质量。为了使关键临床试验符合 cGLP(药品非临床研究质量管理质量标准)和 cGCP(药品临床试验质量标准)要求,通常有必要确保临床样品在整个临床试验用药期间的产品质量(GLP 或 cGMP)。有时,这可以通过分析给药期间前后的样品来完成。这种“出入口检测”对有限的用药期间的 cGLP 研究特别有用。对于较长时间的临床试验,特别是使用 cGMP 临床材料进行 cGCP 研究,通常会模拟在不同的时间间隔及各种长期和加速储存条件的注册产品开展稳定性研究。如果在稳定性研究过程中没有观察到 CQAs 测试结果的变化,则供应品的质量得以保持;如果观察到明显的变化,应评估其对临床试验的影响。如果产品质量在长期放置之后发生的显著变化被证明是不可避免的,则有必要通过对陈年样品或模拟老化产品性质的变化评估,以确保产品的安全性、疗效、性能得以保持。例如,在口服固体制剂长期储存期间,经常会发生体外药物释放特性变化或降解产物水平升高。为了确保老化药物的释放提供可接受的药代动力学,以及降解产物不会产生不利的安全影响,可能需要进行体内临床试验。最后,应该指出的是,在某些情况下,为保证临床试验材料而进行的临床研究可能支持注册稳定性计划（可作为注册档案的一部分）。注册稳定性研究的生产批次找到自己的方式进入临床试验是很常见的，因此，这些批次稳定性研究具有多种用途。

8.8.4　注册稳定性研究

兽药产品的注册稳定性研究是依据 VICH 指南进行的[22,23]；但是，在设计该研究时应考虑其他地方、区域、国际药典或政府要求。通过会议或协议审查（如果提供）与相关监管机构确认研究设计的合理性是有价值的，特别是在采用减少或部分测试方案（见下文），或进行单一研究以支持显著不同的市场注册氛围。

注册稳定性研究根据书面协议进行，该协议需要描述批次数量、存储条件、测试间隔、测试方法和验收标准以及其他细节，细节是关于数据分析方案和偏差与调查的处理方法。选定的细节也可以在协议之外以文档的方式进行管理，例如样品提取日期和允许提前或延迟提取的宽限日期以及样品检测，都可以通过制造商的标准操作规程（SOPs）或实验室信息管理系统（LIMS）进行管理。通常，测试 3 个独特的药品批次，其中至少 2 个批次的规模为商业测定规模的 1/10 或更大。测试包括在研究初期的所有 CQAs，以及在整个研究过程中任何预期的稳定性指示或可能发生变化的 CQAs。在整个研究设计中，产品的所有规格和包装组合应进行检测。产品的方位也需要考虑，可能有必要评估产品的竖立和倒置存储方式，以考察产品接触封闭系统的潜在长期影响。长期和加速储存条件的选择取决于通过开发研究获得的关于药物产品的物理和化学稳定性知识，以及对客户需求和产品销售市场的监管要求的考虑。考虑到兽药产品可能会储存在室内或室外不可控的条件下，客户对兽药产品的需求可能会使制造商相比人类健康产品进行评估具有更大压力。供兽医临床和宠物主人使用的兽药储存条件一般包括：在 25℃/60％湿度长期储存，在 40℃/75％湿度加速储存 6 个月，及中间在加速条件下发生重大变化的情况下，在 30℃/65％湿度下保存 12 个月作为备用测试。相反，用于食品生产的动物产品可能会在室外长期保存，可能会在 30℃/65％湿度下长期保存，在加速条件下（40℃/75％湿度）评估保存 12 个月或者更长时间。同时也需要研究低温条件（5℃/环境湿度），作为动物性产品研究的一部分，以便在预期的产品加上“2～30℃储存”的标签。在一些情况下，如果液体产品储存在半透性塑料容器中，可能需要降低湿度条件，以模拟最坏情况减重存储，例如在 25℃/40％湿度或者 30℃/35％湿度长期储存和 40℃/小于等于 25％湿度加速储存[24]。与人用产品相比，兽用产品的冷藏和冷冻存储不那么方便且不常见。这种存储主要可能用于临床或家庭管理的产品。对于冷藏产品的研究，长期存储于 5℃/环境温度，在 25℃/60％湿度加速存储。对于冷冻产品的研究,长期存储一般在－20℃/环境湿度,没有明确的加速储存条件。

WHO根据五个气候带(Ⅰ,Ⅱ,Ⅲ,Ⅳa和Ⅳb)定义了世界市场的稳定性要求,在稳定性研究设计中要考虑这些气候温度和湿度的变化[25]。例如,澳洲气候条件包括Ⅱ-Ⅳ区,即长期存储条件为30℃/65%湿度,加速条件为40～45℃/75%湿度至少运行12个月[26]。包括泰国、新加坡、越南、菲律宾、马来西亚和其他国家在内的东南亚国家联盟(ASEAN)也需要比在美国和欧洲市场注册产品需要压力更大的存储条件[27]。在兽药开发过程中,可能难以预料或资助实现全球产品注册所需的所有稳定性研究。通常,最初主要是针对主要(美国和欧盟)市场进行稳定性测试,然后针对特定市场进行补充注册以补充所需的其他研究,这些研究可能需要在不同的存储条件下进行。文献[25,27-29]提供了当为全球市场设计稳定性研究时一些有用的附加信息。兽药产品的稳定性研究在其他方面不同于人用健康产品,主要在产品开发的速度,产品规格和排列方面的考虑。由于兽药在整个产品开发过程(包括临床试验)中可能很快,因此不希望进行CMC相关研究(例如稳定性研究)来延迟整体注册文件的提交。为此,一般只有6个月的长期和加速稳定性数据提交兽药产品。通常可以获取其他稳定性数据(例如,经过12个月),并在审查周期内提供给监管机构,以支持所需的保质期。相比之下,人类健康产品提交包含至少12个月的长期和6个月的加速稳定性数据。

在兽药稳定性研究中,容器空间大小和包装组合经常提出储存空间问题。为了适应不同大小的动物兽药一般需要多种剂型和包装尺寸。而且,一些用于食品生产动物的兽药是以较大的容器提供的,这些容器可能不适合再接入冰箱式稳定室,因此需要使用更大的步入式容器。

除了在提交注册文件之前启动的稳定性研究之外,商业产品批次通常在整个批准的有效期内保持稳定。这类研究一般只在标签储存条件支持的最高温度下进行,即长期储存条件。最初的3批上市产品(通常与工艺验证批次一致)与每年生产一定数量的商业产品一起放置。明确的要求通常在上市产品稳定性承诺中提出,该承诺提交给获得产品许可的国家/地区的监管机构。此外,有必要进行其他研究,包括那些需要支持配方,工艺或包装变化的加速存储条件。稳定性数据通常需提交至监管部门审查以支持上述更改[30]。

8.8.5 减量测试

在前几节关于批放行的讨论中,讨论了使用参数化、“实时”放行或跳跃式批处理的策略来减少测试负担的几种方式。尽管这些方式常用于减少产品放行的批检验测试操作，但仍然有必要证明有效期内产品的稳定性，因此，稳定性研究的负担并不一定会因为 QbD 原则的实施而减轻。稳定性研究是对药物产品的每个规格和容器尺寸进行研究，除非采用括弧法和矩阵法研究设计[24]。

一项完整研究设计指所有样品在全部条件全部时间点进行的所有测试。减量研究设计可以通过括弧法和矩阵法完成[31]。括弧法常应用于相同（或者十分相似）剂型的多规格和包装尺寸，并且仅涉及测试上限和下限的组别。需要讨论不同规格的药物产品和不同尺寸的容器之间的差异，并给出理由说明为什么所研究的结果代表了关键变量的极限[31]。通常会考虑论证诸如表面积/体积比、顶部空间体积、密闭方式、容器尺寸、组成物质以及厚度等因素。VICH 将矩阵法定义为："设计稳定性时间表，以便在指定的时间点测试所有因子组合的可能样本总数中选定的子集[31]"。括弧法在兽药申报中应用十分频繁，但是矩阵法比较少见。由于在常规申报时间内兽药的快速发展和有限的稳定性可用数据，应用矩阵法设计可能导致建立有效期的数据不足。

8.8.6　光稳定性研究

除温度和湿度的影响外，一般指导原则和标准操作要求产品还需进行暴露在紫外和可见光下的研究[32]。根据 VICH 指南，应在不低于 120 万 lux·h 的可见光（400～700 nm）和 200（W·h）/m^2 的紫外光（320～400 nm）照射下充分检查原料和制剂。在达到可接受的稳定性后，再增加防护包装层。在所有方面，VICH 的光稳定性指南与用于人类产品的 ICH 的光稳定性指南相同。VICH 光稳定性指南中规定的曝光条件支持将产品存储在医院或药房，产品每天 24 h 500 lux 的照度持续 3 个月（约 100 d）。

$$(500\ \text{lux})\times(24\ \text{h/d})\times(100\ \text{d})=120\ 万\ \text{lux}\cdot\text{h}$$

通常室内光照射为 500～1 000 lux，但直射太阳光可以达到或者接近 10 万 lux[33]。VICH 指南对紫外波长的要求为基于透过窗户玻璃过滤的辐射，在该处会衰减 320 nm 以下的波长，并且可以任意设置辐照度。在未过滤紫外线的室外条件下，可能需要使用低于 320 nm 的波长，并且也会迅速超出指南的紫外辐照度要求。因此，对于在日常使用过程中可能经常存放在户外或在阳光直射下超过 1 d 的兽用产品，应仔细考虑预期的暴露量与 VICH 指南中规定的暴露量。

8.8.7　使用中稳定性与温度循环研究

产品在使用过程中的稳定性研究表明，一旦原包装被打开，在整个标签使用期间产品依然符合注册标准。鉴于选定的兽用药物的独特给药条件，尤其是在现场给药的诸如制备饲料和饮用水的药物制品等方面,兽用产品的使用稳定性研究可能比人类药物更广泛。随后在药品测试部分中讨论有关这些特殊产品使用中测试的其他注意事项。

使用中稳定性研究通常是对两批药品进行研究,其中至少有一批接近保质期[34]。该研究设计要尽可能接近的模拟使用条件并确保最后剂量仍然符合标准要求。一旦去除了所有其他等分试样,可以通过测试最后一次取出的剂量或瓶中剩余的样品来完成此操作。2002 年的 EMEA 指南提出了欧洲对多剂量容器中使用的兽药稳定性测试的要求[35]。除非在使用研究中评估所有的容器尺寸,否则选择代表最坏情况的容器(例如,最大产品暴露、顶空、暴露时间等)并证明其合理性是重要的。申请人应该从产品使用和存储的角度考虑需要支持的最坏情况。例如,一个日常应用的药品已知对氧化敏感,这可能需要每天取样来补充剩余空间。使用中研究对于确定非肠道产品在首次打开后(以及根据需要重组或稀释该产品)的最大使用期限非常重要。欧盟规定,非肠道药物在首次使用后最多可储存和使用 28 d,实际使用期限需由正在使用的稳定性研究保证[36]。温度循环研究也叫“冻融研究”,主要为了证明产品相对于运输和储存过程中可能遇到的短暂温度波动是稳定的。典型的条件包括三个循环,暴露于－20℃后紧接着 50℃,间隔 24～48 h 为一个循环。将进行所有指示稳定性的标注检测以检查潜在不良影响。如果发现有任何不利影响,例如相分离,沉淀或包装破损,则可能需要特殊标记,如避免储存在一定温度以上或“请勿冻结”。最终,该药品必须符合注册的保质期质量标准,遵循长期在标签条件下储存的累积效应,以及光稳定性、使用中稳定性研究与温度循环研究中发生的任何变化。

8.8.8 稳定性数据说明

稳定性研究中显著变化定义为与初始值相比有 5％的变化,任何超过其可接受限度的降解物或未达到可接受标准的其他测试,例如外观、体外药物释放(即多阶段检测标准的最终阶段的失败)、微生物限度等。通常,对一种或多种质量因子的重大改变是限制产品保质期的原因。通常,这是由于不稳定性引起的分析下降,由于半透性包装导致的媒介物丢失而引起分析增加,由于活性物质的不稳定性引起的降解产物的增多,由于微生物防腐剂的降解导致微生物增长潜能,或者药物释放特性随时间的变化。某些随稳定性变化的参数通常遵循零级动力学,如含量测定、降解产物和防腐剂含量[27]。在这些情况下,可以通过推断长期存储条件下的可用数据至均值的一侧 95％置信区间超过保质期规格接受标准的点,来统计估计产品的保质期(见参考文献[37]的附录 A)。随着数据量的减少或数据可变性的增加，可信区间的宽度增加，保存期缩短。因此，鉴于通常在注册时可用的数据量非常有限，因此统计数据分析在兽用产品保质期预测中通常用途有限。一旦获得额外的（注册后）数据，通常会更好地促进保质期的统计预测。如果未观察到 CQA 的显著变化，则在上市许可时确定的保质期通常由长期存储条件下可获得的数据量（以月为单位，x）决定，最大保质期通常为产品发布时的 2 倍。根据商业产品批次的实时数据，可能会在初始日期之后进一步延长保质期。

8.9　产品包装测试

8.9.1　监管和科学驱动

在美国，21CFR211.84 的 E 部分规定了对药品的基本预期，包括药品成分、容器和密闭材料的控制要求，要求鉴别包装材料，并且“应对每个成分进行测试，确定其符合所有有关纯度、规格、质量的书面质量标准”。此外，21CFR211.94 要求药品容器和密封材料不具有反应性、添加性或吸收性，以改变产品的安全性、质量、纯度或功效，并为药品提供足够保护作用。在上市申请文件中，通常只提供合成材料的鉴定[3]。容器和密封材料检测通常包括使用如傅里叶变换红外光谱（FTIR）等光谱方法验证材料的特性，以及对关键尺寸与组分质量标准或图纸中规定的尺寸和精度进行物理测量。

选择合适的主包装材料（即与产品直接接触的材料）是产品开发的关键要素。加速储存稳定性的研究往往是根据配方加入几个原型包装，以便根据配方的兼容性和保护性选择最佳的材料和包装设计。通过稳定性指示方法进行药品检测以评估药品质量，包括由于水或溶剂传输而导致的重量增加或损失，并且仔细检查包装是否有渗漏、肿胀、镶板等迹象。标签系统的影响也需要进行评估，当液体产品储存在半渗透包装系统中时尤为重要，因为在这种包装系统中，随着产品运输可能会影响标签的黏附性或印刷清晰度，或者标签组分渗入产品中。标签系统可能包括直接打印到容器上，或打印到主包装上的黏性标签。印刷不干胶标签的成分非常复杂，包括多组分黏合剂、基材、油墨和清漆。近年来，各种化合物从包装组分（包括标签）渗入产品的可能性已成为监管机构和行业日益关注的主题。

8.9.2　可提取物和浸出物

尽管随着生物材料的进展，Colton 等的几篇文章提供了关于浸出物和可提取物的基本概念，并进一步参考相关的 FDA 和 EMEA 指南[38,39]。Colton 等定义：

可提取物:在过度的时间和温度条件下暴露于一种适当溶剂中时,从任何与产品接触的材料(包括橡胶、塑料、玻璃、不锈钢、涂料成分)迁移出来的化合物。

浸出物:为可提取物中的一部分,通常在正常条件或者加速储存条件下从任何产品接触的材料(包括橡胶、塑料、玻璃、不锈钢、涂料成分)中迁移到制剂中的化合物。这可能会在最终药品中发现[38]。

目前,兽药没有关于可提取物和浸出物的管理指导,所以生产商采用了人类健康产品的策略。重要的第一步是为产品和包装系统开发一种关于可提取物和浸出物的政策。根据产品的性质、包装成分和预期的给药途径,可以认为使用符合药典要求(例如,USP＜381＞,＜661＞,＜660＞,＜87＞和＜88＞)的包装材料已足够,无须进一步评估可提取物和浸出物。当给药途径、产品总量或者制剂和包装材料间不确定的化学相容性增加风险时,可能需要进行可提取物和浸出物研究。Colton 等也描述了一种基于风险的排名,为非肠道给药剂型＞眼部剂型＞局部用药＞固体口服制剂[38]。物理状态、接触表面积、处方载体的化学组成、包装成分组成都视为造成风险的可能因素。除了有机小分子和低聚物以外,包装组成还可以浸出元素(无机)杂质。可以用于兽药的一种策略是首先进行可提取物研究,将包装材料在水和几种极性不同的有机溶剂中强行提取(例如,通过索氏提取),可能还包括处方载体。然后采用气相色谱、液相色谱和质谱联用技术对提取物进行分析鉴定。如果既没有发现提取物,也对发现的所有化合物进行毒理学评估表明由于化合物的暴露风险忽略不计,那么可以得出结论。也可以通过用于批放行和稳定性测试的测试方法来研究可提取样品,以验证提取的化合物没有干扰。但是,如果提取的化合物中有一种或多种可能存在安全风险,则可能有必要确定该化合物在正常储存条件下是否会渗入产品以及达到何种浓度,通常称为"可浸出物研究",此类研究是对填充到指定包装系统中并储存在长期和急性稳定性条件下的安慰剂或活性产品制剂进行的。然后使用提取物的分析方法对产品或安慰剂进行分析,并对提取物进行定量。然后从毒理学角度重新评估,或者确定包装足够安全,或者可能需要评估新的包装材料。

8.9.3 容器密闭完整性测试和模拟使用条件研究

包装材料的选择和设计也会对从包装或设备输送的剂量的均一性以及保留在包装中的产品的无法释放量产生重大影响。输送剂量的均一性也可能取决于产品的相关属性,如重悬浮性、黏度和粒度分布[40]。同时还需考虑包装与设备使用条件,这可能包括瓶盖拆卸力、注射器或计量枪的柱塞致动力等。

除了视觉上观察包装完整性以外,作为批放行或稳定性测试的部分进行的其他类型的包装测试还包括评估封盖在使用前后的完整性研究。例如,注射产品在连续穿刺试验后应进行封闭在密封测试。在这些“核心”研究中,可以目测产品是否存在从封闭口引入悬浮颗粒,也可以通过使用诸如真空/压力衰减,微量气体渗透/泄露试验,以及染料侵入试验以确定是否有泄漏迹象。容器封闭完整性试验(CCIT)也可作为稳定性的替代试验,以代替无菌试验。对于无菌产品来说,无菌检查项是一个关键的质量控制参数,但是无菌检查需要大量的样品,不建议将其作为稳定性试验的常规检测。一旦产品执行批放行,容器密封完整性试验就可以替代常规的无菌检查法,从而确保产品在整个保质期内保持无菌[41]。

8.10　原料药测试

兽药中原料药(活性药物成分或 API)质量标准的分析测试和开发通常与人类产品中所用活性物质的提取方法几乎相同(例如,通过对比 ICH [14]与 VICH [1])。事实上,这两种质量标准非常相似,只有少数例外。与活性成分相关的有机杂质相比,动物专用药品与用于人类健康或人畜共用产品的控制略有不同[42]。对于仅用于兽用产品的药物,杂质报告、鉴别和定量阈值分别为 0.10%、0.20%和 0.50%。如果原料药也用于人类产品,则鉴定和定量阈值默认为 ICH 水平,ICH 水平根据每天输送的物质剂量而变化。对于剂量小于等于 2 g/d 的物质,ICH 报告阈值为 0.05%,ID 阈值为 0.10%或 1.0 mg/d,以较低者为准;定量阈值为 0.15%或 1.0 mg/d,以较低者为准[43]。对于杂质的毒理学考虑,特别是潜在的基因毒性杂质(PGIs),在食用动物、同伴动物和人类中也可能是不同的。本章稍后将提供有关 PGI 的进一步讨论。请参阅 Gangadhar、Saradhi 和 Rajavikram,以了解关于人用产品原料药的遗传毒性杂质控制的最新讨论[44]。

原料药试验和质量标准通常作为药品质量标准和方法开发的好起点。例如,对于既是与工艺有关的杂质又是降解产物的杂质,对于药品而言,其质量标准不能比原料药的标准更严格。原料药对制剂中全部残留溶剂,水分和重金属含量(以及赋形剂)的影响需要纳入药物质量标准开发中。原料药的含量测定/有关物质方法通常是药品分析/有关物质方法发展的好开始。VICH 指南 GL39 中决策 1 提供指导原料药中杂质质量标准的制定,决策 2 为药品杂质质量标准提供指导[1]。CVM 指南[45]草案中提供了发酵衍生原料药的更多注意事项。

在开发过程中,可能要进行额外的测试以确定原料药的特性,而这些测试可能不会作为批放行/再分析测试或原料药稳定性过程的一部分进行常规测试。例如堆密度或实密度、盐选择研究、多晶形筛选、分配系数测定、在不同 pH 条件和有机溶剂中的溶解度、熔点,通过核磁共振(NMR)、高分辨率质谱、拉曼光谱、元素分析等试验,确证药物的分子结构和活性构象。

原料药的批放行和重建质量标准通常需要对以下参数进行测试,特别的说明在需要的地方注释。这并不是一个完整的列表,相反,在建立原料药的 CQAs 时,必须考虑用于生产活性成分以及预期配方和产品用途的合成工艺,以确保解决所有质量和安全性问题。

外观(视觉描述):建立视觉外观接受标准的一个常见缺点是无法从视觉上辨别的描述符,例如对材料是结晶或无定形的引用。此类特性应该从外观试验中分离出来,并通过正交的方法来解决。此外,在某些情况下,如果已确定是原料药质量的内在因素,并且发现使用时不构成任何安全/质量风险,则存在少量异物或变色颗粒在药品中是可行的。在这种情况下,最好通过验收标准说明可接受或不可接受的条件,以提高本来最主观的测试的客观性。如果观察到原料药颜色的变化,并且颜色可能导致药物外观的变化,也可能需要比色法。

溶液颜色/澄明度:如果将活性成分用于溶液制剂(尤其是注射剂)中,则可能需要进行这些测试。

鉴别(ID):活性成分的鉴别试验通常采用一种或多种试验方法,但至少有一种方法是采用红外光谱法(FTIR)。

多晶型控制:如果原料药存在一种以上的晶型,或者以溶剂化物或水合物形式存在,则应使用差示扫描量热法(DSC)、热重量分析(TGA)、X 射线粉末衍射(PXRD)等有效方法确认其多晶型形式。可能需要对不适用的晶形建立定量限。

反离子鉴定和化学计量:如果原料药是以盐的形式产生,这将十分重要。

含量测定:该测试一般通过与特征明确的参考标准品进行比较,以量化活性成分的含量。为了建立参考标准,可从 100% 中减去所有杂质(有机、无机、金属、溶剂、水)的含量来确定纯度。对于纯对映体的手性化合物,可能需要对映选择性方法来定量所需对映体的含量。含量测定应表明稳定性。

杂质(有关物质或有关化合物):该试验是对原料药中的有机杂质进行定量,包括原料药中原料残留、中间产物或工艺副产物和降解产物等。该测试应是任何降解产物形成的稳定性指示。

溶剂残留:在原料药制造过程所使用或形成的残留溶剂都应在原料药中进行定量和控制,同样制剂也需控制。后面的章节将提供更深入的讨论。

灰分:该试验又叫作“炽灼残渣”,主要是对活性成分酸解和高温降解后所生成的无机杂质进行重量分析。本试验在美国药典、欧洲药典、日本药典(Ph. Eur. 20414 灰分; JP 2.44 炽灼残渣,和 USP＜281＞炽灼残渣)是一致的。

重金属:传统的检测方法主要是通过湿化学技术,是对残留金属含量的测试,这些残留金属可以作为催化剂或金属试剂引入到药物合成中。当前的行业和监管趋势是使用湿化学方法作为一般的筛选方法,此外,还需要对合成过程中使用的有毒金属进行特殊检测[46],例如原子吸收法(AA)或电感耦合等离子体——质谱分析法。

水分:含水量主要通过卡尔费休氏法测定。如果有适当的理由,可选用干燥失重法(LOD)进行测定,例如,在没有残留溶剂毒理学问题的情况下(仅存在3类溶剂)。

微生物限度试验:一般来说,原料药微生物质量检测都根据药典微生物限度方法进行,包括不存在的特定有害微生物。内毒素和无菌控制取决于制剂生产的要求。

粒度:活性成分的粒度是十分重要的质量属性,它可能会影响工艺的可行性、含量均匀度、溶解度、生物利用度和稳定性。原料药的粒度分析方法有很多种,包括分析筛分、显微镜法、影像分析法、光透法、激光衍射法;但是,应该注意的是,这些测定方法不可互换,且试验结果通常取决于技术和仪器,与其他分析方法(色谱法)相比可变性更多。可用的不同分析技术对于测定非球形颗粒粒度和分散团聚物的能力是不同的。应特别注意在技术之间进行切换时,例如在跨实验室进行方法转移时,应谨慎行事。

如果在药物合成的过程中有结晶或沉淀形成而无法控制粒度的大小,并且会影响到药物产品的生产,那么就需要通过研磨、微粉化、防结块/凝聚的方法来减小粒度。这些技术降低粒度大小和使粒度呈分布集中,并且有必要与其他CQA一起重复测定表面积或粒度分布。此外,表面积测定结合粒度大小可替代粒度测定。在某些情况下,药物的体外释放度与药物表面积具有良好的相关性。

单独建立兽药原料粒度的质量标准往往受限于在注册时通过商业程序生产的原料药批数很少,并且难以生产用于临床评估的不同粒径的原料药批次。质量标准可以基于临床中使用的一些关键批次的粒度分布,而不是根据可能产生足够性能产品的范围来设定。因此,如果已知粒径至关重要,则一种方法是采用常规方法使材料微粉化,而不是进行广泛的研究来确定具有足够性能的粒径范围。

8.11 药品测试

本节介绍了通常针对选定兽用剂型进行批放行和稳定性测试的质量属性,讨论了兽药特有剂型的特别注意事项和挑战。本节所列质量属性并不能达到面面俱到,根据产品特有的成分、特征及预期用途可添加试验项目。因此,每一种产品都应根据自身特点设计合适的检测项目,详见 9.3 节。一些 CVM 指导原则提供了一些供参考范例[47,48]。

除了以下所列的剂型外,在兽医学中还有许多不同类型的控释剂型[49]。本书其他章节会阐述针对某些控释制剂,提供更多更详细的设计和应用。本文列出的固体口服制剂的质量控制测试为瘤胃丸剂、植入剂、工程制剂或注射剂成型设备(如阴道输送设备,耳标和项圈)的开发提供了好的开始。开发瘤胃注射剂,长效注射剂和乳腺制剂时,应考虑列出的肠胃外检查方法。

8.11.1 固体口服制剂

除了传统的固体口服片剂外,本节还适用于咀嚼片,包括软硬质地的可口咀嚼片。许多固体口服制剂所需的测试也适用于植入式(可注射)片剂,注塑产品(例如耳标和项圈)以及瘤胃药,这些药可设计为速释(IR)、缓释(SR)或脉冲制剂。一些药丸设计利用渗透压在较长的时间内输送药物糊剂或溶液,而其他一些均质基质则设计为通过侵蚀机制输送药物[50]。

丸剂可以结合固定器、包衣或有助于瘤胃滞留的重量,这可能是一个释放机制功能。长效瘤胃丸剂会在本书的第 10 章进行详细介绍。

对于固体和半固体口服制剂来说,质量控制项目与人类健康产品的检测非常相似。其包括:

1)外观

鉴别:通常对所有药物产品进行两次测试(主要和次要)。常见方法就是在色谱中药物成分的色谱峰保留时间与参考标准相匹配,以及光谱法中紫外—可见光谱与参考标准一致。这两种方法的数据都可以与含量测定和有关物质一同得到。

含量测定:可能需要研磨或大量提取程序,才能从聚合系统(例如耳标、项圈、植入物等)中全面回收有效活性成分。

有关物质:通常排除活性物质中与工艺相关的杂质,该杂质不属于潜在的降解产物。

溶出度、崩解/释放度:这部分将在本书的另一章节中进行详细阐述。瘤胃丸剂由于其较大体积和药物有效载荷,其检测尤其具有挑战性[51]。聚合物设备也面临同样的挑战,可能需要非传统的溶出介质或搅拌条件,如本书第 10 章所述。

含量均匀度:如果满足某些要求,则可以通过含量均匀度检测或者质量变化来完成。该项检测在美国药典、欧洲药典、日本药典中是一致的(见 Ph. Eur 2.9.40. 含量均匀度;JP6.02 含量均匀度;USP General Chapter＜905＞含量均度)。

残留溶剂：可以在原料药和赋形剂水平上适当控制残留溶剂。但是，如果在制剂原料组成部分无法控制，或者在药物生产过程中使用溶剂，那么需要在成品中检测残留溶剂。这适用于所有的兽药制剂。

2)水分或干燥失重

微生物限度检测：美国药典、欧洲药典、日本药典中微生物限度检测是统一的。例如 Ph. Eur2. 6. 12 非灭菌产品的微生物检测：微生物计数检测；Ph. Eur2. 6. 13 非灭菌产品的微生物检测：特异微生物的检测。

硬度、脆碎度、片重：这些附加的检测通常在生产过程中进行。如果药物产品有功能评分，则可能需要评估对药片进行切片并在单个片上实现剂量均匀性的能力。质地分析或熔化范围可能对软质咀嚼片剂有用，以便确定剂型足够软而被动物咀嚼，或者如果完整吞咽则在动物的胃中分解，但在室温下要足够坚硬以致于容易由宠物主人处理。对于手性原料药，在稳定性和强制降解研究期间，通常需要证明活性物质不发生对映体成分的变化，从而无须进行药物手性测定。如果原料药容易出现多态性，可能有必要证明它在剂型中不发生形态转化。通常，由于药品基质效应，药物的多态形式检测和以高灵敏度对不需要的形式的含量进行定量在技术上非常具有挑战性。更好的方法可能是使用在加速条件下储存的活性物质和赋形剂的简单二元或三元混合物来证明多态形式在开发稳定性研究中的保留。此类相容性研究可使用足够高浓度的活性物质来提高灵敏度，尽管它们可能不会明确排除最终药物产品中转化的可能性，但可以认为在简单研究中观察到的形态转化的任何敏感性都可以延续到药物开发中。如果已知体外溶出度或药物释放试验可用于鉴别多态形，则可将该试验用作直接测定药品中多态形的替代方法。

通常，将成分添加到兽用剂型中进行口服给药，对动物来说更可口，从而改善剂量依从性。术语“适口性”指的是伴侣动物自愿(自由采食)接受或摄入药物组合物，可通过标准的适口性试验(如接受性、偏好性或消耗性试验)来衡量[52]。犬心保®咀嚼片(伊维菌素)和犬心保升级®咀嚼片(伊维菌素/噻嘧啶)是一种以牛肉为基础的咀嚼片，每月一次，用于治疗心脏虫病，以及治疗和控制某些犬和猫的胃肠道寄生虫。总体上说，因为这些产品以肉类为基础，所以非常美味，当犬进食时较容易接受，从而避免了把药物塞进嘴里的需要[52,53]。当使用控释或掩味的封装技术时，可能需要通过体外药物释放测试来证明活性药物释放前(突释)有充足的时间，以维持适口性。这种试验可能是批放行和稳定性试验的一部分。除非剂型的传递方式能够迫使动物不经咀嚼就将其全部吞下，否则用于人类药片典型的包衣方法可能不适用于兽药产品。使用包衣的颗粒剂或者微粒可能有助于解决咀嚼问题[52]。

动物品种的适口性通常是通过开发过程中的临床研究来评估[54]。对过期的产品或在加速稳定性条件下储存的产品进行临床试验，可能有助于确定调味剂的稳定性，也有可能开发分析实验室测试来检测香味特征，例如，具有顶空分析的气相色谱(GC)或其他基于传感器的技术，如“电子鼻”或“电子舌”可以用于产品批放行或稳定性中适口性的检测[55,56]。也可以参阅[15,16]关于适口性的附述、讨论。

8.11.2 注射剂

这类产品包括经静脉、肌内、皮下注射方式给药的溶液、乳浊液或悬浮液产品。瘤胃注射剂、乳腺注入剂或者更多设计系统，如使用悬浮液、气体或微球技术的长效注射剂也需要类似的测试。对注射剂来说，质量属性的检测与人类健康产品测试非常相似。包括：

外观：对于静脉注射给药的液体制剂不应出现细微可见的颗粒物。

细微可见的颗粒物：在人类健康中，药典检测适用于所有可注射溶液。对于兽用注射剂在大多数国家也是如此。但是，在美国，用于肌内和皮下给药的兽用注射剂要求已被无限期推迟[57]，而静脉给药的注射剂必须依然遵从。药典中细微可见的颗粒物检测是一致的(除日本药典中对于100 mL产品比较严格外)。微小颗粒检测可见于欧洲药典2.9.19；注射用不溶性颗粒物检测可见于日本药典JP6.07；注射用颗粒物见于美国药典＜788＞。

1)鉴别

含量测定：对于胶囊化(微球)产品，可能需要进行定量活性物的“游离”或未胶囊化部分，以将其与微球中所含的部分或总部分区分开来。

2)降解产物

体外释放度：虽然通常与固体或半固体口服剂型有关，但如果注射剂是悬浮液，或在制剂中设计了控释机制，则可能需要进行该试验。该测试还可以用于使用易受多态性影响的活性物质的悬浮液缺乏晶型转化问题的产品。

3)pH

含量均匀度：这适用于一次性容器包装的注射给药制剂产品。

装量：该测试证明容器中注射体积与欧洲药典2.9.17一致。注射剂可提取体积制备试验与JP 6.05规定的可用注射制剂体积测试，以及USP＜1＞注射剂通则中均标明“装量”检查项。

4)残留溶剂

水分：如果制剂为无水制剂，那么水分含量可能对产品的物理和化学稳定性至关重要，需要对其进行密切监控。

微生物检查：包含无菌和细菌内毒素。

5)渗透压

功能赋形剂含量：如果添加了抗氧剂或微生物防腐剂，则有必要确定产品中其浓度是否足够以保证活性。可以对抗菌剂含量进行检测，以替代抗菌效果测试（AET，又名“防腐剂效果测试”或“防腐挑战”）。AET 通常在注射剂开发过程中执行，以建立维持微生物质量所必需的防腐剂最低浓度。所获得的数据可支撑制剂验证以及建立抗菌剂的含量低标准。

粒度：评估悬浮液的稳定性，以确定由于溶解或奥斯特瓦尔德熟化而导致的粒度随时间变化的情况。

6)密度

7)黏度

再分散性：也称为再悬浮性，该悬浮液测试包括按照标签说明边搅动产品边进行目视或仪器检查以确保产品同质性。对于包含多种活性成分的悬浮液产品，可能需要对等分试样进行化学测试，以确保所有活性成分都充分悬浮。

复原时间：针对必须在使用前进行稀释的产品。

8.11.2.1　液体制剂

本部分适用于口服、局部、经皮给药、眼科用药的溶液和悬浮液，包括标记为“口服液体制剂”或“浇泼剂”的局部或经皮给药的产品以及黏性液体/半固体产品，如糊剂或软膏剂。小容量的局部或经皮给药产品，即所谓的“喷滴剂”产品，鉴于其特殊性，从而进行了更详细的介绍。

典型的检测项目如下：

外观性状。

鉴别。

含量。

降解产物。

体外释放度（糊剂或口服混悬液）。

pH。

含量均匀度：这适用于一次性容器包装的产品。

装量。

残留溶剂。

水分：如果制剂无水，那么水分含量可能对产品的物理和化学稳定性至关重要，需要对其进行密切监控。

微生物限度。

渗透压(或紧张性):对眼部制剂较为重要。

功能赋形剂含量:如果添加了抗氧剂或微生物防腐剂,则有必要确定产品中其浓度是否足够以保证活性。

粒度:评估悬浮液的稳定性,以确定由于溶解或奥斯特瓦尔德熟化而导致的粒度随时间变化的情况。

密度。

黏度:除黏度测定,流体学特性的分析对产品是十分有用的,尤其是对黏稠的混悬剂,软膏剂或糊剂。包括特性评估,如产品的可注射性或者通过质地分析和渗透法测量产品质地。

再分散性:针对混悬剂。

复原时间:针对必须在使用前进行稀释的产品。

8.11.2.2 喷滴剂产品

小容量外用和透皮杀虫剂溶液、乳剂和混悬剂,被称为"喷滴剂"产品,通常用于治疗群居动物的跳蚤和螨虫寄生虫病。这些产品一般在组成上是非水性的,以便使活性物质增溶,并达到靶动物所需的扩散、干燥、活性持续时间和外观特征。用于动物的体积通常被最小化,以减少产品"流失"或从动物身上滴落的可能性。为了适应不同大小的动物和维持适当的治疗功效,产品通常以单剂量容器的多容积规格包装。喷滴剂产品在开发方面尤其具有挑战,由于必须精确填充与定量递送给动物的产品小体积,以及需要避免产品/包装之间的相互作用以及溶剂蒸发损失或水分吸收以及全球监管要求的差异。在包括欧洲在内的大多数国家,喷滴剂的注册过程与其他药品相同。最近,欧洲的一份指南特别对这些产品提出了附加要求[58]。在美国,注册过程取决于药物活性成分在靶动物身上是否是全身性的。如果药物只是局部(表皮)起作用,那么产品是通过美国环境保护机构注册。如果产品是全身性(例如,透皮吸收)起作用,那么产品需要通过 FDA 的注册。美国环境保护机构的杀虫药物要求的注册数据与一般的药物注册管理的不同,在40CFR158 中进行了总结。

液体制剂列出的许多测试也适用于喷滴剂,但有少数不同。喷滴剂的第一个主要区别在于效能的测量与报告。对于大多数液体制剂,效能等同于溶液浓度的测定,以标签上 w/V 浓度的百分比形式表示。FDA 注册的农药产品也遵循此惯例。对于 EPA 注册产品,活性成分溶液浓度的标准称为"注册限度",通常,验收标准范围取决于药品的标称强度,N,表示占产品质量的百分数($W/W\%$):

当 $N \leqslant 1.0\%$,注册限度为 $N \pm 10\% N$;

当 $1.0\% < N \leqslant 20.0\%$,注册限度为 $N \pm 5\% N$;

当 20%<N≤100%时，注册限度为 $N\pm3\%N$。

因此，使用强效活性物质的稀释产品必须达到±10%的限值，这是美国和某些其他国家/地区药品常见的分析限值，但比欧洲通常批准的范围更广。中间浓度的限值为欧洲其他药品类型分析常用的±5%限值，高浓度喷滴剂的要求严格控制在±3%，这比世界其他各地大多数注册的药品的要求更严格。申请人可以提出其他限制，但先前引用的要求是 EPA 产品的起点或基准。申请人可以提出其他限制，但仅限于早些时候要求 EPA 产品所引用的起点或基准。

根据 EMEA 指导原则，喷滴剂含量测定不是简单地测定活性成分的浓度，而是根据可能提供给动物的活性物质的剂量来测定。含量以毫克为单位表示单包装中平均给药质量，其中考虑了溶液浓度和一般容器的给药体积。此试验的限度为95%～105%。因此，为了确定该试验至少需要两个衡量指标：活性物质的溶液浓度和平均给药体积。由于需要精准地确定体积，该测试可以基于产品密度将重量换算为相应的体积。因此，在产品开发期间重要的是设计一种容器，以最小且可重现的残留体积输送适当的剂量，以便定量精准的表达产品。轻微的满溢恰好用来弥补给药的时举起容器时的残余体积。欧盟指南所规定的 95%～105%标准具有一定的挑战性，因为含量的分析取决于许多因素，包括：

准确确定所需的溢出量。

灌装准确度及精密度。

给药体积测试的准确性和重现性。

溶液浓度检测方法的准确性和重现性。

药品溶液浓度。

欧盟准则建议生产商对大多数药品在填充之前测量活性成分的溶液浓度，并调整填充体积，以达到每个容器的平均传递体积所传递的目标质量。这种做法无意于补偿超出标签要求的 95.0%～105.0%溶液浓度的典型要求的溶液浓度，因为还必须满足这些要求。即便做了适当调整，填充偏差、给药体积的精度及溶液的浓度无疑也要符合这个试验的标准。比如，装量为 97.5%，溶液浓度为 97.5%，则测定结果为 95.1%，几乎不符合指南要求。如果产品的标称溶液浓度为 102.5%，而其按 102.5%目标体积装量，最后得到产品含量为 105.1%，超出了质量标准。最后，该指南的实际结果是溶液浓度和填充量在同一方向上的变化不能同时超过标称值的±2.5%，这比其他兽药剂型要严格得多。实际上，这比人类产品要严格得多，因为人类产品可能只是受 UDU 要求控制。根据产品效价调整填充量似乎在生产环境中不切合实际，如果产品含有多种有效成分，有的活性成分浓度较高而有的活性成分浓度不足时，可能无法进行弥补。欧盟准则同样规定了“测试应包括单剂量药物的均一性”,“液体应以治疗动物的人可能使用的方式从单个容器中移出”。因此,包装系统必须能够非常精准的分配。

美国EPA要求进行其他测试,以进一步区分喷滴剂与其他兽医液体制剂。比如40CFRPart158讨论了描述产品蒸气压、腐蚀特性和可爆性等参数的需求。EPA负责药品的预防、农药和有毒物质的储存条件准则不同于一般药品建议的稳定测试条件[59]。EPA稳定储存条件包括20℃或25℃、50%相对温湿度、仓库条件、加速(40～54℃)及低温(－20～0℃)条件。EPA不要求产品在以上条件下都做测试。申请人可以选择和调整所需的稳定储存条件。EPA的稳定性方案至少包括含量、杂质、失重以及包装腐蚀的评估。

8.11.3 含药饲料

非肠道或传统口服产品是治疗个体动物或小群体动物有吸引力的选择,但这种个体化治疗对于大群体动物是不适用的。因此,在动物的饮食中添加药物,无论是通过饲料还是饮水,都是治疗大型动物群体的常规方法。这样的产品在牛,猪,禽和鱼类上的应用很受欢迎。这章主要介绍关于饲料特殊试验的注意事项,包括A类药品、B和C类的含药饲料、舔砖和液体的饲料添加剂。根据产品液体和固体的不同属性,许多已有的测试注意事项对固体口服剂和液体产品可能是适用的。

8.11.3.1 饲料种类和成分

美国有三种含药饲料产品[60]:

A类药品:也被称作“预混剂”,这类产品由含有赋形剂或不含赋形剂的API组成。它们仅用于制造另一种A类药品或B、C类的含药饲料(而非直接饲喂动物)。

B类含药饲料:也称作“浓缩料”。这类产品只用于制造B或C类饲料。B型含药饲料含有的营养成分水平不低于重量的25%。

C类含药饲料:该类含药饲料被动物食用,既可以作为完整饲料,也可以作为饮食组成部分或搭配其他类型饲料一起自由选择。

自由选择饲料是C类含药饲料的一个亚类。“自由选择的含药饲料是指包含一种或多种兽药并放在喂养区和放牧区但不打算一次喂食时完全食用或构成动物整个饮食的产品”[61]。该类型饲料包括舔块、矿物质混合物及液体饲料等多种剂型。

因采食方式的差异,饲料与其他兽用药物不同。大多数药物可直接服用,而无须进一步稀释。因此,这些产品在使用中的稳定性研究重点在于证明该产品在给药期结束之前仍然符合其保质期要求,并且用于批放行和稳定性测试的测试方法通常足以满足该目的。另一方面，饲料在使用前通常与天然饲料成分的复杂混合物混合(可能包括已出售的成分)。因此，饲料产品的“原样”分析和稀释后分析都可能因基质效应而变得复杂，并且需要证明最终稀释饲料的稳定性和均质性、饲料的不同组成、适用于各种组成、常用制造方法以及标记的剂量水平。可能需要不同的分析测试方法来检测C类饲料(按“原样”喂食)和A类药品(使用前进一步稀释)。当A型或B型饲料上市时，都需要证明相应的C型含药饲料的生产以及适当的分析、稳定性、均质性和运输数据。

由于饲料中使用了天然成分，例如黏土剂，糖蜜和各种全谷物/部分谷物或膳食(苜蓿，小麦等)、啤酒或蒸馏副产品、动物蛋白、脂肪和油，因此饲料分析的复杂性水平会非常显著。饲料中使用的惰性成分通常是根据美国饲料管制协会(AAFCO)的官方出版的标准进行控制，也称为“AAFCO手册”[61]。饲料成分的检测一般涉及营养价值的描述，即常规分析中饲料纤维、脂肪、蛋白含量的检测。常规分析或饲料成分其他质量的分析通常是考虑饲料加工厂、原料供应商和国家或合同实验室对C类饲料进行的例行质量检查，但是对于药品中该类成生产商来说，将会成为一个问题。另外，AAFCO手册讨论了分析变异(AV)的概念，它是基于AAFCO检查示例程序对典型测试可变性的一种度量。分析变异描述了在各种饲料成分检测的特定限制周围的典型变化，以允许抽样和分析的固有变化。检测结果在标准允许偏差范围内可被接受。参考文献[62,63]以详细了解饲料成分的检测。

天然成分会干扰分析，影响饲料检测的特异性及活性物质的回收率。由于这些影响，饲料产品的分析通常需要复杂的提取方案，包括研磨、溶剂萃取、超声处理或加热、样品净化步骤如固相萃取，以减少干扰物质的影响。有关C类含药饲料的分析方法指导由CVM行业指南的第135号文件提供[64]。饲料的测定方法也需要足够的灵敏度及范围，以处理从百万分之几(ppm)到更高数量级的活性物质浓度。准确性(回收率)至少在两个不同的典型饲料基质中进行评估。还需考虑可能产生的饲料类型，并且有必要检查干饲料与湿饲料、颗粒饲料、蒸汽颗粒与挤压饲料等。饲料成分和加工可能会有很大的不同，这主要取决于所治疗动物的种属和年龄。例如，罗非鱼属于素食动物，鲶鱼是杂食动物，鲑鱼是食肉动物。罗非鱼和鲶鱼饲料以谷物为基础，作为浮饲料生产，脂肪含量(6%～8%)低于鲑鱼饲料脂肪(22%～36%)。鲑鱼饲料含有动物蛋白及脂肪(鱼油、家禽脂肪、鱼粉)。饲料大小、脂肪或油脂的含量因动物年龄而异。体重在50～80 g的小鱼，其饲料颗粒小而干燥，而对于体重达4～5 kg的成年鱼，饲料颗粒较大些[65]。这就导致用一种方法检测所有类型的饲料更困难。尽管C类含药饲料的活性成分及生产工艺与

A、B类饲料类似,但C类饲料的基质不同[66]。而且,为了降低生产成本而维持或提高营养成分,鱼类饲料成分需不断改进。

饲料过去通常同时用于多种药物和膳食添加剂。因此,产品研究者需要考虑共同使用的物质成分,并应证明分析方法在存在这些成分的情况下仍能保持适当的特异性和回收率。还需考虑到药物之间的相互作用和化合物之间的配伍禁忌,并且可能需要在产品标签中注明使用禁忌。

饲料中还可能含有微量示踪剂,这些示踪剂通常是金属小颗粒,但也可能具有矿物或有机成分,通常添加了高度可见的染料[67]。添加微量示踪器是为了确保制造仪器足够的清洁度以及快速简便的判断某一种饲料成分的存在或者缺少。该方法在药物之间存在相互作用或者配伍禁忌,关系到安全性和疗效时尤为有效。微量示踪器的含量可以通过目测或者物理、化学方法进行检测和量化。

8.11.3.2 饲料稳定性试验

在美国,药物和含药饲料的稳定性指导原则由CVM指南提供。A型饲料药物的稳定性研究通常与其他药物一样,遵循相同的VICH稳定性指导原则,并且以长期和加速稳定性试验数据来确定产品的有效期。B型含药饲料可以用多种稳定性研究试验评估,有时与A型药物一样严格,但至少要与C型含药饲料一样严格。C型含药饲料通常在90 d的长期稳定试验中进行评估,分别在0、1、2、3个月检测。B型和C型含药饲料可能有或不存在有效期,要根据具体情况而定。这两者至少需要1个月的加速试验,分别于0、2、3、4周进行检测。一般情况下,这些数据至少在3个生产规模批次上生成,而这些批次在一系列药物水平、饲料类型、生产工艺等范围内生产。例如,如果B型和C型饲料以多剂量水平用药,则需要检测最低和最高水平。如果采用多种制备方法(比如:"顶部涂层"与掺入,不同类型的混合器等),则应对每种类型的代表性批次进行测试。饲料特性分析通常包括均质性测试,如果允许部分使用容器,则均质性测试是对批次之间以及单个容器(通常为袋装)内化验(活性成分含量)均匀性的评估。饲料可以用卡车从饲料厂长途运输到产品使用地。因此,还检测已运输袋子的均质性,以评估活性成分分离的可能性。欧洲指南也要求评估均质性、运输隔离性,与其他可能含有药物或矿物的相容性及稳定性[68]。文献[16,23,47,48]提供了更多饲料产品的其他讨论。

8.11.3.3 液体饲料添加剂

对于液体饲料添加剂来说黏度至关重要,因为它影响着饲料的混合和位置稳定性(活性成分沉降)。稳定性研究通常用于确定放置后产品是否沉降(分层)。通常,在30℃和(2～8℃)冷藏条件下不搅拌放置8周,足以满足CVM对产品的位置稳定性的考量,但至少需要一项研究来证实这一点[48]。另外,需要至少5 d的短期冻融试验，以证明液体饲料添加剂的均质性（通过对上层、中间和底部样品的测试）和稳定性。

8.11.3.4　舔砖

舔砖属于 C 类含药饲料，是压缩成立方体形状的含药饲料，可供动物自由采食[48]。舔砖的独特之处在于要求它们在仓库储存条件（25℃/60%RH 和 37～40℃）下进行稳定性测试，并在一定范围内可在户外使用 14～90 d。舔砖表面和核心都需要进行稳定性指标和验证方法检测，在制造中使用的饲料也要检测。

8.11.3.5　关于 C 类药物饲料分析的其他注意事项

作为产品开发和注册生产的一部分，A 类药物或 B 类含药饲料的制造商通常要求检测已售产品产生的 C 类含药饲料。评价 C 类含药饲料的均匀性、分离性和稳定性需要开发和验证一种分析方法。此外，该分析方法需适用于国家或合同实验室现场使用，以分析和控制 C 型药物饲料。美国 FDA-CVM 要求将该方法的实用性和转移性作为批准过程的一部分[69]。这种饲料检测方法是通过多个实验室评估转移的，通常称为“方法转移研究”或“方法试验”。对于新型 C 类含药饲料的方法试验通常涉及 3 个实验室，其中包括合同和国家饲料实验室；尽管在某些情况下，仅有一个实验室参与试验[70]。正如 CVM 136 指南所述，方法试验是多步骤过程。首先，发起者开发、验证和记录该方法、并生成批处理数据作为性能证明[71]。然后将试验方法的背景和检测方案递交到 CVM 进行审阅。一旦 CVM 接受了该方法和协议，试验参与者则可以亲自一起演示该方法。发起者带领参与者完成方法的实施，包括关键步骤和灵敏的技术操作。修订方法及协议文案，纳入 CVM 和参与实验室的任何评论以提高其清晰度。然后，实验参与者要在各自实验室进行方法试验，以便在试验的关键时期更加熟悉其性能，这是一项针对空白对照（不含药），强化（加标）和含药饲料的实验室间性能证明的测试。记录每个参与实验室的样品数据并提交给 CVM 进行分析[69]。如果实验室提交的数据之间显示良好的一致性，则认为该方法可控，且参与实验室有资格执行该饲料方法。

8.11.4　饮用水产品

本节讨论了在饮用水中稀释的可溶性粉末、颗粒或液体浓缩物的分析注意事项。这些产品一般用于治疗大群体动物如猪、家禽，还有牛。固体和液体制剂的许多质控测试一般适用于这些产品；但是，其独特的给药方式为使用中稳定性研究带来特殊考虑。根据实验室/现场使用中稳定性研究的数据，需要对产品的广泛使用方式进行预期，承保或禁忌。考察因素包括水溶液的不同 pH 和硬度（包括含钙及氯的含量），产品或稀释产品可能接触的材料，以及不同温度下的溶解时间[72]。

上市产品容器中的稳定性已按照 VICH 指南以及其他药物进行了证明,但是对稀释饮用水的使用中稳定性研究需要探索该产品在现场可能遇到的不同成分的材料,例如由镀锌钢、聚氯乙烯(PVC)塑料、生锈的铁或钢等制成的管道和水槽等。饮用水的稳定性一般在 25℃或 37～40℃条件下进行评估,在某些气候区可能更高,使用以最低标记剂量浓度配制的水。一批新产品和一批至少 6 个月前的产品(储存在 25℃/60%相对湿度)通常用于证明旧产品性能仍然合格。每批产品常用不同硬度和 pH 的水制备两批不同的药用水[72]。在欧洲,药用饮用水的允许使用时间限制在 24 h 内,因此,在欧盟销售的产品的使用中稳定性研究只需在该时期内即可[73]。固体产品的溶解很重要,在不同温度下进行评估,以保证其迅速充分地溶解。同时,如果提供测量装置,则应证明剂量准确性、精密度和与产品的化学和物理兼容性的适宜性。

8.12 质量标准

本节介绍有关兽药产品质量标准开发的一般概念,包括一些需要特别注意的主题细节。

8.12.1 质量标准发展历程

药物成分与制剂产品质量标准的建立是一个数据驱动、演变的过程。这不是一次"建立又遗忘"的事件。正如本章前面所述,这一过程首先要确定可能对产品质量有重要影响的所有物理、化学和微生物特性,然后确定监测这些特性的正确测试方法。在整个开发过程的收集数据时,需要执行的测试列表和相应的验收标准可能会进行完善。某些测试可能会发现没有什么价值,可能会停止。数据可能表明某些属性比最初认为的更重要或更不重要,从而推动验收标准的紧缩或扩大。此外,可能会发现一些需要监测的属性,需要加入新的测试方法和验收标准。测试、检测方法和验收标准的演变意味着质量标准在产品的整个生命周期中的开发。质量标准的发展历程具有几个关键的里程碑,例如,当建立的质量标准用于关键临床研究物资的放行时,用于稳定性研究注册时,以及最终产品注册和商业化时。但是,当产品商业化时该过程并没有结束,可能需要进行其他更改以解决批准后的管制承诺,新的药典或法规要求以及未来辅料、包装成分或制造工艺的更改。改进的分析方法性能可能会导致在质量标准中需要说明其他的发现(例如,发现以前未检测到的杂质)。

某些情况下,质量标准对某些产品的要求是非常明确地,比如当药典或管理指南有标准要求时。另一方面，生产商必须根据本章9.3节所列的驱动因素、批数据、行业惯例、监管机构方面来制定合适的质量标准。最后，生产商需要通过参考适用的指导原则、药典、关键临床产品批次和稳定性研究与原始批次的数据验证选定的质量标准。根据VICH指导原则GL39，“初次提出质量标准时，应为每个程序和每个验收标准提出合理的验证。验证的过程需要参考相关的研发数据、药典标准、原料及制剂在毒理学、残留、临床研究中的检测数据，以及长期和加速稳定性研究结果。另外，应该考虑预期的分析和生产可变性的合理范围，考虑所有这些信息非常重要”[1]。商业产品的质量标准直接或通过简单的联系与正在开发过程中进行的关键临床安全性和有效性研究中评估的药品批次的标准相关。这种条件下，商业产品的安全性和有效性得到了临床研究的支持且一致，为产品的市场授权奠定了基础。事实上，在开发质量标准过程中，有许多决定性因素需要考虑，包括：

生产工艺的可行性。

分析方法的可行性。

批放行数据。

所有稳定性数据(开发中的稳定性、强力降解试验、注册稳定性、光照稳定性、使用中稳定性等)。

与药品安全性、有效性和药动学相关的临床数据。

法规要求。

当前行业惯例及趋势。

与监管机构的交流。监管机构的建议对于正在开发的质量标准非常有价值，特别是提出一个非常规的验收标准或策略尤为重要。例如，注册稳定性采用矩阵化或商业产品利用抽样调查、PAT、参数放行或“实时”放行。

风险管理注意事项通常在质量标准开发过程中扮演相当重要的角色[3]。例如，上市缓控释制剂的产品标准通常要比关键临床批次的数据更为严格，以降低药动学不合格率。同样，可以依据临床安全性研究中的数据保守确定杂质标准。在这两种情况下，如果质量标准范围比较广，产品实际上可以达到可接受PK和安全性；但是，由于在开发中测试的少量相似产品批次的知识空间有限，导致质量标准的设计空间变窄。在注册时(通常只有6个月)，有限的批次数量研究和有限的可用稳定性数据是建立兽药质量标准的常见问题。备案时预估的工艺可行性可能与实际工艺可行性存在很大差异，只有在生产出大量商业批次后，可行性才会变得明显。这意味着一旦获得其他数据，可能需要重新审查在注册时提交的质量标准[1,2,21]。一些不受工艺驱动的测试(UDU和其他药典测试)可能在市场应用时明确设定，且不需要随后调整。

8.12.2 验收标准建立

验收标准可以表示为质量要求的离散且内容丰富的陈述(例如,外观测试为"无色至浅黄色溶液"),也可以表示为连续的数值限度要求(例如,含量为标示量的"95.0%～105.0%")。外观和鉴别测试通常以文本形式阐述验收标准。外观验收标准是基于对批放行和稳定性测试的观察范围,以及预期被用户感知和接受的变化。鉴别测试列出的验收标准清单比如,"样品的吸收光谱要与参比标准的吸收光谱一致",或者说"样品主成分峰与标准品主成分峰的保留时间比为0.98～1.02"。对于药典检查的验收标准是直接提出并有规定的,比如,微生物限度检查,无菌检查、不溶性微粒和UDU。具有数值特性的标准包括,含量(活性成分和功能性辅料)、降解产物、pH、水分、黏性、密度、粒度大小和残留溶剂。此外,质量标准可能以标称值或理论值为中心,也可能是不对称的,在偏离均值的一个方向上比在相反的方向上有更大的公差。例如,95.0%～105.0%的检测结果在理论平均值左右对称。但是,如果已知活性成分降解了,并且没有可能的增效源(例如,没有蒸发浓度的机会),那么适当的标准可能是90.0%～105.0%,这是不对称的。

8.12.3 统计制定验收标准和分析稳定性数据

在制定验收标准时,应考虑平均和极端批次数据的结果,以及分析方差、抽样方差、工艺方差等[5,14,21]。有限的数据不适合用来对工艺可行性进行稳定的统计分析,而且生成有意义的置信区间也可能不切实际[21]。确定是否可以合并多个单批次稳定性数据(例如,通过ANCOVA分析来确定数据具有可比率),或者使用最坏情况批次来建立有效期标准,这可能是有用的。事实上,在这种情况下,在批数据或者预期分析可变的修正值中,观察到的极端价值通常会加上额外的附加信任值。这在兽药制剂质量标准开发过程中是非常普遍的。

根据WHO规定,"如果稳定性数据显示产品降解和可变性非常小,从数据中可以明显看出所申请的有效期将会通过,一般没必要进行统计分析"[25]。一种没有明显变化的稳定产品确实是兽药产品的理想情况。在这种情况下,注册时可用的有限数据可以要求保质期最大化。否则,如果稳定性数据有明显的趋势,统计方法对预测、有效期证明和有效期验收标准方面可能是有用的。分析预期随时间变化的定量属性数据的方法,是为了确定平均曲线相交于验收标准单侧置信区间95%的时间[25]。其他报告中证明使用99%置信区间来制定质量标准。

除了制定质量标准和建立有效期外,统计数据还可以在一定置信度上准预测,所测参数在有效期结束前仍在注册限制内[75]。工艺可行性可用来表示产品加工和工艺达到既定质量标准的能力[40]。工艺可行性指数(CpK)定义为(生产过程均值—质量标准限值/3×生产过程标准偏差),小于 1.0 时说明可接受性减小,大于 1.0 时说明稳定性提高[76]。对通过注册限制的概率的统计预测,以及内部释放限度的使用(见下文)可提供更大的符合保质期标准的置信度。此外,Wang 提出了一种通过 USP 溶出试验估计概率的统计方法[77]。当没有内部释放限度使用或非常有限的可用数据集时,可能将不利于统计分析。同时重要的是,注册的有效期制定得足够广泛,以确保正常批次在整个有效期内保持在标准内。但是,不应将质量标准设置得过于宽泛,从而影响产品的质量、安全性或性能确定性。

See Dukes 和 Hahn[78]另外讨论的是质量标准开发包括阿仑尼乌斯方程和公差区间的使用,以及 Shao Chow[79]通过存在两相降解斜率(如冻干产品的复溶)建立对产品保质期的估计方法。

8.12.4　验收标准:太宽太窄或刚好?

建立质量标准要权衡两种风险:①拒绝验收批次的风险(a 或Ⅰ类错误);②接受对患者不合格产品的风险(如纯度、安全性或有效性不合格)(b 或Ⅱ类错误)。因此,质量标准太宽无法区别合格和不合格批次之间的差异,太窄会增加不必要的 OOS 结果和拒收或召回在质量和性能上没有问题的批次产品的概率。以下操作可能有助于处理由于质量标准太窄导致批产品不合格的风险:

附加研究以支持较宽泛的质量标准:当批放行或稳定性测试结果超出质量标准范围时,对于商业批次的验收标准(与质量标准对比)的决定,是基于单个时间点检测且几乎没有机会去等待查看将来稳定性试验时间点的结果。因此,将验收标准设定得尽可能宽泛,以防止批量召回很重要。尽管如此,质量标准的范围总是受限,这是由于数据的可用性、范围和可变性、严谨的操作以及监管视角的接受标准来决定。与 QbD 原则一致,放行和保质期验收标准应在知识空间和设计空间内,以保证产品质量与性能。对于关键的参数应设定严格的验收标准,对于非关键参数可以设置地较为广泛。重要的是,生产商必须了解配方和工艺变化对质量标准和产品稳定性的影响力。在开发期间,应当研究探索处方和工艺变化极端情况,以保证更宽泛的验收标准。研究的一个示例是将各种水平的水加到非水系统中,以探索对化学和物理稳定性的影响,然后在略低于本研究确定的最大验收标准的某个点上建立水的标准。

建立更严格的内部质量标准:内部质量标准的限度(有时称为"警戒限制"),可以结合注册质量标准一起用于批放行和保质期。通常,内部质量标准设定比注册质量标准更为保守,用于标记统计上离群或不符合趋势的批次,而且这些批次可能会在剩余的整个保质期内增加产生 OOS 结果的风险。内部质量标准是根据工艺可行性和稳定性数据所建立,但是采用这种方法通常需要大量的多批量数据[75]。一批既符合内部质量标准也符合注册质量标准的产品,在整个保质期内都能最大限度地保证符合规定。一批符合注册质量标准但不符合内部质量标准,可能适合投放到市场,但未来产生 OOS 结果的风险应该仔细评估。当然,既不符合内部质量标准又不符合注册标准的批次产品均为不合格,通常被拒绝。

建立保质期和批放行不同的验收标准:在欧洲或全球其他市场,人们普遍认为,在批放行测试时和保质期结束时的质量标准可能会有所不同[1,2,17]。该操作通常用于这些测试,例如含量、有关物质、防腐剂含量和水分,这些可能会随着时间的推移发生变化,并通过稳定性研究证明是可预测的。在市场上离散放行和保质期质量标准是不允许的,质量标准必须足够宽泛,以充分描述产品在放行和保质期末以内,以及在使用期间可能出现的有关产品质量的其他作用。

提高检测方法精度:这可能涉及有关采样和方法执行的变更。提高精度最常见的一种方法是测试平行样品。书面程序或测试方法必须清楚地说明复测次数,以及如何参考质量标准处理数据。例如,一种分析方法可能需要对每个样本做两个平行,每个平行都要检测一次。然后,程序可能会为原始数据规定了一个校正因子,以使该数据必须在校正范围之内才能被视为有效数据。数据符合校正因子后,然后取平均值与验收标准进行比较。

其他方法:最后应该指出的是,随着可用数据的增加,生产工艺可行性越好,验收标准可能需要进行调整。更改可能包括将验收标准围绕新标称值重新居中,或者收紧或放松验收标准。如果不能修改验收标准(如由于安全性或有效性问题,或监管要求),则可能有必要修改药品或生产工艺,以将产品或工艺的性能重新定位在现有验收标准内或缩短指定的过期时间,以提高产品在整个保质期符合标准的可信度。

8.12.5 全球化质量标准

在全球建立一个通用的批放行和保质期质量标准是非常可取的,因为它降低了生产商的监管事务专业人员、QC 实验室,QA 专业人员等的工作负担及复杂性。然而,由于不同审批机构有不同的要求,实现这套标准相当困难。例如,在欧洲,欧盟指令 75/318/EEC 声明,"除非有适当的理由,否则在生产时成品中活性物质含量的可接受的最大偏差不得超过±5%。基于稳定试验考察,生产商必须提出并证明在产品有效期内有效活性成分符合最大可接受的限度要求"[17]。因此,除非在注册稳定性研究中记录显著性变化,否则药品批放行和有效期的有效成分含量测定限度通常在标签上标明为95.0%～105.0%。然而，包括美国在内的其他市场，活性物质含量限度范围普遍为90.0%～110.0%。

此外，质量标准经常与授权当局协商作为档案审查过程的一部分；因此，即使制造商制订了一项全球统一标准计划，通常在获得全球批准时都会出现分歧。

8.13　质量标准开发过程中的特殊注意事项

除下文所列项目外，还请参阅参考文献[80]，以了解兽药剂型药物开发中的特殊注意事项。

8.13.1　体外溶出度试验

体外溶出或药物释放试验及质量标准的开发往往是最具挑战性的，许多兽用产品挑战加剧是由于剂量范围、高剂量负载、物理尺寸和复杂的组成成分，以及不同物种的肠道状况。在兽医学中使用长效剂型特别具有吸引力，因为它有可能减少动物处理，即减少对动物的压力和经济节约[81,82]。欧洲药品管理局要求对兽用缓控释制剂进行体外溶出度试验[83]。例如，丸剂、植入剂、阴道给药等剂型的溶出度方法都具有独特的挑战，这些剂型本质上需要极长的释放时间，驱使我们探索促进加速释放的条件，以实现合理的测试持续时间。质量标准的溶出度可能是单点的，例如，"在30 min内溶出度不低于80%"，或者可能是多点的，以保证释放效果。通常单点溶出检测适用于速释制剂，而缓释制剂则需要多点检测。在一定条件下，溶出试验可以被崩解试验取代[1,2]。当多点检测标准用于长效剂型时，它的早期测试点是用来确保无突释，中间测试点是用来定义释放速率，以及后期测试点是用来保证药物完全释放。通常在每个测试点使用20%NMT(即平均值±10%)的"窗口"作为验收标准(释放的百分比)来设置验收标准[1]。此外，质量标准可能是单阶段的(即通过或失败)，也可能有多个阶段，即当不符合第Ⅰ阶段验收标准时可能不是最终失败，而是与第Ⅱ阶段和潜在第Ⅲ阶段验收标准相比可能需要额外的测试和评估。在多阶段质量标准的使用中，产品不应该每批都需要第Ⅱ阶段试验，而且很少需要第Ⅲ阶段试验。所有溶出度和释放度试验都需要在多个剂量单位上进行，以评估剂量—剂量之间的性能差异。通常最初需要测试6个剂量单位，再对第Ⅱ阶段另外6个剂量单位进行测试，如有需要在第Ⅲ阶段再测试12个单位。

体外药物溶出度试验将商品批次的性能与在产品开发过程中评估的临床批次的性能联系起来。体外溶出度除了可用作QC方法外，还有助于支持配方、工艺和场地变化,包括批量扩大生产和可能避免进行体内生物等效性研究的需要[84]。

因为这个课题的重要性,所以在本书(参见第 10 章)给出了更详细的研究内容。其他有用的参考资料包括 FDA 有关速释制剂的释放度指南和 VICH 指南关于溶出度质量标准的开发的 GL39 决策,以及 Browm 等论述特殊剂型的溶出度挑战[1,85,86]。

8.13.2 功能辅料

本文所讨论的"功能辅料"是仅仅指抗氧化剂和抗微生物防腐剂。自身无保护作用的多计量产品需要添加抗微生物防腐剂[80]。某些水活性极低的非水制剂可能不需要防腐剂,但仍然需要在开发过程中考察微生物限度量。抗氧化剂的使用通常取决于活性成分或另一种辅料的不稳定性,这可能导致与活性成分的反应性。抗氧化剂可能在产品生产或保质期内储存中会降解[80],同时需要确定抗氧化剂的水平,使其保持足够量以确保在整个保质期内产品质量,以及在注册限制内的产品含量、有关物质等。通常需要进行专门的研究来选择合适的功能性辅料和所需的剂量,其中规定了验收标准。工艺选择可能包括制备含有不同水平的各种功能辅料的原型配方,并测定其含量以及在加速稳定条件储藏下的其他 CQAs。选择适当的微生物防腐剂和通常在标称与降低的防腐剂水平的原型配方需要进行抗菌效果测试(AET)。质量标准中释放度是标示量的 90.0%~110.0%,但是防腐剂的保质期标准可能会较低,并且根据 AET 数据,其制定水平应略高于保持微生物质量所需的最低数量。抗氧化剂的保质期质量标准可能很低,尤其是在保护制剂的过程中降解。选择抗氧化剂的开发研究也应考虑到辅料或致氧条件,以及预期的变化和可能遇到的"最坏条件"。这可能包括来自主要和次要供应商的辅料测试以及在生产工艺变化的极端情况。

8.13.3 杂质和降解产物

原料药和制剂的杂质可能来源于有机物(工艺杂质、降解产物)、无机物(合成过程中使用的金属催化剂)和工艺中的残留溶剂[42]。药品中的杂质可能是由原料药、赋形剂、溶剂或制剂生产工艺(如喷雾干燥)产生。

有机杂质:有机杂质即药品中需要监测的降解产物,也是仅在原料药合成过程中形成而不需要在药品中进行监测的有机杂质。商业产品中典型的药品杂质标准包括特定的或不特定的单个杂质、已知的或未知的杂质,以及总杂质即所有超过 VICH 报告阈值的单个杂质的总和。一般来说,除非有毒性考量,单个杂质在兽药制剂可控的报告阈值为 0.3%,且根据批次数据验收标准不超过(NMT)1.0%。

如果超过 1.0%的水平，杂质需进行定性和定量测定。如果观察不到降解物，则可将其指控为 NMT 1.0%的单个非特定杂质。如果通常观察到，则可以根据其毒理学研究数据和稳定性研究确定的含量水平，将其作为具有相应验收标准的特定杂质。一般来说，根据 VICH 指导原则，杂质检测方法的定量限不应超过报告阈值(例如，制剂≤0.3%，原料为≤0.1%)。VICH 指导原则 GL10 和 GL11 提供了杂质的定性和定量检测[42,87]。需要注意的是 VICH 指导原则对新兽药杂质要求，“不打算在临床研究开发阶段应用”，但是在上市时需要遵守该指南或其他替代方法的科学依据[42]。

如前所述，通常 VICH 杂质限度不适用于已知毒性的化合物。潜在遗传毒性杂质(PGIs)通常是原料药工艺杂质，在这种情况下，最好在原料药阶段进行控制。然而，如果 PGIs 是由强制降解条件或稳定性研究产生的，则需要在药物产品中对其进行监测。PGIs 需要在 ppm 或者 ppb 水平上进行检测和控制，这对分析提出巨大的挑战。生产商应确定合适的工艺控制及严格的分析监测，以消除或尽量减少这些杂质的含量。鉴别 PGIs 的最常用方法由 Gangadhar，Saradhi 及 Rajavikram 提供[44]。一旦杂质的结构被确定，应对 PGIs 的方法可能首先要寻找该化合物是否是已知的 PGI，或者是否具有与已知毒性相关的官能团(在其他 PGIs 上观察到)相似的官能团。进一步证实这种分子确实是一种 PGI，可以通过遗传毒性试验和使用市售的计算机 SAR 程序(如 MultiCASE 的 Mcase、Accelrys 的 Topcat 或 LHASA 的 DEREK)的硅分析来获取，或者最后进行 Ames 细菌诱变试验(如果硅分析显示化合物为 PGI)。Ames 试验比硅分析更具有权威性。目前，人们对兽药产品的遗传毒性杂质研究的兴趣逐渐升高，但是在文献中几乎没有专门针对兽药产品的相关信息。大多数文献是参考人类健康产品，例如 ICH 的最终概述文件 M7[88]和欧洲药典的遗传毒性杂质限度的指导原则[89]。Roy 提供了一篇有关药物杂质检测和鉴别的高水平综述，包括杂质分离和鉴定的文章[11]。有关杂质鉴定的更多深入讨论可参考 Martin 和 Görög 文献 12,13。

现代分析技术不断地降低杂质的检测和定量的水平。除了 PGIs 之外，杂质检测水平低于 VICH 指南规定的水平对于兽药应用可能无关紧要，并且确实提出了更多无法解决的问题。

值得一提的是，在编写本章的过程中，EMA 正在制定抗生素中杂质标准的发展指南[90]。

无机杂质：无机杂质可能由矿物或金属组成，通常来源于合成过程中使用的催化剂或试剂。以前，这类杂质可以通过重量法(硫酸灰分或者炽灼残渣)或者湿化学重金属测试，在原料药或原材料阶段进行控制。现在，金属杂质的研究已经开始转向使用元素特异性方法(如 ICP-质谱法或 ICP-发射光谱法)进行监测,并认识到各种来源对药物产品的潜在作用[46]。大多数原料药仍然需要药典法硫酸灰分和重金属试验,但在已知可能存在特定的无机杂质时(由于它们在合成工艺中的使用),需要在释放测试电池中添加一种经过验证的元素特异性方法。在 EMEA 指南中概述了各种金属的相对毒性,并按照可能引起安全问题的潜在性以及可能产生毒理学影响的产品给药途径进行分类。自从批次中的无机杂质含量不随时间而增加后,对批放行的测试不再进行稳定性测试。

残留溶剂:在过去,原料药和其他原材料都应检测残留溶剂的含量。近年来,已经开发出一种更广泛的控制整个药品的溶剂含量的方法。该方法可能依然在原料药及辅料水平上进行,将其各自贡献相加;否则对最终制剂产品进行检测。药品生产商需要制定一个溶剂控制策略,以证明他们对可能存在的溶剂有足够的认知和控制,使产品将符合监管要求。药品的总溶剂量必须符合 VICH 指南 GL18[91]和美国 USP＜467＞指南。而其他有用指南将在行业 CVM 指导草案 # 211 中提供[92]。

VICH 指南 GL18 使用基于现有毒理学数据的基于风险的方法将溶剂分成三类[91]:

一类溶剂:避免使用的溶剂。已知或可能对人类致癌和危害环境的物质。这类溶剂包括苯、四氯化碳、1,2-二氯乙烷、1,1-二氯乙烷、1,1,1-三氯乙烷。当它们的使用不可避免时,其允许浓度极低。

二类溶剂:限制使用的溶剂。二类溶剂是非遗传毒性动物致癌物或可能引起其他不可逆毒性(例如神经毒性或致畸性)的物质。这类溶剂还包括有明显毒性但可逆的溶剂。例如乙腈、正己烷、甲苯和二甲苯。允许含量水平很低,制造商有几种控制 2 类溶剂的选择,包括符合指导原则中配方的每种活性成分和原料的浓度(ppm)限值,遵循指导原则中药品的允许日暴露量(PDE)要求,或根据诸如毒理学数据,给药途径,给药方案等考虑因素提出更高的限值。

三类溶剂:低潜在毒性的溶剂。三类溶剂是已知对人体的潜在毒性较低(例如丙酮、乙醇、2-丙醇,四氢呋喃)。三类溶剂的每日最大用药量是 50 mg 或者更多。它们的浓度限制是 5 000 ppm 或者 0.5%。

虽然指导方针中提到的一、二、三类溶剂涵盖了大部分制药业关注的溶剂,仍有一些没有足够的毒性数据可以证明的未归类溶剂,例如异辛烷、甲基异丙基酮和三氯乙酸。如果这些溶剂可能存在,生产商需要提供它们的使用依据和标准。

残留溶剂的验收标准通常表示为不超出指南上列出的每种溶剂的浓度,或以保证符合指南而计算出的浓度。测试是在批放行时进行的,而不是在稳定性上,因为溶剂水平不应随时间增加。

8.14　结论

从这一章可以明显看出，药品的检测和质量标准的开发是创新兽药整个开发研究过程中基本又有挑战性的重要内容。测试和质量标准的开发与选择合适的配方和包装的工艺是不可分割的，一旦开发出来，这些测试在商业产品质量保证过程中起着至关重要作用。在很多方面，兽药的分析检测和质量标准开发都与人类健康药品非常相似。兽药的开发是由许多相同的科学、监管机构、法律以及客户需求方面的考虑因素来驱动。尽管如此，从本章提供的例子可以看出，由于制剂类型、剂量范围和天然成分的频繁应用，兽药产品存在许多独特的分析开发挑战。随着不断发展的法规指南、药典要求、诸如 QbD 的理念以及诸如超高液相色谱之类的新兴技术所提供的性能增强，兽药产品的开发进一步增加了复杂性。

参考文献

1. VICH Guideline GL39 (2005) Test procedures and acceptance criteria for new veterinary drug substances and new medicinal products: chemical substances. U.S. Department of Health and Human Services, Food and Drug Administration. Center for Veterinary Medicine, Rockville, MD
2. EMEA Guideline Q6A (2000) Specifications: test procedures and acceptance criteria for new drug substances and new drug products: chemical substances. European Medicines Agency, London
3. ICH Guideline Q8(R2) (2009) Pharmaceutical development. European Medicines Agency, London
4. CVM Guidance for Industry (2004) PAT—a framework for innovative pharmaceutical development, manufacturing, and quality assurance. U.S. Department of Health and Human Services, Food and Drug Administration. Center for Veterinary Medicine, Rockville, MD
5. ICH Guideline Q6B (1999) Specifications: test procedures and acceptance criteria for biotechnological/biological products. European Medicines Agency, London
6. Apostol I, Schofield T et al. (2008) A rational approach for setting and maintaining specifications for biological and biotechnology-derived products—part 1. http://biopharminternational.findpharma.com/biopharm/GMPs%2FValidation/A-Rational-Approach-for-Setting-and-Maintaining-Sp/ArticleStandard/Article/detail/522182. Accessed 29 Aug 2011
7. Schofield T, Apostol I et al. (2008) A rational approach for setting and maintaining specifications for biological and biotechnology-derived products—part 2. http://biopharminternational.findpharma.com/biopharm/GMPs%2FValidation/A-Rational-Approach-for-Setting-and-Maintaining-Sp/ArticleStandard/Article/detail/527447. Accessed 13 Sept 2011
8. Goldring J. Novel excipients: the next pharmaceutical frontier? Am Pharm Rev http://

americanpharmaceuticalreview.com/ViewArticle.aspx?ContentID=3381. Accessed 29 Sept 2011
9. EMEA Draft Guideline EMEA/CHMP/CVMP/QWP/17760/2009 Rev 1 (2009) Guideline on the use of near infrared spectroscopy by the pharmaceutical industry and the data requirements for new submissions and variations. European Medicines Agency, London
10. EMEA Note for Guidance EMEA/CVMP/961/01 (2003) Note for guidance on the use of near infrared spectroscopy by the pharmaceutical industry and the data requirements for new submissions and variations. European Medicines Agency, London
11. Roy J (2002) Pharmaceutical impurities—a mini-review. AAPS PharmSciTech 3((2) article 6). doi:1
12. Martin GE (2007) A systematic approach to impurity identification. In: Smith RJ, Webb ML (eds) Analysis of drug impurities. Blackwell Publishing, Oxford, pp 124–155
13. Görög S (2000) Identification and determination of impurities in drugs. Elsevier, Amsterdam
14. ICH Guideline Q6A (1999) Specifications: test procedures and acceptance criteria for new drug substances and new drug products: chemical substances. European Medicines Agency, London
15. Ahmed I, Kasraian K (2002) Pharmaceutical challenges in veterinary product development. Adv Drug Deliv Rev 54:871–882
16. Riviere JE, Papich MG (2009) Veterinary pharmacology and therapeutics, 9th edn. Wiley-Blackwell, Ames, IA
17. EMEA Guideline 3AQ11a (1991) Specifications and control tests on the finished drug product. European Medicines Agency, London
18. VICH GL1 (1998) Validation of analytical procedures: definition and terminology. U.S. Department of Health and Human Services, Food and Drug Administration. Center for Veterinary Medicine, Rockville, MD
19. VICH GL2 (1998) Validation of analytical procedures: methodology. U.S. Department of Health and Human Services, Food and Drug Administration. Center for Veterinary Medicine, Rockville, MD
20. EMEA Guideline EMEA/CVMP/QWP/339588/2005 (2006) Guideline on parametric release. European Medicines Agency, London
21. Kurtulik P, Parente E et al. (2007) Acceptable analytical practices for justification of specifications. http://pharmtech.findpharma.com/pharmtech/Analytics/Acceptable-Analytical-Practices-for-Justification-/ArticleStandard/Article/detail/415112. Accessed 30 August 2011.
22. VICH GL3 (1999) Stability testing of new veterinary drug substances and medicinal products. U.S. Department of Health and Human Services, Food and Drug Administration. Center for Veterinary Medicine, Rockville, MD
23. VICH GL8 (1999) Stability testing for medicated premixes. U.S. Department of Health and Human Services, Food and Drug Administration. Center for Veterinary Medicine, Rockville, MD
24. EMEA Guideline EMEA/CVMP/QWP/846/99-Rev.1 (2008) Guideline on stability testing: stability testing of existing active substances and related finished products. European Medical Agency, London
25. World Health Organization (2009) Stability testing of active pharmaceutical ingredients and finished pharmaceutical products. World Health Organ Tech Rep Ser 953:87–130
26. Australian Pesticides & Veterinary Medicines Authority (2006) Guidelines for the generation of storage stability data of veterinary chemical products. Vet Guideline 68(3)
27. ASEAN Guideline (2005) ASEAN guideline on stability study of drug product. 9th ACCSQ-

PPWG Meeting, Philippines
28. Huynh-Ba K (ed) (2010) Handbook of stability testing in pharmaceutical development: regulations, methodologies and best practices. Springer, New York
29. Huynh-Ba K (ed) (2010) Pharmaceutical stability testing to support global markets. Springer, New York
30. EMEA Guideline EMEA/CVMP/373/04 (2005) Guideline on stability testing for applications for variations to a marketing authorisation. European Medicines Agency, London
31. VICH GL 45 (2010) Quality: bracketing and matrixing designs for stability testing of new veterinary drug substances and medicinal products. U.S. Department of Health and Human Services, Food and Drug Administration. Center for Veterinary Medicine, Rockville, MD
32. VICH GL5 (1999) Stability testing: photostability testing of new veterinary drug substances and medicinal products. U.S. Department of Health and Human Services, Food and Drug Administration. Center for Veterinary Medicine, Rockville, MD
33. http://en.wikipedia.org/wiki/Lux. Accessed 03 Feb 2012
34. EMEA Guideline 7BQ2a (1996) In use stability testing of veterinary medicinal products (excluding immunological veterinary medicinal products). European Medicines Agency, London
35. EMEA Guideline EMEA/CVMP/424/01-FINAL (2002) Note for guidance on in-use stability testing of veterinary medicinal products (excluding immunological veterinary medicinal products). European Medicines Agency, London
36. EMEA Guideline EMEA/CVMP/198/99-FINAL (2000) Note for guidance: maximum shelf-life for sterile medicinal products after first opening or following reconstitution. European Medicines Agency, London
37. ICH Q1E (2004) Evaluation of stability data. European Medicines Agency, London
38. Colton R et al. (2007) Recommendations for extractables and leachables testing, part 1: introduction, regulatory issues, and risk assessment. http://www.validation-resources.com/documents/BPSAPart1.pdf. Accessed 16 Sept 2011
39. Colton R et al. (2007) Recommendations for extractables and leachables testing, part 2: executing a program. http://www.validation-resources.com/documents/BPSAPart2.pdf. Accessed 16 Sept 2011
40. Gentry A (2010) Setting specifications for drug products. In: Huynh-Ba K (ed) Pharmaceutical stability testing to support global markets. American Association of Pharmaceutical Scientists, Springer. doi:10.1007/978-1-4419-0889-6_27
41. CVM Guidance for Industry (2008) Container and closure system integrity testing in lieu of sterility testing as a component of the stability protocol for sterile products. U.S. Department of Health and Human Services, Food and Drug Administration. Center for Veterinary Medicine, Rockville, MD
42. VICH Guideline GL10 (2007) Impurities in new veterinary drug substances (revision). U.S. Department of Health and Human Services, Food and Drug Administration. Center for Veterinary Medicine, Rockville, MD
43. ICH Guideline Q3A(R2) (2006) Impurities in new drug substances. European Medicines Agency, London
44. Gangadhar V, Saradhi YP, Rajavikram R (2011) The determination and control of genotoxic impurities in APIs. Pharm Tech 35:s24–s30. http://pharmtech.findpharma.com/pharmtech/Ingredients/The-Determination-and-Control-of-Genotoxic-Impurit/ArticleStandard/Article/detail/738391. Accessed 22 Sept 2011
45. CVM Draft Guidance for Industry #216 (2011) Chemistry, manufacturing, and controls (CMC) information—fermentation-derived intermediates, drug substances, and related drug products

for veterinary medicinal use. U.S. Department of Health and Human Services, Food and Drug Administration. Center for Veterinary Medicine, Rockville, MD
46. EMEA Guideline EMEA/CHMP/QWP/4446/2000 (2008) Guideline on the specification limits for residues of metal catalysts or metal reagents. European Medicines Agency, London
47. CVM Guidance for Industry #91 (2000) Stability testing for medicated premixes. U.S. Department of Health and Human Services, Food and Drug Administration. Center for Veterinary Medicine, Rockville, MD
48. CVM Guidance for Industry #5 (2008) Drug stability guidelines. U.S. Department of Health and Human Services, Food and Drug Administration. Center for Veterinary Medicine, Rockville, MD
49. Martinez MN, Lindquist D, Modric S (2010) Terminology challenges: defining modified release dosage forms in veterinary medicine. Wiley InterScience, New York. http://www.interscience.wiley.com. doi: 10.1002/jps.22095
50. Wright JC (2010) Critical variables associated with nonbiodegradable osmotically controlled implants. J AAPS 12(3):437–442. doi:10.1208/s12248-010-9199-8
51. Fahmy R, Marnane B, Bensley D, Hollenbeck RG (2002) Dissolution test development for complex veterinary dosage forms: oral boluses. AAPS PharmSci 4(4):E35
52. Thombre AG (2004) Oral delivery of medications to companion animals: palatability considerations. Adv Drug Deliv Rev 56:1399–1413. doi:10.1016/j.addr.2004.02.012
53. Campbell WC (1989) Use of Ivermectin in dogs and cats. In: Campbell WC (ed) Ivermectin and abamectin. Springer, New York
54. EMEA Concept Paper EMA/CVMP/EWP/81987/2010 (2010) Concept paper for a guideline on the demonstration of palatability of veterinary medicinal products. European Medicines Agency, London
55. Wilson AD, Baietto M (2011) Advances in electronic-nose technologies developed for biomedical applications. Sensors 11:1105–1176. doi:10.3390/s110101105
56. Zhu L, Seburg RA et al (2004) Flavor analysis in a pharmaceutical oral solution formulation using an electronic nose. J Pharm Biomed Anal 34:453–461
57. http://www.usp.org/USPNF/notices/788Postponement.html. Accessed 12 Oct 2011
58. EMEA Guideline EMEA/CVMP/QWP/544461/2007 (2009) Guideline on the quality aspects of single-dose veterinary spot-on products. European Medicines Agency, London
59. EPA Product Properties Test Guidelines EPA 712-C-96-026 (1996) OPPTS 830.6317 Storage stability
60. http://www.accessdata.fda.gov/scripts/ora/pcb/tutorial/les6_ind_code67_72.htm. Accessed 03 Feb 2012
61. CVM Guidance for Industry #23 (1985) Medicated free choice feeds—manufacturing control. U.S. Department of Health and Human Services, Food and Drug Administration. Center for Veterinary Medicine, Rockville, MD
62. http://www.feedmachinery.com/articles/. Accessed 16 Sept 2011
63. Herrman T (2001) Evaluating feed components and finished feeds. Kansas State University. http://www.ksre.ksu.edu/library/grsci2/mf2037.pdf. Accessed 16 Sept 2011
64. CVM Guidance for Industry #135 (2005) Validation of analytical procedures for type C medicated feeds. U.S. Department of Health and Human Services, Food and Drug Administration. Center for Veterinary Medicine, Rockville, MD
65. Private communication with Dr. Richard Endris, Merck Animal Health
66. Storey S (2005) Challenges with the development and approval of pharmaceuticals for fish. AAPS J 7(2):E335–E343

67. http://www.microtracers.com. Accessed 16 Sept 2011
68. EMEA Guideline EMEA/CVMP/080/95-Final (1996) Additional quality requirements for products intended for incorporation into animal feedingstuffs (medicated premixes). European Medicines Agency, London
69. CVM Guidance for Industry #136 (2007) Protocols for the conduct of method transfer studies for type C medicated feed assay methods. U.S. Department of Health and Human Services, Food and Drug Administration. Center for Veterinary Medicine, Rockville, MD
70. Leadbetter MG (1999) Evaluation of new type C medicated feed methods for approved type A medicated articles. FDA Veterinarian Newsletter March/April, vol XIV, No II
71. CVM Guidance for Industry #137 (2007) Analytical methods description for type C medicated feeds. U.S. Department of Health and Human Services, Food and Drug Administration. Center for Veterinary Medicine, Rockville, MD
72. EMEA Guideline EMEA/CVMP/540/03 Rev 1 (2005) Guideline on quality aspects of pharmaceutical veterinary medicines for administration via drinking water. European Medicines Agency, London
73. EMEA Position Paper EMEA/CVMP/1090/02-FINAL (2002) Position paper on the maximum in-use shelf-life for medicated drinking water. European Medicines Agency, London
74. Wessels P et al (1997) Statistical evaluation of stability data of pharmaceutical products for specification setting. Drug Dev Ind Pharm 23(5):427–439
75. Allen PV, Dukes GR, Gerger ME (1991) Determination of release limits: a general methodology. Pharm Res 8(9):1210–1213
76. Stafford J (1999) Calculating the risk of batch failure in the manufacture of drug products. Drug Dev Ind Pharm 25(10):1083–1091
77. Wang H (2007) Estimation of the probability of passing the USP dissolution test. J Biopharm Stat 17:407–413. doi:10.1080/10543400701199536
78. Dukes GR, Hahn DA (2010) Specification development and stability assessment. In: Hardee GE, Baggot JD (eds) Development and formulation of veterinary dosage forms, 2nd edn. Informa Healthcare, London
79. Shao J, Chow S-C (2001) Two-phase shelf-life estimation. Stat Med 20:1239–1248
80. EMEA guideline EMEA/CVMP/315/98—FINAL (2000) Development pharmaceutics for veterinary medicinal products. European Medicines Agency, London
81. Rathbone MJ, Brayden D (2009) Controlled release drug delivery in farmed animals: commercial challenges and academic opportunities. Curr Drug Deliv 6:383–390
82. Rathbone MJ, Martinez MN (2002) Modified release drug delivery in veterinary medicine. Drug Discov Today 7(15):823–829
83. EMEA Guideline EMEA/CVMP/680/02-Final (2003) The quality of modified release dosage forms for veterinary use. European Medicines Agency, London
84. EMEA Guideline EMEA/CVMP/016/00-corr-final (2001) Guidelines for the conduct of bioequivalence studies for veterinary medicinal products. European Medicines Agency, London
85. FDA Guidance for Industry (1997) Dissolution testing of immediate release solid oral dosage forms
86. Brown CK et al (2011) FIP/AAPS joint workshop report: dissolution/in vitro release testing of novel/special dosage forms. AAPS PharmSciTech 12(2):782–794. doi:10.1208/s12249-011-9634-x
87. VICH Guideline GL11 (2007) Impurities in new veterinary medicinal products (revision). U.S. Department of Health and Human Services, Food and Drug Administration. Center for Veterinary Medicine, Rockville, MD

88. ICH Final Concept Paper M7 (2009) Assessment and control of DNA reactive (mutagenic) impurities in pharmaceuticals to limit potential carcinogenic risk. European Medicines Agency, London
89. EMEA Guideline EMEA/CHMP/QWP/251344/2006 (2006) Guideline on the limits of genotoxic impurities. European Medicines Agency, London
90. EMEA Draft Guideline EMA/CHMP/CVMP/QWP/199250/2009 (2010) Guideline on setting specifications for related impurities in antibiotics. European Medicines Agency, London
91. VICH Guideline GL18 (2000) Impurities: residual solvents in new veterinary medicinal products, active substances, and excipients. U.S. Department of Health and Human Services, Food and Drug Administration. Center for Veterinary Medicine, Rockville, MD
92. CVM Draft Guidance for Industry #211 (2010) Residual solvents in animal drug products. U.S. Department of Health and Human Services, Food and Drug Administration. Center for Veterinary Medicine, Rockville, MD

第9章
兽药制剂的体外药物释放试验

Shannon Higgins-Gruber, Michael J. Rathbone & Jay C. Brumfield

兽药法规要求制剂需进行药物体外释放试验,以有助于我们理解制剂在体内的行为。体外释放试验用来确保产品的质量和疗效,贯穿整个制剂开发、工艺研究和药物批准过程。目前的体外释放试验设备和条件更适用于模拟人的胃肠道生理环境,但兽药制剂的服用对象并不是人类。由于动物种类和大小的多样化,且常用的非常规辅料通常不适用于人用药,所以兽药剂型和给药系统往往更复杂多变。考虑到监管机构的期望,建立专门用于兽药体外释放的评价体系具有挑战性和非常规性。不论是分析方法的开发,还是最终的体外释放试验,都要求能区分出决定药物在体内作用的关键质量指标,且易于兽药质量控制。

9.1 前言

药物体外释放试验用于表征药物从剂型中的释放,最常用的药物体外释放试验技术为溶出度的测定。根据美国药典(USP)中"缓释药物必须吸收后才能确保产品产生预期疗效"[1]的记录,必须进行崩解、溶出和药物释放试验。崩解试验是常用于含有高溶解性和高渗透性活性成分的速效制剂的质量控制方法且吸活性成

S. Higgins-Gruber✉ · J. C. Brumfield
Merck Animal Health, Summit, NJ, USA
e-mail: shannon. higgins-gruber @ merck. com

M. J. Rathbone
International Medical University, Kuala Lumpur, Malaysia

M. J. Rathbone and A. McDowell (eds.), *Long Acting Animal Health Drug Products: Fundamentals and Applications*, Advances in Delivery Science and Technology, DOI 10.1007/978-1-4614-4439-8_9, © Controlled Release Society 2013

分的吸收仅取决于制剂的崩解。虽然溶出试验最初用于速释的口服固体制剂,但其应用已延伸至控释制剂以及其他一些新型剂型,如透皮贴片、半固体外用制剂、咀嚼片、栓剂、混悬剂和阴道植埋剂[1-4]。对大多数速释和控释的口服固体制剂而言,体外释放试验常称为"溶出度"试验。然而,对于一些新型剂型,"药物释放试验"或"体外释放试验"最好将其与更标准化的"溶出度"试验区分开来[3,5]。兽药产品(包括特殊剂型)体外试验的目的和试验条件与人用口服固体制剂一致。

溶出度或体外释放试验是测定在理想生理介质中溶解一定量原料药(API)所需的时间。溶解依赖于API从某剂型中的释放以及在介质中的溶解性[3]。除了剂型,API的理化性质和具体试验参数,如仪器装置、转速、温度和释放介质也可能影响释放曲线[4]。

体外释放试验是药物研发过程和产品批准的重要部分。体外释放试验的目的包括[5]:

(1)了解药物在某一剂型中的释放量和药物释放时间;

(2)评价研发过程中的辅料、处方变化以及生产工艺;

(3)预测体内性能;

(4)确保产品批次质量以及不同批次间产品质量;

(5)证明生产工艺和生产地址的变更,以及增加生产规模不会影响产品性能。

体外释放试验可能会为满足上述所有目的或者仅为了实现某一个或某两个目的而开发。

有许多可用资源为体外释放试验提供指导,其主要来自人用药开发的观点。兽药和人药的开发有许多相似的地方。广泛的研究和开发、全球市场、合规性以及对客户的关注均推动着两者的成功。但是,它们有着关键的差异,尤其是体外释放方法的开发。这一章主要讨论体外释放试验的重要性,由于兽药的独特性,与生理相关的体外释放试验的开发,以及基于科学的方法开发,验证和标准的制定极具挑战。

9.2 体外试验的相关性

体外释放试验贯穿药物研发过程中和注册审批上市之后。在研发过程中应尽早开始开发体外释放试验,因为其作用从最初的提供关键的药物释放曲线到为剂型筛选、辅料选择和了解体内研究提供帮助。体外释放试验是唯一可行的用于评价药物制剂随着时间变化从制剂中释放的试验,它可能与剂型的生理吸收相关。在批准后,体外释放试验用于确保生产工艺的一致性、满足法规需求、支持工艺放大和批准后的变更(SUPAC)。如果体外/体内存在相关性(IVIVC),体外数据可代替体内吸收数据以证明生物等效并且可以免除生物等效性试验。

9.2.1 生理相关性

许多药物通过口服使用。药物的渗透和吸收的变化较大,其主要取决于原料药的理化性质和剂型的特征。在理想情况下,设计的体外释放试验必须能够反映这些变化。在一般情况下,人类和大多数动物的胃肠道(GI)由胃、小肠和大肠组成,这些部分在尺寸、功能、菌群、酶活性和 pH 上存在较大差异。食物中大部分营养成分的吸收是在食物消化和胃肠道的转运过程中完成的。大多数口服制剂都在消化过程中崩解和吸收。

基于胃肠道的亲脂特性,非解离状态的药物活性分子比弱酸或弱碱更易吸收。但是,解离药物活性成分的吸收受局部环境 pH 的影响。胃肠道的 pH 取决于部位、食糜状态和食物类型[6]。胃的 pH 为 1～4,但是小肠可高至 8。胃排空也会影响剂型在胃肠道停留的时间,直接影响药物的吸收,最终成为影响生物利用度的限速步骤[6]。

生物药剂学分类系统(BCS)是基于 APIs 的溶解性和在胃肠道的渗透性将其分成Ⅰ、Ⅱ、Ⅲ和Ⅳ类[7]。Ⅰ类原料药具有高溶解性和高渗透性。这些 APIs 的限速步骤为药物的溶出,其溶出速度超过胃肠排空的速度。Ⅱ类原料药具有低溶解性和高渗透性。体内的生物利用度常受溶出限制。Ⅲ级原料药具有高溶解性和低渗透性。即使药物快速溶出,其吸收也受渗透限制。Ⅳ级原料药具有低溶解性和低渗透性。Ⅳ级原料药溶解困难,且难以透过胃肠黏膜[8]。

尽管 BCS 分类的开发是用于人用药,但也可用于兽药,因为它是原料药理化性质的衡量尺度[7]。虽然 BCS 可用于兽药制剂产品的研发,但是基于各种动物种族与人的生理学差异,需调整 BCS 定义以提高关联性。不管是用于人药还是兽药,这些属性完全可作为原料药的特性。API 的 BCS 分类可帮助预测体内药代动力学。此外,也可用于建立准确、可预测的体外释放试验以支持生物等效性并豁免临床试验[9]。这缩短了研发周期,加快了上市速度,并减少了临床试验的费用。这对制定快速、具挑战性的动物保健产品的研发时间表有至关重要的意义。

兽药的特殊性是一种 API,往往用于不止一种动物,且时常开发成多种剂型或给药系统。产品在不同物种间的生物等效性差异比较常见。因此,了解原料药的理化性质,包括 BCS 分类,必须结合动物生理、处方研发和体外释放试验以预测制剂性能及从一物种到另一物种的生物等效性[7,10]。了解生物利用度和生物等效性对批准后用于另一物种的产品以及支持非专利产品的批准尤其重要。

9.2.2 法规要求

体外释放试验对证明产品性能、质量和批次间的重现性至关重要。以往,溶出度是作为质量控制放行试验,但是随着认识的加深,其作用演变成证明 IVIVC、生物等效性/生物利用度,以及作为生物等效豁免的理由,即基于体外数据证明生物等效性而不需要额外的体内临床试验。日益重要的生理相关性溶出度试验允许公司和研究人员使所需体内试验的数量最小化[11,12]。建立的方法需具有区分性,能够区分处方以及工艺的关键质量参数(CQA)对剂型体内性能的影响。同时,溶出度方法可作为确定药品货架期时间的可靠性衡量指标。

从法规角度来看,美国食品药品监督管理局(FDA)、欧洲药品管理局(EMA),和人用药品注册技术要求的国际协调会议(ICH)有溶出度试验相关的特定指南。这些指南如下:

(1)行业指南:速释口服固体制剂的溶出度试验,1997.8(FDA);

(2)行业指南:缓释口服固体制剂:研发,评价和体内外相关性的应用,1997.9(FDA);

(3)行业指南:基于生物药剂学分类系统的速释口服固体制剂的体内生物利用度和生物等效性的豁免,2000.8(FDA);

(4)行业指南:生物等效性指南,1996.11(美国 FDA,兽药医学中心 CVM);

(5)兽用控释制剂质量指南,2004.2(EMA);

(6)兽药产品生物等效性试验实施指南,2001.7(EMA);

(7)用于 ICH 部分溶出度试验通则 Q4B 附件 7(R2)的药典的评价和建议,2010.11(ICH);

(8)用于 ICH 部分崩解试验通则 Q4B 附件 5(R1)的药典的评价和建议,2010.9(ICH)。

总的来说,这些指南描述了新剂型的体外释放试验的作用和要求。监管机构期望体外释放试验将应用于依赖 API 释放和体内吸收的任何剂型,不论剂型或给药系统的种类[4],期望将应用于制剂研发、批间质量控制以及批准后的变更和调查。科学合理地评估以确定体外溶出度试验的有效性和合理性。

9.3 体外试验条件

开发能够反映生理环境的溶出条件的主要驱动力是渴望获得可以预测制剂体内行为的体外试验。但是,不可能总是达到这样的条件,这也不是常规试验的一项要求。最终试验条件应基于原料药的理化性质、剂型和给药后剂型所暴露的环境[13]。

9.3.1　装置

溶出试验的实施可使用多种装置[14]。可用的装置和人用剂型常用的装置见表 9.1[5,15]。

美国药典、欧洲药典和日本药典已经统一了大多数口服固体制剂溶出度试验的通则。欧洲药典阐述了各剂型的溶出度试验要求。但是,美国药典有包括各种剂型溶出度的通则[2]。欧洲药典有透皮贴片[16]、药用咀嚼软糖[17]和亲脂性固体剂型[18]溶出试验的特定章节,但是美国药典和日本药典没有。美国药典认可透皮贴片的溶出度试验可使用装置 4、5、6 或 7。此外,不是所有装置都得到所有药典的认可。日本药典不认可装置 3,美国药典目前不认可欧洲药典中描述的用于药用咀嚼软糖的 Masitification 装置。

装置 1 和 2 主要用于速释口服固体制剂和控释制剂。篮法和浆法的操作条件均为 50～100 r/min[14]。这些装置的确认和验证得到了很好的描述和广泛认可[15]。因此,试验中优先使用装置 1 和 2,除非已证明其是不合适的[13]。使用装置 2 时,样品沉浸于介质可能会有困难。为了克服这一困难,可使用沉降篮。装置 3 用于小珠状控释制剂或需要更换介质[19]。装置 4 常用于漏槽条件无法实现时溶解有限的剂型。装置 4 有溶出介质的蓄水池和浆,以及以恒量新鲜介质流过制剂的流通池。其可设置为层流或湍流形式,以开放或闭合系统操作。允许改变 pH,常是控释剂型所需要的[20]。装置 5、6 和 7 通常用于人用透皮贴片[15,21]。

表 9.1　依据统一的溶出试验的溶出装置的分类[5,15]

分类	说明	主要用途
装置 1	回转篮筐	速释或缓释制剂
装置 2	桨	速释或缓释制剂
装置 3	反复圆筒	缓释制剂
装置 4	流通池	缓释制剂或透皮制剂
装置 5	桨碟	透皮制剂
装置 6	圆筒	透皮制剂
装置 7	反复支架	非崩解口服缓释制剂或透皮制剂

9.3.2　介质选择

在选择溶出介质时,应该考虑各种参数,包括 pH、溶解度和药物活性成分稳定性。此外,剂型的物理性质可能会影响释放曲线,即速释或控释。漏槽条件(一般溶出介质的体积至少为形成药物饱和溶液所需介质的 3 倍)为最佳,但也不是必需的,只要能证明有区分力即可。对于口服制剂和栓剂,在试验开始之前,溶出介质需加热到(37±5)℃,并且在测试过程中保持该温度,以模拟人体的体温。但某些外用用药可以低至 25～30℃。温度是可以改变的,但必须是经科学确认合理的[22]。

在一般情况下,水性溶出缓冲液优选使用 pH 1.2～6.8,一般不超过 8.0,这是模拟人体生理条件[1,13]。溶出介质的体积通常为 500 mL、900 mL 或 1 000 mL,在合理确认的情况下也能提高到 2 L 或 4 L。美国药典认可使用以下介质:稀盐酸、pH 为 1.2～6.8(缓释制剂为 7.5)的缓冲液、模拟胃液或肠液(根据剂型决定加不加酶)、水和含表面活性剂的水性介质(加不加酸或缓冲剂)。难溶或难被水润湿的 APIs 通常允许使用表面活性剂,包括聚山梨酯 80、十二烷基硫酸钠和十二烷基二甲基氧化胺,添加量大约 1%。欧洲药典也建议使用相似的溶出介质,但其描述了具体的 pH,并且提供了详细的制备过程。例如,在给定的 pH 下,要求使用特定的缓冲液。美国药典和欧洲药典都不鼓励在水性介质中使用有机溶剂,但如果有科学的理由也是认可的。

此外,有一种具有生物相关性的胃肠道溶液可以模拟人体的餐前和餐后状态。这种介质除了可以模拟像美国药典和欧洲药典中所述的生物相关的胃和肠道溶液,其他还可以模拟任何没有食物存在的各个区域的介质。这种介质是考虑食物对药物溶出对和制剂生物利用度影响的情况下,模拟体内行为[25]。

确定需要脱气的介质。如果气泡附着在制剂上能产生浮力,或能使药物颗粒黏附在容器内壁上,那么将改变药物的溶出曲线。有许多方法能消除介质中的气泡,包括加热、过滤和抽真空。在脱气过程中应该考虑到介质的组成,例如在脱气时表面活性剂可能会起泡沫而有机物则可能会挥发[14]。

9.4 兽药体外释放试验的挑战

由于物种和体重的多样性以及需要使用在人药中不常用的天然辅料和赋形剂,兽药的剂型和给药系统往往更加复杂多变。在 API 和制剂研发过程中需要认真考虑产品的成本。动物保健品面向各种各样的动物品种,包括(不限于)宠物(犬和猫)、反刍动物(牛、绵羊和山羊)、猪、鱼和马。因此,需为各种靶动物定制剂型,从而就有多种剂型的生产线和特定剂型的多种剂量来适应各种体重的动物。

体外释放试验是为人药剂型设计使用的。在美国药典和欧洲药典中所述的推荐装置和试验条件是基于人体生理特征建立模型用来模拟药物在人体内的释放和吸收[5]。因此，这些体外释放试验条件并不适用于那些基于动物生理条件而研发的药品。从监管的角度来看，体外释放试验是用于兽药新剂型，最低限度支持制剂开发，质量控制释放试验和 SUPAC。剂型的独特性、动物生理环境的复杂性和体外装置的设计会导致体外试验差异太大，或者完全缺乏生物相关性[3]。考虑到目标物种的生理特性，在有科学合理理由的情况下可以修改美国药典和欧洲药典中所述的试验条件。这一点尤其适用于瘤胃消化系统，与其他动物相比其非常独特，且显著不同于人类生理学特征。对于更加复杂的动物体外释放试验，在同一个物种内可以有特定品种差异。由于兽药体外试验条件缺乏生物相关性，所以在动物上的 IVIVC 研究较少并富有挑战性。

9.4.1 胃肠道的生理差异

犬、猫和猪是单胃动物，犬和猫是食肉动物而猪是杂食动物。它们的消化系统的生理学特征和药物吸收是相似的，也与人类有所差异(但也有明显的差异)。马是单胃的食草动物，不像反刍动物虽是食草动物却有多个胃系统[26]。有趣的是，犬和猪都在特定的时间间隔喂食，但猫、马和反刍动物自始至终都在吃。因为不同的饮食差异和饮食方式，草食动物和肉食动物消化系统的 pH 不同[26]。总的来说，如果不修改美国药典和欧洲药典中所述的试验条件，那么这些差异会导致制剂的体外释放试验很难与体内性能保持好的相关性。

9.4.1.1 单胃系统

犬的胃肠(GI)系统相对比较简单，与人类有着截然不同的特点。此外，不同品种的犬有不同的胃肠(GI)系统。例如，犬的大小影响胃肠道的长短。对于大体积品种的犬，胃肠道占总重的 2.8%，而对于小体积品种犬占比达 7%[27]。我们已经知道犬胃肠道的 pH 比人类高出一个单位，而人在禁食状态下 pH 是在 1～2。人在饭后，由于食物的缓冲效果 pH 上升到 3～5[29]。然而，多项研究表明犬胃肠道的 pH 变化很大。佐川等对空腹与餐后的比格犬的 pH 进行了研究。研究结果表明，空腹犬的 pH 为 2.05，高于人类，餐后犬的 pH 在 1.08～1.26。其他研究表明，餐后犬的 pH 0.5～3.5[29]。基于这些结果，餐后犬没有像人类饭后一样出现 pH 增加的现象。

宠物胃肠道的转运时间可能会影响药物在胃排空之前被完全吸收的能力。这对控释制剂特别重要。Martinez 和 Papich 对此进行了深入研究，阐述了影响犬和人之间胃停留时间的因素。这些差异包括犬胃的破碎力和幽门收缩力(其强于人类)，不同食物对不同物种的影响以及解剖学特性[28]。

不同物种的单胃系统的生理特性也存在差异,不仅仅是与人类的差异。与犬相比,猫的胃比例往往更小。研究表明,空腹状态下猫和犬的排空速率大致相同,但喂食状态下猫排空的速率稍慢[30]。另外,研究表明与人和犬相比,猫有更强的小肠渗透率[31]。猪的胃黏膜与人类相同,具有三层相同的黏膜组织层,只是在每层的相对面积上存在差异[26]。研究表明,这些差异会使某些药物失活。马胃的pH为5.5,比文献记载犬的pH要高得多。马胃的有效容量(8.5%),比文献记载的猪(29.2%)和犬(62.3%)的容量低很多[26]。

9.4.1.2 反刍动物

与大多数哺乳动物的单胃系统相比,反刍动物有一个独特的消化系统,它包含4个消化室。它们有一个前胃包括瘤胃、网胃和瓣胃,这3个胃都含有助消化的细菌[31]。在前胃之后是皱胃,功能类似于人类的胃。经前胃细菌消化后,剩余的没有完全分解的纤维素,重新返回动物的嘴里再咀嚼。其他已经被消化的物质转移至皱胃。瘤胃是消化系统中最大的部分,是那些在缺氧环境下能旺盛生长的原生动物和厌氧菌发酵并降解纤维素的场所。这个区域的pH通常为5.5～6.5。然而,在瘤胃之后每个胃的pH都逐渐降低,从网胃的6降低到皱胃的2～3[31]。

反刍动物胃肠之间的转运时间比其他大多数的动物要长得多。瘤胃保留食物大约18 h[32]。此后,一部分食物经反刍进行额外的咀嚼和消化。一旦食物通过前胃,会在皱胃中需要大约30 min通过[32]。在研发反刍动物用剂型时,需要考虑到避免反刍以及能够在瘤胃中停留较长的时间。

9.4.2 剂型与体外释放试验条件的案例

剂型的选择通常是由靶动物来决定的。为了能成功地研发出兽药产品,必须要考虑到靶动物的生理特点、APIs的理化性质以及药理学影响。体外释放试验同样也需要考虑到这些因素。美国药典和欧洲药典中阐述的试验条件并不总适用于我们感兴趣的剂型。偏离这些药典中所述试验条件是可以存在的但必须提供科学依据。依据应该包括靶动物的生理条件、传统方法中不能提供的新的制剂技术以及使用体外释放方法的目的。在研发初期,最好应该将这种方法与监管机构交流并收集他们的看法和想法。到那时,支持性的这些体内外试验数据与监管机构分享就可支撑使用非药典方法的依据。

由于病畜独特的生理特性和物种的多样性,因此兽药的剂型也大不相同,从比较传统的口服制剂,如片剂、混悬液和溶液剂到鲜为人知的剂型如注射性凝胶制剂,大丸剂以及植入式给药装置。影响新制剂在兽药中应用的因素有:载药量过大、制剂过大、满足需要的维持活性的持续时间、用法简便、病畜和自身的耐受性以及给药方式。该部分简述了可供选择的常见的新兽药制剂，并介绍成功的体外释放试验方法。当然，这并不是完全详尽地综述了所有的在研或上市的新剂型。

大丸剂是一种口服固体制剂，经常用于反刍动物和马。可以制成具有速释或控释特征。由于大丸剂往往体积比较大并且含有大量的API，所以在体外释放试验的开发上就存在着困难。例如市场上销售的大丸剂的大小都在5～20 g并且含有500 mg至16 g的API。方法开发的挑战包括药丸的体积以及那些可能导致介质浑浊或过滤困难的难溶性辅料[33]。传统的溶出试验条件(装置2 900 mL介质)已经证实可以适用于特定类型的速释大丸剂[34,35]。然而，对于渗透型延长作用时间的大药丸的体外溶出试验替代方法也有报道[36]。这种大药丸并不是采用药典中的装置而是置于具有出孔口的容器中。向容器中注水直至完全淹没药丸，最后将容器置于40℃的环境中储存一周。每周收集从中溶出的物料并得到溶出的水平。体内研究的结果也与体外释放试验具有很好的相关性[36]。

咀嚼片或软咀嚼片在兽药中已经越来越流行，由于它的适口性以及简便的给药方式在宠物市场上尤其流行。第一眼看上去，咀嚼片或软咀嚼片或许会被认成是传统的固体口服制剂。但是，这种剂型在体外释放试验上却存在困难。尽管这种剂型的目的是让宠物咀嚼但也无法保证。因此，我们需要做出药物被完整吞下去的假设，这种状况下API必须从完整制剂中释放出来才能达到治疗效果[37]。如果这种咀嚼片不能崩解，那么药典中的方法就需要修改以确保API的释放，可以通过增加搅拌速率、增加试验时间，以及使用表面活性剂和/或有机溶剂来提高崩解和API的释放。机械性地破坏或剪切常常被用来模拟机体的咀嚼，并且也能很好反映预期给药方式的目的[3]。然而，确保制剂是否完全破坏或剪切存在困难，这依赖于剂型的大小、处方信息以及生产工艺。另外，难溶物质会阻碍我们观察崩解情况，也会造成过滤困难。我们可以将装置替代成欧洲药典认可的用于药用咀嚼胶姆剂粉碎装置[17]，虽然该装置目前并没有得到美国药典的认可，或者也可以使用一些补充性或替代性的技术来确保该制剂有利于药物释放。例如，监测纹理结构(硬度)或者熔点的技术就可能和释放存在联系。

植入剂是固体的，通常是聚合物固体装置包含药物和释放装置，以保证药物在体内长时间释放一定的剂量。某些植入式给药装置需要在医疗器械或医生的帮助下注入或移出机体(某些不能被生物降解的植入剂就需要移出机体)。植入式给药装置对需要长效以及减少需反复给药的药物很有吸引力。体外试验也需要考虑到药物在体内的释放机制、生理环境以及病畜和植入式给药装置的相容性。给药系统的设计、辅料、高分子聚合物以及含水量都会影响药物的释放率[38]，植入式装置的体外试验时间也会持续数天至数月。在设计试验的过程中必须要保证活性成分的稳定性,介质中需要加入抑菌剂来抑制微生物的生长[3]。在体内相容性方面,使用 USP 中的装置 4 用于植入剂是成功的[39]。加速的释放试验条件例如使用高含量有机溶剂的介质以及高速搅拌可能会适用于质量控制测试,但是这种方法应该能区分处方和生产工艺的改变。体外加速试验和体内试验数据的相关性是可取的但也并不总是可行的[37]。

口服混悬液是固体或难溶性颗粒均一分布的液体。该液体本质上可以是水溶液,有机溶液或者油溶液。对于一些口服混悬液,药物释放活性成分的速度是药物吸收的限速步骤。混悬液的体外释放试验方法通常采用装置 2。高黏度的混悬剂的转速较低,黏度混悬液需要更高的搅拌速率,以免造成药物在溶出杯底部的聚集[3]。混悬液的黏度越大需要的搅拌速度也需要相应增大。溶解介质和添加剂的选择应该确保活性成分的溶解和释放。应研究取样前重新混悬的振摇速度、频率和振摇的时间,并将其标准化,以确保均匀的样品地投入到溶出杯中[3]。同时,对样品投入的方法进行验证,确定方法的准确性、精密度和重现性。在投入样品时,加入样品器具的几何面积对体积的影响需要标准化。样品的量(以体积或重量计)应该要反映出典型剂量[38]。

兽药剂型的多样化往往导致了体外释放的分析方法有多种选择。修改美国药典和欧洲药典中的体外试验条件是可以的但需要提供充足的科学证明。然而,你想的体外释放结果是能够区分药物处方或生产工艺中以保证批次间重现性的关键质量参数,一些溶出试验的替代方法可能提供更有用的信息,并且相比于传统的溶出试验更易去实施。试验条件、定量方法及验证步骤都应该符合监管机构提出的要求。替代溶出试验的分析方法除了与溶出试验一起或单独地用于评估那些能影响药物从制剂中释放的关键质量参数。其中一个例子,用质构仪代替传统的崩解仪,质构仪通过对固体口服制剂(如片剂或咀嚼片)施加一个恒力,探头随着时间移动的距离和时间绘制时间函数。最后,从该图可推测出崩解时间[40]。

9.5 体外释放方法开发、验证和技术参数设置

如前所述,体外释放试验在整个产品开发过程中扮演着多种角色。早期工艺开发过程中,应该明白获得适合的溶出度方法应早于能够控制关键质量参数的溶出度试验的研究。溶出度方法开发过程中应表明该方法能区分影响体内性能的配方和制造工艺的刻意变更。或者,为研究 IVIVC 或生物等效性的溶出度方法可能需要多个处方更迭来获得体内相关性,也可能要求进行体内临床研究来了解动物的吸收和处方变化的影响,通过统计分析的结果来了解体内相关性。IVIVC 方法

开发用于常规质量控制试验可能太复杂，如果有目的地建立一个体外释放方法作为质量控制方法和IVIVC关联，那么该方法应能够区分关键工艺参数或处方参数对体内行为的影响，且该方法在质量控制中是耐用的。在整个制剂产品开发过程中，了解所开发溶出度方法的目标、处方特点和体内性能对于确保产品质量和疗效质量标准很重要。

9.5.1　方法的开发

在体外释放试验方法建立之前，应对原料药的物理化学性质有一个全面了解，包括 pK_a、溶解度、pH、稳定性、粒度、离子强度、晶型和成盐形式。另外，在产品开发的早期，体外释放试验通常支持处方开发和辅料筛选。因此，剂型特性也应被考虑，包括辅料、生产工艺和释放机制。

当筛选潜在的溶出介质时，介质pH对于 pK_a、溶解度和药物稳定影响很大。每一次的尝试都要达到漏槽条件，确保原料药在介质的溶解度不是溶解速率一限制因素。原料药在介质中的稳定性，包括任何附加剂（如缓冲液或表面活性剂）的影响，需要经过证明[14]。当原料药的水溶性或润湿性较差时，允许加入少量的表面活性剂，但应该证明其加入的合理性。不建议使用醇水或有机溶剂。在大部分情况下，溶出介质应具有生物相关性且能代表生理条件[41]。生物相关的溶出介质的选择依据是原料药的BCS分类、吸收部位（如果已知）以及原料药的渗透性或制剂的溶出是否为吸收的限速步骤。特别是当该方法的目标是要建立IVIVC、生物等效性或生物利用度时[14]。能够区分餐后和空腹状态的介质仅用于检测IVIVC，一般不作为常规质量控制试验的一部分。

通常来说剂型决定了哪种溶出装置是合适的。如前所述，美国药典和欧洲药典推荐了各种剂型相适应的装置。此外，在选择装置时，要格外考虑剂型尺寸和原料药的含量。在建立方法期间，药典中的装置和方法应该是首先考虑的。但是，如果剂型是药典中没有的新剂型或者用药典条件检测的结果无意义和缺乏相关性时，可以采用经过充分科学论证的替代方法，论证的证据中应指出药典方法不适用的原因。非药典试验方法需要包括装置和试验条件。条件确证可以依据生理学的差异或者剂型自身特性，包括大小、载药量、处方或与传统试验条件的不相容。但是，非药典装置应该满足药典装置的要求。非药典装置应该容易制造组装且坚固，要提供对温度、介质损耗和速度控制的可控试验环境，每一个组成部件应该有精确的尺寸大小参数[42]。无论怎么变化，非药典方法应该能稳定指示，可重复的、可辨识的反映处方、生产工艺改变或制剂在影响因素条件下的变化，如光照、湿度和温度[23]。

选择定量技术应基于原料药的化学特性和制剂样品基质的复杂性。原料药的定量检测一般选用紫外和可见光(UV/VIS)分光光度法、高效液相色谱法(HPLC)或这些方法的联合使用。要用介质稀释的制剂来确定方法检测限。原位光纤检测直接测量溶解杯中药物溶出量的方式常用于人用药的检测,这种方式可能不太适用于兽药,由于在兽药制剂中经常发现可能有光谱干扰的复杂辅料[43]。如果使用 HPLC,这种方法具有的专属性并通过验证符合当前的监管标准。如果药物和材料不相溶或药物保留时间有问题,在方法开发中,自动取样、合适的管道、样品过滤等参数需要明确。体外试验期间,应该证明原料药的稳定性。

方法开发过程中,需要证明体外释放方法对试验目的具有区分能力。确证批间质量、一致性和稳定性的质量控制释放方法应该监控处方、生产工艺的关键参数,如粒度分布、释放率、晶型和压力[44,45]。在开发过程中,深入理解方法区分能力是至关重要的。体外药物释放方法获得的具有区分性能的数据可以用来支持 SUPAC。虽然采用优先选择能影响药物生物利用度的关键参数来区分批间差异,但它并不总是可行的[46]。如果体外试验方法被用来替代生物等效性,体外方法应该具有能够区分体内生物等效批次和体内生物不等效性批次的能力。

溶出度结果不应该变化很大,数据中任何非预期的结果或趋势应该探究。目视观察通常为结果变异提供直观和直接的方向。变化的溶出度结果可能是处方或生产工艺中细微的差别造成的,也可能是方法本身的因素造成的,如锥旋(固体在容器底部形成锥形趋势)、制剂黏结或漂浮、介质需要脱气、设备类型和速度[23]。

取样时间点取决于方法的使用意图和制剂类型。在开发早期,溶出曲线(即多个采样时间点)常用于理解体外性能与时间的函数,并与体内结果进行比较以了解方法适用性。在处方开发中,无限的取样时间点对于确保活性成分充分释放和确定含量均一性非常有意义[14]。相对于缓释制剂数小时的测试时间,大多数速释制剂的测试持续时间是 15～60 min。考虑到一些速溶技术的因素,药物释放可能会更快,如口腔崩解片(ODT)。OTDs 往往单独测定崩解或结合崩解与溶出。ODTs 通常必须在 30 s 内崩解[47]。

9.5.2 方法验证

开发和确定定量方法后,需要验证方法的专属性、线性、准确度、精密度和耐用性。专属性的验证需要考虑辅料、其他 APIs、或杂质/降解物。专属性的测定常常是通过分析含有所有处方成分但不含原料药的空白对照。线性和线性范围的建立是使用一定浓度范围的原料药溶液,其包括制剂的预计浓度范围。准确度和回收率的验证通过制备含有全辅料溶于溶出介质的一定浓度范围的活性物质的样品,其包含药品的预计浓度范围。精密度的建立是通过反复测定(反复测定标准溶液和/或样品溶液)，中间精密度用于测定实验室的随机影响(通常由其他分析人员在不同日期用不同仪器考察)。耐用性是评估设计的微小变化对溶出度方法的影响。需要考察溶出度的方法和定量检测方法的耐用性。对于溶出度试验的方法，缓冲液浓度、pH、表面活性剂的浓度、装置的速度和温度的变化对结果有影响[14,23]。定量方法耐用性的设计和实施取决于所用分析技术，即 HPLC、UV-VIS 或电化学检测。开发过程中需要鉴定合适的关键参数，并证明细小改变对结果的影响。

9.5.3　标准的建立

体外释放试验的标准可区别药品合格和不合格批次，这对确保患者安全和疗效很重要。质量标准的建立是基于可接受的临床、关键生物利用度和/或生物等效性合格的批次样品，以及药品研发过程中试验批次的历史数据[45]。建立 IVIVC 后，所有满足既定的溶出度标准的批次被认为生物等效。如果没有 IVIVC，溶出度质量标准按照生产工艺范围和关键临床试验以及稳定性研究批次的数据进行确定，但是可能与药物的体内行为没有任何关联。作为质量控制放行方法，在研发过程中，必须发现那些最有可能影响药物释放曲线的生产工艺变化，开发的标准能够区分按正常工艺生产和未按正常工艺生产的批次。不管体外释放试验和其预期用途间的关系，质量标准应具有实用性、科学合理性以及对测试的用途具有专属性。

对于速释药物而言，质量标准有 3 个显著的类别：单点、两点和溶出曲线比较[13]。单点质量标准适用于高溶解性的和快速溶出的 APIs(BCS 1 类或 3 类)的常规质量控制试验。典型的单点质量标准为在 60 min 或 60 min 内不少于 85%($Q=80\%$)。溶出缓慢或难溶于水的 APIs(BCS 2 类)的一般设置两点质量标准，用来表征药品质量和常规检测，其一个点在 15 min，另一个点再晚一点测试，释放不少于 85%的时间点(60 min 或 60 min 内)。对于 BCS 4 类化合物而言，多时间点或溶出曲线对确保体内性能和质量控制是有必要的。对于 SUPAC 相关的改变和速释剂型的生物等效性，首选溶出曲线质量标准。药品在变更前后需要比较溶出曲线[13]。

对于控释剂型，溶出曲线常使用足够的点以证明批间曲线的一致性。质量标准至少包含 3 个时间点：第一个点 20%～30%药物释放，以确保不过早释放，即突释；第二个时间点大约 50%药物释放；第三个时间点 80%～85%释放。其他替代或附加的具有通过科学确证的时间点也可以使用[48]。

对于非传统剂型，包括一些控释剂型和许多上述的兽药常见剂型，体外释放试验可提供药品释放特性的信息，但常与体内行为无关。因此，该溶出度的方法常用于监控药品稳定性和确保能控制生产。这些方法的重点应放在关键质量参数的影响和工艺改变对药品释放特性的影响上[1,48]。不考虑剂型和释放机制,药品在保质期期限内要满足溶出度的质量标准。当 IVIVC 没有建立但稳定性试验表明制剂随着储存条件和存储时间发生变化,就需要评价这些变化对体内变化的重要性。当制剂在稳定性储存条件下发生变化,假设已证明稳定性储存后的制剂生物等效,则可以修改质量标准以反映出该变化[13,48]。

9.6 体内/体外相关性

建立体内/体外相关性(IVIVC)模型用于证明某一剂型(常为控释药品)体外释放规律和体内行为的生物关系。为了建立 IVIVC,给药后的药代动力学参数(如 C_{max} 或 AUC)与体外试验得到的释放规律进行比较。相关性的定量表示用反卷积技术和统计矩计算[1,49,50]。IVIVC 的获得依赖于处方特性、体外释放方法和原料药的理化性质。其用途延伸至处方筛选、溶出方法开发、标准的建立和生物等效性确认[1,49]。此外,IVIVC 可用于支持生物等效豁免和不需要额外的体内试验的生物等效性,这节省了大量费用和时间[51]。

依据血浆药物浓度—时间曲线和体外释放曲线的关系,USP 中描述了 3 个级别的相关性。A 级相关性是可获得的最高级别。其描述了体内吸收和体外释放的点对点相关性。这种情况下,即使生产工艺变化、处方变更或者产品剂量调整,体外数据完全可替代体内数据。B 级相关性使用统计矩解析,例如平均体外溶出时间与平均体内溶出时间的比较。无法获得点到点相关性。C 级相关性,一个溶出时间点与一个药代动力学参数相关联,而产生单点相关性。B 级和 C 级相关性无法预测药物体内性能。因此,当生产或药品改变时,体外数据无法代替体内数据[1]。

许多资源描述了建立人用药品 IVIVC 的方法[1,49,52]。但是,只有极少数是用于兽药的。当着手开发兽药制剂的体外释放试验方法时,希望能保持生物等效性。因此,由于本章里讨论的种种原因,如兽药常用一些新剂型、装置的认可和试验条件的限制,以及体内临床试验所需要的相关费用和时间,使得兽药获得 IVIVC 存在困难。

9.7 非药典释放试验案例研究:CIDR 阴道内插入剂

兽药产品的一个例子是 CIDR 阴道内插入剂,它的体外释放试验就是一个挑战，面临本章所述的许多困难。这是由许多因素导致的，包括独特的形状、尺寸和水中高度难溶药物（黄体酮）的高荷载量。CIDR 阴道内插入剂将孕酮均匀分散在整个硅树脂皮肤上，然后在高温注射到惰性 T 形尼龙脊柱上固化成型，如图 9.1 所示[53-58]。尼龙装置提供了插入剂的形状，传递系统的理化性质见表 9.2。

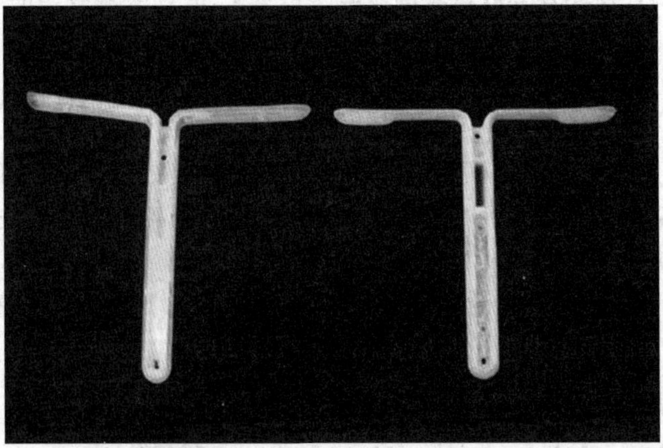

图 9.1　牛 CIDR 阴道内插入剂

（左）牛 CIDR-B 或 CIDR1900 插入剂；（右）牛 CIDR1380 插入剂

表 9.2　CIDR 阴道插入剂的理化性质

参数	尺寸	药物释放试验开发的相关问题
形状	T 形	不熟悉的几何形状需要直接插入 1 000 mL 标准溶出杯
机械强度	具有刚性和韧性的翼在铰链区弯曲	使插入剂在 1 000 mL 溶出杯保持 T 形有困难 弯曲的翼关闭后插入剂趋向于自然打开其 T 形
尺寸	尖端—尖端的距离＝14 cm 体长＝15 cm	尖端—尖端的距离和体长抑制了桨式搅拌器的自由旋转 如果加入 1 000 mL 介质至溶出容器，体长使得插入剂有一部分暴露在溶出介质上方
黄体酮负载比	CIDR-B＝10％（W/W） CIDR 牛插入剂＝10％（W/W）	水溶性很低，高载药量
黄体酮负载量(g)	CIDR-B＝1.9 g CIDR 牛插入剂＝1.38 g	使用介质中药物溶解度问题 漏槽条件的维持

药典上的装置和条件是方法开发的起点;但是,需要调整以获得该剂型的预期的体外释放试验。表 9.2 中的观察结果(即插入剂的物理体积大,且插入剂中含有大量的不溶于水的药物)提供了改造 USP 药典指定设备的依据。缺乏兽药监管机构如 CVM 或 EMA 提供指南的指导,仅有限数量的文献描述了新兽药剂型的试验步骤,该产品开发体外释放试验的步骤是依据 USP 药典中所述的药品释放试验内在的科学原则。遇到问题的解决方法如下。

9.7.1 插入剂在溶出瓶中的放置和维持

虽然插入剂的尺寸和体积比较大,但是通过向体部方向折叠翼部,可将其置于体积 1 000 mL 的标准溶出瓶中。然而,插入后会阻碍桨式搅拌器进入溶出杯中,因此没有办法搅拌溶出介质。此外,弯曲部位的自然抵抗力会将插入剂推出溶出杯。该问题通过制造特殊设计的固定器解决(图 9.2),其将插入剂置于固定位置

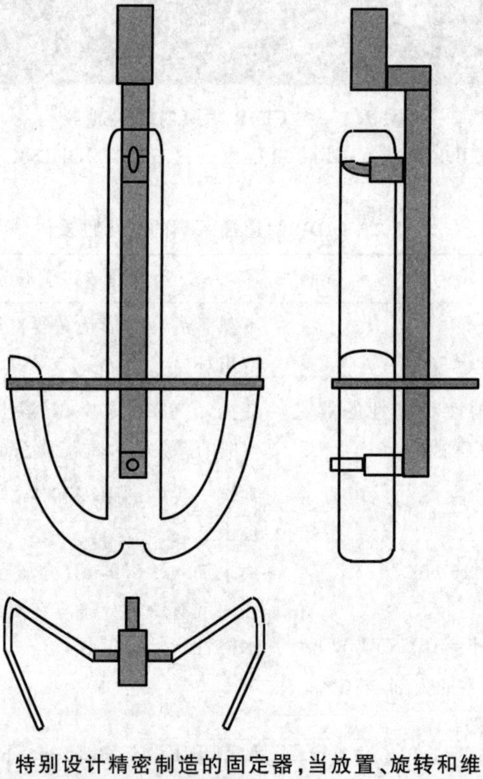

图 9.2 特别设计精密制造的固定器,当放置、旋转和维护时可以使 CIRD 插入剂能够精确地保持在溶出杯内的位置。正视图(左上)、侧视图(右)和俯视图(左下)。参考文献[61]

并固定了插入剂的翼部。该设计可以将插入剂绕着自己的轴旋转,而且它的大小也可以将插入剂处于溶出杯中。当旋转固定器时,插入剂的翼就充当了搅拌叶。通过严格地设计、精确地制造,制造后的尺寸鉴定以及刀片下端距溶出杯底部 5 mm 的位置,这样的设计使得在任何给定的搅拌速度下都有可产生可重复的流体动力。

9.7.2　溶出介质体积

尽管插入剂置于特殊设计的固定器上,准确地将其放在距离溶出杯底部 5 mm 的位置,但是当 1 000 mL 的溶出介质加入溶出杯中进行搅拌时,CIDR 阴道插入剂较长的体部使得一部分暴露在溶出介质上面,这就需要使用 1 100 mL 的溶出介质,1 100 mL 溶出介质刚好可以放入标示体积为 1 000 mL 的溶出杯中,而且当搅拌速度增加到 150 r/min 时也不会将液体溅到外面。

9.7.3　蒸发量

最终开发的药物释放试验是,24 h 作为一个测试周期(要求释放度>80%,$t=\infty$)。当使用传统盖子盖在溶出杯上时,这段较长的时间将引起溶出介质过多的蒸发。由于在溶出试验中不能接受蒸发[59,60],因此生产了一种特殊设计的盖子,其法兰盘和 O 圈使得在试验过程中溶出介质保持最小的蒸发(图 9.3)。

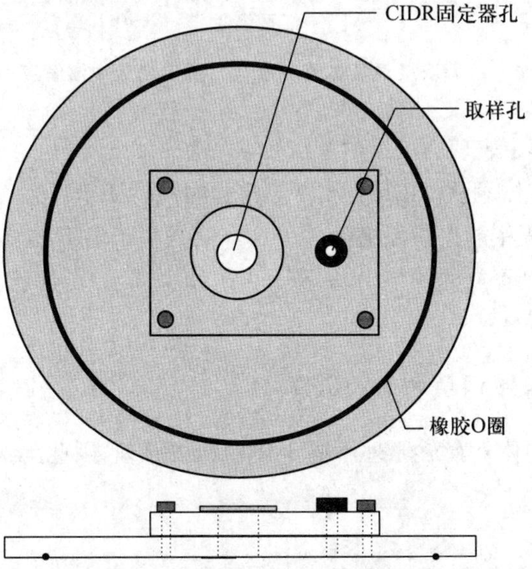

图 9.3　特殊设计的盖子,以确保试验过程中最小蒸发量。俯视图(上);侧视图(下)。参考文献[61]

9.7.4 漏槽条件的维持

尽管模拟体内条件是体外溶出试验的首选,但由于黄体酮在水中难溶阻碍了使用真实生理介质。表面活性剂的使用并没有显著增加黄体酮在水中的溶解性而达到漏槽条件。在释放试验中重复频繁的更换如此大量的水是不现实的。因此,在研发过程中期待找出一种溶剂,至少和一些水混合,最终在药物整个释放过程中能保证漏槽条件溶出随着时间而增加,这种溶剂就是乙醇(图 9.4)。

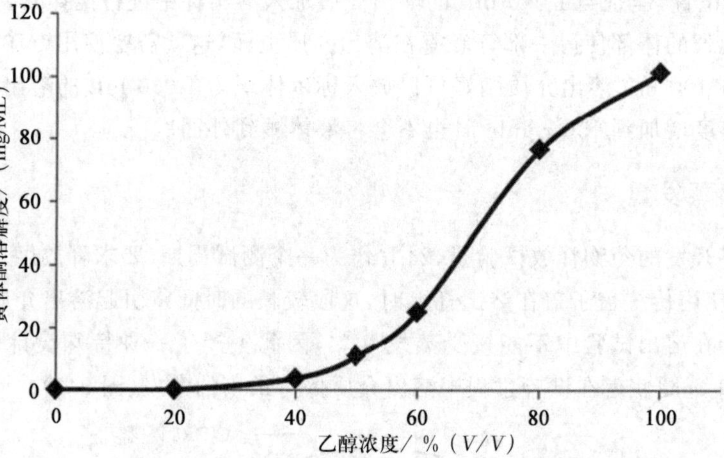

图 9.4 乙醇浓度对黄体酮在水与乙醇混合液中溶解度的影响

黄体酮在乙醇中表现出极大的溶解性,乙醇与水比例为 66.6%∶33.3%(V/V)的混合溶剂使得黄体酮从 CIDR-B(1.9 g 黄体酮)或 CIDR1380 牛插入剂(1.38 g 黄体酮)在释放的过程中能保持漏槽条件。这个值是基于溶出杯(1 100 mL)中溶出介质的体积,在插入剂释放的终溶出总量(1.9 g)和不同水∶乙醇比例的混合物中黄体酮的溶解度而选择的。

9.7.5 体内/体外相关性(IVIVC)

由于观察到的体外释放原理不同于体内释放原理,因此无法建立 IVIVC。

9.7.6 最终方法

最终方法见图 9.5,试验参数见表格 9.3。该方法已成为注册文件,并在新西兰、澳大利亚和美国成功注册。PCL 阴道插入剂用了同样的方法[62]。该方法被证明对影响阴道插入剂体内性能的关键质量参数有区分度[63]。

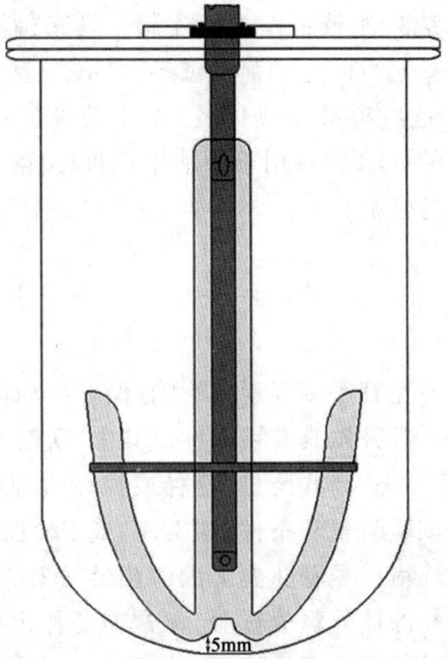

图 9.5　CIDR-B 和 CIDR1380 阴道插入剂的 QC 检测的最终药物释放试验方法。参考文献[61]

表 9.3　CIDR-B 和 CIDR1380 阴道插入剂的 QC 检测的最终药物释放试验方法[61]

参数[1]	值
溶出介质体积	1 100 mL
转速	100 r/min
温度	39℃
固定器	特殊设计(图 9.2)
盖子	特殊设计(图 9.3)
固定器在溶出杯底部的位置	5 mm
溶出介质的组成	乙醇：水＝66.6：33.3%(*V*/*V*)
pH 和离子强度	没有调节
时间点	2 min,2 h,4 h,8 h,12 h,24 h
QC 参数	释放速率[$\mu g/(cm^2 \cdot h^{1/2})$]
分析方法	UV
最终试验条件下释放率的大概批变化范围	1 300±10%

该方法被证明具有专属性、耐用性、精确性和区分度。能够通过关键参数在生产放行和稳定性试验中区分合格批次和不合格批次。因为 IVIVC 无法建立,所以该试验的局限在于该方法只能被用作质量控制工具来检测批量生产批次是否合格,它不能用来替代生物等效性、生物豁免或 SUPAC。基于药物的释放速度建立了溶出度的质量标准。这些标准是具体的(基于关键的中试验批和多个生产批次),专属用于预设的目的(QC 工具用于评估生产批性能),而且被科学地论证(在体内研究中收集到的支持性数据)。

9.8 结论

兽药的体外溶出试验受到很多因素的影响(例如靶动物独特的生理机能、物种差异以及新剂型的使用),其开发具有挑战性。其中,新剂型是最为困难的,因为其特殊的尺寸、不同的几何形态、高载药量、速释或控释机理以及原料药和制剂的理化性质。药典上的体外试验装置和条件(如 USP 或 Ph. Eur. 所述)开发用于模拟常规制剂给药的人体内环境。尽管药典上的溶出装置和条件是方法开发的起点,为了达到预期的兽药制剂的体外释放试验,常常需要作出修改。使用非药典上描述条件的依据必须被通过论证并提供给相应监管局。当替代分析技术被证明对影响剂型体内行为的关键质量参数有区分力,它就可以与体外溶出度试验联合使用或者替代体外溶出度试验。不管最终的体外试验条件如何,体外溶出度试验的开发应该是全面的,而且该方法必须具有专属性、耐用性、精密性,对关键参数具有区分力,在放行或稳定试验中能区分合格和不合格的批次。质量标准应切合实际,对测试的预期用途具有专属性,并把在整个药品开发过程中收集的支持性数据为依据进行科学论证。

在人用药物中,体外方法开发的重点是获得药物体内/体外相关性(IVIVC)。生物相关的体外释放试验的具有预测体内行为的能力,将有助于制剂开发、生物等效、生物等效豁免和 SUPAC。总的来说,具有生物相关的体外释放试验可减少所需临床研究的数量而节省了大量的成本和时间。然而,获得 IVIVC 甚至一个生物相关性体外释放试验对兽药来讲是一大挑战。缺乏生物相关性的最大的障碍是能够准确模拟目标物种的生理条件。通过对 USP 和 EP 上的试验条件的改进,使得与动物的生理条件更匹配,但是这些改进必须经过科学论证。例如,通过增加溶出介质的 pH 值来模拟反刍动物肠道内的条件就是科学合理的。对于释放度长达几个月的新型缓释制剂,替代分析方法比药典上的方法能更好地模拟体内行为。

不幸的是,科学家仅拥有有限的资源,而使得开发兽药新制剂的体外释放试验面临挑战。而且兽药监管机构(如 VCM 或 EMA)几乎不提供指导。已发表的关于新型兽药剂型和体外释放试验的论文也很有限。因此,在研发过程中,鼓励与监管机构进行公开对话以收集他们对于分析方法的观点。不论剂型、预期用途或试验条件,在兽药体外释放试验的开发过程中,必须证明测试方法具有扎实的科学原理并有确凿的数据支持。

参考文献

1. United States Pharmacopeia 34—National Formulary 29 (2011) <1088> In vitro and in vivo evaluation of dosage forms. United States Pharmacopeia Convention, Rockville, MD, pp 612–617
2. United States Pharmacopeia 34—National Formulary 29 (2011) <711> Dissolution. United States Pharmacopeia Convention, Rockville, MD, pp 278–284
3. Siewart M, Dressman J, Brown C, Shah V (2003) FIP/AAPS guidelines for dissolution/in vitro release testing of novel/special dosage forms. Dissolution Technol 10(1):6–15
4. Brown WE (2005) Compendial requirements of dissolution testing – European pharmacopoeia, United States pharmacopeia. In: Dressman J, Krämer J (eds) Pharmaceutical Dissolution Testing, 1st edn. Taylor & Francis, New York pp, pp 69–80
5. Kramer J, Grady LT, Gajendran J (2005) Historical development of dissolution testing. In: Dressman J, Krämer J (eds) Pharmaceutical Dissolution Testing, 1st edn. Taylor & Francis, New York pp, pp 1–37
6. Abdou HM (1989) Mechanism of drug absorption. In: Gennaro A, Migdalof B, Hassert GL, Medwick T (eds) Dissolution, Bioavailability, and Bioequivalence, 1st edn. Mack Publishing Company, Pennsylvania pp, pp 303–314
7. Martinez M, Amidon G, Clarke L, Jones WW, Mitra A, Riviere J (2002) Applying the biopharmaceutics classification system to veterinary pharmaceutical products, part II: physiological considerations. Adv Drug Deliv Rev 54:825–850
8. United States Food and Drug Administration (2000) Guidance for industry. Waiver of in vivo bioavailability and bioequivalence studies for immediate-release solid oral dosage forms based on a biopharmaceutics classification system. Center for Drug Evaluation and Research (CDER), Rockville, MD
9. Reddy BB, Karunakar A (2011) Biopharmaceutics classification system: a regulatory approach. Dissolution Technol 18(1):31–37
10. Martinez M, Augsburger L, Johnston T, Jones WW (2002) Applying the biopharmaceutics classification system to veterinary pharmaceutical products, part I: biopharmaceutics and formulation considerations. Adv Drug Deliv Rev 54:805–824
11. Parker J, Gray V (2006) Highlights of the AAPS workshop on dissolution testing for the 21st Century. Dissolution Technol 13(3):26–31
12. D'Souza SS, Lozano R, Mayock S, Gray V (2010) AAPS workshop on the role of dissolution in QbD and drug product life cycle: a commentary. Dissolution Technol 17(4):41–45
13. United States Food and Drug Administration (1997) Guidance for industry. Dissolution testing of immediate release solid oral dosage forms. Center for Drug Evaluation and Research (CDER), Rockville, MD

14. Brown CK (2005) Dissolution method development: an industry perspective. In: Dressman J, Krämer J (eds) Pharmaceutical Dissolution Testing, 1st edn. Taylor & Francis, New York pp, pp 351–372
15. Gray VA (2005) Compendial testing equipment: calibration, qualification, and sources of error. In: Dressman J, Krämer J (eds) Pharmaceutical dissolution testing, 1st edn. Taylor & Francis, New York, pp 39–67
16. European Pharmacopoeia 7.0 (2011) 2.9.4 Dissolution test for transdermal patches: 263–265
17. European Pharmacopoeia 7.0 (2011) 2.9.25 Dissolution test for medicated chewing gums: 289–290
18. European Pharmacopoeia 7.0 (2011) 2.9.42 Dissolution test for lipophilic solid dosage forms: 319–321
19. Rohrs BR, Burch-Clark DL, Witt MJ (1995) USP dissolution apparatus 3 (reciprocating cylinder): instrument parameters effects on drug release from sustained release formulations. J Pharm Sci 84:922–926
20. Lonney TJ (1996) USP apparatus 4 (flow through method) primer. Dissolution Technol 3(2):10–12
21. Emami J (2006) In vitro-in vivo correlation: from theory to applications. J Pharm Sci 9(2):31–51
22. Abdou HM (1989) Theory of dissolution. In: Gennaro A, Migdalof B, Hassert GL, Medwick T (eds) Dissolution, bioavailability, and bioequivalence, 1st edn. Mack Publishing Company, Easton, PA, pp 11–36
23. United States Pharmacopeia 34—National Formulary 29 (2011) <1092> The dissolution procedure. United States Pharmacopeia Convention, Rockville, MD, pp 624–630
24. European Pharmacopoeia 7.0 (2011) 5.17.1 Recommendations on dissolution testing: 665–667
25. Marques M (2004) Dissolution media simulating fasted and fed states. Dissolution Technol 11(2):16
26. Baggot JD, Brown SA (2010) Basis for selection of the dosage form. In: Hardee GE, Baggot JD (eds) Development and formulation of veterinary dosage forms, vol 88, Drugs and the Pharmaceutical Sciences. Informa Healthcare, New York, pp 7–144
27. Fleischer S, Sharkey M, Mealey K, Ostrander EA, Martinez M (2008) Pharmacogenetic and metabolic differences between dog breeds: their impact on canine medicine and the use of the dog as a preclinical animal model. AAPS J 10(1):110–119
28. Martinez MN, Papich MG (2009) Factors influencing the gastric residence of dosage forms in dogs. J Pharm Sci 98(3):844–860
29. Sagawa K, Fasheng L, Liese R, Sutton SC (2009) Fed and fasted gastric pH and gastric residence time in conscious Beagle dogs. J Pharm Sci 98(7):2494–2500
30. Sutton SC (2004) Companion animal physiology and dosage form performance. Adv Drug Deliv Rev 56:1383–1398
31. Vandamme TF, Ellis KJ (2004) Issues and challenges in developing ruminal drug delivery systems. Adv Drug Deliv Rev 56:1415–1436
32. Wu SHW, Papas A (1997) Rumen-stable delivery systems. Adv Drug Deliv Rev 28:323–334
33. Fahmy R, Marnane W, Bensley D, Hollenbeck RG (2002) Dissolution test development for complex veterinary dosage forms: oral boluses. AAPS Pharm Sci 4(4):1–8
34. Fahmy R, Marnane W, Bensley D, Hollenbeck RG (2001) Dissolution testing of veterinary products: dissolution testing of aspirin boluses. Dissolution Technol 8(1):1–4
35. Fahmy R, Marnane W, Bensley D, Hollenbeck RG (2001) Dissolution testing of veterinary

products: dissolution testing of tetracycline boluses. Dissolution Technol 8(1):1–3
36. Zingerman JR, Cardinal JR, Chern RT, Holste J, Williams JB, Eckenhoff B, Wright J (1997) The in vitro and in vivo performance of an osmotically controlled delivery system—IVOMEC SR® bolus. J Control Release 47:1–11
37. Brown CK, Friedel HD, Barker AR, Buhse LF, Keitel S, Cecil TL, Kraemer J, Morris JM, Reppas C, Stickelmeyer MP, Yomota C, Shah VP (2011) FIP/AAPS joint workshop report: dissolution/in vitro release testing of novel/special dosage forms. AAPS Pharm Sci Technol 12(2):782–794
38. Martinez M, Rathbone M, Burgess D, Huynh M (2008) In vitro and in vivo considerations associated with parenteral sustained release products: a review based upon information presented and points expressed at the 2007 Controlled Release Society Annual Meeting. J Control Release 129:79–87
39. Iyer SS, Barr WH, Karnes TH (2006) Profiling in vitro drug release from subcutaneous implants: a review of current status and potential implications on drug development. Biopharm Drug Dispos 27(4):157–170
40. Dor PJM, Fix JA (2000) In vitro determination of disintegration time of quick-dissolve tablets using a new method. Pharm Dev Technol 5(4):575–577
41. Marroum PJ (2008) Setting meaningful in vitro dissolution specifications. Available via the American Pharmaceutical Review website. http://americanpharmaceuticalreview.com/ViewArticle.aspx?ContentID=3210. Accessed 06 Oct 2011
42. Rathbone MJ, Shen J, Ogle CR, Burggraaf S, Bunt CR (2000) In vitro drug release testing of controlled release veterinary drug products. In: Rathbone MJ, Gurny R (eds) Controlled Release Veterinary Drug Delivery: Biological and Pharmaceutical Considerations, 1st edn. Elsevier, New York pp, pp 311–332
43. Ahmed I, Kasraian K (2002) Pharmaceutical challenges in veterinary product development. Adv Drug Deliv Rev 54:871–882
44. Rathbone MJ, Martinez MN, Huynh M, Burgess D (2009) CRS/AAPS joint workshop on critical variables in the in vitro and in vivo performance of parenteral sustained-release products. Dissolution Technol 16(2):55–56
45. Shah V (2005) Establishing dissolution specification current CMC practice. Advisory Committee for Pharmaceutical Sciences. Available via FDA website. http://www.fda.gov/ohrms/dockets/ac/05/slides/2005-4137S1_04_Shah.ppt. Accessed 06 Oct 2011
46. Burgess DJ, Crommelin DJA, Hussain AS, Chen M (2004) Assuring quality and performance of sustained and controlled release parenterals: EUFEPS workshop report. AAPS Pharm Sci 6(1):1–12
47. United States Food and Drug Administration (2008) Guidance for industry. Orally disintegrating tablets. Center for Drug Evaluation and Research (CDER), Rockville, MD
48. The European Agency for the Evaluation of Medicinal Products (2004) Note for guidance on the quality of modified release dosage forms for veterinary use. The European Agency for the Evaluation of Medicinal Products, London
49. Sunkara G, Chilukuri DM (2003) IVIVC: an important tool in the development of drug delivery systems. Drug Deliv Technol 3(4). Accessed via journal website. http://www.drugdeliverytech.com/ME2/dirmod.asp?sid=4306B1E9C3CC4E07A4D64E23FBDB232C&nm=Back+Issues&type=Publishing&mod=Publications%3A%3AArticle&mid=8F3A7027421841978F18BE895F87F791&tier=4&id=B240FEB1DF9D435BA313EFF2E91F5AD7. Accessed 06 Oct 2011
50. Uppoor VRS (2001) Regulatory perspectives on in vitro (dissolution)/in vivo (bioavailability)

correlations. J Control Release 72:127–132
51. Karalis V, Magklara E, Shah VP, Macheras P (2010) From drug delivery systems to drug release, dissolution, IVIVC, BCS, bioequivalence and biowaivers. Pharm Res 27:2018–2029
52. Gillespie WR (1997) Convolution-based approaches for in vitro-in vivo correlation modeling In, *In Vitro-In Vivo Correlations*, 1st edn. Plenum Press, New York
53. Rathbone MJ, Bunt CR, Ogle CR, Burggraaf S, Ogle C, Macmillan KL, Burke CR, Pickering KL (2002) Reengineering of a commercially available.bovine intravaginal insert (CIDR insert) containing progesterone. J Control Release 85:105–115
54. Rathbone MJ, Macmillan KL, Bunt CR, Burggraaf S, Burke C (1997) Conceptual and commercially available intravaginal veterinary drug delivery systems (invited review). Adv Drug Deliv Rev 28:363–392
55. Rathbone MJ, Macmillan KL, Inskeep K, Day M, Burggraaf S, Bunt CR (1997) Fertility regulation in cattle (invited review). J Control Relcase 54:117–148
56. Rathbone MJ, Macmillan KL, Jöchle W, Boland M, Inskeep K (1998) Controlled release products for the control of the estrous cycle in cattle, sheep, goats, deer, pigs and horses (invited review). Crit Rev Ther Drug Carrier Syst 15:285–380
57. Rathbone MJ, Kinder JE, Fike K, Kojima F, Clopton D, Ogle CR, Bunt CR (2001) Recent advances in bovine reproductive endocrinology and physiology and their impact on drug delivery system design for the control of the estrous cycle in cattle. Adv Drug Deliv Rev 50:277–320
58. Rathbone MJ, Macmillan KL (2004) Applications of controlled release science and technology: progesterone. Cont Rel Newsl 21:8–9
59. Hanson WA (1982) Handbook of Dissolution Testing. Pharmaceutical Technology Publications, Springfield, USA
60. Banakar UV (1991) Factors that Influence Dissolution Testing. In: Banakar UV (ed) Pharmaceutical Dissolution Testing, Chapter 5. Marcel Dekkar, Inc., New York, USA, pp 133–187
61. Ogle CR. (1999) Design, development and optimisation of veterinary intravaginal controlled release drug delivery systems. PhD Thesis, University of Waikato
62. Rathbone MJ, Bunt CR, Ogle CR, Burggraaf S, Ogle C, Macmillan KL, Pickering KL (2002) Development of an injection molded poly (ε-caprolactone) intravaginal insert for the delivery of progesterone to cattle. J Control Release 85:61–71
63. Bunt CR, Rathbone MJ, Burggraaf S, Ogle CR (1997) Development of a QC release assessment method for a physically large veterinary product containing a highly water insoluble drug and the effect of formulation variables upon release. Proc Int Symp Control Release Bioact Mater 24:145–146

第 10 章

长效瘤胃药物传递系统

Thierry F. Vandamme & Michael J. Rathbone

由于反刍动物独特的消化系统，药物传递技术可以用于延长药物在瘤胃中的释放时间，其释放时间能达到 12 个月(甚至更长)。从 19 世纪 80 年代开始，不同药物传递技术已被开发用于延长药物在牛、羊瘤胃的释放时间，这些药物包括：抗生素、驱虫药、微量元素、促生长剂及矿物质。瘤胃装置的成功开发必须从技术角度考虑药物释放部位的解剖和生理结构，同时考虑药物所治疗疾病的状态。一个药剂学家应该拥有健全的物理药剂学知识及塑料产品设计的能力。本章节讲述了历史上及近年研发的兽用瘤胃长效药物传递技术，明确了瘤胃药物传递技术的开发与瘤胃解剖和生理学的相关性，同时以线虫感染为临床病例，通过疾病状态的深入剖析来阐述长效作用药物的商业价值。最后，本章节还描述了为治疗线虫感染成功开发的驱虫药物传递系统。

10.1 前言

开发一个兽用药物的长效传递技术，制剂学家需要面对许多的挑战。不管开发的产品是用于小动物还是家畜，其中的障碍包括：不同物种之间(甚至同种物种

T. F. Vandamme(✉)
Laboratoire de Conception et d'Application des Molécules Bioactives, Faculté de Pharmacie, Université de Strasbourg, Illkirch Cedex, France
e-mail: vandamme @ unistra. fr

M. J. Rathbone
Division of Pharmacy, International Medical University, Kuala Lumpur, Malaysia

M. J. Rathbone and A. McDowell (eds.), *Long Acting Animal Health Drug Products: Fundamentals and Applications*, Advances in Delivery Science and Technology, DOI 10. 1007/978-1-4614-4439-8_10,

的不同品种之间)解剖和生理结构的显著差异;动物的大小和重量差异;需要研发不同的给药方法;同时需要研发药物在动物体内保持持续释放的方法;对于食品动物,他们的肉、蛋、奶最终被消费者消费,必须考虑对消费者健康的保护。

在过去的40年中,专门用于动物的长效药物传递技术已经研发出来。这些技术的进步提升了兽医实践、动物健康和福利、家畜管理水平及对主要疾病的治疗水平[1]。应用于小动物的技术进步包括:通过挤压法生产的杀虫项圈(第一个项圈产品是含有能够杀死蜱和跳蚤的二嗪农);预混剂技术用于预防性作用的抗生素;宠物洗发水采用了球晶技术以延长作用时间;猫的配方中添加干扰素;有专利保护的营养添加剂能解决猫和狗的焦虑及恐惧问题;含有皮质激素的喷雾剂可用于皮肤病而无全身作用(由分子的特性引起);地洛瑞林的植入体用于雄犬的化学去势;更近的是在欧洲已登记了用于预防犬利什曼病的疫苗。对于家畜而言,可以查到的给药技术主要有:诺甲醋孕酮(Syncromate-B)和戊酸雌二醇(Crestar®)的植入剂;孕酮的惰性硅树脂,比如PRID®和CIDR®用于阴道内给药;含有孕酮的聚氨酯海绵阴道栓剂;含有矿物质、微量元素、抗生素、促生长剂或驱虫药等的瘤胃大丸剂,如Captec device、Paratect Flex、Ivomec bolus及Time Capsule。

一个长效兽用药物传递系统在畜牧行业有着特殊的价值。这种价值的体现主要是由于反刍动物集约化养殖的出现,比如牛、羊的养殖。这种集约化的养殖需要减少家畜的给药次数,因为家畜很难控制,聚集和治疗非常消耗时间,且在处理过程中造成应激(应激会降低家畜的生长及生产性能)。幸运的是,药剂学家利用了牛羊等反刍动物消化道的解剖特性(尤其在瘤胃),这种特性为停留合理设计的长效药物传递技术提供了机会。本章节主要给读者介绍瘤胃给药领域,通过描述历史上瘤胃长效药物传递技术的例子来使读者理解该领域需要的新颖和与众不同的思想,同时介绍了相关技术的工作实例,从这些实例中可以对瘤胃传递和药物在瘤胃中保持长效的机制进行归纳。本章节同时也描述了一些最近开发的长效瘤胃药物传递技术,同时明确了瘤胃给药技术与瘤胃解剖、生理特性之间的关系。线虫感染这一疾病被用来作为临床病例来说明长效作用药物给畜牧业带来商业价值。在书的后半部分,个案研究中描述了一种被专门开发用来治疗线虫感染的驱虫药物传递系统。

10.2 反刍动物消化系统的解剖学特征

这一主题在本书的第3章中已经详细地描述过。与兽用长效药物传递相关的方面包括:反刍动物的瘤胃有4个隔室:瘤胃、网胃、瓣胃、皱胃。瘤胃是4个隔室中最大的一个,同时具有独特的解剖特点,而这一特点对于药物传递非常的理想。

瘤胃的黏膜由复层鳞状上皮组成，这种结构被认为不是一种吸收型的上皮，瘤胃也不是好的吸收位置，因此对于药剂学家来说，它的功能是用来定位和保持长效药物传递技术的胃室。

瘤胃是一个大的发酵室（±125 L），提供了厌氧的环境、恒定的温度、pH 及具备良好的混合能力。充分咀嚼的食物经过食道定期地进行传递。瘤胃大得足以容纳一种递送技术，实际上，它可以同时包含多种药物传递技术。瘤胃的动态环境能够提供良好的混合；同时，瘤胃为药物传递提供动力，这种力量足以引起腐蚀或磨损（对药剂学家来说，这种腐蚀或磨损是可以利用的优点）。限制传递系统大小的关键因素是通过口腔和食道实施的可操作性。

反刍动物进化成为以消耗和依靠粗饲料——草料和灌木（纤维素为主要成分）为生。普通含有纤维素的药用辅料（比如：羧甲基纤维素）不能用来延迟药物释放的速度，这种材料会被快速和轻松地消化掉。

反刍动物能够分泌数量惊人的唾液。已发表的对成年牛每天唾液量的估计值在 100～150 L。瘤胃中含有丰富的水分来促进唾液的分泌过程。

固体食物通过瘤胃的速度十分缓慢，这种速度取决于食物的大小和密度。因此，瘤胃对药物传递来说是一个稳定不变的环境。

反刍动物因为“反刍”而出名。反刍是网胃食物的回流，随后食物会被重新咀嚼和再次吞咽。反刍对粗饲料产生了高效地机械粉碎，因此增加了饲料和发酵微生物的接触。必须设计适当的方法以防止传递的药物不被从瘤胃倒流和驱逐出来。改变给药前后几何形状和密度是两种常用的方法。颗粒剂会经过咀嚼的过程，因此该剂型必须设计成为能够抵抗物理性地咀嚼。

瘤胃的发酵会产生大量的气体：成年牛为 30～50 L/h，绵羊或山羊大约 5 L/h。聚合物容许气体的扩散，但这一过程会影响装置的性能。当然，动物瘤胃中的气体可以被用来开发一种新的药物传递技术。

10.3　临床治疗实例：治疗效果从长效药物传递技术获益

10.3.1　胃肠道和肺部寄生虫

由胃肠线虫引起的瘤胃感染在温带地区非常普遍，尤其是在放牧季节的第一年，犊牛和羊羔对该类感染特别敏感。这种疾病的临床特征表现为患病动物食欲不振、体重减轻、伴发腹泻。因此，对该类感染的控制对畜牧业相当重要。出于该原因，流行病学和药物控释传递技术领域的大量研究已经开展，以期根除该类感染。

为了控制该类感染,不同具有驱虫特性的抗寄生虫制剂已经被研制出来。用于牛羊的驱虫剂型,包括应用于反刍动物背部的经皮液体剂型或者用于拌料或饮水的剂型。

寄生于消化道的线虫,连同肝片吸虫和网状线虫,在家畜寄生虫疾病中具有重要代表性(图 10.1)。由于缺乏明确的临床特征,这种感染极易被忽视。只有随着动物的死亡,该类感染才会被发现。然而,从经济学角度来看,线虫感染会引起生产性能非常显著的损失。牛的感染主要是由毛圆科线虫引起,如毛圆线虫、奥斯特线虫、网尾线虫、血矛线虫和细颈线虫。这些线虫除网尾线虫外其余的均会引起蠕虫性支气管炎,寄生于反刍动物所有的消化管道中。这些寄生虫可分布于消化道的不同位置:瘤胃、网胃、瓣胃、皱胃。

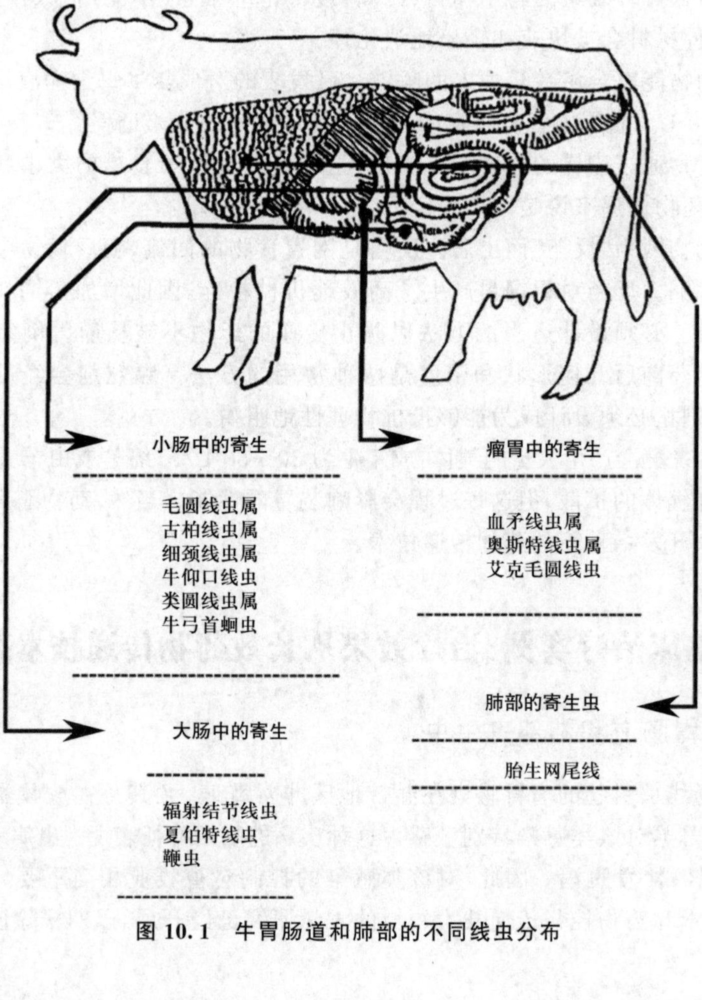

图 10.1 牛胃肠道和肺部的不同线虫分布

毛圆线虫科寄生虫发育周期如图 10.2 显示。这个周期是一个直接循环，其中没有任何中间宿主介入。在瘤胃中，由于高浓度二氧化碳的作用，虫卵会蜕去角质层，同时脱皮阶段（L3 到 L4，图 10.2 ）也会发生，根据物种的不同，幼虫会进入皱胃或者小肠的黏膜。

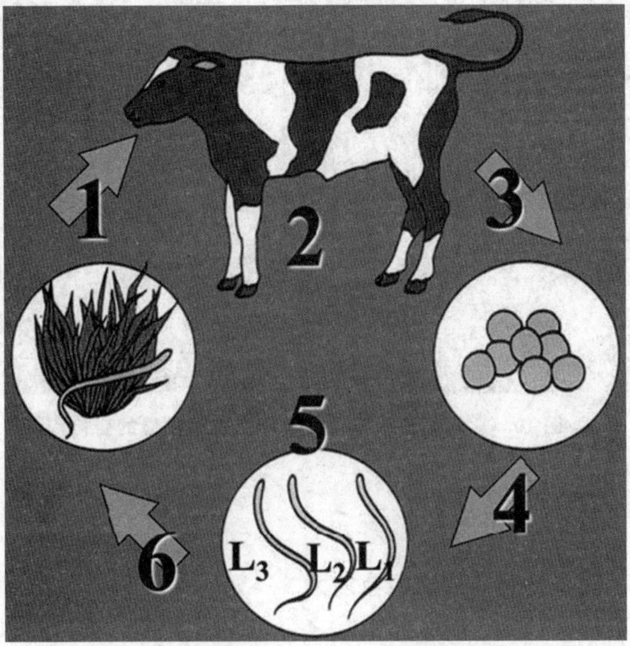

图 10.2　反刍动物胃肠道线虫发育周期的不同阶段

关于感染率问题，如果反刍动物没有经过任何驱虫药的处理，首先，疾病的发病率在春季会随着温度的增加而迅速地减少（图 10.3）。然而，感染率会在 6 月之后上升并在 8 月达到峰值。这种病又称为蠕虫病，在感染率最高的时候即在七八月份时是十分普遍的。

在治疗期间对动物的重复治疗是造成经济损失的重要原因，这种经济损失是很难定量的但是应该引起足够的重视。针对该类疾病，开发长效药物传递技术的基本理念是通过减少治疗的次数从而使牛养殖者获得一定的经济效益。一个精心设计的药物传递系统能够在正确的时间以正确的给药方式（间歇性或持续性）到达准确的药物作用部位发挥正确的阶段性药物作用。在放牧季节结束时，这种精心设计的药物传递系统可以通过增加家畜体重和减低死亡率使农民获益。

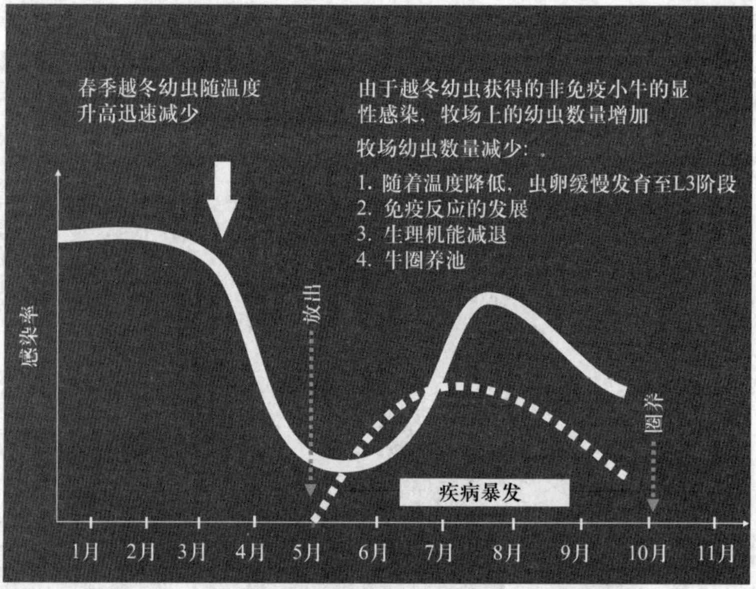

图 10.3 未经驱虫药治疗牧场上虫卵数量的变化

10.3.2 胃肠道线虫和免疫系统

10.3.2.1 对牛胃肠道线虫的免疫力

绝大多数畜群在牧场上放牧几个月之后,在牛体内发现的大多数寄生虫均能产生保护性免疫的有效水平。在这种情况下,寄生虫的再感染会引起虫体数量的减少,这一点已经从放牧畜群中得到证实。如胎生网尾线虫和辐射节线虫等寄生虫极易引起强烈的自我免疫保护[2]。犊牛初次接触感染或者寄生虫免疫原,在随后的寄生虫感染中能够显著地降低虫体数量[3-5]。对畜群中的幼龄动物来说,寄生虫感染仍然是一个严重的问题。其他的寄生虫诸如古柏线虫和血矛线虫需要长期地和宿主接触才会引起自我保护性免疫,即使是这类寄生虫,在放牧结束的季节,动物同样会表现出降低外来幼虫数量的能力,这一点同样被确认[2]。反过来,牛对奥斯特线虫的易感时间会持续数个月,事实上能够抑制新感染幼虫发育的免疫力在动物两岁之内表现并不明显。由于这个原因延长了对再次感染的敏感性,因此,世界温带地区的寄生虫造成了严重的经济影响。

尽管反刍动物可长时间保持易感染,但可以通过多种方式表现出对牛胃肠道线虫感染的免疫力。感染奥斯特线虫的免疫反应可以说明这一点[6-8],在随后感染中,寄生虫的数量能够减少。从临床的总体结果来看,免疫反应减少寄生虫在牛群中的传播。此外，Gasbarre 等[2]发现对奥斯特线虫和古柏线虫的免疫力在畜群的个体之间存在差异，同时，不同畜群个体之间不同免疫机制的差异对抵抗不同种属寄生虫的感染发挥着重要作用。

10.3.2.2　肠道线虫和免疫系统的相互作用

关于不同类型功能性免疫的免疫机制假设已经相当先进[9]。所有感染倾向于优先刺激两种相互拮抗免疫反应中的其中一类[10,11]。由于对不同类群辅助性 T 淋巴细胞的刺激，这些免疫反应会引起 Th1 或者 Th2 的上升[2]。这些类群中的任何一个亚类刺激，结果是被称为细胞因子的细胞间交流物质的大量产生和分泌。每个细胞因子通过与细胞表面相应受体的结合对所有细胞类型展现特异性效果。细胞因子在不同的细胞类型上会产生多种多样的效果，从刺激到抑制。细胞因子的网络是高度可控的且多种不同的细胞因子在相同的细胞类型上会产生相同的效果，甚至许多细胞因子有相同的受体。

在哺乳动物中，胃肠线虫感染会引起强烈的 Th2 类反应，这一反应的特点就是引起高水平的细胞刺激因子白介素 4(IL-4)、IgG1 及 IgE 抗体，同时产生大量的肥大细胞[12]。目前已清楚，保护性免疫十分复杂，且没有单一主导效应的作用机理[13]。

关于牛的宿主免疫应答，研究最为广泛的胃肠道线虫就是奥斯特线虫。试验性感染 3～4 周[14,15]或者未感染犊牛暴露于感染的牧场 2 个月[16-18]，可以观察到在外周循环中抗奥斯特线虫抗体的显著增加。在这些研究中作者们发现，通过使用多种寄生虫抗原能够被检测到抗体应答，同时这种抗体应答包含主要的同型免疫球蛋白。作者也报道，广泛病变在皱胃的局部组织同时被观察到。根据相关研究[19,20]，感染后的 3～4 d 能够引起局部皱胃引流淋巴结体积的显著增加，感染后 4～5 周局部淋巴结的重量会达到未感染同等大小和年龄的牛淋巴结的 20～30 倍。根据这些研究，Gasbarre[19]推断淋巴结体积的增加是寄生虫特异性淋巴细胞增殖的结果，同时这些淋巴细胞不能识别寄生虫抗原。进一步的研究[20,21]发现，淋巴结中 B 淋巴细胞的百分比相对较高，这个结果说明 B 淋巴细胞优先增殖，同时引起 T 淋巴细胞百分比相应地降低。在引流的淋巴结中，B 淋巴细胞百分比的增加也被观察到，自然感染和试验感染引起的动物相应 T 淋巴细胞百分比下降也同样被观测到。而且，在引流的淋巴结及从黏膜分离的淋巴细胞中存在 IL-4 的高表达水平[20,24]。目前，IL-4 和 IFN-γ 的交叉调节被认为是驱动 Th1 和 Th2 类型免疫应答的主要因素。Gasbarre 等[2]发现奥斯特线虫引起的免疫反应并不像其他的肠道线虫感染引起的 Th2 反应那样简单，从寄生虫周围组织的反应来看，奥斯特线虫的感染并不典型。自然感染并非试验感染的牛，在黏膜组织中会发现肥大细胞和嗜酸性细胞的增殖[22]。总的来说,线虫感染在寄生虫寄生的周围组织会引起显著的变化,比如黏膜肥大细胞的增殖,白细胞、嗜酸性细胞的产生,黏液分泌增加,引起肠道平滑肌数量和活动的增加[25]。实际上,奥斯特线虫感染会对淋巴细胞亚群数量产生非常有效的刺激作用,但是对效应细胞数量来说作用非常弱,这说明奥斯特线虫逐步形成了抑制或者逃避免疫应答的机制。许多潜在免疫抑制机制已经被提出来,主要包括:产生抑制细胞[26],免疫系统的多克隆活化[19],及形成调节细胞生长的寄生虫产物[27]。

10.4 胃肠线虫生命周期中长效药物传递技术的介入

通过应用控释科学和技术原则,能够得到优化设计的新剂型,从而使得药物制剂技术领域给兽医提供了提高治疗效果的机会。近年来,流行病学和药理学的知识明确了最佳药物传递技术要求,即长效药物释放技术能够在相当长时间内以间歇性或持续性的方式释放药物(图 10.4)。这种药物传递系统给对治疗胃肠线虫感兴趣的临床医生提供了向血液循环系统传送药物的机会,以持续方式或者间歇方式,比如 23 d。为了根除感染动物体内的肠道线虫,以上两种给药方式哪个最适合作为驱虫药的传递手段呢?

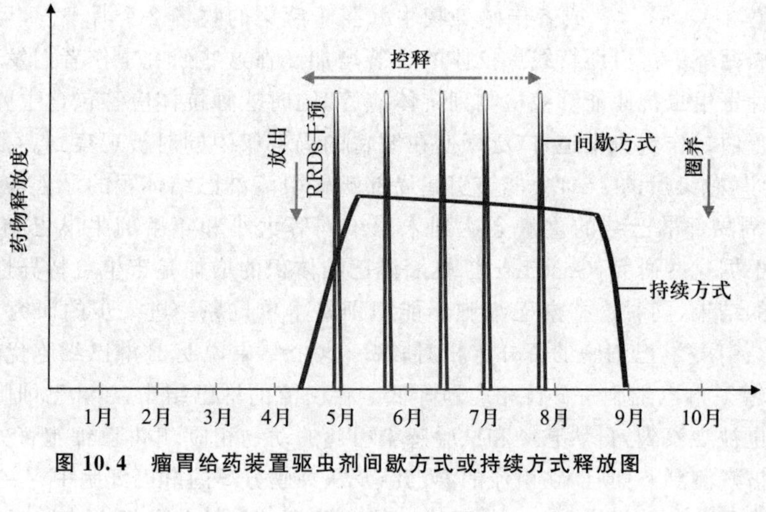

图 10.4 瘤胃给药装置驱虫剂间歇方式或持续方式释放图

在犊牛放牧的第一个季节,暴露于胃肠线虫感染的时间及水平对于获得性免疫的产生至关重要。通过化学预防、牧场管理或者二者同时实施,均能极大地减少宿主和寄生虫的接触,这样则会导致获得性免疫的缺失。除此之外,获得的抗性水平与抑制宿主——寄生虫接触的程度呈负相关[28]。抑制胃肠线虫感染的发生和发展的抵抗力性减少是否对第二季度放牧的体重增加存在不利影响，取决于预防的强度以及所面临感染的风险。从代表性的血清学调查结果来看，在犊牛的第一个放牧季节，对寄生虫的药物控制往往保护过度。除了更高的治疗费用以及在动物产品和环境中的药物残留外，过度治疗的后果还可能包括导致获得性免疫的降低以及驱虫药物耐药性选择的增加。因此，正确的药物干预是非常重要的。

根据上述理由可以看出(图 10.5)，虽然瘤胃装置提供了一些便利并能实现对胃肠线虫感染的控制，但是也存在一些不足，分别是：

(1)在低感染率的时候，驱虫药物的释放；

(2)瘤胃内装置提供恒定的药物释放过程，然而在感染比较严重的 7—8 月间，会存在药物释放不足。

(3)在放牧季节牛体重增加的最佳期，药物的释放量没有增加。

(4)由于草地上幼虫数量的减少，在放牧开始的季节，会引起动物和寄生虫接触机会的减少。

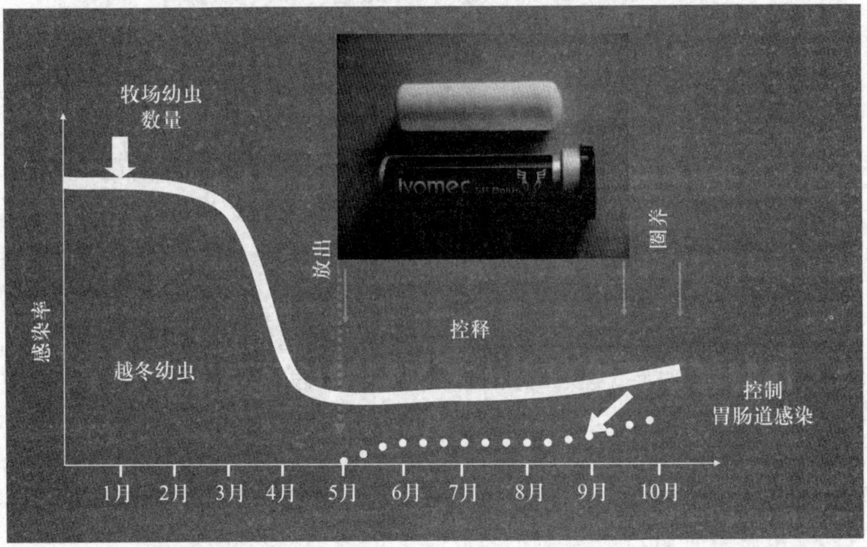

图 10.5　当幼虫数量在低感染率的时候，释放驱虫药物后，牧场上幼虫数量的变化过程

因此，随之而来的是用于治疗胃肠道线虫的药物的最佳传递方案。该药物传递系统应该遵照如下设计(图 10.6)：

(1)对反刍动物来说避免无用的过度保护；

(2)在幼虫感染期间,也就是在 7—8 月间,能够确保最优的驱虫药物释放速率;

(3)为了动物能够增强自身的免疫力,同时在第二次放牧开始时能够保持良好的状态,应该确保驱虫药物延迟释放的时间;

(4)选择一种间歇性的给药方式。这种给药方式,随着动物体重的增加,可以成比例的增加药物的释放量,而不是一种恒定不变的药物释放过程。

(5)避免药物在不适宜时间(北半球的 4—6 月)的释放。因此,在寄生虫比较低的时候,最终通过增加动物和寄生虫的接触来提高自身的免疫力。

(6)能够预测其他药物的配伍使用(比如在放牧开始的季节,辐射处理过的幼虫),或者治疗肝片吸虫药物(在放牧结束或者圈养的时候)。

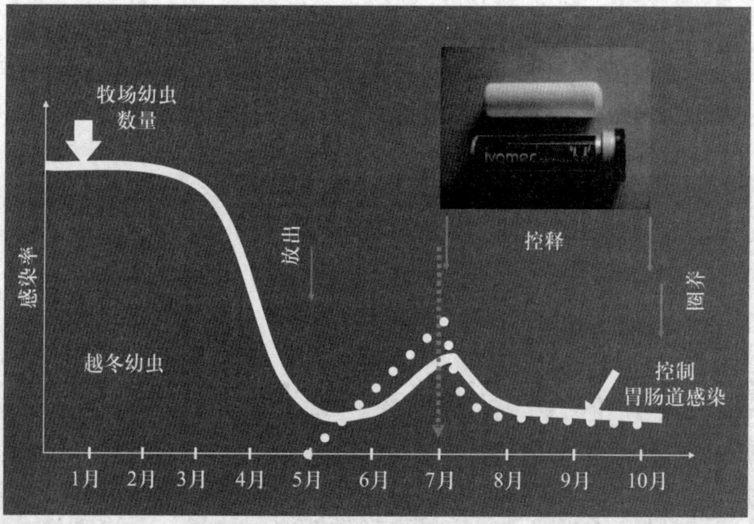

图 10.6 当幼虫数量在高感染率的时候,释放驱虫药物后,牧场上幼虫数量的变化过程

从上面的图片可以很容易地理解,构建一个理想的瘤胃装置,下面的几个目标必须考虑在内:

(1)幼虫感染时期,驱虫药物的释放(7—8 月);

(2)不适宜时间避免驱虫药物的释放(4—6 月);

(3)通过延迟释放使得草食动物和寄生虫得以接触,增加获得先天免疫的可能性;

(4)预知可能的药物配伍使用(辐射过的虫卵或者治疗肝片吸虫药物)。

10.5　瘤胃药物传递系统

为了使读者能够了解瘤胃药物传递系统设计的复杂性，本节内容提供了瘤胃药物传递系统的实例，同时描述了两个比较新的系统，来说明在药物传递领域已取得的进展。

通过几何形状的改变或者密度的增加（见第 3 章），瘤胃药物传递系统被设计停留在牛、绵羊、山羊的瘤胃中。非降解的瘤胃药物传递系统会在动物瘤胃中终身保留。药物传递系统通过投丸器对动物进行给药。

10.5.1　压缩大药丸

压缩大药丸通过对粉末或者金属的压缩制成，这种最简单的药物传递系统由子弹状团块构成。实例包括土霉素、磺胺二甲嘧啶或者各种微量元素的药丸剂型（片剂）。通过压缩药丸的侵蚀或者扩散，药物在瘤胃中释放，释放的时间可以从几天到 120 d 甚至更长。在许多国家，缓释的压缩大药丸成功用于牛羊的硒、铜、碘、钴的补充。一个澳大利亚的团队开发了一种为绵羊补充碘的瘤胃缓释装置[29]。每个装置含有 1 000 mg 碘，这种装置每天能够释放 0.5～1.1 mg 碘且可以持续 3 年多。

10.5.2　挤压药丸

挤压工艺可以用来生产瘤胃大药丸。这种方法的一个例子是 TimeCapsule（图 10.7）。在新西兰发明的这种药物传递系统，通过长达 6 周的氧化锌缓慢释放来治疗面部湿疹。这种药物系统基本上由氧化锌和可以充分挤压的辅料组成，这种剂型可以在高压下制成杆状。随后挤压的杆状物按照一定的长度切断并且一端制成半球形。氧化锌芯粘入蜡状材料并包膜，通过对氧化锌裸露端的侵蚀从而产生药物释放。由于蜡状材料的存在能够阻止氧化锌被侵蚀，从而实现周边的零级释放。当氧化锌过度腐蚀之后，蜡状的包衣材料得不到氧化锌芯的支撑从而被切除，这样就能够保持氧化锌的芯和瘤胃的环境有一个恒定的接触面积。

10.5.3　莫仑太尔酒石酸盐药丸（Paratect Flex®）

Paratect Flex®药丸包含平面三层压膜薄片，是由在中间层压膜薄片中包含酒石酸莫仑太尔的聚乙烯醋酸乙烯酯聚合物加工而成的。这些片层在给药之前卷曲成圆柱状，并通过水溶性的薄膜来维持这种形态。这就需要在咽喉后部投送该装

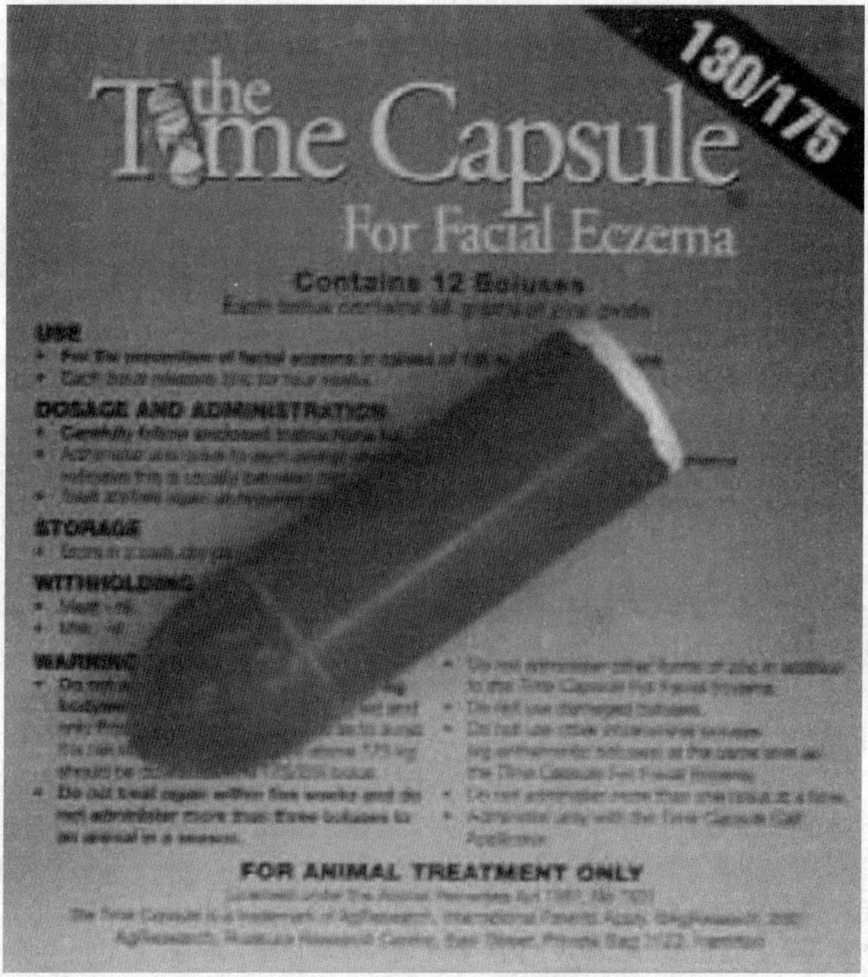

图 10.7　治疗面部湿疹的 TimeCapsule。内部核心由氧化锌和可挤压的辅料组成，外部由绿色的蜡性材质构成

置,投递后这个薄膜会溶解,从而使片层展开成平面,这样的形状和尺寸能够防止动物的反刍。出于经济的原因,Paratect Flex®药丸已经退出市场。

10.5.4　Chronomintic®

Chronomintic®是一种母体给药装置,这种装置能够缓慢地释放驱虫药物左旋咪唑(图 10.8a)。基质的芯由铁颗粒和左旋咪唑盐酸盐组成。在这个芯片的中心打孔，孔的大小决定着药物的释放。母体芯的外表面被不具有渗透性的聚氨酯涂层所包裹，这样设计的目的是防止外表面对基质芯片进行侵蚀。左旋咪唑是四咪唑的左旋异构体，属咪唑并噻唑类一族，能够很好地杀灭网尾线虫的幼虫和成虫，并且对消化道蠕虫也有很好的杀灭效果。由于基质中铁颗粒的存在，使得给药系统的密度提高到或超过了 2.5，因此药丸在给药后，会保留在瘤胃中。在放牧的季节，基质核会慢慢地降解但是聚氨酯涂层会完整地保留下来(图 10.8b)。在开始的 24 h，2.5 g 初始量的左旋咪唑释放，在后期 90 d 的时间里，驱虫药物会缓慢地释放。

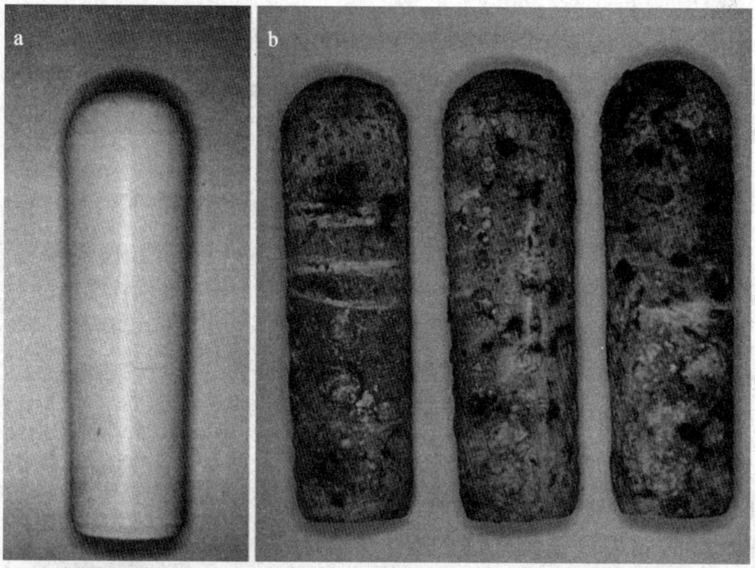

图 10.8　Chronomintic® 药丸图，图 a 为给药前，图 b 为给药后。如图所示，聚氨酯涂层在给药期间能够保持完整，从而基质由外到里，能够防止内核不受侵蚀

10.5.5　Ivomec® SR Bolus

Ivomec® SR 药丸由默克公司于 1996 年引进，作为一种牛体内寄生虫的长效控制方法。由于伊维菌素的存在，这种药丸同样能够治疗几种牛蜱。因此 Ivomec® SR 药丸应用于控制 125～300 kg 体重的牛体内和皮外的寄生虫。这种药丸由渗透泵组成(图 10.9)，在动物体内约以 12 mg/d 的速度持续释放伊维菌素大约 135 d。

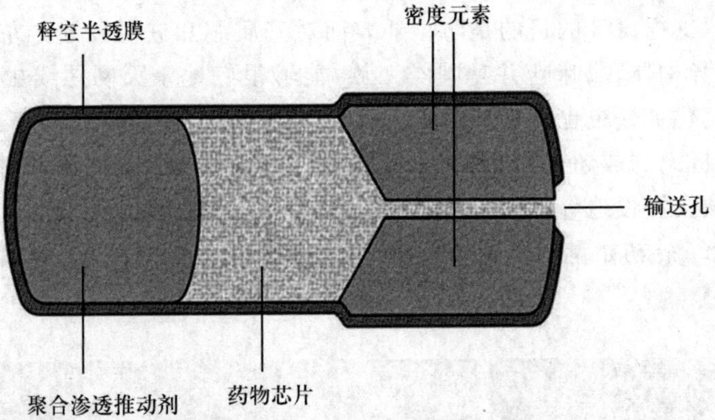

图 10.9 Ivomec® SR 药丸的横截面

10.5.6 Repidose® 750/1250-Systamex®

Repidose® 750/1250-Systamex®(图 10.10)是一种程序化给药的药丸,用来驱杀肉牛的胃肠蠕虫(幼虫和成虫)。当释放的药物作用于网尾线虫的时候,碰巧可以清除蠕虫性支气管炎。然而,在感染严重的牧场,Repidose® 750/1250-Systamex®不能代替接种疫苗来防治蠕虫性支气管炎。这种传递系统所含有的药物成分奥芬达唑可以发挥杀卵的效果。该大丸剂含有 5 个治疗剂量,这些剂量在给药后直至 130 d 的时间段有规律的呈脉冲释放。给药后,第一个药片大约释放 21 d。

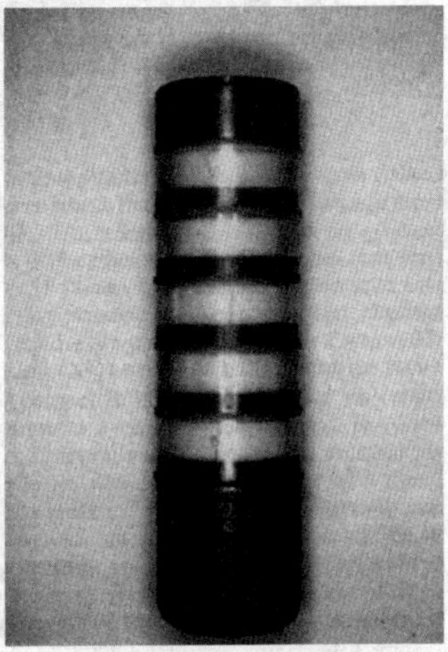

图 10.10 Repidose® 750/1250-Systamex®

10.5.7 异氯磷装置

异氯磷装置(图 10.11)是第一个通过改变自己的几何形状停留在家畜瘤胃中的药物传递装置。这种装置由空心管(容器)组成,这种空心管一端是开口的另一端是封闭端带有独特设计翅膀。翅膀使用了优化后的柔性的材料,在给药之前,通过水溶性条带将翅膀束缚在胶囊体上。给药后水溶性条带溶解,会使翅膀打开形成一定的形状从而阻止动物的反刍。含有药物和辅料的复合体——药片被装在塑料壳中。在异氯磷装置加载药片之前,一个长的金属弹簧被安装在胶囊的封闭端。

一旦装载好后，胶囊的开口端被塑料密封起来，这个密封的塑料开有一个固定直径的小孔作为药物传递点。随着药片被瘤胃胃液的软化，药物开始释放。在弹簧压力的作用下，软化的药剂从传递孔中被挤出来。从传递孔挤出后软化的药物暴露在体内，因此侵蚀能确保药物以零级速率持续释放。这种装置被用于羊的多种驱虫药物投递，同样，它也可被用于几个其他活性药物的传递。

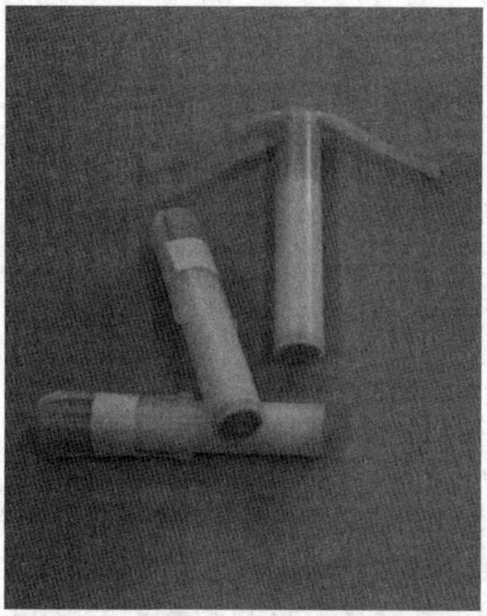

图 10.11 异氯磷装置

10.5.8 封装的片剂技术

最近，Wunderlich[30] 和 Rathbone[31] 等描述了一种改良的异氯磷装置(图 10.12)。随着时间的推移，这种塑料设计被证明对动物是安全的而且便于给药。它的内部空间可以加载制成片剂的药物。Rathbone 和他的同事再次阐述了重新改良片剂和去除弹簧的重要性，同时增加塑料胶囊的多功能性，改善提高可传递的持续时间、速度、药物类型(图 10.13a)。研究者已经证明新的剂型可向牛瘤胃传递更广泛的不同理化性质的药物：水溶、脂溶至完全不溶于牛的瘤胃的药物。配方中辅料比例的改变，载药量的改变(最高至 70%，*W*/*W*)，或者传递孔直径的改变(位于塑料封壳的边上)，或者改变传递孔的数量，均可以在体内调整释放速率或者传递持续时间，从几天到 9 个月不等(图 10.13b)。相比于最初的异氯磷装置，这种装置拥有较少的部件，采用了 3 种成分的片剂配方，消除了设备中对金属弹簧的需求，并具有在整个周期内输送水溶性和脂溶性药物的能力，从几天到 9 个月。

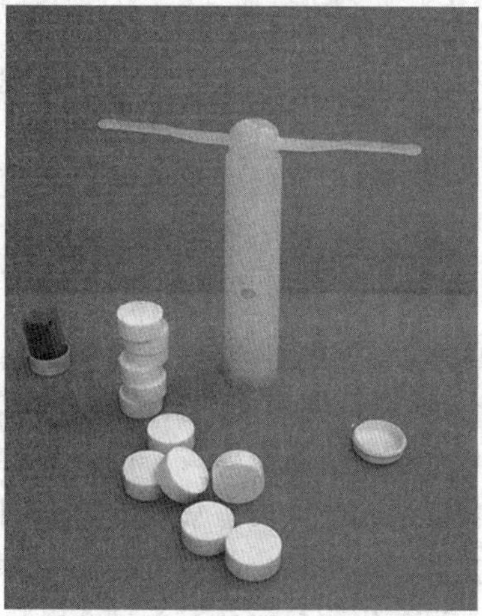

图 10.12 封装片剂技术的组成

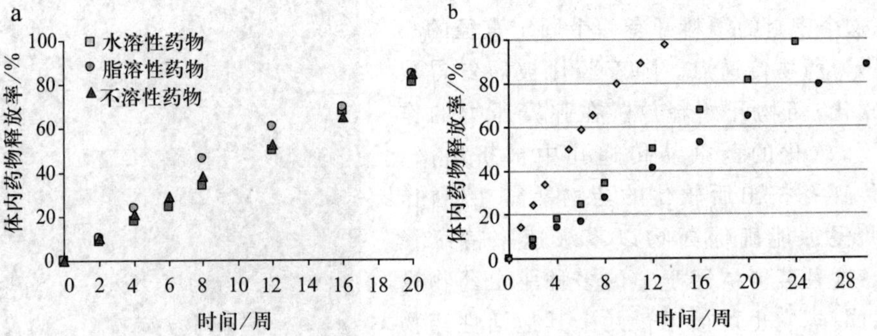

图 10.13 封装片剂技术在体内药物释放展现了药物传递技术的多功能性。a. 无论水溶性、脂溶性、脂不溶解性的药物,都具有同样的释放速度和周期。b. 改变配方中辅料比例,载药量(最高至 70%,质量比),或者传递孔直径(位于塑料封壳的边上),均可以在体内调整释放速率或者传递时间,从几月到 9 个月不等

10.6 Vandamme 瘤胃-网胃技术:合理治疗胃肠线虫的技术

用于治疗胃肠线虫的瘤胃药物传递系统的理想特征和临床状况的设计在本章 10.3 和 10.4 节已经说明。本章 10.5 节提供了目前瘤胃药物传递技术的一个概况,瘤胃药物传递技术主要是在固定时间内持续性给药或者脉冲给药两种。在本章最后部分,我们描述一种用于治疗胃肠线虫的药物传递技术,这种全能型设计的技术,以提供理想的药物传递方式满足药物传递的需求(本章 10.4 节)。

所有评估新型瘤胃—网胃装置(RRD)的研究已完成。通过瘘管牛的使用,可以直接进入牛体内并移动瘤胃—网胃装置到设定的释放位点,从而将传递系统暴露在真正使用环境中,如图 10.14 所示。

为了优化药物的释放,RRD 装置的设计和构建采用了含有药物的不同药室组装而成,如 10.15 图所示,其中绿色部分代表药物,两个组件之间通过可降解的单层膜彼此分开[32]。第一个药室有一个带有许多小孔的帽子,这个帽子可以使装置(密度大于 2.5)停留在牛瘤胃的底部。

药物的释放按照如下的机制进行:首先,瘤胃液溶解驱虫药物;其次,液体经过穿刺小孔的一侧进入空腔处,另一边通过可降解的单层薄膜保持不变(图 10.15)。在每一个单层膜的尾端,密封会阻止瘤胃液体进入另一个药室直到前一个膜生物降解完成。当单层膜完成降解后,两个药室分开,可以使瘤胃液体接触下一个药室。单层膜的化学性质控制着瘤胃液体从一个药室到另一个药室的穿梭。

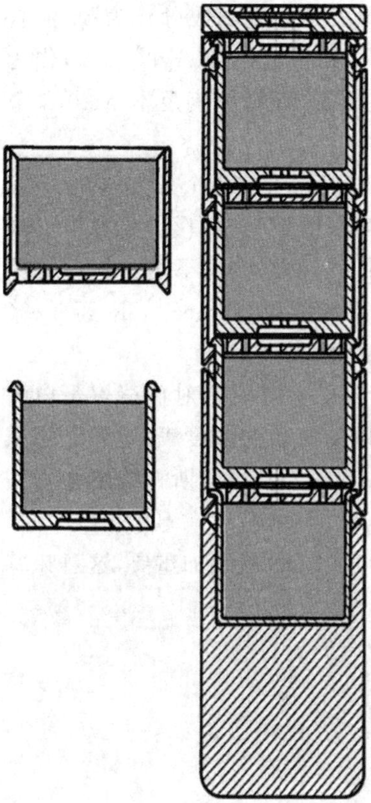

图 10.14　新型间歇性瘤胃传递装置

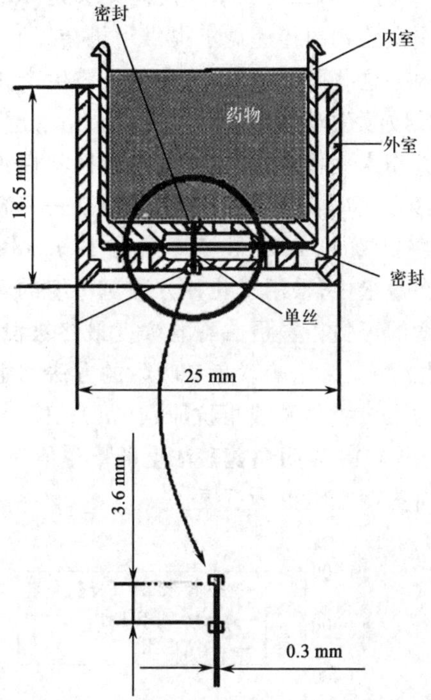

图 10.15　间歇性瘤胃传递装置一个组件的详细构造

通过选择合适的生物降解聚合物的单层膜，控制药物的释放（RDD），比如选择 Monocryl ®单层膜或者聚二恶烷酮单层膜，发现单层膜的断裂时间可以分别控制在 22～86 d（表 10.1）。

表 10.1　单层膜体内外生物降解的断裂时间

商品名称	化学组成	裂解时间/d	
		体外	体内
Vicryl®（2/0）	PLGA 10：90	22±0.4 d	23±1 d
Monocryl®（2/0）	PGCL 75：25	21±0.3 d	22±1 d
PDS Ⅱ®（2/0）	聚二恶烷酮	85±0.8 d	86±1 d
Dexon®（2/0）	聚乙醇酸	21±0.6 d	20±1 d
Maxon®（2/0）	聚葡糖酸酯	55±0.2 d	53±0.5 d

PLGA 聚乙醇酸；PGCL 聚己内酯。

通过选择适当的聚合物膜来构建 RDD,即选择聚二恶烷酮成分作为膜,瘤胃胃液只有在 86 d 之后才能进入第二个药室。相反,如果选择 Vicryl®(2/0)作为膜,那么进入第二个药室的时间则会是 23 d。这些新型 RDD 为满足本章 10.4 节中对驱虫药物的传递需求提供了机会。

根据这些研究试验,这种装置被生产并试验。试验将大约 5 个月大的 30 头第一季放牧犊牛对设备进行了测试,将其分为 3 组,第一组作为空白组,只有当出现胃肠炎临床症状的时候,才会给予挽救性治疗。剩下的两组按如下的方式用作给药组:第二组早期直接给予季节抑制——瘤胃缓慢释放药物 Ivomec ®SR 药丸;第三组给予 RDD,RDD 由 5 个含有 12 mg 伊维菌素的组件构成。

在每组中,采用了几种方法对每组的药效进行评估。首先是对血清胃蛋白酶原浓度的评估。胃蛋白酶的浓度最终被测定并且以酪氨酸的浓度表示(mU 酪氨酸单位值)。采用酶联免疫吸附的方法测定针对 L3 和 L4 阶段奥斯特线虫和古柏线虫的 IgG 抗体及成虫抗原(4 mg/mL)。

图 10.16 表明酪氨酸浓度的单位值对于空白组和 RDD 组更加重要,这意味着暴露对前两个组更为重要。

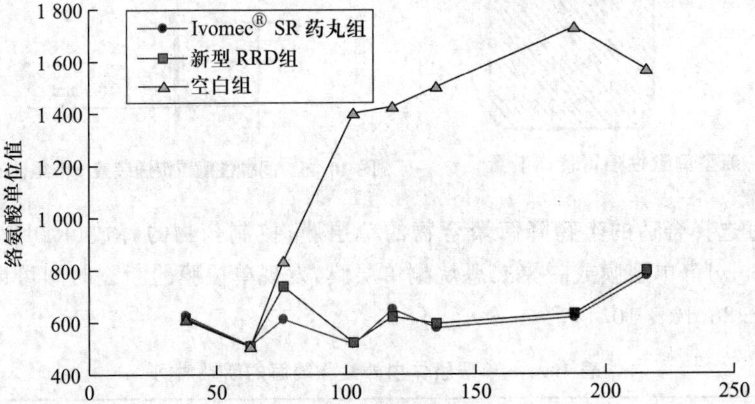

图 10.16 络氨酸平均血液浓度

第二种评估方法就是通过 Mac 计数技术测定粪便中虫卵数目。简单地说,就是标注每克粪便中虫卵的几何平均数。每组的粪便合并后在 25℃下孵育 10 d 之后,收集第三阶段幼虫来测定幼虫的数目。从结果中我们可以发现(图 10.17),RDD 组虫卵的数量要比其他两个组低。

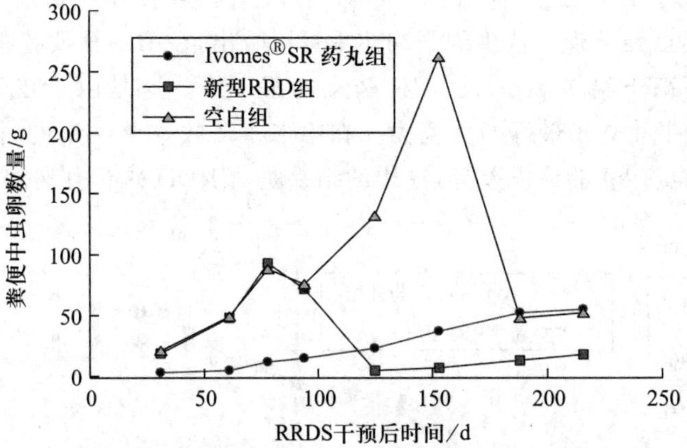

图 10.17 每克新鲜粪便中虫卵的几何平均数

第三种重要的评估方法就是体重(图 10.18)。我们观察到在第一季度放牧期间,在 Ivomec® SR 药丸组和 RDD 组之间平均体重没有明显的差异。然而,与空白组相比,给药组的平均体重显著增加。

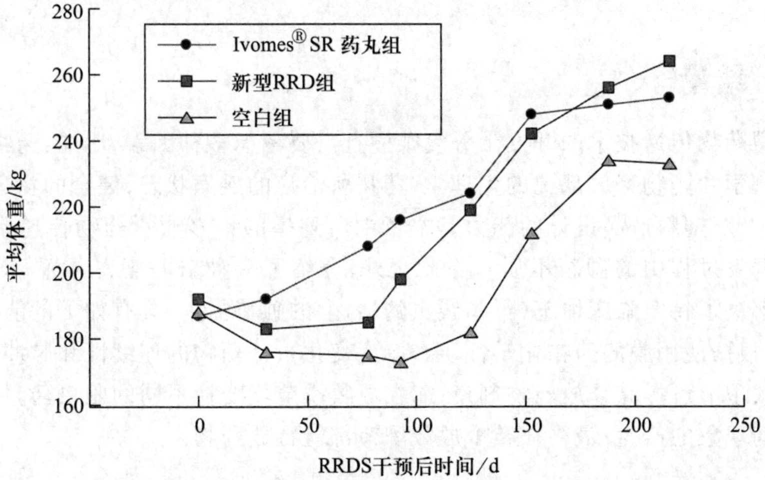

图 10.18 平均累计体重

圈养后,牛被定期称重,在第一季度放牧期间两个驱虫药给药组并没有存在明显的差异(图 10.19)。当开始第二个放牧季节的时候(图中红色箭头表示),牛没有给予任何驱虫药处理。从牛的平均体重可以看出,在第一个放牧季节给予 RDD 的牛体重显著高于给予 Ivomec® SR 药丸的第二组。这是由于在第一个放牧季节,RDD 组的牛建立了最好的免疫力。在第二个放牧季节结束的时候,两组之间平均每个牛有 33 kg 的体重差异,这样的结果是对 RDD 的有力支持。

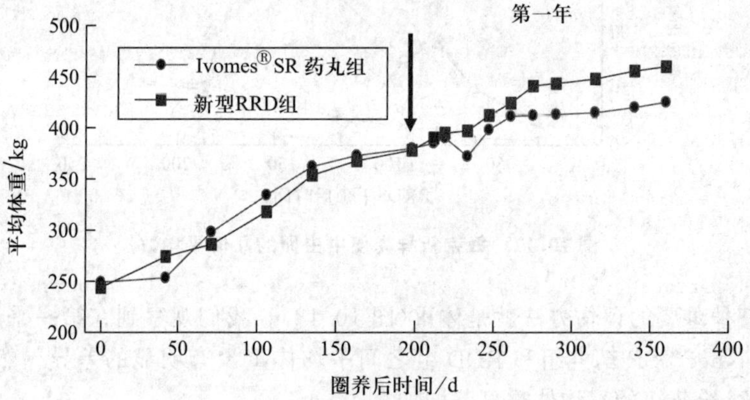

图 10.19　第二个放牧期间牛的累计体重

10.7　结论

瘤胃药物传递技术的开发十分复杂而且需要考虑多种因素,比如:药物释放位置的解剖学和药物释放部位的生理学、药物所治疗的疾病状态、健全的物理药剂学知识,以及对塑料产品设计的能力。本章中所列举的许多瘤胃药物传递系统实例强调了开发过程中的创新本质。除此之外,介绍了一种新的瘤胃装置(RDD),这种装置解决了特定临床情况(胃肠线虫的治疗)的独特需求,具有如下的能力:①延迟释放(根据使用膜的药物化学性质和厚度变化);②药物的连续性和脉冲式释放;③在放牧季节可提高释放药物剂量;④在放牧季节能变换不同的驱虫药,从而能够避免耐药现象的产生;最终在整个放牧季节都能释放药物。

参考文献

1. Vandamme TF, Ellis KJ (2004) Issues and challenges in developing ruminal drug delivery systems. Adv Drug Deliv Rev 56(10):1415–1436
2. Gasbarre LC, Leigton EA, Sonstegard T (2001) Role of the immune system and genome in resistance to gastrointestinal nematodes. Vet Parasitol 98:51–64
3. Rubin R, Lucker JT (1956) Acquired resistance to *Dictyocaulus viviparus*, the lungworm of cattle. Cornell Vet 46:88–96
4. Weber TB, Lucker JT (1959) Immunity against the cattle lungworm: resistance resulting from initial infection with small numbers of larvae. Proc Helm Soc Wash 26:132–137
5. Gasbarre LC, Canals A (1989) Induction of protective immunity in calves immunized with adult *Oesophagostomum radiatum* somatic antigens. Vet Parasitol 34:223–238
6. Michel JF (1963) The phenomena of host resistance and the course of infection of *Ostertagia ostertagi* in calves. Parasitology 53:63–84
7. Michel JF (1970) The regulation of populations of *Ostertagia ostertagi* in calves. Parasitology 61:435–447
8. Michel JF, Lancaster MB, Hong C (1973) *Ostertagia ostertagi*: protective immunity in calves. Exp Parasitol 33:170–186
9. Robinson N, Piedrafita D, Snibson K, Harrison P, Meeusen EN (2010) Immune cell kinetics in the ovine abomasal mucosa following hyperimmunization and challenge with *Haemonchus contortus*. Vet Res 41(4):37
10. Vercruysse J, De Bont J, Clarebout E (2001) Parasitic vaccines: an utopia or reality? Verh K Acad Geneeskd Belgie 63(1):41–55; discussion 55
11. Smith WD (2008) Recent vaccine related studies with economically important gastrointestinal nematode parasites of ruminants. Trop Biomed 25(1):50–55
12. Svetic A, Madden KB, Zhou X, Lu P, Katona IM, Finkelman FD, Urban J, Gause WC (1993) A primary intestinal helminth infection rapidly induces a gut-associated elevation of Th2-associated cytokines and IL-3. Immunology 150:3434–3441
13. Else KJ, Finkelman FD (1998) Intestinal nematode parasites, cytokines and effector mechanisms. Int J Parasitol 28:1145–1158
14. Canals A, Gasbarre LC (1990) *Ostertagia ostertagi*: isolation and partial characterization of somatic and metabolic antigens. Int J Parasitol 20:1047–1054
15. Mansour MM, Dixon JB, Clarkson MJ, Carter SD, Rowan TG, Hammet NC (1990) Bovine immune recognition of *Ostertagia ostertagi* larval antisens. Vet Immunol Immunopathol 24:361–371
16. Gronvold J, Nansen P, Gasbarre LC, Christensen CM, Larsen M, Morad J, Midtgaard N (1992) Development of immunity to *Ostertagia ostertagi* (Trichostrongylidae: Nematoda) in pastured young cattle. Acta Vet Scand 33:305–316
17. Gasbarre LC, Nansen P, Morad J, Gronvold J, Steffan P, Henriksen SA (1993) Serum anti-trichostrongyle antibody responses of first and second season grazing calves. Res Vet Sci 54:340–344
18. Nansen P, Steffan PE, Christensen CM, Gasbarre LC, Morad J, Gronvold HSAA (1993) The effect of experimental trichostrongyle infections of housed young calves on the subsequent course of natural infection on pasture. Int J Parasitol 23:627–638

19. Gasbarre LC (1986) Limiting dilution analyses for the quantification of cellular immune responses in bovine Ostertagiasis. Vet Parasitol 20:133–147
20. Canals A, Zarlenga DS, Almeria S, Gasbarre LC (1997) Cytokine profile induced by a primary infection with *Ostertagia ostertagi* in cattle. Vet Immunol Immunopathol 58:63–75
21. Gasbarre LC (1994) *Ostertagia ostertagi*: changes in lymphoid populations in the local lymphoid tissues after primary or secondary infection. Vet Parasitol 55:105–114
22. Baker DG, Stott JL, Gershwin JL (1993) Abomasal lyphatic subpopulations in cattle infected with *Ostertagia ostertagi*, and *Cooperia* sp. Vet Immunol Immunopathol 39:467–473
23. Baker DG, Gershwin LJ, Hyde DM (1993) Cellular and chemical mediators of type 1 hypersensitivity in calves infected with *Ostertagia ostertagi* mast cells and eosinophils. Int J Parasitol 23:327–332
24. Almeria S, Canals A, Gomez MT, Zarlenga DS, Gasbarre LC (1998) Characterization of protective immune responses in local lymphoid tissues after drug attenuated infections with *Ostertagia ostertagi*. Vet Parasitol 80:53–64
25. Balic A, Bowles VM, Meeusen ENT (2000) The immunobiology of gastrointestinal nematode infections in ruminants. Adv Parasitol 45:181–241
26. Klesius PH, Washburn SM, Ciordia H, Haynes TB, Snider TG (1984) Lymphocyte reactivity to *Ostertagia ostertagi* antigen in type I ostertagiasis. Am J Vet Res 45:230–233
27. De Marez T, Cox E, Claerebout E, Vercruysse J, Goddeeris B (1997) Induction and suppression of lymphocyte proliferation by antigen extracts of *Ostertagia ostertagi*. Vet Immunol Immunopathol 57:69–77
28. Sutherland IA, Leathwick DM (2011) Anthelmintic resistance in nematode parasites of cattle: a global issue? Trends Parasitol 27(4):176–181
29. Ellis KJ, George JM, Laby RH (1983) Evaluation of an intraruminal device to provide an iodine supplement for sheep. Aust J Exp Agr Anim Husb 23:369–373
30. Wunderlich M, Rennie G, Troncoso C, Weller K, Rathbone MJ (2007) Delivery of anthelmintic drug combinations—a rumen delivery technology to meet current needs. In: 21st International conference WAAVP 292, abstract 319
31. Rathbone MJ, Rennie G, Wunderlich M (2009) Rumen delivery of the anthelmintic compounds albendazole and abamectin from a new delivery technology In: Proceedings of the International Symposium on Controlled Release Bioactive Materials 37, Poster 444, 2010
32. Vandamme ThF (2012) New oral anthelmintic intra-ruminal delivery device for cattle. J Pharm Bioall Sci, Submitted

第 11 章

阴道内兽药控释传递系统

Michael J. Rathbone & Christopher R. Burke

本章主要介绍了当前阴道内药物传递在家畜方面的应用范围。主要是药物处方前设计、生产、药代动力学和工艺方面。回顾历史,对过去的几十年药物的发展做了详细的阐述。本章最后一节展望未来,并提出一些未来的需求,家畜的阴道可以作为药物的一种给药途径,临床上扩大了药物的应用范围。

11.1 前言

很多药理活性化合物以家畜的阴道为给药途径实现全身作用,已经研究开发成商业化的或概念性的阴道内药物传递系统[1-12]。家畜(比如牛和绵羊)的阴道是非常有吸引力的给药部位,由于非常容易放入和取出给药器具,阴道的生理特性易于药物传递,并且可以长时间给药(以周计)。尽管给药途径有性别选择,专门针对雌性动物,但是家畜种群中雌性动物占比较大,意味着这种方法会对大多数的农

This chapter is dedicated to my friend and colleague Patrick J. Burns who passed away last year. A leader in the field of estrous control, he will forever be admired by me for his imaination, tenac-ity, knowledge and friendship.

M. J. Rathbone (✉)
Division of Pharmacy, International Medical University, Kuala Lumpur, Malaysia
e-mail: michael_ rathbone @ imu. edu. my

C. R. Burke
DairyNZ, Hamilton, New Zealand

M. J. Rathbone and A. McDowell (eds.), *Long Acting Animal Health Drug Products: Fundamentals and Applications*, Advances in Delivery Science and Technology, DOI 10. 1007/978-1-4614-4439-8_11, © Controlled Release Society 2013

场主有帮助[9]。阴道药物传递系统是对那些口服对胃肠和肝代谢敏感的药物是一种有效的替代给药途径[9]。

早期就使用类固醇激素来控制家畜的发情周期[1-12]。将含有黄体酮的药物通过阴道投递的方法介入家畜发情周期的控制,这种方法有利于提高生产性能,同时也确保了动物怀孕与产奶等活动的可控性管理[9]。使用方便、有益的阴道停留效率、易于移除和不影响正常生育率是该系统成功的原因[8,9]。

20 世纪 60 年代中期,人们研制出了第一个控制发情的长效产品(用于羊的聚氨酯海绵)[1-3],紧接着又研究出孕酮螺旋形硅胶设备(用于牛的 PRID)[1-3],自此以后,市场上又陆续出现了孕酮硅胶置入装置[1-12]。在过去的十几年里,人们研究了许多的黄体酮阴道植入剂(CueMate, TRIU-B, PRID Delta, PCL, electronic inserts CueMare)。这些产品为养殖者提供了有效的激素控制疗法,也为动物科学家们提供了有用的检查工具和扩展了人们对家畜发情周期的认识[11]。事实上,这些产品在商业上的成功在很大程度上归功于动物科学家的努力,这些产品提供了同期发情程序,通过阴道内缓慢释放孕激素的植入剂与外源性激素(例如雌二醇、GnRH 和前列腺素 $F_{2\alpha}$)调节卵泡和黄体的发育,以更集中地实现同步授精并最大限度地提高同步受精的生育率[11]。由此产生的程序为农场主和兽医提供了有效控制牛、绵羊和山羊发情周期的重要方法,在有些情况下,减轻高产系统面临的严重繁殖挑战。

本章介绍了阴道内药物传递在控制牛、绵羊、山羊、猪和马等家畜发情方面的应用。主要对产品的处方设计、生产、药代动力学和工艺方面进行了研究,同时也提供了产品发展的概述。本章的其中一个重点是介绍这类产品过去十几年的发展史。本章以展望未来结束,并预测了家畜阴道给药系统的需求,如果满足,可以扩大家畜阴道作为药物给药途径的用途,并提供了治疗更多临床疾病的更多产品,为兽医和生产者实现提高动物健康、生产和繁殖目的的利益。

11.2 阴道解剖学、组织学、病理生理学和生理学

家畜阴道的解剖组织学和生理特征会影响药物的吸收和传递。因此,对阴道内兽药传递系统的开发和优化要给予重点考虑。

11.2.1 解剖学

家畜的阴道是生殖系统的重要部位。它通过外阴和外界相通,有分泌功能。它的特殊功能包括在性交过程中包裹阴茎,它是产道的最下部,因此在分娩过程中起着重要的作用,并且它是排泄的排泄管道。在排卵和发情期,阴道中会产生分泌

物，便于运送精子。此外，宫颈黏液可以阻止病原体进入子宫。即使在与发情周期和怀孕相关的局部环境中连续的生理变化期间，阴道也必须始终执行这些功能，这些功能对经过该途径使用的传递系统的设计有影响。传递系统的设计必须要考虑减轻或阻止病原体进入阴道的可能性，它必须拥有独立于生理周期变化的固定机制，这使得它能够保持递送的持续时间。此外，从传递系统释放的药物必须对生理变化不敏感，在整个置入期间来确保合适的血药水平。此外，传递系统必须对阴道和其周围的环境产生最小的影响，比如，它不可以刺激阴道局部反应，不可以产生过多的黏液或者引起感染。

哺乳类雌性动物的生殖器官可以分为外生殖器和内生殖器。外生殖器由外阴和生殖前庭组成。内生殖器由阴道、子宫、输卵管和卵巢组成[13-15]。阴道位于膀胱、尿道和直肠之间，是一个富有弹性的管状器官，它把子宫和外生殖器连接起来，是生产过程中传输胎儿的通道[14-16]。阴道上端环绕子宫颈，下端开口于阴道前庭，紧挨着尿道，周围有处女膜附着[15]。处女膜是黏膜褶皱[17,18]，在青春前期时尤其明显。处女膜在马和猪上明显，但是对成年的牛不是很明显。成熟雌性的阴道长度因种类不同而不同，比如绵羊、山羊和猪的阴道长度短的可以达到 7.5 cm，而牛的则长达 30 cm[13-15,18]。牛、马等动物阴道的长度取决于自身黏膜的褶皱[13-15,18]，牛的生殖前庭和阴道表面有明显褶皱[19]。

阴道有许多丰富的静脉丛，阴道静脉流入髂内静脉（母马体内的阴部静脉[15]），然后再流入腔静脉，最后直达心脏。和其他的动物相比，奶牛的阴道静脉没有相应的血管。奶牛的前庭部分有一个明显的静脉网，而且在所有的动物中，只有奶牛的前庭血管是从内部的阴道血管开始。血液的流速取决于卵巢中的类固醇，尤其是雌性激素[20,21]。

11.2.2　组织学

11.2.2.1　阴道壁

阴道壁由三层组成[18]。由外到内依次是：外膜、基层和黏膜层。

11.2.2.2　黏膜层

黏膜是由致密结缔组织的固有层覆盖的上皮组织组成[18]。

固有层的结缔组织没有阴道壁肌肉中间层的厚度大，被称为黏膜下层。固有层的乳突扩展到上皮组织，甚至延伸到阴道后部区域中（绵羊[22,23]，人类[18]，牛[19,24]）。

在牛的前庭中，黏膜突起约 200 mm，在基底部为 50～100 mm，尾部逐渐变窄而集中[24]，且不存在于前部区域[18]。

机体的弹性纤维密集而且呈网状，存在于固有层[18]的最外面。肌肉中间层血管壁中的纤维通过固有层而变得致密。血管位于固有层的深处[18],并向上皮细胞下面的基质的表面区域直径减小[19]。

11.2.2.3 上皮细胞

阴道上皮细胞常常是分层的(多层细胞)、鳞状的(不规则的扁平细胞)等类型。口腔、皮肤和眼睛也有类似的上皮细胞类型[25]。

阴道的上皮细胞对卵巢的类固醇敏感,尤其是对成熟卵细胞产生的雌性激素[18,26]。发情期间,上皮细胞快速地生长和增厚(牛[27]、山羊[28]、绵羊[23]、猪[29])。

11.2.2.4 内分泌依赖性

上皮细胞的成长依赖于类固醇的刺激,尤其是卵泡分泌的雌性激素[26]。

在阴道黏膜中,卵巢黄体酮的分泌物也可以激活细胞的活性[28]。多个研究已经试图说明发情期间内分泌状态和细胞的脱落是有联系的[14]。在某些物种上,这两种因素是密切相关的(比如绵羊、山羊、啮齿动物、猫和犬),但是对于其他动物来说却没有多大的联系(比如牛、马和猪)。

11.2.3 生理学

11.2.3.1 分泌物

尤其是在发情期间[31,32],上皮细胞、子宫颈的腺体和阴道都会分泌黏液[30]。这些分泌物对精子的运输是必需的[33,34]。由于奶牛在整个发情期间和孕期内会产生特征不同的黏蛋白,使得科学家们利用奶牛开展了黏蛋白的研究[35]。黏液的数量和水分含量在间情期会减少。据报道,奶牛和小母牛阴道的黏液重量在屠宰后差异比较大,为0.2~7.26 g[33,34]。值得注意的是,当动物呈斜卧式时,一些液体也许会在屠宰或器官的复原过程中流失。阴道黏液水分含量的范围为90%~98%,比宫颈黏液的水分含量要高(80%~90%)。对于非妊娠期的奶牛来说,宫颈黏液的重量从0.7 g增加到3 g,在妊娠的早期和中期可以达到14 g[33,34]。

11.2.3.2 黏液的理化性质

化学分析表明黏蛋白属于“血型物质”类型,由海藻糖、半乳糖、氨基葡萄糖、半乳糖胺、唾液酸、乙酰氯、氮和13种不同的氨基酸组成的[35]。奶牛发情期的黏蛋白液和孕期的类黏蛋白的组成成分显著不同[35]。对于类黏蛋白分子来说,唾液酸是不可或缺的,其含量也是不同的[36]。与期间的黏蛋白(2%~3%)或者孕期的黏蛋白(4%~5%)相比,发情期间的黏蛋白仅包含1%~1.5%的干物质[28,29]。

通常认为黏蛋白以随机线圈形式存在,分子质量为4×10^{-6} g/mol[36]。发情期的黏蛋白有2倍的黏度,而且会以其他的扩展形式存在[36]。也许是要帮助运输精子,因而宫颈黏液的黏度在发情期间小;在孕期黏度会变大,形成宫颈黏液塞,增强对胎儿在子宫中的保护[37,38]。

阴道表面的 pH 可以通过玻璃 pH 电极来测量,并且与女性阴道内各个部位的阴道黏液的 pH 高度相关[30,37]。女性阴道表面的 pH 在 4～6,明显比牛的偏酸。据报道,牛的 pH 一般为中性到碱性(pH 7.0～8.9[34,38-40])或者弱酸性(pH 6.6[41])。在牛的发情期,偏酸的黏液(pH 6.8)从子宫颈流入阴道,当在发情后期测量的时候阴道的 pH 降低了[38]。在奶牛的生殖问题上,酸对不孕症有一定的作用;在繁殖前,用温和的碳酸氢钠溶液对阴道进行常规冲洗[41]。当牛群中的 pH 达到正常或者生育能力受损时,这种做法不再起作用[41]。

也许是因为类似于溶酶体的一些活性[43],黏液上很少有细菌生长[30,42]。

合理开发经阴道途径投递的兽药递送系统,需要清楚地知道阴道环境特征。在最近的一项研究中,Rathbone 等[44]开发了能够测量 3 个家畜(牛、猪、山羊)阴道腔尺寸的方法。该方法包括将膨胀的泡沫施用到被表征的空间中。该方法在不过度扩张被测腔道的形状和尺寸方面得到了充分验证。典型的管型见图 11.1。

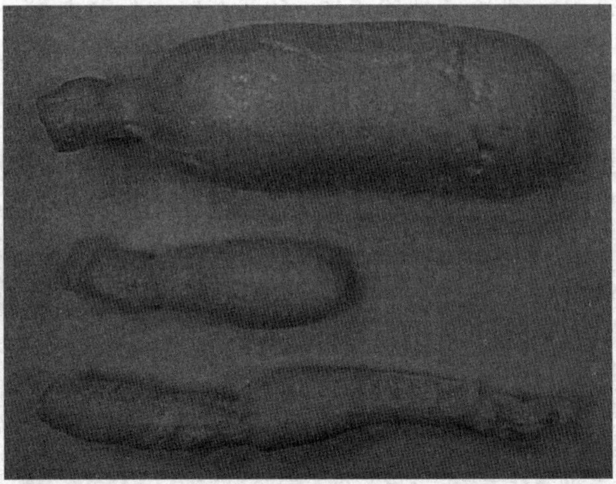

图 11.1　牲畜阴道的样子(从上到下:牛、羊、猪)

11.3　经家畜阴道给药

迄今为止,经阴道内投递的兽药传递系统仅限于合成或天然的激素比如孕酮、甲基乙酰基黄体酮、醋酸氟孕酮、苯甲酸雌二醇[1-12]等。然而,自从兽医把孕酮广泛地应用在生殖药物中[45],用来传递控释激素孕酮的阴道置入剂,受到了兽医和农场主的欢迎。因其是要控制家畜的发情周期,大部分的孕酮疗法的疗程需要1～2周(或更长)。由于孕酮的半衰期较短,需要每天注射(或通过混饲)来维持有效的血药浓度[45]。每日用药操作不方便、浪费时间人力物力[45]。长效的阴道内孕酮传递系统的引入解决了这些问题。使用非常方便、持续效果好、易移除和不影响生育是该系统的成功商业化的主要原因[1-3,11]。

11.4 设计挑战

11.4.1 给药方式

家畜不能通过阴道传递系统自我给药。因此兽医和农场主们需要一些非常容易将阴道植入剂放入阴道褶皱上的方法(无害、无痛和对家畜无损伤)。比较成功的是阴道置入器:塑料器械设计成可将阴道内植入剂加载到其中一端,并通过一些释放机制易于将植入剂释放到阴道腔,通过人的操作将其插入阴道腔内(图11.2)。如 Rathbone 等[8]详细论证了阴道置入器和放入置入器周围的阴道传递系统设计的限制,单手置入器是首选[8]。

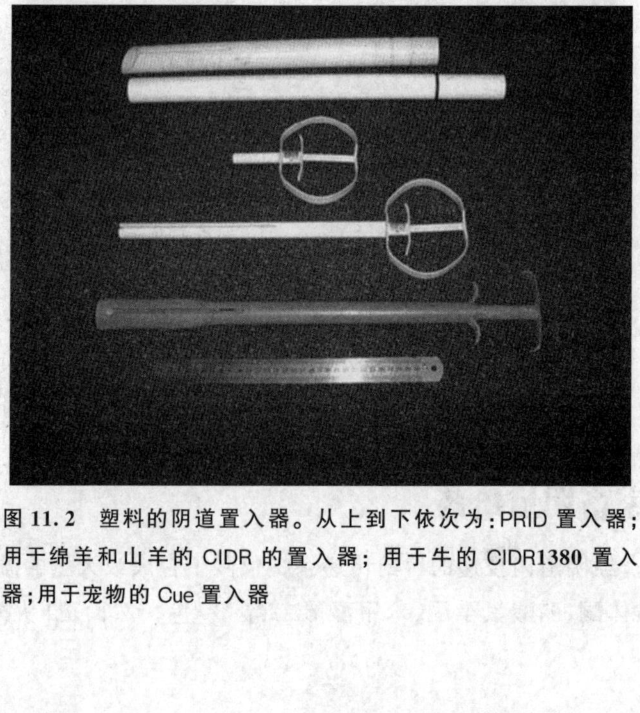

图 11.2 塑料的阴道置入器。从上到下依次为:PRID 置入器;用于绵羊和山羊的 CIDR 的置入器;用于牛的 CIDR1380 置入器;用于宠物的 Cue 置入器

11.4.2　停留

在用药期间[8,9]，如果是药物持续停留在阴道内它就是有效的。低保留率会降低整个药物的治疗效果。Rathbone[8]为经阴道内途径给药的保留率提出了一个简单的判断方法：如果阴道内兽药传递系统有实际使用价值，它的保留率至少为 95%。

在用药期间，阴道兽药传递系统利用“膨胀机制”来使置入器留在阴道内[1-3]。插入之后，要么整个置入器向外扩展(如海绵或者 PRID)，要么向外扩展置入器的一部分(如 CIDR-B 或 CIDR-G 的翼)。在这些情况下，膨胀的置入器对阴道壁有温和的压力而造成药物在阴道的停留。

11.4.3　清除

动物阴道内大多数的传递系统不是生物可降解的，因此需要一些方法使其从阴道内移除以终止治疗。移除要求速度快、安全、对阴道黏膜无害。通常来说，利用置入器中的“尾丝”帮助移除置入器(图 11.3)。尾丝不应干扰任何给药过程，要

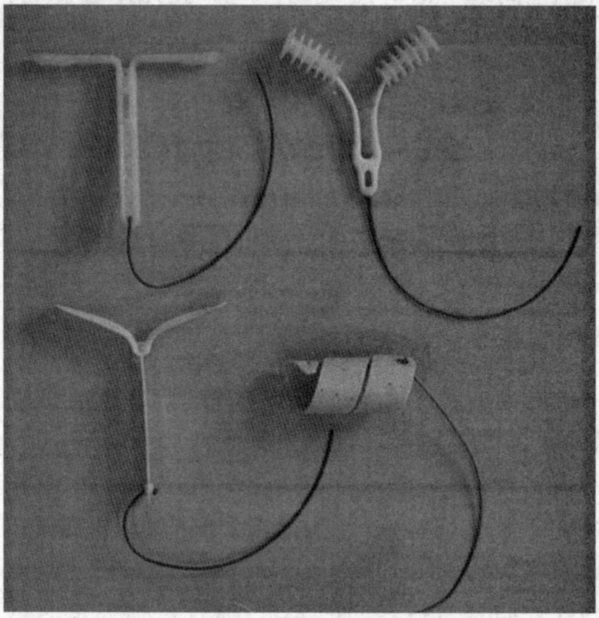

图 11.3　几种阴道内置入器示意图，置入器尾端带有塑料尾丝。左上：用于牛的 CIDR1380 置入器；右上：CueMate；左下：PCL 置入器；右下：PRID

足够长,当置入器置入后尾丝可以突出伸到阴户外,并充分突出,使用户最终可以牢固地抓住它,以将植入器从阴道中拉出而不会滑落。尾丝通常是由塑料制成蓝色的、弯曲的可以和动物后端轮廓相吻合。这些特点可以使置入器轻易地移除。猪用的 CIDR 置入器[3,9,46]没有尾丝,接受治疗的猪群移除置入器时需要设计一个猪用 CIDR 置入器的移除工具(图 11.4)。

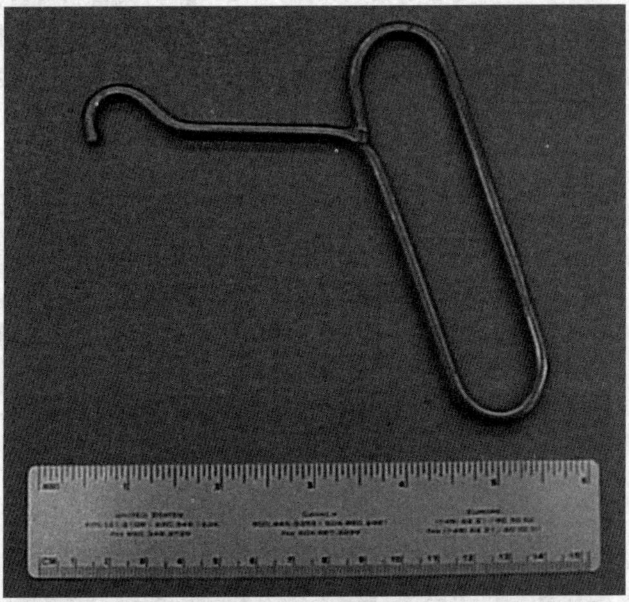

图 11.4　猪用 CIDR 置入器的移除工具

11.4.4　大小和形状

阴道内药物传递系统的大小和形状是复杂的,这取决于设计者对药物的灵活使用,根据设计者的预期给药目的和保留机制可以改变形状,可扩大或缩小[8]。在最终的设计中,主要考虑的是安全使用,在放入和移除时不对动物造成损伤。传递系统的尺寸(插入过程和插入之后的长度、宽度、直径)不仅受制于解剖学和阴道的收缩力,而且还和置入器的设计有关。Rathbone 等[8]阐述了阴道解剖学和设计的置入器之间的关系,而且这种关系应该考虑传递系统中的释放速率。

11.4.5　载药量

孕酮阴道置入器的特征是它们的高载药量和低利用率，这导致在移出后会有很高的药物残留。Rathbone 等[47-49]对最初的 CIDR-B 进行了药物负载和残留的优化，药物的负载从 1.9 g 降低到 1.38 g，残留量从 1.4 g 降低到 0.6 g，这可以通过使药物厚度变薄来实现。理论计算表明 0.8 mm 厚度的载药表面有大约 1 g 的载药量，其释放速率和药物传递量与最初的 CIDR-B 是相同的；然而，市场上可买到的尼龙骨架的载药表面厚度是 1 mm。但是，小于 1 mm 的载药表面厚度的尼龙骨架在制造过程中受到可重复性的限制。

11.4.6　制造

11.4.6.1　设备

阴道置入器是通过采用商业化的注塑机的注塑成型来实现的[8]。一般情况下，骨架是单独制造的，不含药品。骨架周围的硅树脂是注塑模型，高温加速热塑性聚合物硅胶的固化。PCL 阴道置入器是个例外，他是不需要骨架的一体式置入器，一次成型。

在注塑成型之前，硅橡胶和孕酮必须通过二维型的搅拌器混合均匀。混合过程中会产生气泡而影响产品的质量属性，比如药物含量和重量，在制造过程中用真空的方法可以克服这个问题。

11.4.6.2　模具

硅橡胶表面在模具中固化，模具通常是不锈钢的，被分为 4 个或者更多的模腔。这些模具被精确地切割、磨光。需要额外注意的是要保持模具处于良好的状态。在制造过程中，加热器把模具加热，空气从气孔释放。

11.4.6.3　固化时间

如上所述，硅橡胶具有热塑性，因此，温度越高固化时间越短。这对生产硅橡胶载体是有利的，当温度接近 200℃时，可以制造 CIDR 产品[1-3]。这使得生产周期缩短，提高了生产效率。该法适用于热稳定性好的孕酮。

11.4.6.4　包装

因为家畜阴道置入器尺寸比较大，因此包装可能会出现问题。通常情况下，每个包装中最多有 10 个阴道置入器。从好的一面来看，孕酮是一个稳定的化合物，当孕酮按配方生产和制造成阴道置入器时，可以保持多年的化学稳定性。因此，包装只需要对置入器在存储和运输的过程中提供相应的物理保护，没必要投资昂贵的、防潮避光密闭的包装。

11.5 产品设计原则

Rathbone 等[8,9]阐述了开发控制家畜发情周期的药物控释传递系统的总体原则,这些原则见表 11.1。读者在为家畜设计阴道内兽药传递系统时,请参考这些出版物,以获取所涉及过程的更多详细信息。

表 11.1 设计阴道内兽药配送系统时,要注意的配方问题

原料药及其使用和工艺的知识产权
原料药的理化性质
原料和辅料之间的相互作用
释放的时长
从小试到规模化生产的制剂生产工艺的条件和设施
无菌
在食品动物中的组织残留问题
符合农场管理规范的能力
包装的要求
给药的方式
剂量的利用率
原辅料成本
传递系统的尺寸大小
成功的产品必须改善对发情周期的控制
成本效益比
最终使用者的安全性
体内稳定性
传递系统在体内的保留时间

来自参考文献[8]

11.6 产品的发展史

Rathbone 等[1-4,9]记录了该领域从 2001 年以来的发展史。这个时期的特色阴道内兽药传递系统包括:PRID、CIDR-B、用于牛的 CIDR 1380、用于猪的 CIDR;智能控制的置入器(智能控制装置和 EMIDD)能够在预定的时间以脉冲或连续方式递送多种药物;一个称为 PCL 阴道内注入剂的可生物降解的注入剂。读者可以参考此主题有关的综合资料。

11.7　过去十年的重要技术发展

11.7.1　牛阴道植入剂 CIDR 1380

CIDR 1380 牛阴道植入剂是 CIDR-B(图 11.5)的优化版，最初于 20 世纪 80 年代研发。它具有一个尼龙骨架，上面覆盖有 1 mm 厚度的含有均匀分散的 10%（W/W）孕酮的注塑硅胶[1-3]。注塑的温度接近 200℃，迅速对硅胶进行固化，减少处理时间，从而提高生产效率。

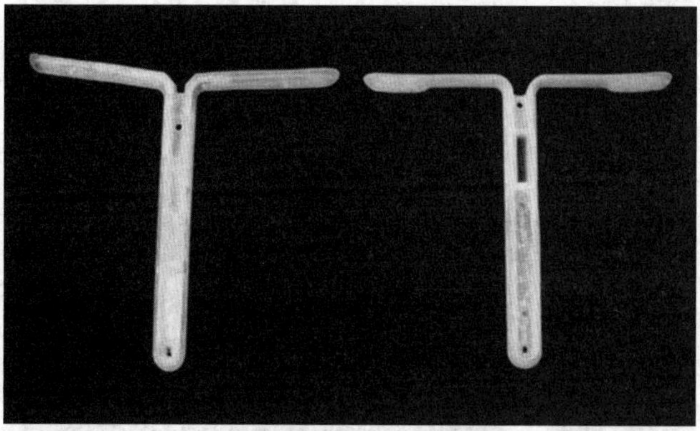

图 11.5　最初的 CIDR-B (左)，改良版 CIDR 1380 (右)

在成功完成大量动物试验之后，CIDR 1380 牛阴道植入剂于 2002 年获得 FDA 的上市批准，在美国准许其应用于小母牛及奶牛。

CIDR 1380 牛阴道植入剂在市场现有 CIDR-B 的基础上重新注册，基于其与 CIDR-B 植入剂具有的生物等效性[47](图 11.6)。

11.7.2　PCL 阴道植入剂

作为 CIDR 1380 牛阴道植入剂的仿制产品，PCL 阴道植入剂(图 11.7)在新西兰和澳大利亚市场均获得注册批准[50-52]。尽管血药浓度—时间曲线没有呈现出相同的 C_{max}(图 11.8，表 11.2)，但两国评审机构还是接受了关于 C_{max} 对于药效没有影响的论证。与 CIDR 1380 相比，较低的峰浓度不影响该植入剂的安全性。在这两个市场，都是基于产品的仿制等效性寻求注册审评的，从而避免了向两国当局递交大量的、耗时的临床试验数据。

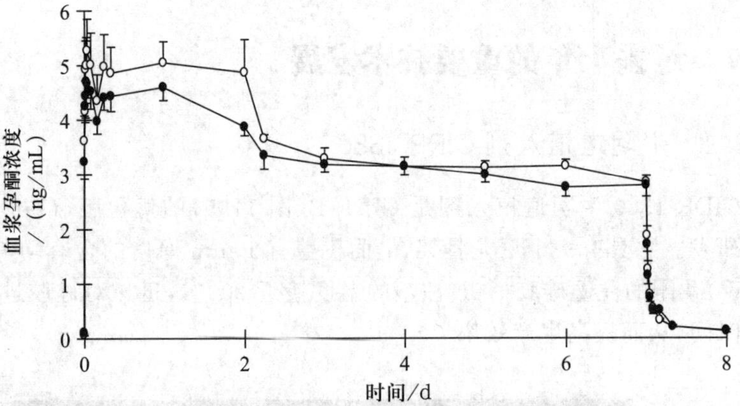

图 11.6 CIDR-B 阴道植入剂血浆中孕酮浓度曲线图及改良后的 CIDR 1380 血浆中孕酮浓度—时间曲线对比(空心圆曲线代表 CIDR-B;实心圆曲线代表 CIDR 1380,$n=8$,误差线=SEM)[47]

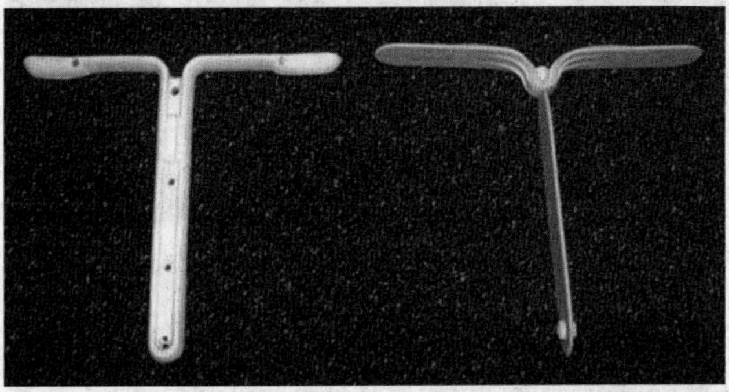

图 11.7 CIDR 1380 牛阴道植入剂和 PCL 阴道植入剂。两种植入装置都含有 1 380 mg 孕酮,CIDR 1380 牛阴道植入剂的孕酮均匀分散在硅胶中,PCL 阴道植入剂的孕酮均匀分散在聚己酸内酯中

表 11.2 优化后的 PCL 阴道植入剂

参数	比率/%	低于 90%限度	高于 90%限度
AUC	93.0	85.5	101.2
C_{max}	87.9	79.4	97.2

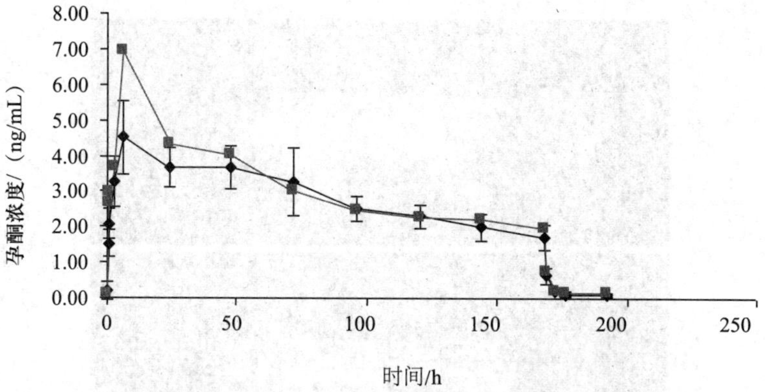

图 11.8　PCL 阴道植入剂(实心菱形曲线表示)和 CIDR 1380 牛阴道植入剂(实心方形曲线表示)的生物等效性研究对比图[50]

怎样才可认定为生物等效？FDA 行业指南 #35 提出了 AUC 和 C_{max} 在 90% 限度的可接受范围分别为 80%～120%，从表 11.2 中可以看出，对于 PCL 阴道植入剂来说，低于 90%限度并不符合这一标准，因此该植入剂不能通过走生物等效仿制的途径获得审批。

11.7.3　智能育种装置

智能育种装置在前文中已有描述[1]，除了采用电子控制孕酮从阴道置入装置进行传递，以及作为能够将孕激素以外的化合物在植入的过程中以脉冲形式给药的第一个阴道内植入装置。智能育种设备还具有另一个独特的功能，首次采用一次性投药器的阴道置入器。图 11.9 展示了包装在植入器中的设备，随后的照片显示了植入器的使用方式。投药器是一个塑料模制件，尾端带有可折叠的翼。这些翼可以展开，继而装置的头部插入到牛的阴道中，直至展开的翼在阴道中静止。通过对装置实施按压，它可以被推挤到阴道内，然后投药器就可以拿开移除掉。

11.7.4　Smart 1

智能育种装置(图 11.9)经过重新开发，以 Smart 1(图 11.10)的身份再次引入到新西兰市场。Smart 1 具有改进过的电子装置和更好的密封性，从而在置入过程中阻止水分进入，具有新型的滞留原理以及引用了含有改良的孕酮制剂处方(图 11.10)的六角气囊。

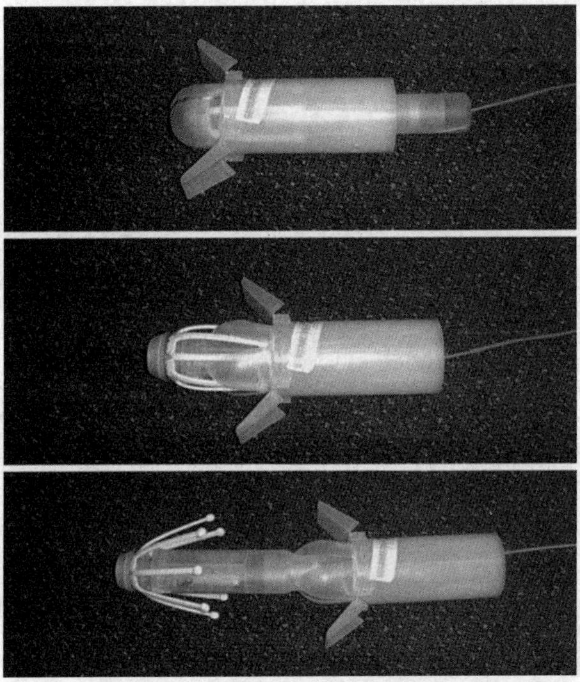

图 11.9 具有独特的一次性投药器的智能控制装置

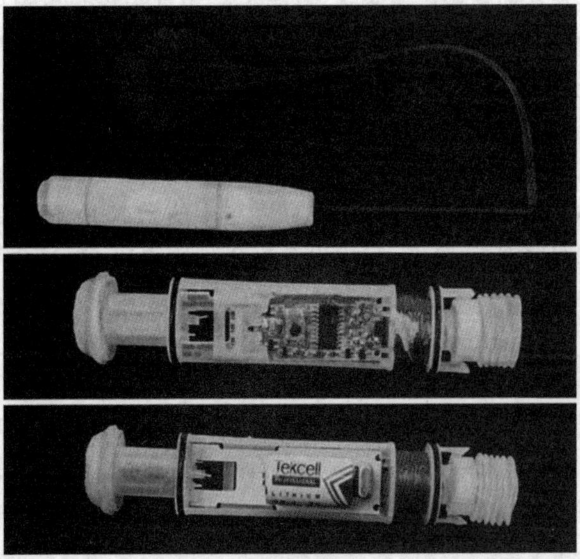

图 11.10 Smart 1 电子控制多药物释放牛用阴道置入器

11.7.5　Cue-Mate

Cue-Mate(图 11.3)是仅有的具有可重复利用的 Y 形骨架，通过商业途径可获得的阴道置入器，其 Y 形骨架上面安装有可拆卸的硅胶凹槽 (图 11.11)。

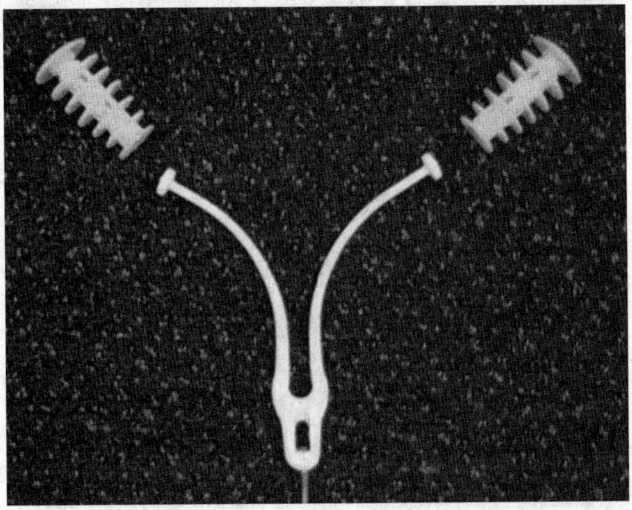

图 11.11　具有可拆卸凹槽和可重复利用骨架的 Cue-Mate 阴道置入器

11.7.6　Cue-Mare

Cue-Mare 是马用阴道置入剂，研究表明[53]这种置入剂对发情行为超过 10 d 且卵泡小于 25 mm 的过渡母马很有用[53]。据报道，该置入剂取出后，可使母马在 7 d 内产生 87%的排卵反应率以及经产母马 52.9%的怀孕率。研究表明[53]该置入剂可在 5 d 内保持大于 2 ng/mL 的初始血药浓度，以及在 10 d 内保持高于 1 ng/mL 的持续血药浓度[53]。

11.7.7　TRIU-B

TRIU-B 是一种在南美市场销售的阴道置入器(图 11.12)，它浸有 1 g 黄体酮。TRIU-B 具有独特的十字形结构，具有解剖学上的防滑带，其内部结构采用了新的聚酯氨纤维配方，可以更好地固定，同时最大限度地减少了制剂损失和局部炎症反应[54]。

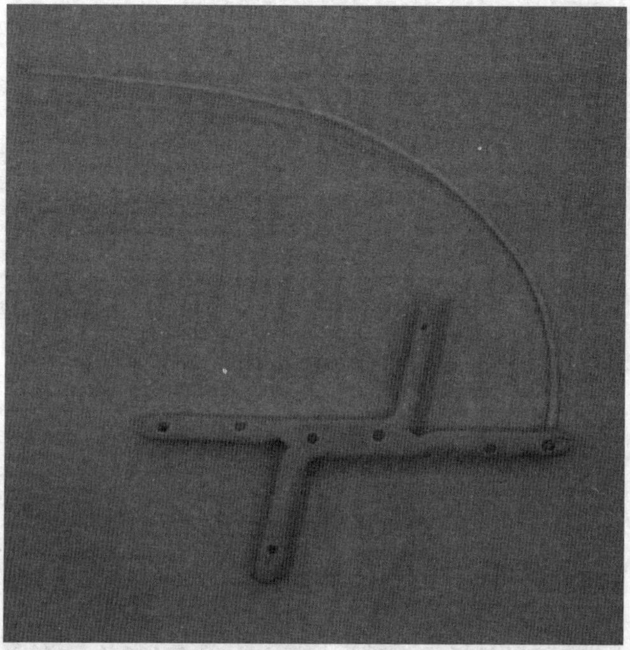

图 11.12　TRUI-B 具有交互的臂从而有助于其在牛体内的停留

11.7.8　DIB-V 阴道置入器

DIB-V 阴道置入器具有 V 形结构设计,由柔韧的硅胶弹性体组成,该弹性体含有 1.0 g 孕酮[55]。该置入器用于调节发情期、产后治疗以及减少小母牛和奶牛的产犊间隔(图 11.13)。

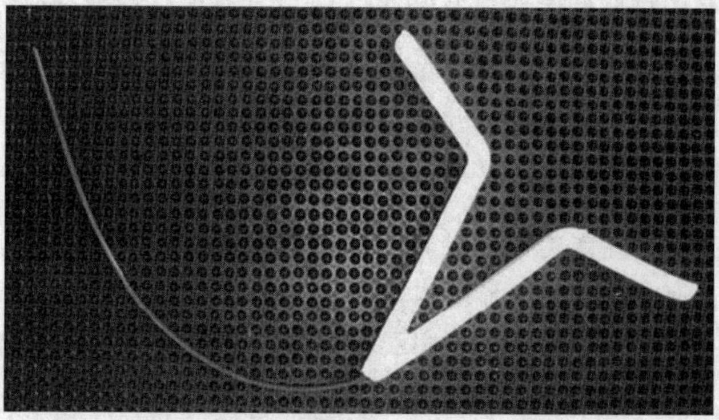

图 11.13　DIB-V 具有独特的 V 形结构和塑料尾部

11.7.9　PRID Delta

PRID Delta 是三角形的阴道置入剂，孕酮均匀分布在整个硅胶中，通过双向注射工艺制造(图 11.14)。

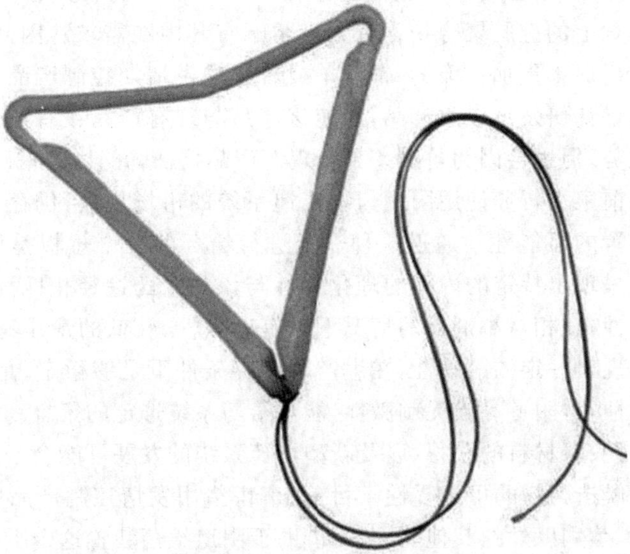

图 11.14　PRID Delta 具有三角形形状和长丝尾部

11.8　展望

目前市场现有的牛用阴道置入剂区别不大。所有的置入剂都有相同的(或者非常相似的)血药浓度—时间曲线，有相同的有效性，并且展示了非常相似的对环境、人以及动物的安全性。尽管价格由生产成本决定，但是现有产品的价格都非常接近。所有的产品都含有相似量的孕酮和硅胶，因此价格特别接近。由于产品使用完移除以后仍有大量的孕酮残留，因此仍存在减少药物负载量及由此产生的生产成本降低的空间。然而，Rathbone 和他的同事[47-49, 56-58]调查了一系列影响孕酮从硅胶模型上释放的物理参数，这些研究者证明药物负载量的减少也同样会导致药品释放速率的减少及相应血药浓度的降低(低于 2 ng/mL)[47-49, 57]，2 ng/mL 的水平才能持续保证治疗的有效性[2]。有趣的是，增加药品含量使其多于 10% *W*/*W* 并不能增加血药浓度[47-49, 57]。载药面积对血药浓度有一定的影响[47-49, 57]；

但是,置入剂的载药面积受动物阴道结构的影响,硅胶表面厚度也受到生产的限制。Rathbone 断定,相对于提高用于牛的 CIDR 1380 阴道置入剂相关的理化性能而言,优化硅胶置入剂的余地极小。最新研究报道显示,减少硅胶置入剂的药物含量从而降低药物残留量,但是仍然可以成功释放合格的孕酮量(约 0.6 g)用以维持血药浓度在 2 ng/mL 之上的可能性是存在的[59]。购买硅胶聚合体价格昂贵,并且使阴道置入剂上的硅胶聚合物含有大量孕酮有其内在需求。因此,生产出与现有产品相比生产成本更加低廉的、针对羊或者牛的发情期控制产品的可能性是存在的。如果能设计研发出该类产品,即使该产品与现有产品在有效性和安全性方面相比不占优势,但也会因为价格差异与现有产品抗衡,并且被目标用户所接受。

着眼于目前家畜行业使用阴道药物传递系统的市场规模,仍存在更广泛的使用这种植入装置的可能性。通过这种途径进行给药的一个短板是候选药物的短缺。药物必须呈现出特定的内在的理化特性与该种给药途径相匹配。这包括:迅速地可吸收特性,在相对小剂量的情况下具有有效性、较低的最小有效浓度,在阴道分泌液中呈现出一定的溶解性,在生产和储存条件下足够稳定、足够安全,对目标使用者无毒性,对阴道黏膜无刺激性,能与给药系统选定的聚合物基质兼容。

成本有效性、新材料的获得,以及新型给药系统的发展可能会增加动物使用的阴道给药系统候选药物的可选择性。目前,市售猪用发情控制产品即能满足市场需求,选择除了孕酮以外的其他药物,为借助于阴道给药装置这个平台进行特定时间内定量的药物输送也提供了新机遇。

类似于其他通过黏膜途径进行给药一样,许多通过阴道给药的化合物的生物利用度都相对较低,但是这种牲畜用的阴道给药系统的存在为传递那些通过促渗透剂共同给药的一系列药理学活性化合物提供了新机遇[60]。

由智能育种设备和 Smart 1 所示类型的电子调节药物输送有望在需要多种治疗药物并在治疗程序的不同时间给药的情况下应用。每次干预措施都需要花费药品成本、兽医时间、行程和专业费用。研发某个含多种能按要求缓释或者进行脉冲作用的药物的装置投入使用,用于治疗可以降低生产成本,并且为潜在的开发提供机遇。Bunt 等描述过这种装置[61],他们也描述了研发过程中存在的挑战[61-65]。从理论上讲,这种装置具有无穷的发展潜力,例如发情期探测、利用遥测技术进行自动化发情期控制等[66]。

11.9 结论

本章描述了阴道兽药传递的现状,突出阐述了在兽用阴道给药领域的技术需求，如果这种需求能得以满足，那么既能拓展以家畜阴道作为给药途径的治疗手段，并且能为那些工作在保障动物健康、生产繁殖行业的人提供更多的、覆盖临床条件更广的产品。新型阴道给药技术需要进一步发展并获得商业化支持从而满足现有及将来的临床需要。

参考文献

1. Rathbone MJ, Macmillan KL, Bunt CR, Burggraaf S, Burke C (1997) Conceptual and commercially available intravaginal veterinary drug delivery systems. Adv Drug Deliv Rev 28:363–392
2. Rathbone MJ, Macmillan KL, Inskeep K, Day M, Burggraaf S, Bunt CR (1997) Fertility regulation in cattle (invited review). J Control Release 54:117–148
3. Rathbone MJ, Macmillan KL, Jöchle W, Boland M, Inskeep K (1998) Controlled release products for the control of the estrous cycle in cattle, sheep, goats, deer, pigs and horses (invited review). Crit RevTher Drug Carrier Syst 15:285–380
4. Rathbone MJ, Kinder JE, Fike K, Kojima F, Clopton D, Ogle CR, Bunt CR (2001) Recent advances in bovine reproductive endocrinology and physiology and their impact on drug delivery system design for the control of the estrous cycle in cattle. Adv Drug Deliv Rev 50:277–320
5. Rathbone MJ, Witchey-Lakshmanan L, Ciftci KK, Rathbone MJ, Witchey-Lakshmanan L, Ciftci KK (1999) Veterinary applications of controlled release drug delivery. In: Mathiowitz E (ed) Encyclopedia of controlled drug delivery. Wiley, New York, pp 1007–1037
6. Robinson JR, Rathbone MJ (1999) Mucosal drug delivery—rectal, uterine and vaginal. In: Mathiowitz E (ed) Encyclopaedia of controlled drug delivery. Wiley, New York
7. Rathbone MJ, Foster TP (2009) Veterinary pharmaceutical dosage forms. In: Florence AT, Siepmann J (eds) Modern pharmaceutics. Applications and advances, vol 2, Drugs and the pharmaceutical sciences series. Informa Healthcare, New York
8. Rathbone MJ, Burke CR, Ogle CR, Bunt CR, Burggraaf S, Macmillan KL (2000) Design and development of controlled release intravaginal veterinary drug delivery systems. In: Rathbone MJ, Gurny R (eds) Controlled release veterinary drug delivery: biological and pharmaceutical considerations, Chap. 6. Elsevier Science B.V, Amsterdam, The Netherlands, pp 173–200
9. Rathbone MJ, Burns PJ, Ogle CR, Burggraaf S, Bunt CR (2000) Controlled release drug delivery systems for estrous control of domesticated livestock. In: Rathbone MJ, Gurny R (eds) Controlled release veterinary drug delivery: biological and pharmaceutical considerations, Chap. 7. Elsevier Science B.V, Amsterdam, The Netherlands, pp 201–228
10. Rathbone MJ, Brayden D (2009) Controlled release drug delivery in farmed animals: commercial challenges and academic opportunities. Curr Drug Deliv 6:383–390
11. Rathbone MJ, Macmillan KL (2004) Applications of controlled release science and technology: progesterone. Controlled Release Newsl 21:8–9
12. Brayden DJ, Oudot EM, Baird AW (2009) Drug delivery systems in domestic animals. In: Cunningham F, Elliott J, Lees P (eds) Handbook of experimental pharmacology: comparative and veterinary pharmacology. Springer, Berlin
13. King BF (1985) Ruthenium red staining of vaginal epithelial cells and adherent bacteria. Anat Rec 212:41–46

14. Miroud K, Noakess DE (1990) Exfoliative vaginal cytology during the oestrous cycle of the cow, after ovariectomy, and after exogenous progesterone and oestradiol-17 beta. Br Vet J 146:387–397
15. Sisson S, Grossman JD (1975) The anatomy of the domestic animals, 5th edn. W. B. Saunders, Philadelphia, 1975
16. Edwards DF, Levin RJ (1974) An electrical method of detecting the optimum time to inseminate cattle, sheep and pigs. Vet Rec 95:416–420
17. Oxenreider SL, McClure RC, Day BN (1965) Arteries and veins of the internal genitalia of female swine. J Reprod Fertil 9:19–27
18. Maximow AA, Bloom W (1942) A textbook of histology, Chap. 25. W. B. Saunders, Philadelphia
19. Cole HH (1930) A study of the mucosa of the genital tract of the cow, with special reference to cyclic changes. Am J Anat 46:261–302
20. Abrams RM, Thatcher WW, Chenault JR, Wilcox CJ (1975) Bovine vaginal circulation: changes during estrous cycle. J Dairy Sci 58:1528–1530
21. Hansel W, Asdell SA (1951) The effects of estrogen and progesterone on the arterial system of the uterus of the cow. J Dairy Sci 34:37
22. Restall BJ (1966) Histological observations on the reproductive tract of the ewe. Aust J Biol Sci 19:673–686
23. Cole HH, Miller RF (1935) Changes in the reproductive organs of the ewe with some data bearing on their control. Am J Anat 57:39–97
24. Blazquez NB, Batten EH, Long SE, Perry GC (1987) Histology and histochemistry of the bovine reproductive tract caudal to the cervix Part I. The vestibule and associated glands. Br Vet J 143:328–337
25. Maximow AA, Bloom W (1942) A textbook of histology, Chap. 11. W. B. Saunders, Philadelphia
26. Miroud K, Noakes DE (1991) Histological changes in the vaginal mucosa of the cow during the oestrous cycle, after ovariectomy and following exogenous oestradiol benzoate and progesterone treatment. Br Vet J 147:469–477
27. Roark DB, Herman HA (1950) Physiological and histological phenomena of the bovine estrual cycle with special reference to vaginal-cervical secretions. Research Bulletin, vol 455, Missouri Agricultural Experiment Station. University of Missouri College of Agriculture, Columbia, MO
28. Hamilton WJ, Harrison RJ (1970) Cyclical changes in the uterine mucosa and vagina of the goat. J Anat 85:316–326
29. Wilson KM (1926) Histological changes in vaginal mucosa of sow in relation to the estrous cycle. Am J Anat 37:417–426
30. Boyland E (1946) The composition of bovine cervical mucins and their reaction with oxidizing agents. Biochem J 40:334–337
31. Kanagawa H, Hafez ES, Pitchford WC, Baechler CA, Barnhart MI (1972) Surface patterns in the reproductive tracts of the rabbit observed by scanning electron microscopy. Anat Rec 174:205–225
32. Vickery BH, Bennett JP (1968) The cervix and its secretion in mammals. Physiol Rev 48:135–154
33. Egli GE, Newton M (1961) The transport of carbon particles in the human female reproductive tract. Fertil Steril 12:151–155
34. Woodman HE, Hammond J (1925) The mucous secretion of the cervix of the cow. J Agr Sci 15:107–124

35. Gibbons RA (1959) Chemical properties of two mucoids from bovine cervical mucin. Biochem J 73:209–217
36. Gibbons RA, Glover FA (1959) The physicochemical properties of two mucoids from bovine cervical mucin. Biochem J 73:217–225
37. Wagner G, Levin RL (1984) Human vaginal pH and sexual arousal. Fertil Steril 41:389–394
38. Hamana K, El-Banna AA, Hafez ESE (1971) Sialic acid and some physico-chemical characteristics of bovine cervical mucus. Cornell Vet 61:104–113
39. Scott Blair GW, Folley SJ, Malpress FH, Coppen FMV (1941) Variations in certain properties of bovine cervical mucus during the oestrous cycle. Biochem J 35:1039–1110
40. Herrick JB (1951) The cytological changes in the cervical mucosa of the cow (Bos taurus) throughout the estrous cycle. Am J Vet Res 12:276–283
41. Moghissi KS, Neuhaus OW (1962) Composition and properties of human cervical mucus II. Immunoelectrophoretic studies of the proteins. Am J Obstet Gynecol 83:149–155
42. Rozansky R, Persky S, Bercovici B (1962) Antibacterial action of cervical mucus. Proc Soc Exp Biol Med 110:876–881
43. Mattner PE (1969) Phagocytosis of spermatozoa by leucocytes in bovine cervical mucus in vitro. J Reprod Fertil 20:133–134
44. Rathbone MJ, Raj-Bista S, Haywood A (2009) Design and development of long acting intravaginal veterinary products: physical characterisation of the vaginal cavity of farmed animals. Proc Int Symp Controlled Release Bioact Mater
45. Burns PJ (2011) New techniques in hormonal delivery. In: McKinnon A, Squires E, Vaala W, Varner D (eds) Equine reproduction, Chap. 198, 2nd edn. Blackwell Publishing Ltd, Malden, MA, pp 1879–1887
46. Burggraaf S, Rathbone MJ, Day B, Bunt CR, Ogle CR (1999) Development of a progesterone-containing intravaginal insert to control the estrus cycle in gilts. Proc Int Symp Controlled Release Bioact Mater 26:146
47. Rathbone MJ, Bunt CR, Ogle CR, Burggraaf S, Ogle C, Macmillan KL, Burke CR, Pickering KL (2002) Reengineering of a commercially available bovine intravaginal insert (CIDR insert) containing progesterone. J Control Release 85:105–115
48. Rathbone MJ, Bunt CR, Burggraaf S, Burke CR, Macmillan KL (1998) Optimization of a controlled release intravaginal drug delivery system containing progesterone for the control of estrus in cattle. Proc Int Symp Controlled Release Bioact Mater 25:249–250
49. Ogle CR (1999) Design, development and optimisation of veterinary intravaginal controlled release drug delivery systems. University of Waikato, Hamilton, NZ
50. Rathbone MJ, Bunt CR, Ogle CR, Burggraaf S, Ogle C, Macmillan KL, Pickering KL (2002) Development of an injection molded poly (ε-caprolactone) intravaginal insert for the delivery of progesterone to cattle. J Control Release 85:61–71
51. Ogle CR, Rathbone MJ, Smith JF, Bunt CR, Burggraaf S, Pickering KL (1999) Development of an injection moldable, biodegradable intravaginal insert technology. Proc Int Symp Controlled Release Bioact Mater 26:143
52. Bunt CR, Woodward VG, Rathbone MJ, Burggraaf S, Ogle CR, Burke CR, Pickering KL (1999) A poly (e-caprolactone) bovine intravaginal insert for the delivery of progesterone. Proc Int Symp Controlled Release Bioact Mater 26:145
53. Grimmett JB, Hanlon DW, Duirs GF, Jochle W (2002) A new intra-vaginal progesterone-releasing device (Cue-Mare™) for controlling the estrous cycle in the mare. Theriogenology Suppl, 58:585–587

54. http://www.agrihealth.co.nz/
55. Bó GA, Tegli J, Cutaia L, Moreno D, Alisioy L, Tríbulo R (2000) Fixed-time artificial insemination in braford cows treated with progesterone releasing devices and eCG or estradiol benzoate. Proc XV Reunión Anual de la Sociedad Brasilera de Tecnología Embrionaria, Caldas Novas, Goiâs, Brasil. Arq Fac Vet UFRGS, vol 28, p 209
56. Bunt CR, Rathbone MJ, Burggraaf S, Ogle CR (24) Development of a QC release assessment method for a physically large veterinary product containing a highly water insoluble drug and the effect of formulation variables upon release. Proc Int Symp Controlled Release Bioact Mater 24:145–146
57. Bunt CR, Rathbone MJ, Burggraaf S, Macmillan KL, Rhodes F (1997) Factorial analysis of the effect of surface area and drug load on the release rate of progesterone from a controlled release intravaginal drug delivery system. Proc Intern Symp Control Release Bioact Mater 24:743–744
58. Burggraaf S, Rathbone MJ, Bunt CR, Burke CR, Pickering KL (1997) Effect of silicone shore hardness, inert fillers and progesterone particle size upon the release of progesterone from a controlled release intravaginal drug delivery system. Proc Intern Symp Control Release Bioact Mater 24:147–148
59. Heredia V, Bianco ID, Tribulo H, Cuesta G, Chesta P, Bo GA, Tribulo R, Mega VI, Beltramo DM (2008) Room temperature vulcanizing silicone sheaths on a reusable support for progesterone delivery in estrous synchronization treatments in cattle. Anim Reprod Sci 108:356–363
60. Bunt CR, Rathbone MJ, Burggraaf S, Ogle CR, Burke CR (1999) Elevation of plasma progesterone levels in cattle using a poly (e-caprolactone) and cyclodextrin intravaginal insert containing progesterone. Proc Int Symp Controlled Release Bioact Mater 26:6705
61. Bunt CR, Rathbone MJ, Ogle CR, Morgan S (2001) An electronically modulated bovine intravaginal device for the delivery of progesterone. Proc Int Symp Controlled Release Bioact Mater, p 28
62. Bunt CR, Rathbone MJ, Burggraaf S (1998) Controlled electrolysis of water in a hydrogel matrix to dispense liquids. Proc Int Symp Controlled Release Bioact Mater 25:62–63
63. Bunt CR, Rathbone MJ, Burggraaf S (1988) Controlled electrolysis of water in a hydrogel matrix to dispence liquids from an infusion device. American Association of Pharmaceutical Scientists Annual Meeting, PharmSci Suppl (1):96
64. Bunt CR, Rathbone MJ, Burggraaf S (1998) Controlled electrolysis of water in a hydrogel matrix to dispense liquids from an infusion device. American Association of Pharmaceutical Scientists Annual Meeting, PharmSci Suppl (1):96
65. Rathbone M, Bunt C, Ogle C (2002) Simultaneous sustained progesterone and pulsatile estradiol benzoate delivery from an electronically modulated bovine intravaginal insert. Proc Int Symp Controlled Release Bioact Mater, p 29
66. Künnemeyer R, Cross PS, Bunt CR, Carnegie DA, Rathbone MJ, Claycomb RW (2003) Oestrus detection and automated oestrus control in dairy cows using telemetry. Electronics New Zealand Conference, Hamilton, NZ

第12章

兽用长效注射剂和植入剂

Susan M. Cady, Peter M. Cheifetz & Izabela Galeska

畜牧业生产对于兽用长效注射制剂有强烈的需求，并且非常乐见畜禽和宠物用药物传递系统方面的技术创新。这些剂型最大限度地减少了重复注射的需要，同时延长了治疗时间，使这些产品更具商业开发价值。本章节重点介绍了针对兽医临床应用正在进行研究和已商业化的长效注射剂和植入剂。

12.1 前言

长效注射剂在动物保健行业已经研究多年，并在许多文献进行了报道和讨论[1-8]。多种不同的技术已被应用于长效注射剂和植入剂的研究，其中一些产品已经成功实现了商业化。

长效制剂具有许多优点：可减少给药次数，降低动物的应激反应，提高患畜和养殖者的顺应性，减少患畜的不良反应，同时药物制剂的发明者也获得了专利保护。

本章将讨论已经研究过的制剂技术，并重点介绍全球动物保健市场中的一些商业产品。作者认为，已商业化的长效注射剂和植入剂可以分成以下几类：①水分

S. M. Cady(✉) · P. M. Cheifetz · I. Galeska

Merial Limited (A Sanofi Company), North Brunswick, NJ, USA

e-mail: susan. cady @ merial. com

M. J. Rathbone and A. McDowell (eds.), *Long Acting Animal Health Drug Products: Fundamentals and Applications*, Advances in Delivery Science and Technology, DOI 10. 1007/978-1-4614-4439-8_12, C Controlled Release Society 2013

散体或溶液;②油性注射剂;③原位储库注射剂;④微球;⑤植入剂。本章通过列出近年来文献报道中描述的已商业化的产品,对各种制剂技术进行详细讨论。产品信息主要来源于标签和相关管理机构的网站[9-14]。

12.2 辅料的选择

用于动物保健的长效注射剂和植入剂通常使用生物相容性好且安全高的辅料。新的或专利的辅料可单独或在成品测试中进行安全性和生物相容性评估[15]。制剂研究者通常从 GRAS(通常被认为是安全的物质)列表中选择辅料[16]。为了有利于辅料的选择,有文献评论了注射剂的溶剂和其他辅料[17-18]以及一些书籍阐述药物辅料[19-21]。FDA 辅料数据库《非活性组分指南》也是一个有用的查询工具[22],来自人类健康中心发布的 2005 年版 FDA 指导原则阐述了这些新型药用辅料的期望开展临床前试验要求[23]。

12.3 水分散体和溶液取决于药物特性

市场上有几种水溶性动物专用长效注射剂。表 12.1 中列举了两个例子。这些产品的长效效果主要取决于药物本身的特性而非产品处方因素。

药效持续 6 个月的 PROGRAM® 龄猫用的长效注射剂是一种预封装注射剂,含有 10%虱螨脲的无菌混悬液。而 CONVENIA® 是一种犬、猫用的头孢维星钠冻干剂。CONVENIA® 配方中,甲醇和对羟基苯甲酸丙酯作为防腐剂,柠檬酸钠和柠檬酸作为缓冲剂,同时氢氧化钠或者盐酸 pH 作为调节剂。稀释液(10 mL)含有浓度为 13 mg/mL 的防腐剂苯甲醇。产品抗菌活性可以持续 14 d[24]。头孢维星在犬、猫体内有较长的半衰期,主要是因为其与血浆蛋白的结合,起到药物储库的作用[25]。

表 12.1 水溶性兽用长效注射剂

商品名(原料药)	公司	疗效	品种	官方注册号	美国专利号	起效时间
药效持续 6 个月的 PROGRAM®(虱螨脲)	诺华	除蚤	猫	NADA#141-105 APVMA 49630 APVMA 49631	4,798,837 5,416,102 5,240,163	6 个月
CONVENIA®(头孢维星钠)	辉瑞	抗菌	犬、猫	NADA#141-285, EMEA/V/C/000098	6,020,329 7,378,408	14 d

注:本表未列举所有产品及信息。

其他的水溶性制剂包括 PACCAL® Vet，它是一种紫杉醇水溶液。该兽用抗肿瘤药的开发是基于 Oasmia 公司的独特胶束平台 XR-17，它不需要术前用药，消除了 CREMOPHOR® EL 有关的副作用。该产品正在开展犬肥大细胞瘤的试验[26]，近日，FDA 批准了该产品（基于 MUMS 设计，见第 12.8 节）用于治疗犬的可切除和不可切除的鳞状细胞瘤[27]。另外，阿霉素制剂（DOXOPHOS® Vet）也是基于 Oasmia 公司的独特胶束平台，且已经进入临床试验阶段。

12.4　油性注射液

活性药物成分在油性或者非水溶剂中形成的混悬液或溶液是另一种长效注射剂。许多文章和综述详细地讨论了这一主题[28-30]。这里有多种油性和非水溶剂可以选择，包括混合油（如橄榄油、芝麻油、蓖麻油）、肉豆蔻酸异丙酯、油酸乙酯、苯甲酸苄酯、聚乙烯油酸甘油三酯、轻质植物油（椰子油馏分）和液体聚乙二醇（PEGs）。具体特点可参考 Murdan 和 Florence 的文章或 Spiegel 和 Noseworthy 的综述[17, 30]。药物通过油性载体制成制剂有以下几个原因：在水性介质中溶解度低、在水中不稳定、水溶液中刺激性大或希望达到持续释放效果。由于皮下注射（SC）往往引起疼痛和刺激，通常推荐采用肌肉注射（IM）方式[30]。

皮下注射时，多数的水不混溶的油被限制在注射部位，一般形成类似扁豆或足球状的扁圆形或扁长形突起。注射部位的形状决定表面积，而表面积是药物吸收的关键因素。药物通常比油吸收快。不同油溶剂中药物吸收速率取决于药物在油性溶剂和体液中的分配系数（K）[29]。尽管油的清除率慢是有益的，但为减少蓄积和避免不良反应，注射部位的油应该完全吸收[30]。

随着油性系统的发展，理想的油性溶剂应该稳定、不与药物反应、生物相容性好。好的溶剂或分散剂不与主要包装材料（内包）发生反应[30]。

表 12.2 详细描述了基于亲脂性或非水溶剂系统的产品。

早期的研究工作也评价了不同的睾酮酯（如丙酸酯、正戊酸酯）的差异，表明不同前体药物及同一前体药物不同制剂的持续释放的时间，见表 12.3[33,34]。

7.5%的头孢喹肟混悬液用于溶血性曼氏杆菌、多杀巴氏杆菌和嗜血杆菌引起的牛的呼吸系统疾病，欧盟注册的 7.5%头孢喹肟混悬液 COBACTANTTM LA 由用硬酯酸铝增稠的中链甘油酸三酯制成。硫酸头孢喹肟是一种抑制细胞壁合成的头孢菌素类抗菌素，特点是抗菌谱广，作为第四代头孢，拥有高的细胞渗透力，对 β-内酰胺酶高度稳定且亲和力低[35]。

表 12.2　已上市的亲脂性/非水溶性的油基兽用长效注射剂

商品名称	公司	作用	品种	FDA 注册号	美国专利号	已知赋形剂	起效时间（缓释时间）/d
EXCEDE®（头孢噻呋晶体游离酸）	辉瑞（美国法玛西亚普强制药公司）	抗菌	牛，猪	NADA＃ 141-209，141-235	5,721,359；7,829,100		7
LIQUAMYCIN® LA-200®（土霉素）	辉瑞	抗菌	牛，猪	NADA＃ 113-232	4,018,889	2-吡咯烷酮	
OXY-TET® 20 和 BIO-MYCIN® 200（土霉素注射液）	德国勃林格殷格翰公司	抗菌	牛，猪	ANADA＃ 200-008	—	聚乙二醇-400，甲醛次硫酸氢钠，氧化镁，水，一乙醇胺	
PEN BP-48®（青霉素）	美国梯瓦制药	抗菌	牛	NADA＃ 065-498	—		
COBACTAN™ LA（硫酸头孢喹肟）	默克	抗菌	牛，猪				2
POSILAC® 1 step（牛蛋氨酸锌生长素）	美国礼来	提高产奶量	奶牛	NADA＃ 140-872	5,739,108		14
IVOMEC® GOLD（伊维菌素）	梅里亚	驱虫剂	牛	CRMV-SP 3085；SAGARPA Q-3596-12	—	蒸馏过的乙酰化单甘酯/乙酸甘油酯/氢化蓖麻油 55/40/1	42～140

续表12.2

商品名称	公司	作用	品种	FDA 注册号	美国专利号	已知赋形剂	起效时间（缓释时间）/d
CYDECTIN LA 10% 牛用(莫昔克丁)	辉瑞	抗寄生虫	牛	APVMA 60116			
CYDECTIN 2% 羊用(莫昔克丁)	辉瑞	抗寄生虫	羊	APVMA 58532			
DECTOMAX®（多拉菌素注射液）	辉瑞	驱虫剂	牛,猪	NADA # 141-061	5,089,480；6,001,822		
MICOTIL®（磷酸替米考星）	礼来	抗菌	牛,羊	NADA # 140-929	4,820,695；5,574,020	丙二醇/水	3
NUFLOR®（氟苯尼考）	默克	抗菌	牛	NADA # 141-063	4,235,892；5,082,863	N-甲基吡咯烷酮,丙二醇/聚乙二醇溶液	
NUFLOR® GOLD（氟苯尼考）	默克	抗菌	肉牛，干乳期奶牛	NADA # 141-265		2-吡咯烷酮/三乙酸甘油酯溶液	
ONSIOR(罗贝考昔)	诺华制药	抗炎药		EMEA/V/C/000127		聚乙二醇 400/泊洛沙姆乙醇溶液	

表 12.3 化学性质、剂型、给药途径对睾酮酯的影响

酯类物质	剂型	给药途径	起效时间/d
正丙酸睾酮酯	油溶液	肌肉注射	3～4
正戊酸睾酮酯			9
正丙酸睾酮酯	乳剂	肌肉注射	3～4
正丙酸睾酮酯	小晶体	肌肉注射	8
正丙酸睾酮酯	大晶体	肌肉注射	12
正丙酸睾酮酯	丸剂	皮下给药	4～5

NUFLOR GOLD® 是合成抗生素氟苯尼考在 2-吡咯烷酮和乙酸甘油酯中形成的注射液[36]。用于溶血性曼氏杆菌、多杀巴氏杆菌、嗜血杆菌和牛支原体引起的肉牛和干乳期奶牛呼吸系统疾病[37]。

EXCEDE®(头孢噻呋结晶游离酸)是一种单剂量长效抗菌注射剂,用于猪、马呼吸系统疾病,临床上已确认其药效可持续至少 7 d[38,39],为头孢噻呋游离酸结晶在油性溶剂中形成的无菌混悬液[40]。

EXCENEL® 是一种用于肉牛、泌乳期奶牛和猪的头孢噻呋盐酸盐混悬液(广谱抗生素)。每毫升混悬液包含相当于 50 mg 头孢噻呋的头孢噻呋盐酸盐、0.5 mg 磷脂、1.5 mg 山梨醇单油酸酯、2.5 mg 无菌注射用水和棉籽油[41]。

20 世纪 90 年代,动物保健行业在牛和猪生长激素(促生长素)的缓控释传递方面进行了重要工作。一些综述总结了被开发的许多类型的长效给药系统[42-44]。商业化的产品 POSILAC®(牛蛋氨生长素锌混悬注射液)是一种无菌、长效、油性单剂量皮下注射剂(500 mg 牛蛋氨生长素锌/支)[45],成分详见表 12.4。其活性成分为重组牛生长激素(rbST),在生物学上相当于天然脑垂体生长激素,用于提高健康奶牛的产奶量[47]。

表 12.4 牛蛋氨生长素锌混悬注射液配方组成(商品名:POSILAC®)

成分	含量/%
牛蛋氨生长素锌	37.4～39.4
单硬脂酸铝	3.03～3.13
食用油	57.57～59.47

近年来,大量的反刍动物用的抗寄生虫长效油性注射剂已经上市,包含了绝大多数的大环内酯类药物。

第一代长效伊维菌素注射剂[1% (*W*/*V*)]是一种油性制剂(丙二醇/甘油＝60∶40),在皮下缓慢吸收,持续存在于血浆和寄生虫寄生的组织中[48]。高浓度(3.15%)的伊维菌素长效注射剂(IVOMEC® Gold)已进入几个兽药市场[49],其用量为牛 630 μg/kg。INOMEC® Gold 具有独特的触变效应,即搅拌溶液使制剂黏度降低,这个特点便于药物应用,间接促进其缓慢吸收和维持最佳血药浓度。因其在吸收和缓慢排泄方面的药效动力学特性,INOMEC® Gold 可以在用药后抗蜱虫 14～17 d,在长达 75 d 抑制这种寄生虫[50]。

另一个例子是 CYDECTIN® 油性长效注射剂系列,该制剂以莫克西丁作为抗寄生虫药物。莫克西丁是一种天然亲脂性药物,可以被机体脂肪吸收后缓慢释放至血液中。CYDECTIN® 10%牛用长效注射剂是一种油性、透明、黄色、稍黏稠的无菌溶液,含有 100 mg/mL 莫克西丁和 70 mg/mL 苯甲醇,牛耳后皮下注射[51-53]。CYDECTIN ® 2% 羊用长效注射剂含有 20 mg/mL 莫克西丁,在羊耳根部注射[54]。

DECTOMAX®注射液[55]是一种 1% (*W*/*V*)(10 mg/mL) 多拉菌素即用型无菌溶液,以油酸乙酯(＜25%)和芝麻油(＞70%) 为油性溶剂[56]。DECTOMAX 注射液用于防治胃肠蛔虫、肺蠕虫、眼丝虫、蛆、虱和疥癣病。于牛皮下或肌肉注射,速度 1 mL/110 lb,每千克体重推荐剂量为 200 μg。该产品也被批准用于猪,通过肌肉进行注射[57]。

12.5 原位储库制剂

原位储库药物传递便于在畜禽和宠物上注射应用,注射前是相对黏度较低的液体,皮下注射后,形态快速发生变化。一些综述阐述了这些系统的基本原理[58,59]。多年来,多种用于兽药的原位储库系统已被研究并报道,如可生物降解的高分子聚合物沉淀技术(如 ATRIGEL®[60])、乙酸异丁酸蔗糖酯(SAIB)储库制剂[61]和脂质体液晶相转变技术[62]。一些原位储库技术已经应用于商业化生产,具体见表 12.5。

最近,FDA 批准了梅里亚公司关于 5%乙酰氨基阿维菌素 LAI 的变更申请[63]。LONGRANGETTM 采用可生物降解聚合物沉淀技术,持续抗肺蠕虫和蛔虫达 100～150 d[64]。据公开信息,LONGRANGE 由 5% (*W*/*V*)乙酰氨基阿维菌素、5%乳酸乙醇酸共聚物(PLGA)和 N-甲基吡咯烷酮 (NMP)组成[65]。

表 12.5 从原位储库兽用长效制剂

商品名(原料药)	公司名称	功效	品种	官方注册号	美国专利号	起效时间/d
LONGRANGE™(乙酰氨基阿维菌素)	梅里亚(赛诺菲公司)	驱虫	牛	NADA# 141-327	6,733,767	100～150
SUCROMATE® Equine(醋酸地舍瑞林)	托恩生物科学公司	排卵	马(母马)	NADA# 141-319	6,051,558	2
BUPRENORPHINES-R™(盐酸丁丙诺啡)	SR Veterinary(野生动物制药公司)	止痛	犬、猫、外来物种试验动物	N/A	—	3

注:本表未列举所有产品及信息。

另一种利用可生物降解聚合物沉淀原位储库技术的制剂产品是由 SR Veterinary Technologies, LLC.(Wildlife 制药公司的下属机构)新申请的长效兽药制剂。该 SR 给药系统是一种可生物降解的液体聚合物,一种非水稀释剂,与药物形成的混悬液或溶液,药物在高分子聚合物基质内随着聚合物降解而缓慢释放[66]。布鲁林诺啡 SR 已经在这家野生动物生物医药公司下属的药房内使用,兽医药理学研究表明布鲁林诺啡持续释放超过 72 h[67]。这种可生物降解的聚合物制剂是聚合物以 50∶50 (*W*/*W*)浓度溶于 NMP 形成的溶液[68, 69]。这种可生物降解聚合物摩尔比为 50∶50 的 *DL*-乳酸酯与 ε-已内酯的共聚物。这种共聚物的平均分子质量约为 5 500 Da[68]。

Thorn BioScience, LLC 通过 Southern Research Institute (SRI) 和 Southern BioSystems (SBS)研究机构研发的两种控释药技术,致力于动物控释药品的研究。这种制剂技术利用乙酸异丁酸蔗糖酯(SAIB),一种高黏度、高疏水性、类似树脂的高纯度的充分酯化的蔗糖。SAIB 中添加少量的有机溶剂可大大降低其黏性,注射后有机溶剂分散至组织,留下药物/SAIB 聚合物基质,药物通过扩散释放,SAIB 传递活性成分的维持有效时间可长达 1 个月。SAIB 可被脂肪酶水解为蔗糖和脂肪酸,另外 SAIB 具有生物黏附性,可用于表皮治疗和在黏膜表面传递抗原[70]。Tipton 等[71]申请的专利描述了使用 SAIB 制备制剂,最简单的步骤是 SAIB 与低黏度的溶剂混合。SAIB 是一种已在 40 多个国家使用的食品添加剂[72]。

SUCROMATE® 作为另一个已商业化的 SAIB 原位储库制剂,含有 1.8 mg/mL 的醋酸地舍瑞林,是一种马用的可持续释放脑垂体促性腺素(GnRH)类似物的肌肉注射剂。该制剂是主药与 SAIB 和碳酸丙烯酯(70∶30 *W*/*W*)形成的混悬液。该制剂可诱导发情母马在 48 h 内排卵，卵泡直径在 30～40 mm，有利于繁育[73, 74]。

12.6 微球

多年来，人们投入了大量精力来开发和了解基于微球的药物传递系统[75]。通过一些产品的商业化，这一领域已在动物保健行业引起了极大的兴趣。表 12.6 选择性的描述一些产品。

表 12.6 市售兽用长效微球注射剂

商品名（原料药）	公司名称	功效	靶动物	官方注册号	专利号	已知辅料	起效时间
PROHEART® 6（莫昔克丁）	辉瑞	抗犬心丝虫	犬	NADA # 141-189	6,340,671	脂肪微球	6 个月
PROHEART 12 SR（莫昔克丁）	辉瑞	抗犬心丝虫	犬	APVMA 51805	—	脂肪微球	12 个月
SMARTSHOT™ Family（维生素 B_{12} 和硒）	诺华和 AgResearch	促生长	羊	APVMA 51158	NZ329447；AUS711760	花生油	8 个月
Celerin™（苯甲酸雌二醇）	PR 制药	促生长	牛	NADA # 141-040；141-041	5,288,496；5,401,507；5,427,796	—	12 个月

注：本表未列举所有产品及信息。

由于顺应性差，对于不愿意每月给犬口服治疗进行心丝虫病预防的宠物主人（不愿频繁给药），更希望降低给药频率的，可注射缓释注射剂 PROHEART® 6 和 PROHEART 12 SR。PROHEART® 6 是可用的心丝虫病预防剂，PROHEART® 6 是莫克西丁的缓释微球，单剂量皮下注射剂，可预防犬心丝虫病长达 6 个月。该产品由 2 个独立的西林品组成：瓶 1 为 10％莫昔克丁无菌微球，由瓶 2 的溶液配置，瓶 2 为无菌溶液（配方详见表 12.7）。皮下注射剂量为 0.05 mL/kg [76]。美国已批准 PROHEART® 6 可预防犬心丝虫病，药效长达 6 个月。

表 12.7 PROHEART® 6 重构药物的配方组成[76]

成分	每毫升含量	成分	每毫升含量
莫昔克丁	3.4 mg	尼泊金甲酯	0.17%
三硬脂酸甘油酯	3.1%	尼泊金丙酯	0.02%
羟丙甲纤维素	2.4%	二叔丁基对甲酚	0.001%
氯化钠	0.87%		

必须指出 PROHEART®6 自 2001 年在美国批准以来,一直是一个富有争议的产品。在 2004 年,企业自愿召回,基于 FDA 对于本品严重不良反应的关注,直至 2008 年通过风险减小和限制分发的程序(RiskMAP)[77],对批准后的标签及用户使用信息修订后重新上市。这一决定是基于对毒理学研究的结果与国际市场上低频率的不良反应事件的事实的关联性。PROHEART® 6 是第一个通过 RiskMAP 上市的制剂,允许兽医和主人评估 6 个月的用药风险和收益,招募的兽医都进行了详尽的培训。PROHEART SR-12 是另一个犬心丝虫病预防药品,莫昔克丁含量是 PROHEART® 6 的 3 倍,一年注射一次,已于 2000 年 10 月在澳大利亚注册并上市[78]。

2004 年 PR Pharmaceuticals, Inc. 发表了犬用伊维菌素/PLGA 微球制剂的文章。PLGA 由乳酸:乙醇烯酸酯(摩尔比 85:15)构成,平均分子质量为 136 kDa。伊维菌素分别以质量分数为 15、25、35 和 50 的载药量以 PLGA 为基质,并溶解在乙酸乙酯中。该溶液与 1% 聚乙烯醇形成水包油乳液,形成的微球注入以对羟基苯甲酸乙酯为防腐剂的质量分数为 2.5 的羧甲基纤维素水溶液中。犬用剂量:以伊维菌素计,0.5 mg/kg,皮下注射。药物缓释长达 287 d,在伊维菌素微球制剂治疗组均未发现犬心丝虫[79]。

SMARTSHOT™ 注射剂产品系列采用溶剂蒸发法将维生素 B_{12} 包封于 PLGA 微球中。专利说明中 PLGA (乳酸:乙醇烯酸酯比为 95:5)在 30℃氯仿中特性黏度为 0.70 dL/g。这些微球在助悬剂作用下,悬浮于花生油中[80]。

一项研究项目利用了非传统的包封手段。2012 年年初,Eden Research PLC 宣布 Teva 动物保健公司正式决定参与天然试剂包封技术转让许可协议[80]。Eden 利用酵母细胞开发了一种应用于农业或非农业的萜烯类新型缓释包封技术,该技术是将萜烯包封在 β-葡聚糖空穴或细胞壁中。报道讨论了 β-葡聚糖、甘露聚糖和壳聚糖/酵母细胞包合物的用途。萜烯释放与湿度有关,当微粒变干时,孔隙关闭,将剩余的萜烯密封于微粒内[82,83]。根据 Eden 的说法,这一技术克服了萜烯的挥发性、植物毒性和低溶解性[81]。

12.7 植入剂

植入剂已长期应用于动物保健,用来提高牛的生产力。自20世纪50年代,含雌激素的合成代谢类固醇压片式植入剂用于提高肉牛的饲料转化率和增重率,每2～3个月使用一次。事实证明,提高增重率带来可观的经济效益。商业化的植入剂一般在牛耳后皮下埋植,以便药物缓慢释放到动物全身。商业化的产品在植入剂的数量、大小有所不同,同样,植入器具也不同。现有产品含有类似的成分——雌激素或雌激素类似物可刺激动物垂体产生生长激素。这些技术产品的使用说明强调正确植入的重要性,这是获得一致生产力的关键。表12.8列举了一些商业化的植入剂的例子。

表12.8 市售兽用长效注射植入剂

商品名(原料药)	公司	功效	品种	注册号	美国专利号	起效时间
RALGRO® 系列(折仑诺)(玉米赤霉醇)	默克公司	促生长	牛、羊	NADA＃038-233,141-192	—	
REVALOR® 系列(醋酸孕三烯酮/雌二醇)	默克公司	促生长	牛	NADA＃140-897,140-992	4,192,870	
REVALOR® XS(醋酸孕三烯酮/雌二醇)	默克公司	促生长	牛	NADA ＃ 141-269	6,498,153	200 d
FINAPLIX® 系列(醋酸孕三烯酮)	默克公司	促生长	牛	NADA ＃ 138-612	3,939,265	
COMPUDOSE®(雌二醇 /土霉素)	礼来公司	促生长	牛	NADA ＃ 118-123	4,191,741	
SYNOVEX®(醋酸孕三烯酮/ 雌二醇)	辉瑞公司	促生长	牛	NADA＃009-576,011-427,141-043,200-367	—	
SMART GUARDTM(伊维菌素)	法国维克	抗犬心丝虫	犬	* SAGARPAQ-0042-357	—	12个月

续表12.8

商品名(原料药)	公司	功效	品种	注册号	美国专利号	起效时间
SUPRELORIN® 系列(醋酸德舍瑞林)	法国维克	促排卵	犬	EMEA/V/C/000109	—	6 或 12 个月
OVUPLANTTM (醋酸德舍瑞林)	Peptech	促排卵	马(母马)	DechraNADA# 141-044	5,545,408	

片形植入剂释放机理(如 FINAPLIX®、SYNOVEX®、RALGRO® 和 REVALOR® 植入剂生产技术[84])是通过缓慢溶蚀扩散机制。COMPUDOSE® 植入剂是用含有微粉化雌二醇-17β 的结晶硅酮薄层包衣非医用硅树脂芯而成[85]。热固化处理后切成 3 cm 长。雌二醇-17β 从基质中通过扩散释放。因为植入剂在耳朵滞留的问题,采用土霉素包衣来预防注射部位的感染。土霉素的加入显著地提高了这种植入剂的综合停留性能[86]。

REVALOR XS 是一种用于集约化肉牛养殖的植入剂,药效长达 200 d。该药丸由 10 个微丸组成,每个微丸含有 20 mg 醋酸孕三烯酮和 4 mg 雌二醇,其中,4 个未包衣微丸用于前 70～80 d 释放,6 个由可生物降解高分子材料包衣的微丸,持续释放长达 200 d[87]。生产过程中包衣工艺的质量控制是关键参数[88]。REVALOR 的网站[89]指明,采用实时在线的近红外光谱技术来控制高分子涂层厚度,近红外光谱探头安装在包衣机内,在包衣过程中持续监控包衣的涂层厚度。

在美国市场,这些植入剂需标注“在非灭菌工艺生产”。2000 年,FDA 的兽药中心发布了一份修订植入剂政策和程序手册指南(该指南 1240.4122 描述了兽用注射剂无菌和热原要求)的文件。文件参照 USP 和对工艺验证保障无菌、热原的限度在规定范围内[90]。兽药中心发布的政策指出:(1)所有注射剂(包括乳房注入剂)均需灭菌(“除用于安乐死的产品和牛羊用耳后植入剂”),(2)灭菌兽药制剂中的热原水平不能超过规定值。申报产品(包括乳房注入剂)如不能达到无菌和热原要求将必需标明“在非无菌条件生产”。

驱虫类植入剂已有文献报道[91]。在犬心丝虫病防治中,伊维菌素从交联聚酯(原酸酯)基质释放可长达 6～12 个月。

智能药物系统开发的长效伊维菌素植入剂[92-94]为短圆柱状,基于基质型的内芯是伊维菌素、赋形剂和硅树脂,外部涂有硅树脂。大鼠试验证明,伊维菌素可实现线性释放。伊维菌素是一种疏水物质,研究人员在内核上使用了一些添加剂来增加伊维菌素的溶解性，以便利于渗入植入剂。添加剂的使用能延长药物的释放时间(如 PEG4000 能延长至 3 个月，脱氧胆酸钠能超过 1 年)。这是 SMART GUARDTM 伊维菌素植入剂的基本技术。

SUPRELORIN® 是一种含有醋酸德舍瑞林的长效圆柱形植入剂，以氢化棕榈油和卵磷脂为基质用于雄性犬的临时性结扎[95]。生产过程包括挤压、滚圆、干燥、低温挤出、切各成适合的植入剂长度。这些植入剂固定在植入器中，分别封装于复合铝箔袋中，辐射灭菌。

促生长植入剂是另外一种类型，直接压片或由氢化蓖麻油、乙基纤维素和西马特罗挤出制得[96]。植入羔羊体内后，每天平均释放 0.72 mg，长达 6 周。以饲料利用率和胴体品质为指标，与植入空白制剂和饲料加药进行试验对比。6 周试验结果显示，在促进羔羊生长和减少脂肪沉积方面，相比口服制剂，植入剂能提高 10～20 倍。

机械式装置也是兽用原位的注射传递系统。通常外层材料由具有生物相容性的不可降解材料制成。比如一种多剂量的胶囊，外壳材料是非渗透性聚苯乙烯装入含有活性成分和赋形剂制成的颗粒形成多剂量的胶囊。莫克西丁挤压成颗粒，放入水凝胶系统中，该系统与体液接触时膨胀，利于莫克西丁的释放[97]。使用粪便卵计数间接监测了在绵羊体内的释放，结果表明该缓释装置只需一次用药即可控制牲畜整季的线虫病。

一些合成的生长激素释放肽的脂肪酸盐可直接压制成植入剂，用生物相容性聚合物包被制成，仅留有短的末端暴露。体外日释放量取决于脂肪酸的分子质量，分子质量越大，衍生物水溶性越低，日释放率越低。研究表明，六肽的绝对释放率取决于原料的总量与植入剂表面的比率，植入剂表面经生物降解或不可降解的高分子材料修饰可实现零级释放。采用放射性标记追踪六肽在牛体内的释放。六肽的日平均释放量为 3.2 mg，与体外试验研究(长达 43 d)3.1 mg 的释放量基本一致[98]。

文献中报道了一些未包衣或包衣的猪用生长激素(PST)植入剂[43]。如 Clark 等制备芳香醛/PST 复合物，压制成植入剂后，经猪耳后皮下注射。研究表明，相对于对照组，21 d 后，日增重和料肉比均有显著增加。特别是聚丙烯酸乙酯-甲基丙烯酸甲酯作为 PST 植入剂的包衣材料，使 PST 持续释放 27 d[100]。

近来，许多非传统植入剂发展快速或已准备上市。

罗氏生物医药分公司罗氏动物保健有限责任公司，开发了一种可植入 MⅢ 顺铂微珠(INAD 10-829)，用来治疗马结节病[101]。该产品为可吸收顺铂微球(～3 mm)，利用罗氏生物 Matrix Ⅲ 和 R-Gel 载体控制药物释放，临床应用安全有效。关于 MUMS 的申请正在等待批准。

TR-CLARIFEYETTM(Healionics Corporation 研发,TR BioSurgical、LLC 商业化生产)[102,103]是一种独特的兽用青光眼治疗植入剂,用于治疗初期原发性青光眼,由专用生物支架材料 STAR(眼球血管再生骨架)组成。STAR 用于修复眼房水外流、减少纤维变性、提高组织结合。TR BioSurgical 宣布了鼓舞人心的结果:该生物支架也可用于患有关节炎的病犬。该装置被植入受伤组织或其邻近组织,为修复细胞(如造血干细胞、纤维细胞)提供结构骨架,利于组织愈合。这种新型生物支架植入剂不含任何药物、细胞或生长因子,并最终能被纤维细胞重吸收。由特有的胶原蛋白共聚物制成,无菌、无免疫源性且性价比高。

BioVeteria Life Sciences, LLC 研发了一种变性胶原蛋白植入剂,类似于早期的胶原蛋白(类似于胚胎胶原蛋白)。组织修复用(TR Matrix)生物支架植入剂为浸润细胞提供了一种细胞基质,可修复受损组织[105]。

可吸收植入剂成功用于兽医外科,与人用药具有相同作用。在人用产品方面,开发了重组人骨形态发生蛋白-2/吸收性胶原蛋白海绵(rhBMP-2/ACS)已被用于脊柱外科、胫骨骨折和口腔外科的治疗。在动物用方面,近来在 MUMS 的监管下,rhBMP-2/ACS 植入剂已被用于犬骨折的辅助治疗。欧盟药品管理局兽药学术委员会(CMVP)最近批准了 TRUSCIENT® 产品注册[106]。

12.8 次要用途和次要动物候选制剂产品

有趣的是,许多正在研发的植入剂和注射剂产品都遵循《2004 年次要用途和次要动物保健法》,该法案激励动物保健行业试图为兽医和动物主人开发治疗少数物种和主要动物罕见疾病的有效药物。另外,申报人具有费用豁免资格,可申请拨款用于安全性和有效性试验。经批准或有条件批准,可以授予 7 年的监测期。“有条件性批准”指在搜集所有有效性数据前,依据 FDA 标准证明药物安全且有效后,申报人可使用该药。药品赞助商最多可以将产品投放市场 5 年,通过年度更新,同时收集剩余的所需有效性数据。表 12.9 列举了已批准或审核中的兽用植入剂和注射剂产品,包括抗肿瘤产品、激素植入剂、注射剂、再吸收植入剂等。

表 12.9 MUMS 指示表下的兽医埋置剂和注射剂列表(依照赞助商要求)

商标名称和品种	剂型	用途	生产商
促性腺激素释放激素类似物 & 多潘立酮 OVAPRIM®(观赏鱼)	注射剂	用于观赏鱼的诱发排卵	信德实验室有限公司
鲑鱼促性腺激素释放激素类似物 OVAPLANT®	植入剂	用于成熟大马哈鱼的诱发排卵	水生生命科学/西方化学
巩膜深部层状环孢素植入剂(马)[a]	植入剂	用于治疗对标准治疗方案有反应或无失明、白内障和青光眼症状或在感染眼睛有活性炎症等的马严重的复发性葡萄膜炎	Acrivet, Inc.
紫杉醇- PACCAL® VET (犬)	注射剂	用于治疗未使用除皮质类固醇类以外其他药物的患有二级或三级肥大细胞瘤的犬的非切除性治疗	Oasmia Pharmaceutical AB
顺铂,MⅢ顺铂珠(马)	植入剂	用于马的直径 3 cm 以上肿瘤的局部治疗,不包括病变的肿瘤,以及位于重要解剖结构 1.5 cm 内,如眼睛、尿道、直肠等部位的肿瘤	罗氏生物医学公司
重组人骨形态发生蛋白-2/可吸收胶原蛋白海绵(犬)	植入剂	用于骨干骨折采用切开骨折复位的外科治疗的辅助	富道动物保健(目前辉瑞动物保健)
泰拉霉素 DRAXXIN® 注射溶液(非泌乳期山羊)	注射剂	用于治疗非泌乳期奶山羊由溶血曼海姆菌导致的呼吸道疾病	辉瑞动物保健
泰拉霉素 DRAXXIN® 注射溶液(羊)	注射剂	用于治疗绵羊由溶血曼海姆菌导致的呼吸道疾病	辉瑞动物保健

续表12.9

商标名称和品种	剂型	用途	生产商
含有胞嘧啶脱氨酶基因(TOCA 511)和口服核纤溶酶(5-FC)的可复制性两亲鼠白血病病毒(犬)	颅内注射，3周后继续口服	用于犬的原发性恶性脑肿瘤的治疗	Tocagen，Inc.
紫杉醇-PACCAL® VET(犬)	注射剂	用于可切除和非可切除的鳞状细胞癌的治疗	Oasmia Pharmaceutical AB
α-神经毒素-PANAVIRA®(犬)	注射剂	用于口腔恶性黑色素瘤的第Ⅱ、Ⅲ阶段的治疗	诺沃生物制品有限责任公司
黄体激素释放激素类似物(LHRHa)(斑点叉尾鮰)	注射剂	用于斑点叉尾鮰的助产	鹰水产养殖有限公司
黄体激素释放激素类似物(LHRHa)(斑点叉尾鮰)	植入剂	用于斑点叉尾鮰的助产	鹰水产养殖有限公司

12.9　监管方面的考虑

植入剂和长效注射剂是受监管药品，成品要求无菌、无热原。研发人员在进行配方及工艺的设计时需要考虑产品是无菌条件生产还是最终灭菌？另外，除产品常规的效价含量、降解产物、无菌、内毒素的测定，长效制剂必须检测每批的药物释放。有效的体外药物释放速率测试通常可用于显示初始释放的间隔（缺乏足额的剂量）、延长的释放时间和结束时的释放比例（通常累积释放百分比至少为 80%）通常被开发用于 QC 的质量控制的加速释放测试，这在多部工具书中均有阐述[107, 108]。

植入剂和长效注射剂产品应有足够长的有效期。理论上说，市售产品有效期应为 2 年（在室温下）。而且，药物在刚生产和近有效期时应安全有效。

药物研发时应重点考虑传递装置，如果该装置是产品的主要封装材料，在评审过程中，需补充一些数据。

另一个监管重点是需要考虑溶剂残留。和人用药一样，需控制溶剂残留[109]。某些情况下，说明书中列出的化学物质被认为是辅料。在这些情况下，辅料只是药品的组成部分，不需考虑溶剂残留问题。为了确保产品安全无副作用，一些工作仍需进行。

12.10　结论

多种长效注射剂技术在兽药领域得到了广泛研究，并所有的技术类别均成功研发了一些商业化产品。为保障动物健康和福利，生产企业将持续创新，努力研发新产品。

参考文献

1. Medlicott NJ, Waldron NA, Foster TP (2004) Sustained release veterinary parenteral products. Adv Drug Deliv Rev 56(10):1345–1365
2. Baggot JD (1988) Veterinary drug formulations for animal health care: an overview. J Control Release 8(1):5–13
3. Lee JC, Putnam M (2000) Veterinary sustained-release parenteral products. In: Senior J, Radomsky M (eds) Sustained-release injectable products. InterPharm, Boca Raton, FL
4. Sun Y, Scruggs DW, Peng Y, Johnson JR, Shukla AJ (2004) Issues and challenges in developing long-acting veterinary antibiotic formulations. Adv Drug Deliv Rev 56(10):1481–1496

5. Brayden DJ, Oudot EJM, Baird AW (2010) Drug delivery systems in domestic animal species. In: Cunningham F, Elliott J, Lees P (eds) Comparative and veterinary pharmacology. Springer GmbH, Berlin, pp 79–112
6. Chien YW (1981) Long-acting parenteral drug formulations. PDA J Pharm Sci Technol 35(3):106–139
7. Schou J (1961) Absorption of drugs from subcutaneous connective tissue. Pharmacol Rev 13(3):441–464
8. Strickley RG (2004) Solubilizing excipients in oral and injectable formulations. Pharm Res 21(2):201–230
9. European Public Assessments Reports [database on the Internet]. European Medicines Agency. 2012 [cited Jan. 2012]. Available from: http://www.ema.europa.eu/ema/index.jsp?curl=pages/medicines/landing/vet_epar_search.jsp&mid=WC0b01ac058008d7a8&jsenabled=true
10. Green Book [database on the Internet]. FDA Center for Veterinary Medicine. 2012 [cited Jan. 2012]. Available from: http://www.accessdata.fda.gov/scripts/animaldrugsatfda/index.cfm
11. FOIA Drug Summaries [database on the Internet]. FDA Center for Veterinary Medicine. 2012 [cited Jan. 2012]. Available from: http://www.fda.gov/AnimalVeterinary/Products/ApprovedAnimalDrugProducts/FOIADrugSummaries/default.htm
12. Public Chemical Resgistration Information System—PUBCRIS [database on the Internet]. Australian Pesticides and Veterinary Medicines Authority. 2012. Available from: http://services.apvma.gov.au/PubcrisWebClient/welcome.do
13. Secretaria de Agricultura Ganaderia Desarrollo Rural Pesca y Alimentacion. SAGARPA Introduction. 2010 [cited Jan. 24, 2012]. Available from: http://www.sagarpa.gob.mx/English/Pages/Introduction.aspx
14. Conselho Regional de Medicina Veterinaria do Estado de Sao Paolo. CRMV SP. 2009 [cited Feb. 01, 2012]. Available from: http://www.crmvsp.gov.br/site/
15. Steinberg M, Borzelleca JF, Enters EK, Kinoshita FK, Loper A, Mitchell DB et al (1996) A new approach to the safety assessment of pharmaceutical excipients: the Safety Committee of the International Pharmaceutical Excipients Council. Regul Toxicol Pharmacol 24(2):149–154
16. GRAS Substances (SCOGS) Database [database on the Internet]. 2011 [cited Feb. 01, 2012]. Available from: http://www.fda.gov/Food/FoodIngredientsPackaging/GenerallyRecognizedasSafeGRAS/GRASSubstancesSCOGSDatabase/ucm084104.htm
17. Spiegel AJ, Noseworthy MM (1963) Use of nonaqueous solvents in parenteral products. J Pharm Sci 52(10):917–927
18. Chaubal M, Kipp J, Rabinow B (2006) Excipient selection and criteria for injectable dosage selection. In: Katdare A, Chaubal M (eds) Excipient development for pharmaceutical, biotechnology, and drug delivery systems. Informa Healthcare USA, New York
19. Rowe RC, Sheskey PJ, Quinn ME (2009) Handbook of pharmaceutical excipients, 6th edn. Pharmaceutical Press, Chicago
20. Ash M, Ash I (2007) Handbook of pharmaceutical additives. Synapse Information Resources, Endicott, NY
21. Katdare A, Chaubal M (2006) Excipient development for pharmaceutical, biotechnology, and drug delivery systems, 1st edn. Informa Healthcare USA, New York, (July 28, 2006) 452 p
22. FDA Inactive Ingredients Database [database on the Internet]. 2011 [cited Feb. 01, 2012]. Available from: http://www.fda.gov/Drugs/InformationOnDrugs/ucm113978.htm

23. FDA (2005) Guidance for industry: nonclinical studies for the safety evaluation of pharmaceutical excipients. http://www.fda.gov/ohrms/dockets/98fr/2002d-0389-gdl0002.pdf
24. European Medicines Agency CVMP (2011) Convenia: EPAR—Product Information
25. Animal Pharm News. Pfizer launches new two-week cephalosporin 2006 [Jan. 30, 2012]. Available from: http://www.animalpharmnews.com/home/news/Pfizer-launches-new-two-week-cephalosporin-228801?autnID=/contentstore/animalpharmnews/newsletterarchive/P00939978.xml
26. Oasmia. Preliminary analysis indicates that Oasmia's product candidate Paccal® Vet met primary endpoint in Phase III study in dogs with mastocytoma. 2010 [cited Feb. 05, 2012]. Available from: http://www.oasmia.com/news.asp?c_id=155
27. FDA Center for Veterinary Medicine. Minor Use/Minor Species. 2012. Available from: http://www.fda.gov/AnimalVeterinary/DevelopmentApprovalProcess/MinorUseMinorSpecies/default.htm
28. Howard JR, Hadgraft J (1983) The clearance of oily vehicles following intramuscular and subcutaneous injections in rabbits. Int J Pharm 16(1):31–39
29. Hirano K, Ichihashi T, Yamada H (1982) Studies on the absorption of practically water-insoluble drugs following injection v: subcutaneous absorption in rats from solutions in water immiscible oils. J Pharm Sci 71(5):495–500
30. Murdan S, Florence AT (2000) Non-aqueous solutions and suspension as sustained-release injectable formulations. In: Senior J, Radomsky M (eds) Sustained-release injectable products. InterPharm, Boca Raton, FL
31. Elanco Animal Health Co. Micotil 300 Product Insert. 2010
32. Toutain PL, Raynaud JP (1983) Pharmacokinetics of oxytetracycline in young cattle: comparison of conventional vs long-acting formulations. Am J Vet Res 44(7):1203–1209
33. Sinkula AA (1982) The chemical approach to achieve sustained drug delivery. In: Bundgaard H, Hansen AB, Kofod H (eds) Optimization of drug delivery: proceedings of the Alfred Benzon Symposium 17 held at the premises of the Royal Danish Academy of Sciences and Letters, Copenhagen 31 May-4 June 1981. Munksgaard, Copenhagen, pp 199–210
34. Humpel M, Kühne G, Schulze PE, Speck U (1977) Injectable depot contraceptives on d-norgestrel basis I. Pharmacokinetic studies in dog and baboons. Contraception 15(4):401–412
35. Merck Animal Health. Cobactan LA 7.5% suspension for injection—European SPC [cited Jan 18, 2012]. Available from: http://www.cobactan.com/CobactanLA-European-SPC.asp
36. Apelian HM, Coffin-Beach D, Huq AS (1992) Schering Corporation; Pharmaceutical composition of florfenicol. US patent 5,082,863
37. FDA Center for Veterinary Medicine (2011) NADA Number: 141-265 (NuflorGOLD)
38. Hornish RE, Kotarski SF (2002) Cephalosporins in veterinary medicine—ceftiofur use in food animals. Curr Top Med Chem 2(7):717–731
39. Brown H, Mignot M, Hamlow H et al (1999) Comparison of plasma pharmacokinetics and bioavailability of ceftiofur sodium and ceftiofur hydrochloride in pigs after a single intramuscular injection. J Vet Pharmacol Ther 22(1):35–40
40. Pfizer Animal Health. Excede (Ceftiofur Crystalline Free Acid) Sterile Suspension—a first-line treatment for bovine 2010 [cited Feb. 03, 2012]. Available from: http://www.excede.com/Excede.aspx?country=US&drug=XT&species=EQ&sec=200
41. Pfizer Animal Health. Excenel RTU. 2011 [cited Feb. 03, 2012]. Available from: http://animalhealth.pfizer.com/sites/pahweb/US/EN/Products/Pages/Excenel.aspx
42. Cady SM, Langer R (1992) Overview of protein formulations for animal health applications. J Agr Food Chem 40(2):332–336

43. Cady SM, Steber WD (1997) Controlled delivery of somatotropins. In: Sanders LM, Hendren RW (eds) Protein delivery: physical systems. Plenum Press, New York
44. Foster TP (1999) Somatotropin delivery to farmed animals. Adv Drug Deliv Rev 38(2): 151–165
45. Mitchell JW (1998) Monsanto Company; Prolonged release of biologically active polypeptides. US patent 5,739,108
46. Elanco. POSILAC Material Safety Data Sheet; Version 1.2. 2009 [cited Feb. 06, 2012]. Available from: http://msds.xh1.lilly.com/posilac_msds_form.pdf
47. Raymond R, Bales CW, Bauman DE, Clemmons D, Kleinman R, Lanna D, et al (eds) (2010) Recombinant bovine somatotropin (rbST): a safety assessment. ADSA-CSAS-ASAS Joint Annual Meeting, 2010; Montreal, Canada, 2009
48. Lifschitz A, Virkel G, Pis A, Imperiale F, Sanchez S, Alvarez L et al (1999) Ivermectin disposition kinetics after subcutaneous and intramuscular administration of an oil-based formulation to cattle. Vet Parasitol 86:203–215
49. Merial Brazil [cited Oct.13, 2011]. Available from: http://br.merial.com/pecuaristas/antiparasitarios/ivomec_gold/ivomec_gold.asp
50. Merial Saude Animal Ltda. Ivomec Gold Insert (CRMV-SP # 3085)
51. Steber W, Ranjan S (2005) Wyeth Holdings Corporation; Sustained-release composition for parenteral administration. AU patent 781682 B2
52. Yazwinski TA, Edmonds J, Edmonds M, Tucker CA, Johnson EG (2006) Treatment of subclinical nematodiasis in idaho stocker cattle with cydectin long-acting injectable or ivomec injectable. Intern J Appl Res Vet Med 4(3):217–223
53. Pfizer Limited. Cydectin 10% LA Solution for Injection for Cattle [cited Feb. 06, 2012]. Available from: http://www.noahcompendium.co.uk/pfizer_limited/documents/S4704.html
54. Pfizer Limited. Cydectin 2% w/v LA Solution for Injection for Sheep. Available from: http://www.noahcompendium.co.uk/Pfizer_Limited/documents/S5662.html
55. Pfizer Limited. DECTOMAX® Injectable [cited Feb. 06, 2012]. Available from: https://animalhealth.pfizer.com/sites/pahweb/US/EN/products/Pages/Dectomax_Injectable.aspx
56. Pfizer. Material Safety Data Sheet 00175-01: Pfizer Dectomax 1% Injectable Solution (10mg/mL) for Cattle 1996
57. FDA Center for Veterinary Medicine (1997) NADA 141-061 Dectomax® injectable solution—supplemental approval
58. Matschke C, Isele U, van Hoogevest P, Fahr A (2002) Sustained-release injectables formed in situ and their potential use for veterinary products. J Control Release 85(1–3):1–15
59. Tipton AJ, Dunn RL (2000) In Situ Gelling Systems. In: Senior J, Radomsky M (eds) Sustained-release injectable products. InterPharm, Boca Raton, FL
60. Dunn R, Hardee G, Polson A, Bennett A, Martin S, Wardley R et al (1995) In-situ forming biodegradable implants for controlled release veterinary applications. Proc Int Symp Control Rel Bioact Mater 22:91–92
61. Fleury J, Squires EL, Betschart R, Gibson J, Sullivan S, Tipton A et al (1998) Evaluation of the SABER delivery system for the controlled release of deslorelin for advancing ovulation in the mare: effects of formulation and dose. Proc Int Symp Control Rel Bioact Mater 25:657–658
62. Shah JC, Sadhale Y, Chilukuri DM (2001) Cubic phase gels as drug delivery systems. Adv Drug Deliv Rev 47(2–3):229–250

63. Merial Limited. Three pioneer products get U.S. approval in rapid succession. 2011 [Jan. 3, 2012]; Available from: www.merial.com/PressRoom/news/Pages/17-11-2011-Pioneer-products.aspx
64. FDA Center for Veterinary Medicine (2011) NADA Number: 141-327 (LONGRANGE)
65. FDA Center for Veterinary Medicine (2011) Freedom of information summary—original new animal drug application: NADA 141-327 (LONGRANGE)
66. SR Veterinary Technologies. Optimize pharmaceutical efficacy though controlled drug release technology. 2010 [cited Jan 03, 2012]. Available from: http://www.srvet.net/technology.html
67. ZooPharm. Bupronorphine Brochure [cited Jan 03, 2012]. Available from: http://www.zoopharm.net/drugs/pdf/BuprenorphineSR.pdf
68. Foley PL, Liang H, Crichlow AR (2011) Evaluation of a sustained-release formulation of buprenorphine for analgesia in rats. J Am Assoc Lab Anim Sci 50(2):198–204
69. Catbagan DL, Quimby JM, Mama KR, Rychel JK, Mich PM (2011) Comparison of the efficacy and adverse effects of sustained-release buprenorphine hydrochloride following subcutaneous administration and buprenorphine hydrochloride following oral transmucosal administration in cats undergoing ovariohysterectomy. Am J Vet Res 72(4):461–466
70. Thorn Bioscience LLC. Our Research. 2005 [cited Oct. 13, 2011]. Available from: http://www.thornbioscience.com/saber.htm
71. Tipton AJ, Holl RJ (1998) Southern Biosystems, Inc.; High viscosity liquid controlled delivery system. US patent 5,747,058
72. Reynolds RC, Chappel CI (1998) Sucrose Acetate Isobutyrate (SAIB): historical aspects of its use in beverages and a review of toxicity studies prior to 1988. Food Chem Toxicol 36(2):81–93
73. Thorn Bioscience LLC (2011) SucroMate Equine Product Insert
74. Burns PJ, Gibson JW, Tipton AJ (2000) Southern BioSystems, Inc.; Compositions suitable for controlled release of the hormone GnRH and its analogs. US patent 6,051,558
75. Burgess DJ, Hickey AJ (2006) Microsphere technology and applications. In: Swarbrick J, Boylan JC (eds) Encyclopedia of pharmaceutical technology, 3rd edn. Marcel Dekker, New York, NY, pp 2328–2338
76. FDA Center for Veterinary Medicine (2010) ProHeart® 6 briefing package; Veterinary Medical Advisory Committee; March 24, 2010
77. FDA Center for Veterinary Medicine (2008) RISK MINIMIZATION ACTION PLAN (RiskMAP) FOR: PROHEART® 6 (moxidectin) Sustained Release Injectable for Dogs NADA 141-189
78. ProHeart SR-12 injection once-a-year heartworm preventative for dogs [cited Feb. 06, 2012]. Available from: http://services.apvma.gov.au/PubcrisWebClient/details.do?view=summary&pcode=51805
79. Clark SL, Crowley AJ, Schmidt PG, Donoghue AR, Piché CA (2004) Long-term delivery of ivermectin by use of poly(D, L-lactic-co-glycolic)acid microparticles in dogs. Am J Vet Res 65(6):752–757
80. Lewis DH, Burke KS, Grace ND (1999) AgResearch Limited (previously New Zealand Pastoral Agriculture Research Institute Limited); Controlled release vitamin B12 compositions and methods of using them. AU patent 711760
81. Eden Research. Teva Animal Health, Inc. exercises option that provides exclusive license rights with Eden. 2012 [cited Jan. 12, 2012]. Available from: http://www.edenresearch.com/html/news/press_releases/2012/06-01-12.asp

82. Eden Research. Encapsulated Delivery System. 2012 [cited Jan. 12, 2012]. Available from: http://www.edenresearch.com/html/technology/EDS.asp
83. Franklin L, Ostroff G, Nematicidal Compositions and Methods of Using Them. WO patent 2005/070213 A2. 2005.
84. Grandadam JA, Novel zootechnical compositions. US patent 3939265. 1976.
85. Ferguson TH, Needham GF, Wagner JF (1988) Compudose®: an implant system for growth promotion and feed efficiency in cattle. J Control Release 8(1):45–54
86. De Leon J, Ferguson TH, Skinner Jr DS (1990) Eli Lilly and Company; Method of making antimicrobial coated implants. US patent 4,952,419
87. Cady SM, Macar C, Gibson JW (2007) Intervet Inc.; Extended release growth promoting two component composition. US patent RE39592
88. Fahmy R, Danielson D, Martinez M (2008) Formulation and Design of Veterinary Tablets. In: Augsburger LL, Hoag SW (eds) Pharmaceutical dosage forms: tablets. Informa Healthcase, New York
89. Merck Animal Health. Revalor-XS. 2011 [cited Jan 18, 2012]. Available from: http://www.revalor.com/revalor-XS-detail.asp
90. FDA (2000) General procedural notices: sterility and pyrogen requirements for injectable drug products (Guide 1240.4122). Center for veterinary medicine program policy and procedures manual, FDA, Rockville, MD
91. Shih C, Fix J, Seward RL (1993) In vivo and in vitro release of ivermectin from poly(ortho ester) matrices I. Crosslinked matrix prepared from ketene acetal end-capped prepolymer. J Control Release 25(1–2):155–162
92. Maeda H, Brandon M, Sano A (2003) Design of controlled-release formulation for ivermectin using silicone. Int J Pharm 261(1–2):9–19
93. Fujioka K, Hirasawa T, Kajihara M, Sano A, Sugawara S, Urabe Y (1998) Dow Corning Asia, Ltd. & Sumitomo Pharmaceuticals Co., Ltd.; Controlled release drug formulation of open end cylindrical rod form. US patent 5,851,547
94. Brandon M, Martinod SR (2005) Radioopaque sustained release pharmaceutical system. US patent 2005/0063907 A1
95. European Medicines Agency CVMP (2010) Suprelorin: EPAR—product Information (EMEA/V/C/000109)
96. Chaudhuri AK, Eldridge BA (1988) Development of implants for the controlled release of phenylethanolamine repartitioning agents in lambs. Proc Int Symp Control Rel Bioact Mater 15:300–301
97. Cardamone M, Lee RP, Lucas JC, Birks DVA, O'Donoghue M, Lofthouse SA et al (1998) Sustained-release delivery systems and their application for endoparasite control in animals. J Control Release 51(1):73–83
98. Cady SM, Fishbein R, SanFilippo M (1988) The development of controlled release implants for growth hormone releasing hexapeptide. Proc Int Symp Control Rel Bioact Mater 15:65–66
99. Clark MT, Gyurik RJ, Lewis SK, Murray MC, Raymond MJ (1993) SmithKline Beecham Corporation; Stabilized somatotropin for parenteral administration. US patent 5,198,422
100. Steber W, Fishbein R, Cady SM (1989) American Cyanamid Company; Compositions for parenteral administration and their use. US patent 4,837,381
101. Royer Biomedical. Animal health applications [cited Oct. 2011]. Available from: http://royer-biomedical.com/applications/animal-health-applications/
102. TR BioSurgical LLC. TR BioSurgical Launches TR-ClarifEYE For Dog Glaucoma. 2009

[cited Feb. 06, 2012]. Available from: http://www.vetclick.com/news/tr-biosurgical-launches-tr-clarifeye-for-dog-glaucoma-p773.php
103. Healionics. Healionics Announces Multi-Million Dollar STAR Biomaterial Supply Agreement with TR BioSurgical for Veterinary Glaucoma Implant. 2008 [updated Sept. 2008; cited 2010]. Available from: http://www.healionics.com/p/Press_Release_090908.pdf
104. TR BioSurgical's orthopedic breakthrough for multi-billion dollar veterinary market [cited Feb 27, 2011]. Available from: http://osteoarthritishealing.com/tr-biosurgicals-orthopedic-breakthrough-for-multi-billion-dollar-veterinary-market
105. bioVeteria. Regenerative BioScaffold [cited Dec. 28, 2011]. Available from: http://bioveteria.com/tr-matrix-bioscaffold/
106. EMA CVMP (2011) CVMP assessment report TruScient (EMEA/V/C/2000)
107. Martinez M, Rathbone M, Burgess D, Huynh M (2008) In vitro and in vivo considerations associated with parenteral sustained release products: A review based upon information presented and points expressed at the 2007 Controlled Release Society Annual Meeting. J Control Release 129(2):79–87
108. Martinez MN, Rathbone MJ, Burgess D, Huynh M (2010) Breakout session summary from AAPS/CRS joint workshop on critical variables in the in vitro and in vivo performance of parenteral sustained release products. J Control Release 142(1):2–7
109. VICH (2011) GL18(R): Impurities: residual solvents in new veterinary medicinal products, active substances and excipients (revision)

第13章
奶牛乳腺炎治疗的乳腺内给药技术

Raid G. Alany, Sushila Bhattarai,
Sandhya Pranatharthiharan, & Padma V. Devarajan

乳腺炎是由于致病菌通过乳导管进入乳腺使乳腺受到感染而引起的,在成年奶牛中是最常见的传染病。本章内容涉及乳腺炎的分类,乳腺炎对经济的影响,牛乳腺的解剖学和生理学特征,乳腺的内部功能和组织学特征以及对奶牛乳腺炎的治疗措施,尤其强调药物控释技术对预防和控制奶牛乳腺炎的重要作用。

13.1 引言

乳腺炎是在挤奶或吮吸乳头后造成括约肌松弛时,致病菌(链球菌、葡萄球菌、大肠杆菌)通过乳导管进入乳腺使乳腺受感染而引起的疾病,是成年奶牛中最常见的传染病。奶牛乳腺炎给世界乳制品行业带来了巨大的经济损失[1,2]。在乳腺炎的治疗中许多种类药物已应用如抗炎药、维生素和疫苗等,其中抗生素是奶牛场中常见的治疗药物[3-6],它在兽药及奶牛养殖医疗费用中也占较大比例[7]。

R. G. Alany(✉)
School of Pharmacy and Chemistry, Kingston University London, Kingston upon Thames, UK
School of Pharmacy, The University of Auckiand, Auckland, New Zealand
e-mail: r. alany@ kingston. ac. uk
S. Bhattarai
Bomac Laboratories Limited, Bayer Animal Health New Zealand, Auckland, New Zealand
S. Pranatharthiharan · P. V. Devarajan
Department of Pharmaceutical Sciences and Technology, Institute of Chemical Technology, Mumbai, India

M. J. Rathbone and A. McDowell (eds.), *Long Acting Animal Health Drug Products: Fundamentals and Applications*, Advances in Delivery Science and Technology, DOI 10. 1007/978-1-4614-4439-8_13, © Controlled Release Society 2013

当奶牛接近分娩期时，为了提高泌乳期的产奶量，奶牛乳腺组织需要一段时间的休息，这一时期被称为“干乳期”，推荐时间通常是 40～60 d。干乳期后，奶牛需要一段时间从非泌乳状态过渡到泌乳状态，这段时间称为围产期。泌乳期在围产期后，它持续 300～310 d。

干乳期到奶牛停止泌乳前这段时间，预防新的奶牛乳腺炎感染是奶农的主要工作。乳腺在不分泌乳汁时容易发生细菌感染，在干乳期前期和临近分娩时新感染病例比率最高[8]。进入干乳期后，角化栓的形成使乳导管关闭，这极大地降低了新感染的发生比率。在泌乳期结束后，抗生素治疗是当前消除现有感染和预防新感染的最有效方法。

尽管人们长时间以来使用抗生素治疗奶牛乳腺感染(IMI)，但从长远来看预防新感染发生才能提供更大的效益。在使用抗生素治疗乳腺感染时，通常治愈率很低，且会出现很多问题。干乳期的现有治疗方案在围产期几乎不能预防新感染的发生。大多数用于干乳期奶牛的药物效果不能持续至干乳期结束，因此，奶牛在围产期易发生新感染，而通过规范管理也很难降低干乳期新感染乳腺炎的发生率。

此外，牛奶中抗生素的残留也是当今乳制品行业最关心的问题之一[7]。在奶牛干乳期治疗和预防感染时抗生素的多重使用可能会导致细菌耐药性的产生[3,9]。耐药菌可通过动物性食品转移到人体内，因此抗生素在动物中的使用是导致人抗生素耐药性的潜在原因[9,10]。今后抗生素在食品动物中的应用可能被限制或禁止，现今的乳制品行业应该注意这种可能性[10,11]。

使用抗生素治疗期间产的牛奶会被丢弃、乳腺炎也会引起牛奶减产，这造成了巨大的经济损失，所以抗生素的使用对经济的影响也应被提及。预防乳腺炎的同时减少抗生素的使用将会使乳制品行业受益匪浅。

近年来，非抗生素预防药已逐渐成为抗生素替代品用于控制乳腺感染，其机制是在干乳期通过物理屏障在内部封闭乳头导管。在干乳期使用一种含有次硝酸铋的非抗生素产品，封闭开放的乳头导管，进而成功控制新的乳腺感染，这一方法在文献中已有报道[8,12-18]。但是，该药在靶动物体内没有有效确定的药动学参数和残留量数据[19]。此外，还需要考虑牛奶中铋的直接毒性作用或者对环境产生间接的毒性作用的可能性。

也有一些关于外部固封的报道，它是作为一种屏障膜保护乳头防止其暴露。但它在干乳期减少乳腺感染成效甚微，主要是由于它在乳头处持久性差[20]。综上所述，有必要开发一个更合适的剂型来提高预防乳腺炎的效率，继而减少抗生素的使用。

新型控释给药制剂的开发在兽医学领域引起了极大的关注，也是巨大的挑战。早期控释给药制剂的发展更多是针对人药，直到 20 世纪 70 年代中期才在兽医学领域应用[21]。由于控释给药制剂在动物保健领域带来许多益处,在过去的几年中长效给药系统在宠物和养殖动物的开发和应用被给予极大的关注。药剂学的进步促进了新型给药制剂和医疗器械的发展。这些技术在乳制品行业有望用来对抗乳腺感染。

目前用于治疗乳腺炎的乳腺内灌注产品是油性混悬液或者溶液。然而,最近几年注射用缓释给药制剂的开发对于人药和兽药方面的应用已经成为受人关注的研究领域。这些技术有许多优势,如给药方便、作用时间延长、疗效增强以及生物利用度提高[22]。

13.2 乳腺炎的分类

乳腺炎在成年奶牛中是最常见的传染病[23]。它是一种引起牛乳腺在物理、化学以及微生物方面变化的传染病[24]。牛乳腺炎是由细菌引起的,乳腺组织表现出病变特征并且有异物从乳腺中分泌出来。多种细菌(链球菌、葡萄球菌、大肠杆菌)和真菌(支原体)被确定为引起乳腺炎的病因[23]。总共有 137 种微生物从牛乳腺中被分离出来[25]。大肠杆菌和乳腺链球菌(*S. uberis*)是产生环境性乳腺炎最常见的病因,在低体细胞数(SCC)的牛群中发生感染日益相关[26]。当释放的白细胞进入乳腺,以响应乳导管的侵袭而使乳腺发生炎症时,乳腺炎便发生了,这通常是由于细菌感染引起的。这些细菌在乳腺处繁殖,并且产生毒素导致泌乳组织和各种管道受损。白细胞或者体细胞的增加导致了牛奶的减产和牛奶成分的改变。反过来这些改变对奶制品的质量和数量造成了非常不利的影响。

首次泌乳时正常奶牛的正常的体细胞数量可能少于 200 000 个/mL,甚至少于 100 000 个/mL[27]。一头奶牛奶中体细胞的数量被用来作为乳腺是否健康的指标。

在泌乳期或干乳期乳腺感染可能会加剧。虽然这些感染通常不会持续到下一个泌乳期或者发展成临床性乳腺炎,但是在干乳期前期的感染率依然最高[23]。

依据宿主和侵入病原体的差异,乳腺炎的标志也不同。根据疾病的严重性,乳腺炎被分为隐性乳腺炎和临床性乳腺炎。根据病原体来源,乳腺炎被分为环境性乳腺炎和传染性乳腺炎。

13.2.1 隐性乳腺炎

隐性乳腺炎在乳腺上没有明显的疾病迹象,且患有隐性乳腺炎的奶牛的牛奶看似也正常。然而,牛奶中存在大量炎性细胞,且仅能通过适合的体细胞数检测器检测到[3]。体细胞数的增加经常会导致产奶量减少,并且随着体细胞数的增加而减少。

13.2.2　临床性乳腺炎

较高的体细胞数与临床性乳腺炎有关，它在牛奶产品中能通过视觉检测到，在牛奶中表现为凝块和团块以及分泌水层（water secretion），还表现为乳腺处可见变化如发红、肿胀。严重时，会引发全身性症状如体温升高、厌食、败血症等，这可能会导致动物死亡[28]。两种形式的乳腺炎都会造成巨大的经济损失，它会造成不合格生乳、变质牛奶、奶牛早期扑杀、抗生素成本，以及增加劳动力成本。根据侵染病原体不同，乳腺炎病原体被分为传染性的和环境性的，更具体地说，是根据它们在乳头和乳导管处不同的分布和交互作用的特征来分类[29]。

13.2.3　传染性乳腺炎

传染性乳腺炎是由传染性病原体引起的。主要的传染性病原体是金黄色葡萄球菌、停乳链球菌、无乳链球菌和支原体。传染性病原体在宿主体内，特别是乳腺组织处适应并生存下来，且它们有引起亚临床感染的能力。在受影响的季度，牛奶中体细胞数量的增加通常很明显。这些微生物寄宿于乳头皮肤中，再转移到乳导管中发育，从而导致乳腺的损伤。金黄色葡萄球菌是导致乳腺感染最常见的病原菌[16]。它主要聚集在乳腺、乳头皮肤处以及被感染乳腺的牛奶中[30]。在牛群中，受感染的乳腺是这些微生物的主要来源处，并且在挤奶时它们在奶牛间相互传播[31]。这些微生物能穿透组织产生根深蒂固的疫源地；因此，乳腺内的抗生素治疗在消除葡萄糖球菌乳腺炎方面并非十分有效。

13.2.4　环境性乳腺炎

环境性乳腺炎是由于奶牛生活环境中的病原体引起。环境性病原体常不适应宿主的乳腺，它们包括一组异质细菌群（heterogeneous group）。从环境中分离的最常见的环境性病原体是肠杆菌科类，特别是大肠杆菌和乳链球菌[32]。这些微生物存在于奶牛体内的许多部位，如内脏、乳导管、和扁桃体等处，它们可以在牛的粪便和尿液中繁殖。至少 1/3 的临床性乳腺炎是由环境中的链球菌引起，它们在牛群中的比例各不相同。

13.3　乳腺炎对经济的影响

奶牛乳腺炎是影响全球奶制品行业最严重的疾病之一，它使全球牛奶生产商蒙受巨大的经济损失[33-36]。由牛奶减产、治疗和奶牛淘汰费用引起的损失是非常巨大的。抗生素使用后倾倒的牛奶是临床性乳腺炎引起经济损失的主要原因。丢弃的牛奶和牛奶减产占临床性乳腺炎引起经济损失的 85%。隐性乳腺炎的发病率为 15%~20%,临床性乳腺炎的发病率为 32%~71%[4,37]。据估计乳腺炎损失生产商每年每头 180 美元,70%~80%是隐性乳腺炎引起的。相比于新西兰市场的 1 770 万美元,美国市场用于乳腺炎抗生素的费用是 6 800 万美元。每年全世界由乳腺炎引起的损失据大约是 350 亿美元。在美国,每年用于治疗乳腺炎的费用是 15 亿~20 亿美元,但是由隐性乳腺炎导致牛奶减产所带来的损失和由体细胞数偏高的奶牛淘汰费用大约是 96 000 万美元[38]。

13.4 牛乳腺的解剖学和生理学特征

牛乳腺是一个皮肤腺。它由四个单独的乳腺组成,其被一条纵沟分为左右两半,这条纵沟被称为乳房槽(intramammary groove)(图 13.1),每一边有一个乳头用于出奶。这四个分泌腺在结构和功能上是独立的。哺乳期乳腺常增重至 60 kg[39]。

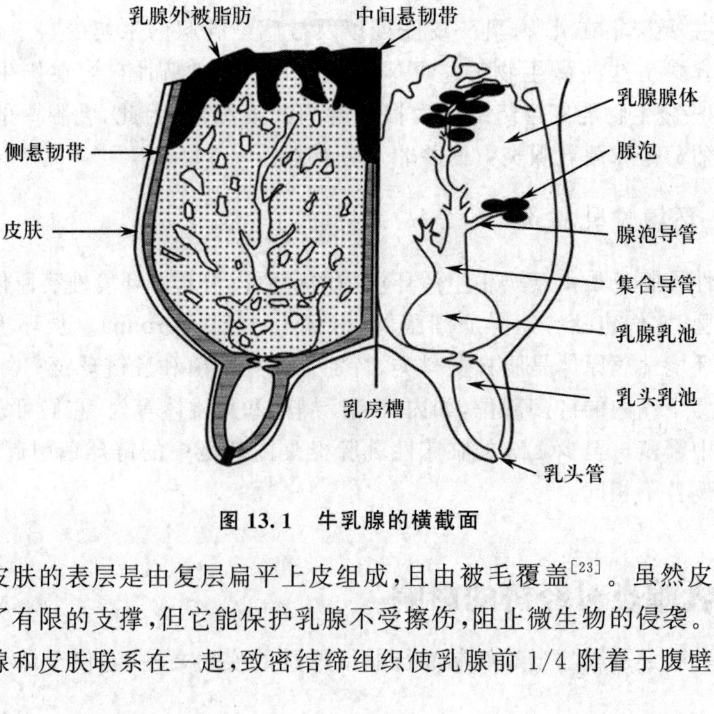

图 13.1 牛乳腺的横截面

乳腺皮肤的表层是由复层扁平上皮组成,且由被毛覆盖[23]。虽然皮肤对乳腺仅仅提供了有限的支撑,但它能保护乳腺不受擦伤,阻止微生物的侵袭。疏松结缔组织把乳腺和皮肤联系在一起,致密结缔组织使乳腺前 1/4 附着于腹壁。乳头上无被毛,但有丰富的血管。乳头皮肤很薄没有皮脂腺。乳头的形状从圆形到锥形有很多种[23]。

乳腺由皮肤与侧面和中间的悬韧带支撑,侧悬韧带是乳腺主要的支撑之一。侧悬韧带是一种无弹性的纤维结构,它起于盆骨下腱(肌腱连接器官和骨头)。这些肌腱在后段乳腺的上面和后面。侧悬韧带延伸至乳腺两边,同时深入到乳腺内部。

乳腺的中悬韧带由弹性组织组成,它起于腹壁中线,延伸至左右乳腺之间,并且与深侧悬韧带连在一起。中悬韧带形成了乳腺的中心,并且承载了乳腺大部分质量。这一韧带形成了左右乳腺独特的内部独立分离结构。

13.5　乳腺的内部功能和组织学特征

在组织结构上乳腺是改良和扩大后的汗腺,同时腺泡的扩充有储存牛奶的功能。每个乳区的内部结构都由乳头乳池、乳腺乳池、乳导管和腺组织组成。腺组织或分泌部位包含数百万的微囊,它们被称为腺泡。每个腺泡排列有产乳的上皮细胞,并且被肌细胞包围。在挤奶时,牛奶通过腺泡的收缩被挤出。血管把营养物带到每个腺泡处,然后上皮细胞将其转化为牛奶。乳导管口又称乳导管,是广泛的腺泡和微细小管系统的终端,牛奶就是在这里汇集。乳头管是乳头的重要组成部分。它里面是含有抗菌物质的一层厚厚的肌肉组织,并且当牛奶不外排时能够关闭乳头。每个乳头都单独连接一个狭窄的乳头管,它从背侧连通至一个更为宽广的乳池,其表面排列着双分子层的上皮组织。在活体奶牛中,乳头管的平均长度为10.8 mm,其远端和近端直径分别为0.4 mm和0.77 mm[23,40]。另外,乳头管是阻止乳腺炎病原体侵入乳腺最主要的物理和化学屏障。乳头管的内壁与乳头皮肤十分相似,都是由一层复层扁平上皮组织构成,其表面不断角质化形成的类皮脂材料能充满管道内腔[40]。此外,乳头管角蛋白对那些引起乳腺炎的微生物也形成了一道屏障[40,41]。这种成分富含长链脂肪酸,对某些细菌起到抑菌作用[42]。乳头管被一块平滑肌纤维构成的括约肌包围,其功能是使管道保持严格的关闭状态(图13.1),阻止微生物的进入并且防止牛奶从乳腺中漏出[43]。有明显乳头管关闭不全的乳区发生感染的概率显著提高[44]。

乳头壁(teat wall)由5个不同的组织层组成:浅表皮肤、真皮、中间层、纤维层和乳导管内部的上皮组织。紧贴乳头管的上方有一系列褶皱,它被称为蔷薇褶皱(Furstenberg's Rosette)。当牛奶在乳腺内积累,这些褶皱向四面八方延伸变平以帮助保存牛奶[40]。

位于蔷薇褶皱(Furstenberg's Rosette)上方的乳头乳池是一个能储存 30～60 mL 牛奶的空腔(图 13.2)。乳头乳池内排列有大量纵向和圆形的褶皱黏膜。在奶牛患乳腺炎期间,它们往往会重叠在一起成为细菌的滋生场所。乳腺乳池位于乳头乳池的上部,能够储存 100～400 mL 的牛奶。另外,乳腺乳池与乳头乳池是相互连通的,并且可以连通至狭窄乳头管[40,45]。

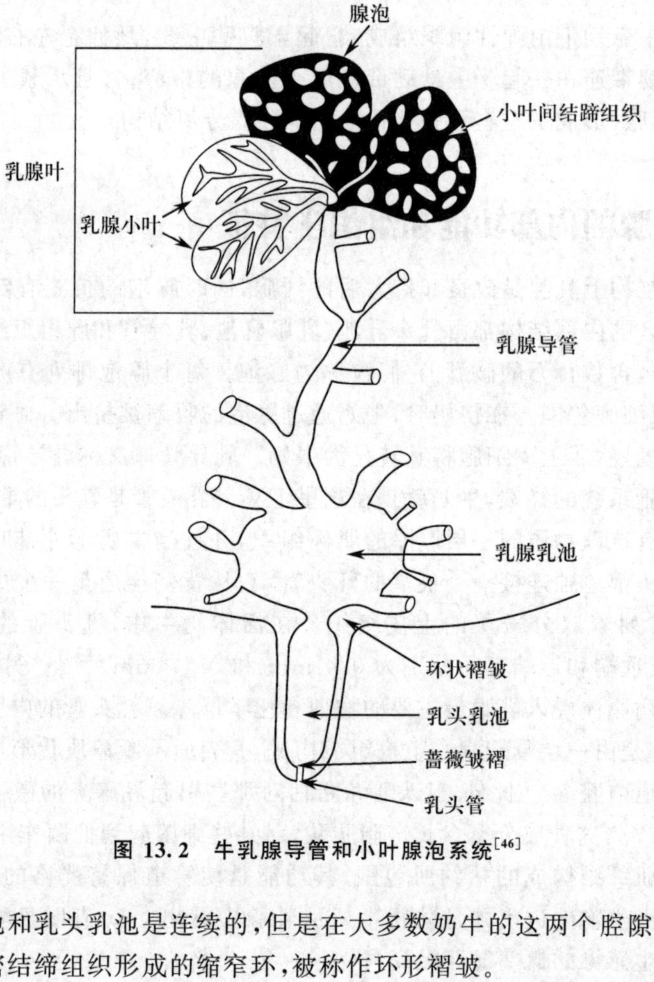

图 13.2 牛乳腺导管和小叶腺泡系统[46]

乳腺乳池和乳头乳池是连续的,但是在大多数奶牛的这两个腔隙之间均能清楚看到由致密结缔组织形成的缩窄环,被称作环形褶皱。

乳腺乳池是各主要导管的汇集点[10-20],这些导管经过不断分支,最终使牛奶从分泌乳汁的腺泡内排出。腺泡是由单层上皮细胞组成,而包围其外的是一些收缩性的上皮细胞,即肌上皮细胞。这些细胞的收缩受催产素的调控,使得牛奶能从腺泡腔中被挤出,并进入小导管。肌上皮细胞的外部则被一层连续的基底膜组织所包围。

腺泡上皮细胞能从血液中提取营养物质，用于合成牛奶的营养成分(脂肪、蛋白质和乳糖)，并且能分泌乳汁进入腺泡腔。而腺泡细胞的基底部则是附着在肌上皮细胞或基底膜上。泌乳细胞是生成牛奶的基本单位。牛奶前体物通过基底膜和侧膜从血液被带进腺泡细胞，然后生成的牛奶通过顶部膜排进内腔。而在顶部，各独立细胞是通过紧密连接的复杂结构与其临近细胞相连，这就形成了一道紧密的屏障，它阻碍了正常情况下细胞间物质的运输。分泌细胞也很可能通过细胞缝隙连接与相邻细胞绑定在一起，这使低分子质量的物质能够从一个细胞穿透到另一个细胞中。同时，这种细胞内的交换也可能帮助腺泡把牛奶从分泌细胞排入内腔。

腺泡细胞的形状取决于腺泡的扩张状态。虽然这种复合连接结构并不总是那么确定，腺泡细胞却总能在内腔表面下的细胞边界处通过复合结构与其他细胞连接在一起。

腺泡内腔表面有大量的微绒毛出现，而上皮细胞作为腺泡的主要成分，是由许多胞内元素组成。

量血液被提供给乳腺来生产牛奶(每千克牛奶需 500 L 血液)。血流除了能运输生成牛奶的基本物质给腺组织外，还能提供免疫球蛋白(Ig_{G1}和 Ig_{G2})和补体蛋白。免疫球蛋白是由淋巴细胞合成的一组不同种类的糖蛋白。此外，血流还能作为载体把非肠道给药的药物转运到乳腺，当然前提是该药物能通过软组织扩散。

13.6 治疗策略

各种药物如抗菌药、抗炎药、维生素及疫苗都已被用于治疗奶牛乳腺炎[3-5]。在临床和实验研究中，不管是乳腺内给药还是全身性给药抗生素都是治疗乳腺炎的最佳药物。根据治疗时间的不同，有两种不同的治疗方案分别是泌乳期治疗和在非泌乳期(干乳期)治疗。

乳腺炎几乎在每个牛群中都存在；然而，感染率和导致乳腺炎的细菌类型在各牛群中却有很大不同。正是因为导致这种疾病病原体的多样性，抗生素在控制奶牛的乳腺炎时显得非常困难。因此，我们应控制环境性和传染性病原体，改善预防措施以减少抗生素的使用。

13.6.1 用抗生素治疗乳腺炎

乳房注入抗生素用于治疗临床性乳腺炎已经有 50 年历史。治疗药物可以通过乳房注入给药(intracisternally)或全身性给药。其中乳腺内给药途径是治疗乳腺炎最普遍的给药方式[3]。抗生素的疗效取决于多种因素,如病原体的敏感性、病变的类型和药物的药动学特征等。采用抗生素治疗的基本策略就是通过最佳给药部位并在足够长的时间内维持有效药物浓度来清除微生物。这可以通过开发一种合适的剂型来实现药物在感染部位的长时间滞留。用乳房注入抗生素疗法治疗急性乳腺炎失败的原因主要在于乳腺软组织的强烈肿胀导致药量不足或药物分布不均,以及炎症物质堵塞乳导管系统[3]。更重要的是,金黄色葡萄球菌能在组织细胞内生存,因而乳腺内给药可能会导致药物接触不到这些病原体。因此即使这些微生物对使用的抗生素敏感,也可能导致杀菌失败。

从治疗的角度看,乳腺是奶牛身体上与其他器官分离的独立的隔室。所以,全身性治疗成功,药物需要通过乳腺细胞膜从血液渗透到牛奶中。抗生素以被动扩散的方式通过这一屏障,其通过屏障的情况取决于屏障两侧的药物浓度梯度,且仅亲脂性物质能通过这一屏障。相比于乳腺内给药,全身性给药需要使用高剂量抗生素来维持乳腺处的最小抑菌浓度。全身性给药仅在软组织强烈肿胀时被推荐用于急性的乳腺感染,其原因是乳导管被炎症分泌物堵塞,阻碍乳腺内给药时药物在乳腺处的分布。

乳房注入给药主要是通过乳导管把药物输送入乳腺来治疗乳腺炎。这一给药途径的主要优势在于药物在靶组织处药物浓度高。然而,在急性乳腺炎中,由于乳腺软组织肿胀和炎性物质导致的乳导管阻塞会使药物分布不均。此外,葡萄球菌有可能会在组织细胞内而无法与药物接触。此时,全身性治疗则被推荐用来克服这些问题[47]。综上所述,特定给药途径的选择取决于疾病的严重性、微生物的类型和药物的药动学特征。

在泌乳期,我们需要治疗奶牛的乳腺感染。而在干乳期,药物同样被用于治疗乳腺炎以及预防奶牛在干乳期前期可能再次出现的乳腺感染。

13.6.2 干乳期治疗

在奶牛干乳期治疗中,药物通常在最后一次挤完牛奶后被直接注入乳腺内。在干乳期,乳房注入长效制剂是被推荐的控制乳腺炎的疗法。因为干乳期治疗比泌乳期治疗现有感染有更高的治愈率,且还能预防新的乳腺感染和临床型乳腺炎[13]。干乳期治疗的优势如下:

(1)当乳腺没有被挤奶时,其短期内可以维持一致的药物水平;

(2)由于没有丢弃药物污染的牛奶,经济损失更少;

(3)相比于泌乳期,干乳期可以被给予更高的药物剂量。

13.6.3　泌乳期治疗

在泌乳期临床型乳腺炎常常通过乳房注入抗生素来治疗[48]。泌乳期奶牛的抗生素疗法增加了牛肉和牛奶中抗生素残留的风险性,因此长效剂型不能用于泌乳期奶牛。由于药物疗效低以及牛奶和牛肉中抗生素的残留问题,泌乳期奶牛乳腺炎的治疗有待商榷。

13.6.4　抗生素的疗效

由于在不同牛群,甚至在相同牛群中奶牛的乳腺炎都存在巨大的差异,因此抗生素对乳腺炎的疗效很难评估。这种差异的产生是由于引起乳腺炎微生物的类型、感染部位、乳腺硬化的程度、牛群管理及评估临床和细菌反应的标准不同所致[1]。各种不同抗生素的临床疗效评估见表13.1。

表13.1　不同抗生素治疗乳腺炎的疗效

抗生素	金黄色葡萄球菌			无乳链球菌		
	平均治愈率/%	范围	报告次数	平均治愈率/%	范围	报告次数
青霉素	32	0～87	12	84	50～100	11
氯唑西林	41	21～84	14	92	40～100	8
新霉素	27	25～36	2	27	27	1
四环素	54	17～96	8			
氯霉素	33	20～48	7	75	61～84	2
红霉素	63	51～76	2			
螺旋霉素	70	45～82	2			
利福平-SV	66	65～55	2	75	75	1
青霉素＋链霉素	39	21～78	5	91	91	1

鉴于治愈率的范围不同,不可能得出不同产品相对有效性的结论。但研究数据表明无乳链球菌感染比金黄色葡萄球菌感染有更高的治愈率[1]。

导致乳腺炎治疗失败的主要原因有:首先,围产期预防不足(整个干乳期药物在乳腺处维持不够持久);再次,由于细胞内定殖的细菌从干乳期开始贯穿整个干乳期不断进行增殖,使得下一个泌乳期重复感染,再次诱发乳腺炎;最后,泌乳期单剂量给药疗效不佳[49]。另外,由葡萄球菌或大肠杆菌引起的乳腺炎在治疗中抗生素的种类对其无显著影响[50]。

目前的控制方法并非对所有乳腺炎病原体都同样有效,且对于来自环境中的病原体作用较差。更重要的是,现存的治疗方法并不十分成功,治愈率很低。金黄色葡萄球菌导致的乳腺炎是多种多样的,并且治愈率只有 25%~26%[1]。可能的原因是在发炎的乳腺处药物分布稀少和耐抗生素葡萄球菌株的出现。

传统乳房注入药物主要是油性混悬液。这些极其简单的药物制剂在用药的方便性、移除以及疗效方面存在缺陷。大多数用于干乳期奶牛的药物不会持续到干乳期后期,且围产期乳腺易受病原菌侵袭、无法预防新的乳腺感染[1]。除此以外,这些制剂存在稳定性问题,比如乳腺内混悬液的分散性很差。剂量的一致性也可能是这些油性产品的另一个重要问题[51]。混悬剂疗效相关的两个关键因素是混悬剂的均匀性和定量的用药剂量[52]。在给药过程中,传统的油性乳房注入剂在注射器给药时很难保持均匀。

干乳期奶牛亲脂性药品的另一个问题是药物在乳腺内的滞留较差。据 Ziv 和 Saran 报道,高剂量干乳期亲脂性药品在给药几小时后便已消除[53,54]。因此,这些干乳期药品效果有待商榷。此外,与血清蛋白结合率高的抗生素在乳腺处分布较低,因此疗效并不显著。患有乳腺炎奶牛生产的牛奶 pH(6.8~7.2)和正常牛奶 pH(6~6.5)不同,这也会影响药物的吸收,因为药物在给药部位被吸收的情况取决于牛奶中药物的离子化程度。因为药物的离子化程度(由于 pH 的变化)取决于疾病的严重情况,药物在乳腺处的吸收情况也将受被感染乳腺影响[54,55]。再者,抗生素在血清和乳蛋白中的分布和结合也受病变的影响,如炎性物质和细胞碎片导致的乳导管堵塞、患病乳区乳腺软组织的肿胀[47]。油性乳房注入剂可能在牛乳腺的水环境中保留较少。

目前,乳腺炎控制方法的不足导致人们探索新措施,特别是对新剂型的开发。当前这些控制和治疗乳腺感染的限制因素标志着对一种新制剂的需求,这种制剂应具有良好物理稳定性、使用简单,且药物在靶向部位可以持续滞留。

虽然传统上使用抗生素是治疗的基础,但是与干乳期控制乳腺炎有关的问题并没有得到充分解决。在干乳期控制新的乳腺感染的一项新的潜力的解决方法是非抗生素乳头密封制剂。这一理论最重要的宗旨是开发一种新的乳头封闭技术来控制干乳期乳腺感染。接下来就是对当前乳头封闭产品的市场评估。

13.7 封闭乳头对于预防乳腺感染的作用

虽然使用抗生素治疗奶牛乳腺炎已经长达 50 多年,但是此疾病一直是困扰乳制品行业的主要问题。尤其在干乳期前期阶段和临近分娩期的时候，奶牛乳腺特别容易受到周围环境中细菌的影响诱发疾病。因此，在干乳期预防奶牛乳腺感染疾病的发生至关重要。在干乳期封闭乳头形成角化栓则可以有效防止细菌的进入。角化栓通常能在干乳期16 d内自然形成，然而却需要60 d的时间完全封闭乳头。

在干乳期使用抗生素控制乳腺感染是一项重要的措施。但面对多种多样的病原微生物，使用抗生素控制乳腺炎的发生并非绝对有效，原因有可能是治疗不彻底导致二次感染、某些药物在乳腺内分布不均及细菌产生耐药性等。考虑到当前治疗乳腺炎方法的局限性和对抗生素残留的担忧，我们需要找到新途径来预防和控制病原菌引起的乳腺感染。在干乳期内部和外部封闭乳头能够提供一道物理屏障来预防乳腺感染，这种方法可以替代抗生素在干乳期对奶牛乳腺感染的预防。但这种方法的效果也十分有限，这主要是由于干乳期持续的时间不长[20,59]。除去封闭后的事情也需进一步考虑。

干乳期的奶牛更容易受到细菌感染，其中干乳期前期和临近分娩时期感染率最高[8]。临床上超过50%的乳腺炎发生在干乳期[32,56]。在干乳期封闭乳头形成角化栓(乳头内上皮细胞衍化形成)是降低乳腺感染的一个关键因素。一些角化栓已经被证实有一定的杀菌作用[42,57]，但其最主要的作用还是形成物理屏障防止细菌进入乳导管[41]。乳导管开放的时间越长，乳腺越容易受到感染，通常奶牛可以在干乳期16 d内形成角化栓[58]，但是也有一些奶牛需要60 d左右才能完全封闭乳头。在干乳期7 d左右约有50%的奶牛乳头开放，到50 d时还有约5%的奶牛乳头没有封闭。这段时间内，环境中的细菌很容易进入乳池[8]。人工乳头封闭技术的发展可以在角化栓形成前起到替代角化栓防止乳腺感染的作用。人工的乳头封闭方法已经研究了25年之久，包括乳头内封闭和乳头外封闭[17]。乳头封闭可以被分为以下几种类型：乳头内封闭、乳头外封闭、乳头栓塞和乳头内置物。

13.7.1 乳头内封闭

在干乳期内传统的乳头内封闭方法对预防奶牛乳腺感染，防止产生新的奶牛乳腺炎疾病具有理想效果。这个方法将无机铋(65%次硝酸铋)和单硬脂酸铝加入液体石蜡中，用注射器进行注射，与乳头内部注射抗生素相似的给药方式[18,59]。实验结果表明，这种使用铋制剂的方法和抗生素疗法一样有效[12,14,16,18]。

据报道，奶牛干乳期形成的角化栓能有效降低乳腺感染率[60]。研究表明，乳头内封闭法和自然形成角化栓相似，能形成物理屏障阻止环境中的病原菌进入。Huxley 等试验比较乳头封闭法与一种含有头孢洛宁的长效抗生素制剂对预防乳腺炎的效果[8]。结果表明,对比接受乳头内封闭奶牛与使用抗生素奶牛对预防大肠杆菌及其他一些主要病原菌引起的乳腺炎时前者效果更好。此外,Berry 和 Hillerton[12]称,在干乳期联合使用一种乳头内封闭产品(Orbeseal)和氯唑西林没有乳腺炎病例发生。Woolford 及其同事报道了乳头封闭与使用含苄星氯唑西林的泌乳期制剂、含 250 mg 头孢洛宁的干泌乳期制剂(阳性对照组)和不做处理的奶牛(阴性对照组)临床疗效的比较[17]。试验中共 528 头奶牛,随机分为四组使用不同的处理方法,所有组富菌环境都相同。试验结果表明,使用乳头内封闭法和其他两种抗生素药物的奶牛乳腺炎发病率相似,与不作处理的组比较发病率都低 18 倍[17]。

尽管在临床研究中用于封闭乳头的产品对控制乳腺感染有一定的作用,但也存在一些问题。Notz 表示,在实际应用中乳头封闭(Orbeseal)存在着一些问题。除了效果不够理想和疗效持续时间不长,甚至还有预防失败的报道[61]。传统的封闭产品包含 65%的次硝酸铋,而有些报道则表明铋对人和动物都有一定的神经毒性作用[62]。当人们使用含有铋的药物治疗时通常会产生副作用,引发脑部疾病、肾病、口腔炎和结肠炎[63]。以上有关无机铋的毒害作用尚未得到解决,而铋又是乳头封闭产品的主要成分。

13.7.2 乳头外封闭

乳头外封闭就如同第二层皮肤覆盖在乳头上,也用于干乳期预防乳腺感染。Corbellini 等研究了乳头外封闭方法(Stronghold™, DryFlex™)应用于临床预防乳腺感染的效果[64]。研究结果显示,此方法能有效降低 50%临床乳腺炎的发生。在干乳期 5 d 之内有 50%的奶牛乳头被封闭。另一项研究对 Stronghold™ 和 DryFlex™ 在干乳期中期黏附性进行了评估,结果显示其黏附性在干乳期中期,较后期和临产前要好[65]。乳头外封闭持续时间仅有 8 d。因为其持续性不强,乳头外封闭法应用效果并不是很好[20,65]。以上的研究均表明用乳头外封闭法预防乳腺感染仅在干乳期前期有一定的作用。

在过去,乳头栓塞和乳头内置物被应用于乳头受损时保持其开放[66]。Huston 和 Heald[67]曾经研究过一种聚乙烯线圈,这种材料在奶牛第一次分娩后第 5 天被置入乳腺内。使用 3 周聚乙烯线圈后观察,可以发现与防控期相比,治疗期间乳池上皮细胞受细菌影响更小,乳腺炎发病率更低[67]。另一项由 Nickerson 等完成的研究是关于一种以氟化乙烯丙烯为材料制作的乳腺内置装置,该装置不同重量与预防乳腺炎具有相关性[68]。但该装置并未起到保护作用。由于在乳头括约肌的作用,乳头管保持紧闭,这限制了细菌的入侵。乳头栓或者内置物的应用,会对抗生素的使用产生不良影响，或者造成乳头管的组织损伤，这样反而增加了奶牛患上乳腺炎的风险。

13.7.3　新方法的展望

正如之前所述，对牛乳腺进行给药并不容易，这主要是因为其受到乳腺解剖学和生理学特征的约束。此外，许多商业上使用的乳腺内给药的制剂都遇到配方不良、稳定性不好等问题。通常情况下，每次注射抗生素时，同一头奶牛的四个乳头分别使用不同的注射器。这导致需要大量的注射器，这需要考虑其储存和使用后的处理问题。

使用天然聚合物、合成聚合物用于人和动物给药仍然是一个研究领域。虽然已经有很多天然聚合物、合成聚合物被研究用于人药和兽用药，但是很少有亲水性聚合物被开发用于乳腺内给药制剂。这样的制剂或许比传统的油基配方更有优势，如乳头内的封闭圈或能在乳腺内持续释放的预防乳腺炎的药剂。这样的聚合物制剂既可以充当一个基质控制以乳腺为靶目标的药物释放，又可以形成一道物理屏障阻止病原菌进入乳腺。下面的讨论论述了可控释聚合物体系对治疗和预防乳腺感染的重要作用。

13.8　控释给药制剂

当药物以普通剂型给药时，血液中药物浓度的波动可能会导致不良反应和低疗效。频繁给药和不可预测的吸收因素导致了人们对缓释制剂的需求。药物持续释药、维持药物有效浓度、延长有效治疗时间是具有挑战性的。对于一个安全有效的治疗方法来说，在治疗期间药物的浓度应当在药物治疗窗范围之内。某一制剂在固定时间内按预设模式，向全身或某个特定器官释放一种或多种药物即为控释给药系统[69]。该系统的主要目标是改善病人的顺应性、确保病人的安全性，通过对血液药物浓度的控制和给药次数的减少来达到以上目标。

控释给药系统有以下优点[70]：①治疗量药物的释放速率是可控的；②药物浓度在最佳治疗范围内维持较长的作用时间；③最大化治疗效果；④减少副作用；⑤减少给药次数；⑥提高患者依从性；⑦避免半衰期短的药物迅速降解。

13.9　控释给药制剂的类型

控释给药制剂可粗略地分为聚合物型和脂溶剂型；后者在乳腺内用药已经较

为成熟,而前者还没有得到很好地开发。在接下来的章节中我们将着重讨论聚合型的控释制剂对人类和动物健康有着怎样的临床意义。

13.9.1 扩散控释系统

可控扩散型缓释系统通常用不可溶的聚合物制成,它的释放速率取决于从惰性膜屏障中释放的能力[71],可分为两类:储库型系统和基质型系统。

13.9.1.1 储库型缓控释制剂(膜控系统)

此方法是将药物包裹到聚合物膜中。通过膜来限制药物的释放速率从而控制整个缓释过程[72,73]。为保证膜内外浓度差的稳定,必须确保缓释剂内药物的饱和浓度。Fick's 第一定律——分子扩散与浓度梯度的关系[71]:

$$J = -D\frac{dc}{dx} \tag{13.1}$$

式中:J 为扩散通量,D 为扩散系数,dc/dx 为浓度梯度。

该方法的缺点是一旦膜发生破裂,药物也将随之倾泻;另一个缺点是蛋白质和多肽等大分子物质的释放能力是有限的。

13.9.1.2 骨架型缓控释制剂(均质系统)

骨架型缓控释制剂是药物均匀溶解或扩散在聚合物骨架中。药物释放时再从聚合物基质中扩散到外界环境中起到缓释效果[72,73]。由于扩散的时间会随着扩散的距离而增加,缓释的速率也会随着药物的释放而降低。

该制剂的主要缺点是不能设定零级释放(浓度决定型),且使用后聚合残留物的排除也是一个问题。

13.9.2 化学控释系统

化学控释系统可广义地分为生物溶蚀/生物可降解型系统和衍生链系统。

13.9.2.1 生物溶蚀/生物可降解型系统

由于聚合物可被水解反应或酶解而不稳定[74],聚合物可被溶蚀而使药物释放[75,76]。

13.9.2.2 衍生链系统

对于这种控释系统,药物分子与聚合物骨架通过化学反应结合,再通过水解或者酶促反应释放,其速率由水解反应的速率决定[77]。这个方法使得药物能够靶向的作用于某一细胞或组织。天然聚合物(如多聚糖)和合成聚合物(如多聚赖氨酸、泛酰醇共聚物)以及其他形式的载体都被应用于缓释剂。

13.9.3　溶剂激活系统

溶剂激活制剂可分为渗透控释系统和膨胀控释系统。

13.9.3.1　渗透控释系统

此法中应用渗透压释放药物，电解质和药物都被带孔半透膜所包裹[71,78]。半透膜只允许水分子自由通过而药物不能通过。当药片接触到水时，由于渗透压差，水会流入药片。水的速率控制着药物的总释放速率。只要跨膜药物浓度恒定，释放速率就保持不变[79]。

13.9.3.2　膨胀控释系统

当聚合物与水环境接触时，它开始吸水。这种吸水会导致聚合物体积膨胀。分散在聚合物中的药物开始扩散。因此，药物释放取决于两个同步速率：水扩散到聚合物和聚合物链的松弛过程[80-82]。聚合物的持续膨胀使得药物以更快的速度扩散。总药物的释放速率取决于聚合物膨胀的速率。

13.9.4　可调节缓释系统

对于这类制剂，药物的释放还受到外界刺激的调节，如pH[83-85]、离子强度[84]、温度[71,85,86]、溶剂置换、磁力[87]、超声波[71,88]。水凝胶对上述的外部刺激能够进行反馈，因而可用于制作缓释剂。水凝胶是亲水性聚合网状物质，可以在水中膨胀而不溶解，保存大量水分[86,89]。水凝胶有明显的结构性优势，它们拥有类似于生物组织的属性，还能长期保持物理完整性。水凝胶表现出的一系列物理、化学和生物特性使得它们拥有缓释、脉冲释药、触发性释药的特性。药物转运机制取决于药物的大小和水溶性、水—聚合物分配、有效聚合物组成和水化程度。聚合物从无水的玻璃橡胶状的膨胀特性作为一种缓释给药机理。

上述缓释机理是安全、高效的兽药给药方法，已经广泛地用在瘤胃、阴道、肠外、体外的治疗。但是在乳腺内给药方面还没有得到充分利用。

13.9.5　原位凝胶系统

在可以注入乳腺的潜在传递系统中，原位凝胶系统既可以作为控制传递的载体，也可以作为物理屏障。凝胶作为液体聚合物系统注射/灌注给药越来越受到关注[90-92]。液体聚合物系统在注射前为低黏性液体可用于注入，当进入体内，受到内环境刺激时快速引起了化学/物理改变。因此在原位形成了这样一个储库以缓释形式在目标组织、器官或体腔内控制药物释放[93]。此外，这类制剂可以转变成半固体或固体，模仿周围的空腔的形状，不仅作为屏障膜也作为"药物储存库"延长药物的释放[94]。这样的聚合物系统可以针对体内如溶剂交换、温度、pH、离子强度等触发产生应答反应成胶体[94-96]。这种方式一直应用于各种给药方式的研究中,如注射给药[91, 92, 97]、肿瘤内给药[98]、组织学工程(tissue engineering)[99]、基因给药[100]、眼部给药[101-103]以及口服给药[104-109]。

聚合物的类型、分子质量、浓度和载药量可以控制药物从储藏库释放的速率,且这类制剂能够通过调整释放速率来达到预期的效果。天然聚合物如壳聚糖[110, 111]用于研究口服和眼部的给药[104, 106, 112]。相似的木聚糖[102, 103, 108, 113]和冷凝胶[103]也被用于眼部给药剂型的研发。纤维素类衍生物如乙基纤维素、羟丙纤维素已经应用于眼部给药[114-116]和直肠给药[117]。

泊洛沙姆等合成聚合物已经作为原位胶凝载体被研究,如肿瘤内给药[98]、腹腔内给药[118]、眼部给药[119]、注射给药[120-122]。聚丙烯酸被用于基因给药[100]和眼部给药的原位凝固运载工具[101, 115];聚丙烯酸/壳聚糖共聚体复合物作为口服给药的载体被研究[123, 124]。非聚合型材料,如甘油酯[22, 125]和蔗糖乙酸异丁酸盐(SAIB)[126]在人医和兽医领域也一直被用于生物活性材料和原位缓释给药制剂的研究。

除了在给药方面的应用,原位胶凝制剂在手术中的组织密封剂和黏连阻隔薄膜以及伤口敷料中的用药方面的应用也被研究[128-132]。水合后的伤口敷料中含有羧甲基纤维素钠(CMC),硅凝胶的形成可以有效封闭,隔离大量潜在致病菌如铜绿假单胞菌和金黄色葡萄球菌,杜绝感染,还能被固定在肿胀的纤维中[129]。Bowler等[133]研究了伤口敷料隔离和保留微生物控制感染的能力。研究表明,含有藻酸盐的亲水性纤维敷料能有效隔离微生物,防止伤口暴露并模仿机体的体液环境,提供了一种在自然环境中减少伤口被微生物感染的作用[133]。

这种凝胶的独特特点,包括其柔软性和组织相容性,有利于降低组织机械刺激和摩擦刺激。此外,可以定制配方,以便在给药部位快速凝固。

正如前面提到的,有多种机制可以形成原位或半固体凝胶。基于凝胶形成的机理,这些系统可分为热敏凝胶、pH 敏感凝胶、离子交联凝胶、SABER 系统以及聚合物沉淀系统。

13.9.5.1 热敏凝胶

一些聚合物在温度高于最低临界溶解温度时,发生相变形成凝胶。水溶性嵌段共聚物(聚氧乙烯-聚氧丙烯-聚氧乙烯嵌段共聚物)(PEO-PPO-PEO)也称为泊洛沙姆,已被证明可在生理温度下形成原位凝胶[134]。Amjii 和同事应用该系统研究一种抗肿瘤药物[98]。随后人们注意到使用紫杉醇—泊洛沙姆 407 制剂进行瘤内给药可大大提高抗癌效果。泊洛沙姆 407 也被研究用于人类生长激素[135]和白细胞介素2的释放[118]。

Jeong等发明了三嵌段聚合物(乳酸/羟基乙酸或聚乙二醇-聚乳酸聚乙二醇(PEG-PLA-PEG)[136, 137]。它在室温条件下是液态,而在体温条件下变成胶体,进而可能控制药物的释放。研究成果显示,亲水模型药物如酮洛芬的释放期为2周,但疏水模型药物螺内酯,它的释放期超过2个月[97]。

13.9.5.2　pH敏感性凝胶

pH变化时,带电的水溶性聚合物能形成可逆的凝胶。当pH由弱酸性变为中性时,壳聚糖溶液呈现液体—凝胶的转换。羧乙烯聚合物(聚丙烯酸,PAA)与HPMC联用被用于抗菌氧氟沙星的眼部用药,其原理是应用了pH敏感特性[115]。该制剂的药物释放时间超过8 h。Miyazaki等采用口服1%(*W*/*V*)水溶液的吉兰糖胶(Gelrite或Kegel),一种阴离子去乙酰基多糖,在老鼠和兔子身上试验了原位凝胶形成方法。剂型中包含复杂形式的钙离子,在胃的酸性环境中释放会形成吉兰糖胶的凝胶。跟商业的口服制剂相比,用原位凝胶法给药的茶碱可在胃内形成的吉兰糖胶,使茶碱生物利用度在老鼠体内增加4~5倍,在兔子体内增加3倍[107]。不溶于水的内聚混合物(IPC)包含聚甲基丙烯酸(PMA)和聚乙二醇(PEG),在生物相容性和生理pH条件下转换成凝胶,此方法已被证实可用于大分子药物的控制释放,如蛋白质和寡核苷酸[138]。

13.9.5.3　离子交联凝胶

水溶性带电聚合物在与二价或三价反离子反应时可能形成凝胶。海藻酸钠水溶液是一种可生物降解的含有甘露糖醛和古罗糖醛酸重复单位的聚糖类化合物,结冷胶(Gelrite)是阳离子敏感的原位胶凝多糖[103, 139],与二价离子如钙离子混合可形成凝胶[104, 106]。不论是口服结冷胶(1.0%,*W*/*V*)的水溶液或海藻酸钠(1.5%,*W*/*V*)的水溶液,因含有钙离子导致形成的凝胶在兔和鼠的胃这样的酸性环境中会释放出钙离子[107]。体外研究表明,乙酰氨基酚凝胶的扩散控制的缓释时间超过6 h[104]。Miyazaki等对小鼠口服海藻酸钠水溶液1.0%~2.0%(*W*/*V*)和茶碱后形成的原位凝胶进行了评估[106]。它们均使茶碱在老鼠体内的生物利用度增加1.3~2.0倍[106]。

13.9.5.4　SABER制剂

SABER是可以提供长效治疗的缓释平台,释放从几周到3个月。SABER技术是一种基于蔗糖酯支撑的非聚合骨架原位胶凝体系,如SAIB[126, 140, 141]。在这项技术中,水紧密接触后形成高度黏性的产品,通过添加如乙醇和*n*-甲基-2-吡咯烷酮这样的共溶剂来稀释SAIB从而降低其黏度。这些剂型被注射后,溶剂便会扩散,载体立即恢复其高黏度并固化后包掩药物延长药物释放时间。Okumu等将

SABER 系统应用到可注射凝胶剂型 rhGH [126],在这项研究中,完整的 rhGH 在体内持续释放至少 7 d[126]。

13.9.5.5 聚合物沉淀

聚合物沉淀法基于聚酯类聚合物,这种给药机制已经在研究中。由于聚合物不溶于水加上溶剂交换引起聚合沉淀物形成原位聚合物储藏库。如果药物是镶嵌在聚合物中,它将被滞留在聚合物的储库,如此形成一个储库来缓释药物。最近开发的 Atrigel 制剂(美国科罗拉多州柯林斯堡 Atrix 实验室)是基于聚乳酸和聚乙二烯醇酯/甲基吡咯烷酮的制剂。促黄体激素释放激素(LHRH)受体激动剂醋酸亮丙瑞林 (Eligard)已经被批准用于治疗前列腺癌[142]。另一个产品 Atridox® 多西环素(8.5%)用于牙周治疗和局部牙龈下给药[142,143]。ATRISORB® 基于 ATRIGEL 系统的牙周袋薄膜密封层也已上市。

目前已上市和研发阶段的一些原位胶凝产品如表 13.2 所示。

表 13.2 市场上和临床研究阶段的原位胶凝产品[94]

产品	治疗范畴	呈递系统	发展阶段	参考文献
OncoGel®	肿瘤科	ReGel®	Ⅱ期实验	[97,136,144-146]
ATRISORB®	牙科	ATRIGEL®	已投入市场	[95,143,147-150]
ATRIDOX®	牙科	ATRIGEL®	已投入市场	[94,95,147,148]
Eligard®	肿瘤科	ATRIGEL®	已投入市场	[95,151,152]
Postoperative pain depot	疼痛护理	SABER®	Ⅱ期实验	[126,140,141,153]
BST-CarGel®	软骨修复	BST gel®	临床实验	[110,154]
Elyzol®	牙科	Glycerol monooleate	已投入市场	[125]
Doxirobe®	犬类牙科	ATRIGEL®	FDA 批准使用	www.pfizerah.com
Timoptic-XE®	眼科	Gelrite®	已投入市场	[103, 155]

ReGel,聚乳酸-羟基乙酸-聚氧化乙烯-聚氧化乙烯;ATRIGEL,聚酯/有机水混相溶剂;SABER®,蔗糖乙酸异丁酸盐/乙醇;Gelrite®,吉兰糖胶;FDA,美国食品及药物管理局。

13.9.5.6 原位凝胶制剂在兽医领域的应用

原位凝胶制剂在兽医领域应用甚少。产品 DOXIROBE,基于 ATRIGEL (PLGA-PLG/NMP) 制剂的原位胶凝产品,由辉瑞主导用于治疗和控制犬牙周疾病。另一个产品 ATRISORB,也基于 ATRIGEL 制剂的组织再生屏障膜,在小猎犬的前臼齿和臼齿上进行了研究，使得牙根和牙分叉表面可以得到组织重生[156]。

此外，Zhang 等将泊洛沙姆 407 应用于头孢噻呋给药系统，用于治疗牛蹄部感染[157]。体外研究表明，药物在泊洛沙姆凝胶中零级释放。

SABER 运载系统在兽医中已用于黄体酮和雌二醇给药系统的研究[158]，也被应用于促性腺激素释放激素类似物地洛瑞林给药系统的研究[159,160]。SABER Mate E(马)是 SABER 中一种短期有效控制释放醋酸地洛瑞林的剂型，其已经在母猪和母马上进行研究[159-161]。

这些剂型的应用，可以使药物释放的时间从几小时延长至几个月。这一项技术相对于传统方法的优势在于减少给药频率。以上研究表明，在兽医领域原位凝胶制剂研究应进一步开展，特别是针对乳腺感染的预防和治疗。然而，开发这样一个系统必须解决上诉原位方法存在的各种缺陷。

大多数热敏高分子物质不能通过注射给药，原因是它们不能被生物降解。聚乙二醇和聚乳酸共聚物在 45℃左右是液态，但是随着温度降至体温变成凝胶状[137]。然而，尽管共聚物有生物相容性和生物可降解性，但是需要加热溶液去溶解药物后给药，这是不切实际的。随着析出，不完全凝胶形成会导致药物初始释放浓度较高，引起局部甚至全身的毒副作用。

亲水聚合物被水活化后基于水和聚合物之间的相互作用形成原位凝胶。这种亲水性聚合物不受如 pH、离子强度、温度等因素影响，但是会受水或体液的影响，基于此改变聚合物的结构可以控制药物释放的速度。

13.10　结论

牛乳腺炎是由多种常见病原体感染牛乳腺引起的一种疾病。由于解剖学和生理学的限制，导致药物无法运送到乳腺，细菌的多样性也导致乳腺炎一直难以控制。几十年来，使用抗生素治疗乳腺炎已成为标准模式。尽管抗生素已被广泛应用，但奶牛乳腺炎仍是奶牛中最常见的疾病，乳制品行业也因此遭受较大的经济损失。尽管抗生素能很好地抵抗乳腺炎，但抗生素的过度使用，出现了令人担忧的耐药性问题。因此，寻找非抗生素替代品来控制这种普遍的疾病具有重要意义。

天然角化栓的形成发生在牛干乳期到闭乳期之间，持续时间可以从 7 d 到 60 d。角化栓是在此期间形成的可以抵抗乳导管感染的天然物质。乳腺炎造成的经济损失推动着控释项目的开发。这些项目旨在通过鉴别致病性微生物来早期发现乳腺炎，并通过消灭传染源来预防传染病的传播(被感染的牛、带菌者、污染物等)。了解乳腺的防御系统、解剖学、生理学、微生物、病原体的定殖和毒力、挤奶周期和动力学,以及包括抗生素在内的各种治疗药物作用方法,对于实现有效控制乳腺炎至关重要。

抗生素的使用造成耐药菌株、治愈率低和复发感染等问题,所有这些都强调需要一种新技术,能够更有效地控制这种感染。

由于上述关于乳腺炎的治疗和控制在食用生产动物中具有局限性,乳腺炎防治技术研究对乳腺炎的防治更具重要意义。

所以最重要的是要反思现有的关于乳腺炎的预防和控制技术。现有技术及其作用机制的严格评价,确实会改善和克服的一些顽固的问题。尽管如此,仍然需要一种创新的乳腺内给药技术,可以用于多种目的,如预防、减少和治疗牛乳腺炎。

参考文献

1. Craven N (1987) Efficacy and financial value of antibiotic treatment of bovine clinical mastitis during lactation—a review. Br Vet J 143:410–414
2. DeGrave FJ, Fetrow J (1993) Economic of mastitis and mastitis control. Vet Clin North Am Food Anim Pract 9:421–517
3. Gruet P, Maincent P, Berthelot X, Kaltsatos V (2001) Bovine mastitis and intramammary drug delivery: review and perspectives. Adv Drug Deliv Rev 50(3):245–259
4. Erskine RJ, Kirk JH, Tyler JW, DeGraves FJ (1993) Advances in the therapy for mastitis. Vet Clin North Am Food Anim Pract 9:499–517
5. Jones TO (1990) *Escherichia coli* mastitis in dairy cattle—a review of the literature. Vet Bull 60:205–214
6. Guterbock WM, Eenennaam VAL, Anderson RJ, Gardner IA, Cullor JS, Holmberg CA (1993) Efficacy of intramammary antibiotic therapy for treatment of clinical mastitis caused by environmental pathogens. J Dairy Sci 76:3437–3444
7. Erskine RJ, Wagner S, DeGraves FJ (2003) Mastitis therapy and pharmacology. Vet Clin North Am Food Anim Pract 19(1):109–138
8. Huxley JN, Greent MJ, Green LE, Bradley AJ (2002) Evaluation of the efficacy of an internal teat sealer during the dry period. J Dairy Sci 85(3):551–61
9. Piddock LJV (1996) Does the use of antimicrobial agents in veterinary medicine and animal husbandry select antibiotic-resistant bacteria that infect man and compromise antimicrobial chemotherapy? J Antimicrob Chemother 38(1):1–3
10. Stelwagen K (2004) What future after antibiotics? Dairy Exporters, p 92
11. Erskine R, Cullor J, Schaellibaum M, Yancey B, Zecconi A (2004) Bovine mastitis pathogens and trends in resistant to antibacterial drugs. National Mastitis Council, Inc, Verona, Wisconsin, pp 400–414
12. Berry EA, Hillerton JE (2002) The effect of an intramammary teat seal on new intramammary infections. J Dairy Sci 85:2512–2520
13. Hillerton JE, Berry EA (2003) The management and treatment of environmental streptococcal mastitis. Vet Clin North Am Food Anim Pract 19(1):157–169
14. Máire PR, William JM, Ross Paul R, Hill AC (1998) Evaluation of Lacticin 3147 and a teat

seal containing this bacteriocin for inhibition of mastitis pathogens. Appl Environ Microbiol 64(6):2287–2290
15. Meaney WJ (1977) Effect of dry period teat sealant on bovine udder infections. Ir J Agr Res 16:293–299
16. Twomey DP, Wheelock A, Flynn J, Meaney WJ, Hill C, Ross R (2000) Protection against *Staphylococcus aureus* mastitis in dairy cows using bismuth based teat seal containing the bacteriocin, lacticin 3147. J Dairy Sci 83:1981–1988
17. Woolford MW, Williamson JH, Day AM, Copeman PJA (1998) The prophylactic effect of a teat sealer on bovine mastitis during the dry period and the following lactation. N Z Vet J 46:12–19
18. Meaney WJ, Twomey DP, Flynn J, Hilla C, Ross RP (2001) The use of a bismuth based teat seal and the bacteriocin lacticin 3147 to prevent dry period mastitis in dry cows. In: Council Loahmd (ed) Proceedings of the British Mastitis Conference 2001 Garstang, Lancashire UK. Institute of Animal Health, Newbury UK, pp 24–32
19. Bismuth subnitrate summary report (1999) In: The European Agency for the evaluation of Medicinal products (EMEA). Committee for veterinary medicinal products
20. Hemling TM, Henderson KE, Leslie KE, Lim GH, Timms LL (2000) Experimental models for the evaluation of the adherence of dry cow teat sealants. In: Proceedings of 39th Annual Meeting, National Mastitis Council, Atlanta, Georgia, pp 248–249
21. Carter DH, Luttinger M, Gardner DL (1988) Controlled release parenteral systems for veterinary applications. J Control Release 8(1):15–22
22. Matschke C, Isele U, van Hoogevest P, Fahr A (2002) Sustained-release injectables formed in situ and their potential use for veterinary products. J Control Release 85(1–3):1–15
23. Nickerson SC (1992) Anatomy and physiology of the udder. In: Bramley A, Dodd F, Mein G, Bramley J (eds) Machine milking and lactation. Insight Books, Burlington, USA, p 37–68
24. Preez JHD (1988) Treatment of various forms of bovine mastitis with consideration of udder pathology and the pharmacokinetics of appropriate drugs: a review. J S Afr Vet Assoc 59(3):161–167
25. Watts JL (1988) Etiological agents of bovine mastitis. Vet Microbiol 16(1):41–66
26. Bradley AJ (2002) Bovine mastitis: an evolving disease. Vet J 164(2):116–128
27. Harmon RJ (1996) Controlling contagious mastitis. In: Presented at the 1996 National mastitis council regional meeting Queretero, Mexico. National Mastitis Council Regional Meeting, Queretero, Mexico, p 11
28. Leigh JA (1999) *Streptococcus uberis*: a permanent barrier to the control of bovine mastitis? Vet J 157(3):225–238
29. Calvinho LF, Oliver SP (1998) Characterization of mechanisms involved in uptake of Streptococcus dysgalactiae by bovine mammary epithelial cells. Vet Microbiol 63(2–4): 261–274
30. McDonald JS (1977) Streptococcal and *Staphylococcal mastitis*. J Am Vet Med Assoc 170:1157–1159
31. Harmon RJ (1996) Controlling contagious mastitis. In: Proceedings of the National mastitis council, Madison, WI, pp 11–19
32. Bradley AJ, Green MJ (2000) A study of the incidence and significance of intramammary enterobacterial infections acquired during the dry period. J Dairy Sci 83(9):1957–1965
33. Miller G, Dorn CR (1990) Costs of dairy cattle diseases to producers in Ohio. Prev Vet Med 8:171–182

34. Miller GY, Bartlett PC, Lance SE, Anderson J, Heider LE (1993) Costs of clinical mastitis and mastitis prevention in dairy herds. J Am Vet Med Assoc 202:1230–1236
35. Schakenraad A, Dijkhuizen A (1990) Economic losses due to bovine mastitis in Dutch dairy herds. J Agr Sci 38:89–92
36. Bennett RH, Christiansen K, Clifton-Hadley RS (1999) Estimating the costs associated with endemic diseases of dairy cows. J Dairy Res 66:455–459
37. Ravinderpal G, Wayne HH, El K, Kerry L (1990) Economic of mastitis control. J Dairy Sci 73:3340–3348
38. Wells SJ, Ott SL, Hillberg Seitzinger A (1998) Key health issues for dairy cattle—new and old symposium: emerging health issues. J Dairy Sci 81:3029–3035
39. Hibbit KG, Craven N, Batten EH (1992) Anatomy, physiology and immunology of the udder. In: Andrews AH, Blowey RW, Boyd H, Eddy RG (eds) Bovine Medicines: Diseases and Husbandry of Cattle. Blackwell Scientific Publications, Oxford, pp 273–288
40. Cowie A, Tindal J (1971) The physiology of lactation. Edward Arnold, London, p 1–52
41. Jack LJW, Capuco A, Wood DL, Aschenbrenner RA, Bitman J, Bright SA (1992) Protein composition of teat canal keratin collected from lactating cows before and after milking. J Dairy Sci 75(suppl 1):195
42. Mosdoel G (1978) Mastitis pathology in cows, goats and sheep. A literature review (in Norwegian, English summary). Norw Vet Med 30:489–497
43. Paulrud CO (2005) Basic concepts of the bovine teat canal. Vet Res Commun 29(3):215–245
44. Sordillo L, Shafer-Weaver K, DeRosa D (1997) Immunobiology of the mammary gland. J Dairy Sci 80:1851–1865
45. Turner CW (1952) The mammary gland. Lucas Brothers, Columbia, Missouri
46. Mempham TB (1987) Physiology of Lactation. Open University Press, Philadelphia
47. Ziv G (1980) Drug selection and use in mastitis: systemic versus local therapy. Vet Med Assoc 176:1109–1115
48. Craven N (1987) Efficacy and financial value of antibiotic treatment of bovine clinical mastitis during lactating—a review. Br Vet J 143:410–422
49. Sandholm M, Kaartinen L, Pyorala S (1990) Bovine mastitis—why does antibiotic therapy not always work? An overview. J Vet Pharmacol Ther 13(3):248–260
50. Pyorala S (1988) Indicators of inflammation to evaluate the recovery from acute bovine mastitis. Res Vet Sci 45(2):166–169
51. Medlicott NJ, Waldron NA, Foster TP (2004) Sustained release veterinary parenteral products. Adv Drug Deliv Rev 56(10):1345–1365
52. Deicke A, Suverkrup R (1999) Dose uniformity and redispersibility of pharmaceutical suspensions I: quantification and mechanical modelling of human shaking behaviour. Eur J Pharm Biopharm 48(3):225–232
53. Ziv G, Saran-Rosenzuaig A, Gluckmann E (1973) Kinetic considerations of antibiotic persistence in the udders of dry cows. Zentralblatt Fuer Veterinaermedizin Reihe B 20(6):425–434
54. Gehring R, Smith GW (2006) An overview of factors affecting the disposition of intramammary preparations used to treat bovine mastitis. J Vet Pharmacol Ther 29(4):237–241
55. Desmond BJ (1988) Veterinary drug formulations for animal health care: an overview. J Control Release 8(1):5–13
56. Timms LL, Steffans A, Piggott S, Allen L (1997) Evaluation of a novel persistent barrier teat dip for preventing mastitis during the dry period. In: Proceedings of 36th National Mastitis Council pp 206

57. Treece JM, Morse GE, Levy C (1960) Lipid analyses of bovine teat canal keratin. J Dairy Sci 49:1240–1244
58. Comalli M, Eberhart RJ, Griel LC Jr, Rothenbacher H (1984) Changes in the microscopic anatomy of the bovine teat canal during mammary involution. Am J Vet Res 45(11):2236–2242
59. McNally V, Morgan JP (2002) Inventors: Bimeda Research and Development LTD; Assignee: System for prophylactic treatment of mammary disorders. US Patent 6,340,469, 22 Jan 2002
60. Williamson JH, Woolford MW, Day AM (1995) The prophylactic effect of a dry cow antibiotic against *Streptococcus uberis*. N Z Vet J 43:228–234
61. Notz C (2005) Is Orbeseal® - an internal teat sealant - the answer to mastitis problems in organic dairy herds? In: Workshop PottS, editor. Systems development: quality and safety in organic livestock products Frick, Switerland: *Proceedings of the 4th SAFO Workshop*. http://orgprints.org/5965/1/5965.pdf
62. Ross J, Switzer RC, Poston MR, Lawhorn GT (1996) Distribution of bismuth in the brain after intraperitoneal dosing of bismuth subnitrate in mice: implications for routes of entry of xenobiotic metals into the brain. Brain Res 725(2):137–154
63. Slikkerveer A, de Wolff FA (1989) Pharmacokinetics and toxicity of bismuth compounds. Med Toxicol Adverse Drug Exp 4:303–323
64. Corbellini CN, Mauricio B, Monica W, Carlos AI, Pablo J (2002) Efficacy of external teat sealant, applied on pre-calving cows in grazing system. In: *National Mastitis Council Annual Meeting Proceedings*, NMC, USA. //www.westagro.com/NMC_Presentation_Janowicz.pdf.
65. Hemling T, Henderson M, Leslie K, Lim G, Timms L (2000) Experimental models for the evaluation of the adherence of dry cow teat sealants. In: NMC annual meeting proceedings, NMC, USA, pp 248–249
66. Querengasser J, Geishauser T, Querengasser K, Bruckmaier R, Fehlings K (2002) Comparative evaluation of SIMPL silicone implants and NIT natural teat inserts to keep the teat canal patent after surgery. J Dairy Sci 85(7):1732–1737
67. Huston GE, HC W (1983) Effect of the intramammary device on milk infection status, yield, and somatic cell count and on the morphological features of the lactiferous sinus of the bovine udder. Am J Vet Res 44(10):1856–1860
68. Nickerson SC, Boddie RL, Owens WE, Watts JL (1990) Effects of novel intramammary device models on incidence of mastitis after experimental challenge. J Dairy Sci 73(10):2774–2784
69. Klink PR, Ferguson TH (1998) Formulation of veterinary dosage forms. In: Hardee GE, Baggot JD (eds) Development and formulation of veterinary dosage forms, 2nd edn. Marcel Dekker. Inc, New York, pp 145–229
70. Cherng-Ju K (2000) Controlled release dosage form design. CRC Press, Boca Raton, FL
71. Ding X, Alani, Adam, WG, Robinson, Joseph, R (2005) Extended-release and targeted drug delivery systems. Remington: the science and practice of pharmacy, 21 ed. Lippincott Williams and Wilkins: Baltimore, MD, pp 939–964. Available from http://books.google.co.uk/books?id=NFGSSSbaWjwC&printsec=frontcover#v=onepage&q&f=false
72. Brannon-Peppas L (1997) Polymers in controlled drug delivery. In: Medical Plastic and Biomaterials Magazine. http://www.mddionline.com/article/polymers-controlled-drug-delivery
73. Rathbone MJ, Ogle CR (2000) Mechanism of drug release from veterinary drug delivery systems. In: Rathbone MJ, Gurney R (eds) Controlled release veterinary drug delivery. Elsevier Science, Amsterdam, pp 17–50

74. Ron E, Langer R (1992) Erodible systems. In: Kydonieus A (ed) Treatise on controlled drug delivery. Marcel Dekker, New York, pp 199–224
75. Gopferich A, Tessmar J (2002) Polyanhydride degradation and erosion. Adv Drug Deliv Rev 54(7):911–931
76. Rosen HB, Chang J, Wnek GE, Linhardt RJ, Langer R (1983) Bioerodible polyanhydrides for controlled drug delivery. Biomaterials 4(2):131–133
77. Shah SS, Kulkarni MG, Mashelkar RA (1991) Swellable hydrogel matrices for the release of the pendent chain-linked active ingredients over extended time periods. J Appl Polym Sci 43(10):1879–1884
78. Jantzen GM, Robinson JR (1995) Christopher T. In: Banker GSR (ed) Modern pharmaceutics, 3rd edn. Marcel Dekker Inc, New York, pp 575–609
79. Aarestrup FM, Larsen HD, Jensen NE (1999) Characterization of *Staphylococcus simulans* strains isolated from cases of bovine mastitis. Vet Microbiol 66(2):165–170
80. Colombo P, Santi P, Bettini R, Peppas NA CSB (2000) Drug release from swelling-controlled system. In: Wise D (ed) Hand Book of Pharmaceutical Controlled Release Technology. Marcel Dekker, Inc., New York, pp 183–209
81. Kim SW, Bae YH, Okano T (1992) Hydrogels: swelling, drug loading and release. Pharm Res 9(3):283–290
82. Bettini R, Colombo P, Massimo G, Catellani P, Vitali T (1994) Swelling and drug release in hydrogel matrices: polymer viscosity and matrix porosity effects. Eur J Pharm Sci 2:213–219
83. Nam KW, Watanabe J, Ishihara K (2002) pH-modulated release of insulin entrapped in a spontaneously formed hydrogel system composed of two water-soluble phospholipid polymers. J Biomater Sci Polym Ed 13(11):1259–1269
84. Namkung S, Chu C (2006) Effect of solvent mixture on the properties of temperature- and pH-sensitive polysaccharide-based hydrogels. J Biomater Sci Polym Ed 17(5):519–546
85. Pei Y, Chen J, Yang L, Shi L, Tao Q, Hui B (2004) The effect of pH on the LCST of poly(N-isopropylacrylamide) and poly(N-isopropylacrylamide- co-acrylic acid. J Biomater Sci Polym Ed 15(5):585–594
86. Qiu Y, Park K (2001) Environment-sensitive hydrogels for drug delivery. Adv Drug Deliv Rev 53(3):321–339
87. Saslawski O, Weingarten C, Benoit JP, Couvreur P (1988) Magnetically responsive microspheres for the pulsed delivery of insulin. Life Sci 42(16):1521–1528
88. Lavon I, Kost J (1998) Mass transport enhancement by ultrasound in non-degradable polymeric controlled release systems. J Control Release 54(1):1–7
89. Graham NB, McNeill ME (1984) Hydrogels for drug delivery. Biomaterials 5:27–36
90. Jain RA, Rhodes CT, Railkar AM, Malick AW, Shah NH (2000) Controlled release of drugs from injectable in situ formed biodegradable PLGA microspheres: effect of various formulation variables. Eur J Pharm Biopharm 50(2):257–62
91. Hatefi A, Amsden B (2002) Biodegradable injectable in situ forming drug delivery systems. J Control Release 80(1–3):9–28
92. Haglund BO, Joshi R, Himmelstein KJ (1996) An in situ gelling system for parenteral delivery. J Control Release 41(3):229–235
93. Ruel-Gariepy E, Leroux J-C (2004) In situ-forming hydrogels—review of temperature-sensitive systems. Eur J Pharm Biopharm 58(2):409–426
94. Tipton AJ, Dunn RL (2000) In-situ gelling systems. In: Senior JH, Radomsky M (eds) Sustained Release Injectable Products. Interpharm Press, Denver, CO, pp 71–102
95. Dunn R, English J, Cowsar DA, Vanderbilt DV (1990) Inventors: Atrix laboratories; Assignee:

Biodegradable in-situ forming implants and methods of producing the same. US Patent 4,938,763
96. Rathi RC, Zentner, GM, Jeong, B (2001) Inventor: MacroMed, Inc. (Sandy, UT), USA; Assignee: Biodegradable low molecular weight triblock poly(lactide-co- glycolide) polyethylene glycol copolymers having reverse thermal gelation properties. US Patent 6,201,072
97. Jeong B, Bae YH, Kim SW (2000) Drug release from biodegradable injectable thermosensitive hydrogel of PEG-PLGA-PEG triblock copolymers. J Control Release 63(1–2):155–163
98. Amiji MM, Lai PK, Shenoy DB, Rao M (2002) Intratumoral administration of paclitaxel in an in situ gelling poloxamer 407 formulation. Pharm Dev Technol 7(2):195–202
99. Gutowska A, Jeong B, Jasionowski M (2001) Injectable gels for tissue engineering. Anat Rec 263(4):342–349
100. Ismail FA, Napaporn J, Hughes JA, Brazeau GA (2000) In situ gel formulations for gene delivery: release and myotoxicity studies. Pharm Dev Technol 5(3):391–397
101. Lin H-R, Sung KC (2000) Carbopol/pluronic phase change solutions for ophthalmic drug delivery. J Control Release 69(3):379–388
102. Miyazaki S, Suzuki S, Kawasaki N, Endo K, Takahashi A, Attwood D (2001) In situ gelling xyloglucan formulations for sustained release ocular delivery of pilocarpine hydrochloride. Int J Pharm 229(1–2):29–36
103. Rozier A, Mazuel C, Grove J, Plazonnet B (1989) Gelrite(R): a novel, ion-activated, in-situ gelling polymer for ophthalmic vehicles. Effect on bioavailability of timolol. Int J Pharm 57(2):163–168
104. Kubo W, Miyazaki S, Attwood D (2003) Oral sustained delivery of paracetamol from in situ-gelling gellan and sodium alginate formulations. Int J Pharm 258(1–2):55–64
105. Kubo W, Miyazaki S, Dairaku M, Togashi M, Mikami R, Attwood D (2004) Oral sustained delivery of ambroxol from in situ-gelling pectin formulations. Int J Pharm 271(1–2):233–240
106. Miyazaki S, Kubo W, Attwood D (2000) Oral sustained delivery of theophylline using in-situ gelation of sodium alginate. J Control Release 67(2–3):275–280
107. Miyazaki S, Aoyama H, Kawasaki N, Kubo W, Attwood D (1999) In situ-gelling gellan formulations as vehicles for oral drug delivery. J Control Release 60(2–3):287–295
108. Miyazaki S, Kawasaki N, Kubo W, Endo K, Attwood D (2001) Comparison of in situ gelling formulations for the oral delivery of cimetidine. Int J Pharm 220(1–2):161–168
109. Miyazaki S, Kawasaki N, Endo K, Attwood D (2001) Oral sustained delivery of theophylline from thermally reversible xyloglucan gels in rabbits. J Pharm Pharmacol 53(9):1185–1191
110. Chenite A, Chaput C, Wang D, Combes C, Buschmann MD, Hoemann CD (2000) Novel injectable neutral solutions of chitosan form biodegradable gels in situ. Biomaterials 21(21):2155–2161
111. Ruel-Gariepy E, Leclair G, Hildgen P, Gupta A, Leroux J-C (2002) Thermosensitive chitosan-based hydrogel containing liposomes for the delivery of hydrophilic molecules. J Control Release 82(2–3):373–383
112. Cohen S, Lobel E, Trevgoda A, Peled Y (1997) A novel in situ-forming ophthalmic drug delivery system from alginates undergoing gelation in the eye. J Control Release 44(2–3):201–208
113. Takahashi A, Suzuki S, Kawasaki N, Kubo W, Miyazaki S, Loebenberg R (2002) Percutaneous absorption of non-steroidal anti-inflammatory drugs from in situ gelling xyloglucan formulations in rats. Int J Pharm 246(1–2):179–186
114. Lindell K, Engstrom S (1993) In vitro release of timolol maleate from an in situ gelling polymer system. Int J Pharm 95(1–3):219–228

115. Srividya B, Cardoza RM, Amin PD (2001) Sustained ophthalmic delivery of ofloxacin from a pH triggered in situ gelling system. J Control Release 73(2–3):205–211
116. Liu Z, Li J, Nie S, Liu H, Ding P, Pan W (2006) Study of an alginate/HPMC-based in situ gelling ophthalmic delivery system for gatifloxacin. Int J Pharm 315(1–2):12–17
117. Fawaz F, Koffi A, Guyot M, Millet P (2004) Comparative in vitro-in vivo study of two quinine rectal gel formulations. Int J Pharm 280(1–2):151–162
118. Johnston TP, Punjabi MA, Froelich CJ (1992) Sustained delivery of Interleukin-2 from a Poloxamer 407 gel matrix following intraperitoneal injection in mice. Pharm Res 9(3):425–434
119. Edsman K, Carlfors J, Petersson R (1998) Rheological evaluation of poloxamer as an in situ gel for ophthalmic use. Eur J Pharm Sci 6(2):105–112
120. Veyries ML, Couarraze G, Geiger S, Agnely F, Massias L, Kunzli B (1999) Controlled release of vancomycin from Poloxamer 407 gels. Int J Pharm 192(2):183–193
121. Paavola A, Yliruusi J, Kajimoto Y, Kalso E, Wahlström T, Rosenberg P (1995) Controlled release of lidocaine from injectable gels and efficacy in rat sciatic nerve block. Pharm Res 12(12):1997–2002
122. DesNoyer JR, McHugh AJ (2003) The effect of Pluronic on the protein release kinetics of an injectable drug delivery system. J Control Release 86(1):15–24
123. De la Torre PM, Torrado S, Torrado S (2003) Interpolymer complexes of poly(acrylic acid) and chitosan: influence of the ionic hydrogel-forming medium. Biomaterials 24(8): 1459–1468
124. Torrado S, Prada P, de la Torre PM, Torrado S (2004) Chitosan-poly(acrylic) acid polyionic complex: in vivo study to demonstrate prolonged gastric retention. Biomaterials 25(5): 917–923
125. Norling T, Lading P, Engstrom S, Larsson K, Krog N, Nissen SS (1992) Formulation of a drug delivery system based on a mixture of monoglycerides and tryglycerides for use in the treatment of periodontal disease. J Clin Periodontol 19:687–692
126. Okumu FW, Dao LN, Fielder PJ, Dybdal N, Brooks D, Sane S (2002) Sustained delivery of human growth hormone from a novel gel system: SABER™. Biomaterials 23(22):4353–4358
127. Preul MC, Bichard WD, Muench TR (2003) Toward optimal tissue sealants for neurosurgery: use of a novel hydrogel sealant in a canine durotomy repair model. Neurosurgery 53(5): 1189–1199
128. Waring MJ, Parsons D (2001) Physico-chemical characterisation of carboxymethylated spun cellulose fibres. Biomaterials 22(9):903–912
129. Walker M, Hobot JA, Newman GR, Bowler PG (2003) Scanning electron microscopic examination of bacterial immobilisation in a carboxymethyl cellulose (AQUACEL(R)) and alginate dressings. Biomaterials 24(5):883–890
130. Scherr GH Inventor; Scherr GH (1998) Assignee. Alginate foam product for wound dressing. US Patent 5,718,916. 19970203
131. Matthew IR, Browne RM, Frame JW, Millar BG (1995) Subperiosteal behaviour of alginate and cellulose wound dressing materials. Biomaterials 16(4):275–278
132. Suzuki Y, Nishimura Y, Tanihara M, Suzuki K, Nakamura T, Shimizu Y, Yamawaki Y, Kakimaru Y (1998) Evaluation of a novel alginate gel dressing: cytotoxicity to fibroblasts in vitro and foreign-body reaction in pig skin in vivo. J Biomed Mater Res 39(2):317–322
133. Bowler PG, Jones SA, Davies BJ, Coyle E (1999) Infection control properties of some wound dressings. J Wound Care 8(10):499–502

134. Malmsten M, Lindman B (1992) Self-assembly in aqueous block co-polymer solution. Micromolecules 25:5446–5450
135. Katakam M, Ravis WR, Banga AK (1997) Controlled release of human growth hormone in rats following parenteral administration of poloxamer gels. J Control Release 49(1):21–26
136. Jeong B, Choi YK, Bae YH, Zentner G, Kim SW (1999) New biodegradable polymers for injectable drug delivery systems. J Control Release 62(1–2):109–114
137. Jeong B, Bae YH, Kim SW (2000) In situ gelation of PEG-PLGA-PEG triblock copolymer aqueous solutions and degradation thereof. J Biomed Mater Res 50(2):171–177
138. Joshi R, Robinson DH, Himmelstein KJ (1999) In vitro properties of an in situ forming gel for the parenteral delivery of macromolecular drugs. Pharm Dev Technol 4(4):515–522
139. Paulsson M, Hagerstrom H, Edsman K (1999) Rheological studies of the gelation of deacetylated gellan gum (Gelrite(R)) in physiological conditions. Eur J Pharm Sci 9(1):99–105
140. Tipton AJ (1999) Inventor: Southern BioSystems, Inc. (Birmingham, AL); Assignee: High viscosity liquid controlled delivery system as a device. USA
141. Burns PJ, Gibson JW, Tipton AJ (1997) Inventors: Southern BioSystems, Inc. (Birmingham, AL); Assignee: Compositions suitable for controlled release of the hormone GnRH and its analogs. USA
142. Dunn R (2005) Application of the ATRIGEL® implant drug delivery technology for patient-friendly, cost-effective product development. Drug Deliv Technol 5(10)
143. Polson AM, Dunn RL, Fulfs JC, Godoski JC, Polson AP, Southard GL, Yewey GL (1993) Periodontal pocket treatment with subgingival doxycycline from a biodegradable system. J Dent Res 72:360
144. Rathi RC, Zentner GM, Jeong B (2000) Inventors: MacroMed, Inc. (Sandy, UT),USA; Assignee: Biodegradable low molecular weight triblock poly(lactide-co-glycolide) polyethylene glycol copolymers having reversal thermal gelation properties. US Patent, 6,117949
145. Zentner GM, Rathi R, Shih C, McRea JC, Seo M-H, Oh H (2001) Biodegradable block copolymers for delivery of proteins and water-insoluble drugs. J Control Release 72(1–3): 203–215
146. Matthes K, Enqiang L, Brugge WR (2005) Feasibility of endoscopic ultrasound-guided oncogel (ReGel/Paclitaxel) injection into the pancreas of the pig: preliminary results. Gastrointest Endosc 61(5):AB292
147. Dunn R, English J, Vanderbilt A (1995) Inventors: Atrix Laboratory, Inc.; Assignee: Biodegradable in-situ forming implants and methods of producing the same. United States
148. Dunn R, English J, Cowsar D, Vanderblit DV (1998) Inventors: Atrix Laboratories, Incorporated; Assignee: Biodegradable in-situ forming implants and methods of producing the same. US Patent 5733950
149. Chogle S, Mickel AK (2003) An in vitro evaluation of the antibacterial properties of barriers used in guided tissue regeneration. J Endod 29(1):1–3
150. Polson AM, Dunn RL, Polson AP (1993) Healing patterns associated with an ATRISORB barrier in guided tissue regenerartion. Compendium 14:1162–1172
151. FowlerJr JE, Flanagan M, Gleason DM, Klimberg IW, Gottesman JE, Sharifi R (2000) Evaluation of an implant that delivers leuprolide for 1 year for the palliative treatment of prostate cancer. Urology 55(5):639–642
152. Ravivarapu HB, Moyer KL, Dunn RL (2000) Parameters affecting the efficacy of a sustained release polymeric implant of leuprolide. Int J Pharm 194(2):181–191
153. Gibson JW, Sullivan SA, Middleton JC, Tipton AJ (2002) Inventors: Southern Biosystems, Inc. (Birmingham, AL); Assignee: High viscosity liquid controlled delivery system and med-

ical or surgical device. USA

154. Hoemann CD, Hurtig M, Rossomacha E, Sun J, Chevrier A, Shive MS (2005) Chitosan-glycerol phosphate/blood implants improve hyaline cartilage repair in ovine microfracture defects. J Bone Joint Surg Am 87(12):2671–2686
155. Shedden AH, Laurence J, Barrish A, Olah TV (2001) Plasma timolol concentrations of timolol maleate: timolol gel-forming solution (TIMOPTIC-XE) once daily versus timolol maleate ophthalmic solution twice daily. Doc Ophthalmol 103(1):73–79
156. Polson A, Southard GL, Dunn RL, Polson AP, Yewey GL, Swanbom DD, Fulfs JC, Rodgers PW (1995) Periodontal healing after guided tissue regeneration with Atrisorb barriers in beagle dogs. Int J Periodontics Restorative Dent 15(6):574–589
157. Zhang L, Parsons DL, Navarre C, Kompella UB (2002) Development and in-vitro evaluation of sustained release Poloxamer 407 (P407) gel formulations of ceftiofur. J Control Release 85(1–3):73–81
158. Sullivan SA, Gibson JW, Burns PJ, Squires EL, Thompson DL, Tipton AJ (1998) Sustained release of progesteron and estradiol from the SABER™ delivery system: in vitro and in vivo release rates. In: Proceedings of the International Symposium on Controlled Release Bioactive Material, Controlled Release Society, Inc, Boston MA, pp 653–654
159. Fleury J, Squires EL, Betschart R, Gibson J, Sullivan S, Tipton A (1998) Evaluation of the SABERTM delivery system for the controlled release of deslorelin for advancing ovulation in the mare: effect of formulation and dose. Proceedings of the International Symposium on Controlled Release Bioactive Material, Controlled Release Society, Inc, Boston MA, pp 657–658
160. Betschart R, Fleury J, Squires EL, Nett T, Gibson J, Sullivan S (1998) Evaluation of the SABERTM delivery system for the controlled release of the GnRH analogue deslorelin for advancing ovulation in Mares: effect of gamma radiation. Proceedings of the International Symposium on Controlled Release Bioactive Material, Controlled Release Society, Inc, Boston MA655–656
161. Barb R, Kraeling RG, Thompson DJ, Gibson J, Sullivan S, Simon B (1999) Evaluation of the saber delivery system for the controlled release of Deslorelin: effect of dose in estrogen primed ovarectomized gilts. Proceedings of the International Symposium on Controlled Release Bioactive Material, Controlled Release Society, Inc, Boston MA, pp 1170–1171

第14章

兽用缓释疫苗

Martin J. Elhay

缓释技术具有便捷性、有效性及适合疫苗使用等多方面的特性,吸引了大批兽用疫苗研发人员。缓释技术在单一治疗或多途径治疗中精准灵敏,且对动物具有保护能力,与市场上的现有产品有本质区别,使其更容易开发新市场,满足兽医免疫学迄今未解决的需求。目前,虽然缓释材料及设备在药物及兽医治疗上较为广泛应用,但在疫苗缓释方面的应用很少。最近免疫系统致敏性方向的研究进展,促进了我们使用传统与现代的控释技术,用于开发规模养殖动物、伴侣动物用疫苗。这一技术促使我们能够控制抗原及其佐剂在靶动物的准确释放,并保持在精确、适宜的有效水平,以保证持久免疫。研究发现,许多佐剂是通过刺激先天免疫系统来发挥作用的,这促进了分子佐剂的发展,这一机制非常适合应用于缓释制剂及设备。由于疫苗缓释技术发展较晚,存在许多监管问题,需要由监管部门按常用疫苗和不常用疫苗来进行管理。

14.1 简介

概括而言,控释兽用疫苗是有趣的兽药领域之一。与其他预防、治疗药物的单生物学靶点不同,控释疫苗包含免疫原和免疫刺激因子组成的免疫组合物,在特定的环境中承担着持久且相关的免疫能力。并非只有持续高浓度水平的活性成分具

M. J. Elhay (✉)
Veterinary Medicines R&D, Pfizer Animal Health, Parkville, VIC, Australia
e-mail: martin. elhay @ pfizer. com

M. J. Rathbone and A. McDowell (eds.), *Long Acting Animal Health Drug Products: Fundamentals and Applications*, Advances in Delivery Science and Technology, DOI 10. 1007/978-1-4614-4439-8_14, © Controlled Release Society 2013

有免疫能力,合适浓度的抗原也会体现出免疫信号。这一信号需要通过疫苗制剂,特别是抗原与佐剂混合制剂的重复免疫来实现,给宿主提供信号需要佐剂的存在[1,2],意味着抗原需要由宿主体内的免疫系统认定为外来物或威胁,并通过一个或多个免疫机制来应对。佐剂的作用机制未包括在本章范围内,但佐剂在通过释放和保留抗原以激活免疫系统和表达抗原等方面均扮演复杂的角色。现有兽用疫苗本身就具有抗原和免疫信号持续释放的能力,但在缓释应用中不好控制,需要多次接种,且不能提供有效持久的免疫。因此,为了解决常规疫苗市场存在的上述问题,需要更为便捷、有效的控释技术应用在兽用疫苗的市场上。

14.2 免疫系统及接种技术的发展

哺乳动物的免疫系统最初是用于保护出生数天、数月或数年内的幼崽,幼崽此时免疫系统是不完整的,不能抵御病原体的攻击[3]。随后动物免疫系统通过分子中和(如母源抗体)或一些非致命形式(如群体数量或规模减小)演变出可以应对病原体、病原体相关分子的免疫机制。初始的免疫核心系统可以识别病原体相关分子的机制,说明自身免疫系统具有与生俱来的识别病原体并产生适宜反应的能力[4]。现今,许多成功的疫苗都是通过对活性病原体的改造制备的,其本质通常为病毒。这些疫苗的优势在于,在宿主对病毒疫苗产生免疫力前,病原体疫苗只有有限的复制和感染能力。然而,对于许多疫苗的应用来说,这并不是最优的,灭活或亚单位或病原体的部分类型才是获得相关抗原的较优选择,但是灭活和亚单位疫苗与减毒疫苗相比,有效性要低。因此灭活疫苗需要高剂量水平给药才能达到有效的免疫作用[5]。一些抗原,如破伤风和肉毒杆菌毒素,可以维持较长时间的免疫,这种针对肉毒杆菌毒素自然引发的长效持久的免疫应答,可以作为单一疫苗制剂,不需要其他特殊辅助物质[6]。

14.3 控释技术是制备优质疫苗的关键

传统疫苗效价很高,能刺激宿主产生足够的免疫力[7]。首次免疫抗原会以佐剂的方式产生一些危险信号,促使抗原特异性 B 细胞迅速扩展[8]。在适宜的环境中没有持续的抗原,会使得这种首次效应减弱。再次引入靶抗原和其相关刺激因子,会引起 B 细胞扩展和体细胞突变,从而产生大量针对抗原的抗体,完成免疫过程[9]。有时为了产生足够的免疫,需要另外一种免疫途径,尤其是在许多动物应用中,如反刍动物梭菌抗毒素免疫,该抗体水平在几个月内只维持在保护水平[10]。

在这种情况下，需要一种同时具有当前疫苗功效和长效免疫作用的疫苗。这就是人用药物或疫苗控释技术可以用于动物治疗的案例，同时应进行致敏的免疫机制研究。

14.4　连续或脉冲释放

对于一些长效抗原的免疫而言，抗原和类似疫苗工具的佐剂控释模式，如破伤风类毒素是足够的。然而对于其他抗原，可能需要 3、6 或 12 个月持续增强的脉冲控释模式。这就需要实现抗原的定量或持续释放。有人认为，连续释放抗原会导致耐药性[11]，实验也证明，持续抗原可以造成抗原特异性 B 细胞迟钝[12]。这一现象是因为缺少了佐剂提供的危险信号[13]。佐剂提供的危险信号可以确保与抗原共刺激免疫系统时，免疫系统能够感应到抗原。通过管理释放媒介、设备或移植，来控制疫苗释放动力学，可以达到有效的免疫治疗效果。如前所述，疫苗接种计划的特征是通过 2～3 次接种，来模仿脉冲释放模式[14-16]。基于我们对于免疫系统如何应对病原体感染并产生免疫的理解，认为在事宜情况下，通过抗原恰当的连续释放，可以带来优质的免疫反应[17-18]。无论是连续或脉冲释放模式，均取决于对免疫形成机制的技术研究程度。实现脉冲或逐步释放的方法有：给予立刻和通过延迟释放动力学控制的包被和未包被疫苗[19]、多相混合系统如水性佐剂悬浮微粒[15]、油相核心的聚乳酸-羟基乙酸共聚物（PLGA）微球[20]、微球包埋外源性佐剂[14]，或具有不同释放时间的颗粒混合物（Geretal，1993，见参考文献[14]）。毋庸讳言，这些给药途径复杂且成本高。如果连续释放可以满足免疫需求，按照需求进行疫苗梯度释放，可以增加控释应用的灵活性。另外需要注意控释幅度和速率，以确保适宜共刺激信号下，抗原免疫剂量恰当[13,21]。通过控释系统引发的免疫，如果能达到以上标准，就是一个好的免疫反应，而不需要模拟目前疫苗接种的单剂量治疗方法。

14.5　佐剂在缓控释中的作用

如前所述，疫苗控释技术尤其是持续释放技术成功的关键在于适当的共刺激信号的同步释放[22-24]。最初信号主要来源于主要组织相容性复合物分子中的抗原与细胞同源受体的相互作用。第二个信号来自细胞共受体的参与，确保抗原呈递细胞和致敏 B 细胞、T 细胞之间的近距离、特异性交互作用。第三个信号来自抗原递呈细胞释放的可溶性介质，这对于随后免疫应答的类型和质量有极大的影响[9]。佐剂在上述三种信号的传导和刺激作用中都有着直接或间接的作用。作为传递疫苗的媒介,佐剂(或控释装置)的物理性质会造成注射损伤,并向自身免疫系统递送危险信号。佐剂的化学性质还会造成进一步损害,如产生细胞毒性,从而引发炎症反应。一些佐剂直接接触病原相关分子受体如 Toll 样受体(TLRs),而直接作用于初始免疫系统[25]。因此,佐剂通过直接刺激或吸引抗原呈递细胞来启动免疫致敏过程,其随后对免疫过程的影响取决于佐剂自身的物理、化学性质。佐剂与控释结合,可以更为精确地控制致敏过程。至今常见的共刺激系统是由铝盐和油组成的传统佐剂。现在随着我们对佐剂特殊刺激途径机理的认知,可以着手开发分子佐剂。我们目前知道应答单磷酰基酯 A(Monophosphoryl lipid A,MPL),一种脂多糖衍生物(Lipopolysaccharide,LPS))需要通过 TLR4 的介导;聚肌酐-聚胞嘧啶核苷酸(Polyinosine-polycytidylicacid,Poly I:C,一种双链 RNA 衍生物)是通过 TLR3 介导的;CpG 寡脱氧核苷酸(非甲基化胞嘧啶胍细菌 DNA 序列;[26])是通过 TLR9 来发挥作用;在此仅列举上述例子,详见综述[25]。这些分子佐剂非常适合应用于缓控释系统,并且在实验体系中正在发挥作用[27,28]。与传统化学佐剂相比,分子佐剂具有减少不良反应、增加有效荷载、降低总传输体积等多种优势。

14.6 抗原到淋巴细胞的传递动力学和抗原持续性的重要性

正确的抗原和免疫刺激信号需要及时、准确地传送[17,29],也就是说抗原和免疫刺激信号需要通过注射位点(如皮内注射或皮下注射)进行传送,从注射位点流经淋巴结,并发生细胞数量的变化。尽管一些传统佐剂可以实现缓控释和抗原至抗原递呈细胞间的传递[30],但缓控释系统相比于传统疫苗具有更大的应用潜力。此外,根据不同的缓控释装置或系统,可以实现前文所述的抗原和免疫信号向淋巴结的传送。由于抗原对滤泡树突状细胞(FDC)具有长效持续性的免疫应答的特征,释放装置或系统在一定时间释放一定量的抗原,来维持有效的免疫应答。持续或反复释放抗原具有补充或替换淋巴结 FDC 的作用。次级淋巴组织使得抗原与免疫系统的交互作用最大化,并随之产生有效的抗体反应[31]。发生首次应答需要几天时间,理想的长效抗原将持续到特异性抗体形成免疫复合物,并在次级淋巴组织中形成 FDC。然而许多注射疫苗可以提供大量抗原,但抗原的持续效果不一定都能保持。就算使用铝胶基质的疫苗,其在几小时内便完成了大部分抗原的释放,剩下的一小部分在几天内也全部释放完全[30,32]。有些抗原例外(如产气荚膜梭菌类毒素 D 等抗原,Clostridium perfringens D toxoid),它们可以持续提供抗原,并引流到局部淋巴结,免疫效果是很好的。有时,在特定位点的大量抗原会导致三级淋巴组织或者异常淋巴组织的形成，可能是因为持续的抗原包括 FDC 均参与了免疫应答[33,34]。

14.7　缓控释在兽药领域的应用

在人类健康方面，单剂量疫苗的应用是在 20 世纪 80 年代末被世界卫生组织明确需要的[35]。疫苗未被广泛应用的主要原因是价格较高。此外，疫苗的标准难以控制，而且需要后续的单剂量或多剂量注射才能达到治疗效果[16]。在动物治疗方面的影响因素有所不同，但均建立在免疫学的基础上。家畜养殖者面临的最大成本由疾病引起的发病率和死亡率，这些疾病通常可以通过疫苗接种来预防或治疗。这些疫苗通常需要注射至少 2 次，这取决于免疫持续的时间，加强免疫需要隔 3 个月或更常见的 12 个月。高人力成本、物力、时间成本给持续进行疫苗接种带来了困难。一个极端的例子是：由于澳大利亚北部恶劣的气候条件和地势，奶牛养殖的地理集中性很高。在雨季来临前，给这些牛单剂量免疫不同疫苗是非常有好处的，为了达到单次注射疫苗的效果，需要通过恰当的缓控释媒介或设备来实现。显然单剂量疫苗的注射比多次注射更能增加农场主的利益。除此之外还有其他使用单剂量疫苗的原因。对于企业来说，有效的疫苗可以开拓目前未使用疫苗的市场，如上述温带地区的澳大利亚北部市场，这些市场需要对动物进行更频繁的处理。另外一个应用缓控释疫苗的方向是克服母源抗体[36]，解决牲畜和伴侣动物物种之间的问题。这种情况可以在母体抗体表面进行致敏实验。当母体抗体减弱时，抗原可以继续在体内发挥疫苗的作用，这也是一种传递的控制方式。

14.8　缓控释疫苗在靶动物中的应用实例

缓控释药物在家畜和伴侣动物上的商业化应用是有的，相比较而言，大部分缓控释疫苗工作局限于实验室动物。表 14.1 列举了几种控释技术应用的例子。许多工作已经在小鼠、大鼠身上验证了抗原/目标疾病的重要性。破伤风毒素在人类疫苗应用中是一种重要的疫苗抗原，同时在牲畜中（尤其是马）的应用也是非常重要的。破伤风毒素疫苗的缓控释已经在啮齿类动物模型[38-41]和羊[42-44]身上进行了实验，其他兽用被研究的抗原还包括节瘤偶蹄形菌[19]和溶血性巴氏杆菌[45]。采用 VacciMax™ 脂质体对人类病原体百日咳杆菌在油相单制剂传送系统进行检验[46]，百日咳杆菌与支气管败血症密切相关，均参与引发犬的传染性支气管炎和猪的萎缩性鼻炎，对牛疱疹病毒抗原 1gpD[47,48]和禽肺部噬性病毒[49]也进行了检

表 14.1　缓控释技术在动物上的应用

技术	释药方式	目标疾病或抗原	种属	结果	参考文献
微球					
PLGA 和 PLA	连续释放	破伤风类毒素	小鼠	对抗原稳定性有不利影响	[38]
聚乳酸微球	连续释放	破伤风类毒素	大鼠	无毒性	[39]
精氨酸-海藻酸钠微球	肌肉	牛疱疹病毒 1 型糖蛋白 D	小鼠	节约剂量	[47]
海藻酸钠微球	口服给药	抗原卵清蛋白模型	牛	在肺黏膜免疫	[71]
海藻酸钠微球	口服给药	多杀性巴氏杆菌外膜蛋白	鼠	包被后提高了口服和皮下注射的效果	[45]
PLGA 和壳聚糖微球	连续释放	破伤风类毒素	豚鼠	海藻糖稳定蛋白质,抗酸剂平衡 pH 变化	[41]
PLGA	连续释放	促性腺激素释放激素	羊	需要辅助佐剂	[54]
PLGA	包被 DNA 或蛋白的眼鼻给药	肺炎病毒 F-蛋白	火鸡	首先是 DNA,随后蛋白质增强疗效	[49]
埋植剂					
渗透膨胀泵装置(硅棒,多孔聚乙烯帽)	脉冲	破伤风类毒素粉	羊	与铝佐剂治疗破伤风类毒素效果相同	[42]
胆固醇卵磷脂可生物降解的埋植剂 Quil A 佐剂	连续和脉冲给药	重组节瘤偶蹄形菌(腐蹄病)	羊	更安全,等同于非植入疫苗 2 倍剂量的效果	[19]
胶原微条	连续释放	破伤风类毒素和白喉类毒素	小鼠	抗体水平比氢氧化铝凝胶更好	[40]
胶原微条	连续释放	模型抗原梭菌类毒素	羊	等同或者高于氢氧化铝凝胶的免疫效果	[43]

续表14.1

技术	释药方式	目标疾病或抗原	种属	结果	参考文献
硅胶装置	持续腐蚀或释放	模型抗原梭菌类毒素	羊	等同或者高于氢氧化铝凝胶的免疫效果	[44]
包含有 rov 白介素 1b 的注射用硅胶埋植剂	连续释放	卵白素(模型)	羊	重组 IL-1 需要更好的免疫有效性	[13]
PLGA	挤压,蒸发成型	猪卵透明带	野马或其他	生育率下降	[51]
水相					
Vacci Max^{TM}	油中的脂质体	百日咳杆菌	小鼠	比传统佐剂抗体水平高	[46]
水凝胶触变	连续释放	牛疱疹病毒 1 型糖蛋白 D DNA	牛	与皮内免疫效果相当	[48]

验。还有一个有趣的兽药缓控释应用实例,就是在动物免疫避孕方面的应用。为了阻断动物的繁殖,并保持性功能(和种群完整性)的前提下,马可以接种猪卵透明带糖蛋白[50]。单剂量控释的免疫接种对野生动物而言是更需要的[51]。另外一种避孕疫苗的目标是促性腺激素的释放(GnRH,具体参照第16章),但很难获得持久的免疫力,需要重复注射才可以获得为期一年的持久免疫力。这一状况可用于控制公猪和母马的发情行为,在短期内的效果较为满意。对于长期、持续绝育或者改变其行为,就需要缓控释系统来实现。在家畜绝育中,已经成功地在羊体内使用包埋有GnRH的PLGA微球。综合研究数据发现,缓控释作为一种传递方法在兽用灭活疫苗上是可行的。由于技术方法的多样性以及应用的多样性,目前还没有统一的方法。

14.9 兽医疫苗的缓控技术

14.9.1 PLGA和PELA

迄今为止,最常用的缓控释载体材料是PLGA[55]。PLGA在外科可吸收的缝合手术中应用最早,因此它在临床应用和安全方面已经具有了很长的历史[33,56]。通过使用不同比例的乳酸和乙醇酸组分,可以得到不同的释放动力学。含有抗原的可注射微球可以通过连续或间断脉相释放抗原的方式得到[20]。为了制作疫苗运载工具,有机溶剂常被用作有效载荷体[16]。由于PLGA的分解会导致pH向酸性环境变化,这种变化对疫苗抗原有不利影响,可以在溶剂中加入蛋白稳定剂和抗酸剂来解决这一问题[41]。同时,微球制剂的灭菌也是一个难题,要考虑它们的粒径大小,γ辐照可能既不适合PLGA成分,也会破坏抗原的完整性。与PLGA有关的是嵌段共聚物交酯(乙二醇)PELA[57],PELA在疫苗释放中会比PLGA有一些优势,因为其更具有亲水性。

虽然如此,但大多专家的研究兴趣仍停留在把PLGA作为兽医疫苗的控释载体上。最近有报道火鸡接种疫苗抵抗变型肺病毒的加强免疫策略[49],在这个免疫策略中,火鸡被免疫了含抗原的微球、含吸附性抗原质粒的微球。最重要的是,这种微球是通过眼鼻的路径传递的,这种路径更适合给大量的小鸡进行接种疫苗。

14.9.2 控释材料海藻酸和自然衍生物

大量的自然衍生化合物,比如胶原蛋白[40,43]、壳聚糖[41,58]、胆固醇/卵磷脂/Quil-A[19]、透明质酸[59]、卡拉胶[60]和海藻酸[61]一直用作缓释的载体/佐剂(表

14.1)。这其中的许多开发是期望能够产生一种缓控释的模型,这种模型能在温和的环境下组成抗原。此外,它们的生物相容性和普遍安全的化学性质使它们能够通过黏膜途径免疫,这样能够产生相关的免疫力。海藻酸微球是由带有二价阳离子的褐藻类的交联无支链的聚糖胺产生的[62]。海藻酸在兽医学中还用于牲畜重要病原体和黏膜诱导免疫。海藻酸微球已经确保能够提供有效的疫苗来抵抗包括牛疱疹病毒在内的牛的呼吸道疾病[47],例如巴斯德菌[45]和 D 型多杀性巴氏杆菌[62]。海藻酸具有免疫调节特性[62],同时海藻酸的水凝胶和其他优良性质,需要对疫苗传递系统提供额外的辅助功能以确保达到理想的免疫类型和足够长的免疫持续时间。

14.9.3　油

由于油性佐剂具有良好的功效、较低的成本而被广泛地应用于兽医学的领域。其反应的机理是由于油有刺激能力,并可形成一个抗原释放储存库[62,63]。油佐剂本身通常不用来做控释剂,但是由于其疏水性使得亲水或含水的化合物的释放延迟。在一定情况下,它们被认为是非常有效的传递机制,能确保单次剂量的疗效。油佐剂作为单剂疫苗的成功取决于抗原和接种疫苗的动物种类。举个例子,对于牛而言,肉毒杆菌类毒素 C 和 D,可以做成单剂量水—油—水疫苗[6],尽管抗原本身作为一个 Quil-A 磷酸铝胶,已经具有单剂量功能,但 Quil-A 磷酸铝胶也具有能够为病原提供单剂量的功效[6]。水油型佐剂通常用于鱼的免疫是可行的,虽然鱼的免疫系统是众所周知的慢反应系统[65]。对于长须鲸的疫苗接种,单剂量免疫有绝对的要求;对于油基型佐剂,向腹膜内注射的时候可能意外地形成了自由流动型的抗原储存库[66]。如要改进传统的油包水体系,需要将水相替换为含商业化或即将商业化疫苗的脂质体。这一体系(VacciMax™)已经成功地应用于百日咳杆菌[46]和重组乙型肝炎 B 表面抗原[67],不受靶动物或抗原的限制。更进一步的改进方法是冻干脂质体组分(DepoVax™),并将其溶解于油中[68]。可以预测,这种无水的油剂疫苗可以使得抗原更加稳定,并且可以实现抗原的缓慢释放。

14.9.4　埋植剂

埋植剂因有疫苗传递能力,并且具有灵活性和传送单剂量疗效的能力,而饱受关注。尝试的许多变异体现在对不同物种、不同抗原的研究中(表 14.1),这些变异体现出了注射部位的局限性和潜在材料残留性等缺点。连续[13]和脉冲式[69]释放埋植剂已在兽医和非兽医方面有所测定。埋植剂相比于液体或悬浮装置的优势,在于其可以提供更好的物理架构进行功能传递。例如 PLGA 埋植剂,由于比悬浮微粒更大的表面积比与体积比,进而可以更缓慢地降解、释放抗原[51]。释放时间的延长能够给免疫系统充分的时间来进行疫苗抗原的反应[44]。另外一种可以实现相同效果的方法是利用封闭式、扩散性水凝胶,可以从一个封闭端开始释放,进而给抗原提供释放所需的结构[42]。与悬浮粒或液体相比,埋植剂传递系统还有一个优势,就是用户偶然再次免疫可以解除当前的免疫,并且能进行远距离免疫[70]。后一个典型的例子是弹射传输,这开辟对野马等几乎不能再接种的野生物种的免疫,而完整免疫程序所需疫苗的单剂量接种是非常必要的。

14.10 进行缓控释应用的障碍

尽管目前有很多可用技术,它们具有合适的物理性质,在兽医疫苗中能发挥缓控释的作用,但是为什么在市场上或将来的市场中没有更多的类似应用呢?

首先,这种技术在畜牧业没有广泛和有效的成本效益,这些控释疫苗在规模化或非规模化畜禽饲养中都是需要的。大部分畜用疫苗是比较便宜的,禽和鱼用疫苗更为便宜。但对一些牛、羊、鱼等的再免疫是十分高昂的。因此,在目前的情况下,埋植剂的成本需要有一个合适的投资回报率,同时与目前的疫苗接种或治疗途径相比,具有一定的费用可比性。

另外,任何具有长期疗效的途径,不能对酮体品质产生不利影响,同时当其不能降解时要方便移除。对伴侣动物而言,虽然依从性是一个长期存在的一个问题,但是对于兽医来讲重复去免疫注射反而更易进行。这给我们带来缓控释应用的第二个问题,即现代监管机构的设置。在食品类动物中,残留物的监测分析是保证人类食品安全的常规方法。在使用控释设备或制剂的情况下,有可能会使装置、装置的部分成分、抗原或包括佐剂在内的辅料持续存在。从常规疫苗的研究我们发现,疫苗的成分可以持续几天到几个月的时间,因此,随着监管机构提高对兽用疫苗的审查,我们需要注意,缓释型制剂中成分残留的持久性对动物和人类安全的影响。免疫成分持久的存在,也许超出了它们本身的化学本质,包括异位淋巴组织的形成[35]或其他注射部位的反应,对家畜的潜在影响,对部分品种酮体品质的影响,和对伴侣动物不期望的审美影响。与残留物问题相关的是缓释设备或材料的非生物降解性,这对家畜或资源动物来说也许是独特问题:不可生物降解的埋植剂可能会影响肉品的加工过程。对家畜的一种解决方法是耳部埋植,但大量的埋植剂、用于治疗和识别家畜耳标的存在,使耳朵这个小小部位显得有些拥挤。

对兽用疫苗缓控释广泛应用的热切期待,是最后的一个原因。许多的技术都声称可以满足所有疫苗所需的解决方案,但大多都有两个问题:一是该类技术通常是处于早期概念——验证阶段，甚至数据都是从实验室动物上获得；同时拟商业化的产品很少在靶动物进行过技术测试；这些控释类技术，都需要发展到更高阶段，才能考虑将其商业化。这在那些经常短缺资金与靶动物相关技术数据丰富的技术工作者之间制造了一个难题。二是提供包括缓释方案的新技术、程序都是独立存在的，没有一种技术可以同时满足市场的不同要求和潜在产品。例如，一种缓释疫苗的应用，有可能改变疫苗免疫动力学，这可能并不适合该产品性能。在这方面，许多对市场十分熟悉的技术工作者都希望看到他们的新技术被市场接受，当看到技术发展所需的残酷现实成本，他们也会失望；看到经过商业合作伙伴开发和许可而变成真正的市场产品时，他们也会感到惊讶。

14.11 结论

当今，许多现有技术和正在进行的缓释兽用疫苗等的研究，均非常有潜力。我们对于先天免疫系统，如何通过模式识别受体来感知危险的研究已有了新的进展，对作为配体的分子佐剂的发展，以及有效免疫持续时间和部位的研究理解，为兽用疫苗和一般疫苗的缓释研究提供了重要保证。最后，如果我们想要看到确实有效，并且具有成本优势的缓释型兽用疫苗方案，就需要加强新开发的缓释技术和希望上市此产品人员之间的紧密配合。

参考文献

1. Matzinger P (2002) The danger model: a renewed sense of self. Science 296:301–305
2. Schijns VE (2002) Antigen delivery systems and immunostimulation. Vet Immunol Immunopathol 87:195–198
3. Zinkernagel RM (2003) On natural and artificial vaccinations. Ann Rev Immunol 21:515–546
4. Medzhitov R, Shevach EM, Trinchieri G, Mellor AL, Munn DH, Gordon S, Libby P, Hansson GK, Shortman K, Dong C, Gabrilovich D, Gabryšová L, Howes A, O'Garra A (2011) Highlights of 10 years of immunology in nature reviews immunology. Nat Rev Immunol 11:693–702
5. Meeusen ENT, Walker J, Peters A, Pastoret P, Jungersen G (2007) Current status of veterinary vaccines. Clin Microbiol Rev 20:489–510
6. Brown AT, Gregory AR, Ellis TM, Hearnden MN (1999) Comparative immunogenicity of two bivalent botulinum vaccines. Aust Vet J 77:388–391
7. Powell MF (1996) Drug delivery issues in vaccine development. Pharm Res 13:1777–1785
8. Bishop GA, Hostager BS (2001) B lymphocyte activation by contact-mediated interactions with T lymphocytes. Curr Opin Immunol 13:278–285

9. McHeyzer-Williams MG (2003) B cells as effectors. Curr Opin Immunol 15:354–361
10. Uzal FA, Bodero DA, Kelly WR, Nielsen K (1998) Variability of serum antibody responses of goat kids to a commercial *Clostridium perfringens* epsilon toxoid vaccine. Vet Rec 143:472–474
11. Mitchison NA (1965) Induction of immunological paralysis in two zones of dosage. Proc R Soc London-B 161:275–292
12. Nossal GJ, Karvelas M, Pulendran B (1993) Soluble antigen profoundly reduces memory B-cell numbers even when given after challenge immunization. Proc Natl Acad Sci U S A 90:3088–3092
13. Kemp JM, Kajihara M, Nagahara S, Sano A, Brandon M, Lofthouse S (2002) Continuous antigen delivery from controlled release implants induces significant and anamnestic immune responses. Vaccine 20:1089–1098
14. Hanes J, Cleland JL, Langer R (1997) New advances in microsphere-based single-dose vaccines. Adv Drug Deliver Rev 28:97–119
15. Cleland JL, Lim A, Daugherty A, Barron L, Desjardin N, Duenas ET, Eastman DJ, Vennari JC, Wrin T, Berman P, Murthy KK, Powell MF (1998) Development of a single-shot subunit vaccine for HIV-1. 5. programmable *in vivo* autoboost and long lasting neutralizing response. J Pharm Sci 87:1489–1495
16. Cleland JL (1999) Single-administration vaccines: controlled-release technology to mimic repeated immunizations. Trends Biotechnol 17:25–29
17. Zinkernagel RM (2000) Localization dose and time of antigens determine immune reactivity. Semin Immunol 12:163–171
18. Lofthouse S (2002) Immunological aspects of controlled antigen delivery. Adv Drug Deliv Rev 54:863–870
19. Walduck AK, Opdebeeck JP, Benson HE, Prankerd R (1998) Biodegradable implants for the delivery of veterinary vaccines: design, manufacture and antibody responses in sheep. J Control Release 51:269–280
20. Sanchez A, Gupta RK, Alonso MJ, Siber GR, Langer R (1996) Pulsed controlled-release system for potential use in vaccine delivery. Pharm Sci 85:547–552
21. Hughes HP, Campos M, van Drunen Littel-van den Hurk S, Zamb T, Sordillo LM, Godson D, Babiuk LA (1992) Multiple administration with interleukin-2 potentiates antigen-specific responses to subunit vaccination with bovine herpesvirus-1 glycoprotein IV. Vaccine 10:226–230
22. Bretscher P, Cohn M (1970) A theory of self-nonself discrimination. Science 169:1042–1049
23. Lafferty KJ, Cunningham AJ (1975) A new analysis of allogeneic interactions. Aust J Exp Biol Med Sci 53:27–42
24. Medzhitov R, Janeway CA (1996) On the semantics of immune recognition. Res Immunol 147:208–214
25. De Veer M, Meeusen E (2011) New developments in vaccine research - unveiling the secret of vaccine adjuvants. Discov Med 12:195–204
26. Krieg AM (2002) CpG motifs in bacterial DNA and their immune effects. Ann Rev Immunol 20:709–760
27. Diwan M, Tafaghodi M, Samuel J (2002) Enhancement of immune responses by co-delivery of a CpG oligodeoxynucleotide and tetanus toxoid in biodegradable nanospheres. J Control Release 85:247–262
28. Krishnamachari Y, Salem AK (2009) Innovative strategies for co-delivering antigens and CpG oligonucleotides. Adv Drug Deliv Rev 61:205–217
29. Bachmann MF, Jennings GT (2010) Vaccine delivery: a matter of size, geometry, kinetics and molecular patterns. Nat Rev Immunol 10:787–796

30. De Veer M, Kemp J, Chatelier J, Elhay MJ, Meeusen EN (2010) The kinetics of soluble and particulate antigen trafficking in the afferent lymph, and its modulation by aluminum-based adjuvant. Vaccine 28:6597–6602
31. Cyster JG (2010) B cell follicles and antigen encounters of the third kind. Nat Immunol 11:989–996
32. Hem SL, HogenEsch H (2007) Relationship between physical and chemical properties of aluminium-containing adjuvants and immunopotentiation. Expert Rev Vaccines 6:685–698
33. Van Nierop K, de Groot C (2002) Human follicular dendritic cells: function, origin and development. Semin Immunol 14:251–257
34. Carragher DM, Rangel-Moreno J, Randall TD (2008) Ectopic lymphoid tissues and local immunity. Semin Immunol 20:26–42
35. Aguado MT (1993) Future approaches to vaccine development: single-dose vaccines using controlled-release delivery systems. Vaccine 11:596–597
36. Periwal SB, Speaker TJ, Cebra JJ (1997) Orally administered microencapsulated reovirus can bypass suckled, neutralizing maternal antibody that inhibits active immunization of neonates. J Virol 71:2844–2850
37. Siegrist CA (2003) Mechanisms by which maternal antibodies influence infant vaccine responses: review of hypotheses and definition of main determinants. Vaccine 21:3406–3412
38. Alonso MJ, Cohen S, Park TG, Gupta RK, Siber GR, Langer R (1993) Determinants of release rate of tetanus vaccine from polyester microspheres. Pharm Res 10:945–953
39. Chaudhury MR, Sharma K, Giri DK (1996) Poly (D, L-lactide) glycolide polymer microsphere entrapped tetanus toxoid: safety evaluation in Wistar rats. Hum Exp Toxicol 15:205–207
40. Higaki M, Azechi Y, Takase T, Igarashi R, Nagahara S, Sano A, Fujioka K, Nakagawa N, Aizawa C, Mizushima Y (2001) Collagen minipellet as a controlled release delivery system for tetanus and diphtheria toxoid. Vaccine 19:3091–3096
41. Jaganathan KS, Rao YU, Singh P, Prabakaran D, Gupta S, Jain A, Vyas S (2005) Development of a single dose tetanus toxoid formulation based on polymeric microspheres: a comparative study of poly(D, L-lactic-co-glycolic acid) versus chitosan microspheres. Int J Pharm 294:23–32
42. Cardamone M, Lofthouse SA, Lucas JC, Lee RP, O'Donoghue M, Brandon MR (1997) In vitro testing of a pulsatile delivery system and its in vivo application for immunisation against tetanus toxoid. J Control Release 47:205–219
43. Lofthouse S, Nagahara S, Sedgmen B, Barcham G, Brandon M, Sano A (2001) The application of biodegradable collagen minipellets as vaccine delivery vehicles in mice and sheep. Vaccine 19:4318–4327
44. Lofthouse SA, Kajihara M, Nagahara S, Nash A, Barcham GJ, Sedgmen B, Brandon MR, Sano A (2002) Injectable silicone implants as vaccine delivery vehicles. Vaccine 20:1725–1732
45. Kidane A, Guimond P, Ju TR, Sanchez M, Gibson J, Bowersock TL (2001) The efficacy of oral vaccination of mice with alginate encapsulated outer membrane proteins of *Pasteurella haemolytica* and One-Shot. Vaccine 19:2637–2646
46. Mansour M, Brown RG, Morris A (2007) Improved efficacy of a licensed acellular pertussis vaccine, reformulated in an adjuvant emulsion of liposomes in oil, in a murine model. Clin Vaccine Immunol 14:1381–1383
47. Moser CA, Speaker TJ, Offit PA (1997) Effect of microencapsulation on immunogenicity of a bovine herpes virus glycoproteinn and inactivated influenza virus in mice. Vaccine 15:1767–1772
48. Toussaint JF, Dubois A, Dispas M, Paquet D, Letellier C, Kerkhofs P (2007) Delivery of DNA vaccines by agarose hydrogel implants facilitates genetic immunization in cattle. Vaccine 25:1167–1174

49. Liman M, Peiser L, Zimmer G, Pröpsting M, Naim HY, Rautenschlein S (2007) A genetically engineered prime-boost vaccination strategy for oculonasal delivery with poly(D, L-lactic-co-glycolic acid) microparticles against infection of turkeys with avian Metapneumovirus. Vaccine 25:7914–7926
50. Turner JW, Liu IK, Flanagan DR, Bynum KS, Rutberg AT (2002) Porcine zona pellucida (PZP) immunocontraception of wild horses (*Equus caballus*) in Nevada: a 10 year study. Reprod Suppl 60:177–186
51. Turner JW, Rutberg AT, Naugle RE, Kaur MA, Flanagan DR, Bertschinger HJ, Liu IK (2008) Controlled-release components of PZP contraceptive vaccine extend duration of infertility. Wildlife Res 35:555–562
52. Dunshea FR, Colantoni C, Howard K, McCauley I, Jackson P, Long KA, Lopaticki S, Nugent EA, Simons JA, Walker J, Hennessy DP (2001) Vaccination of boars with a GnRH vaccine (Improvac) eliminates boar taint and increases growth performance. J Anim Sci 79:2524–2535
53. Elhay M, Newbold A, Britton A, Turley P, Dowsett K, Walker J (2007) Suppression of behavioural and physiological oestrus in the mare by vaccination against GnRH. Aust Vet J 85:39–45
54. Earl ER, Waterston MM, Aughey E, Harvey MJ, Matschke C, Colston A, Ferro VA (2006) Evaluation of two GnRH-I based vaccine formulations on the testes function of entire Suffolk cross ram lambs. Vaccine 24:3172–3183
55. Singh M, Li XM, Wang H, McGee JP, Zamb T, Koff W, Wang CY, O'Hagan DT (1997) Immunogenicity and protection in small-animal models with controlled-release tetanus toxoid microparticles as a single-dose vaccine. Infect Immun 65:1716–1721
56. Chandrasekaran R, Giri DK, Chaudhury MR (1996) Embryotoxicity and teratogenicity studies of poly (DL-lactide-co-glycolide) microspheres incorporated tetanus toxoid in Wistar rats. Hum Exp Toxicol 15:349–351
57. Zhou S, Liao X, Li X et al (2003) Poly-D, L-lactide-co-poly(ethylene glycol) microspheres as potential vaccine delivery systems. J Control Release 86:195–205
58. Kang ML, Cho CS, Yoo HS (2009) Application of chitosan microspheres for nasal delivery of vaccines. Biotechnol Adv 27:857–865
59. Oh EJ, Park K, Kim KS, Jiseok K, Yang J-A, J-Ha K, Lee MY, Hoffman AS, Hahn SK (2010) Target specific and long-acting delivery of protein, peptide, and nucleotide therapeutics using hyaluronic acid derivatives. J Control Release 141:2–12
60. Keppeler S, Ellis A, Jacquier JC (2009) Cross-linked carrageenan beads for controlled release delivery systems. Carbohyd Polym 78:973–977
61. Bowersock TL, Narishetty S (2009) Vaccine delivery. In: Morishita M, Park K (eds) Biodrug delivery systems, fundamentals applications, and clinical development. Informa Healthcare, New York, pp 412–424
62. Bowersock TL, Martin S (1999) Vaccine delivery to animals. Adv Drug Deliver Rev 38:167–194
63. Aucouturier J, Dupuis L, Ganne V (2001) Adjuvants designed for veterinary and human vaccines. Vaccine 19:2666–2672
64. Mutoloki S, Alexandersen S, Gravningen K, Evensen O (2008) Time-course study of injection site inflammatory reactions following intraperitoneal injection of Atlantic cod (*Gadus morhua* L.) with oil-adjuvanted vaccines. Fish Shellfish Immunol 24:386–393
65. Pilström L (2005) Adaptive immunity in teleosts: humoral immunity. In: Midtlyng PJ (ed) Progress in fish vaccinology. Karger, Switzerland, p 23

66. Anderson DP (1997) Adjuvants and immunostimulants for enhancing vaccine potency in fish. Dev Biol Stand 90:257–265
67. MacDonald LD, Fuentes-Ortega A, Sammatur L (2010) Efficacy of a single dose hepatitis B depot vaccine. Vaccine 28:7143–7145
68. Karkada M, Weir GM, Quinton T, Fuentes-Ortega A, Mansour M (2010) A liposome-based platform, VacciMax, and its modified water-free platform DepoVax enhance efficacy of in vivo nucleic acid delivery. Vaccine 28:6176–6182
69. Medlicott NJ, Tucker IG (1999) Pulsatile release from subcutaneous implants. Adv Drug Deliver Rev 38:139–149
70. Sullivan MM, Vanoverbeke DL, Kinman LA, Krehbiel CR, Hilton GG, Morgan JB (2009) Comparison of the Biobullet versus traditional pharmaceutical injection techniques on injection-site tissue damage and tenderness in beef subprimals. J Anim Sci 87:716–722
71. Bowersock TL, HogenEsch H, Torregrosa S, Borie D, Wang B, Park H, Park K (1998) Induction of pulmonary immunity in cattle by oral administration of ovalbumin in alginate microspheres. Immunol Lett 60:37–43

第 15 章
野生动物的给药系统

Arlene McDowell

全球范围内存在有害的野生动物，管控的方法正从治死性的控制转移到通过药物降低有害物种的生育能力上。生物防治剂的口服给药是最好的思路，然而这需要克服重重障碍才能在体内达到治疗效果。控制野生动物生育能力的法规正由于新产品的研发而不断完善。本章将概述目前向野生动物递送几种药物的现有策略，并概述在这个领域中的当代研究。

15.1 引言

野生动物物种包括生活在不同地方的大量动物，广义上而言，野生动物可以被定义为非驯化的和自由放养的动物。本章将重点放在陆地脊椎动物，尽管大家公认，生物活性物质在水生环境物种中的传递是研究的热点。因为野生动物群组中有害的野生动物正变得越来越重要[1]，本章将概述有害性野生动物控制剂的传递。

有害野生动物将造成环境破坏和经济影响，如影响到农业和林业工作。野生动物可以将疾病传播给其他动物和人，例如，在新西兰常见的刷尾负鼠是牛结核病的宿主[2]，而且在美国一部分野生动物包括浣熊、狐狸和狼均携带狂犬病毒[3]。据估计，60％新出现的具有传染性的人畜共患病，72％来源于这些野生动物[4]。近年

A. McDowell(✉)
New Zealand's National School of Pharmacy. University of Otago. Dunedin. New Zealand
e-mail：arlene. mcdowell @ otago. ac. nz

M. J. Rathbone and A. McDowell (eds.), *Long Acting Animal Health Drug Products*:*Fundamentals and Applications*, Advances in Delivery Science and Technology, DOI 10. 1007/978-1-46144439-8_15, © Controlled Release Society 2013

来，甲型 H1N1 流感（猪流感）和 H5N1 流感（禽流感）的大流行把动物健康管理的重要性摆在了前面。

用在宠物和食品动物的兽药如疫苗、抗菌药物、麻醉药、镇痛药以及生育控制剂均可用于野生动物。虽然有相当多的研究集中在将治疗分子传递给人类、牲畜和伴生动物，但这些传递策略在野生动物中还不先进。鉴于野生动物管理涉及物种和环境的多样性，为设计递送系统提供了机会。控释技术由于给药频率的减少和持续的影响使其在动物中审慎使用，但特别适于野生动物的应用。

15.2 野生动物的管理

15.2.1 圈养野生动物

那些在管理条件下被养在动物园里、野生动物公园、牧场和动物保护区里的动物与野生动物存在着巨大的差异。给予麻醉药物是最常见的需求也是基础任务，便于圈养环境下的野生动物的管理并保护动物和管理员不受伤害。许多野生动物具有侵略性或胆小的天性，意味着麻醉药物必须进行远程使用，典型的是使用飞镖。有很多优秀的教材是关于麻醉药和镇痛药对非驯化动物的使用，在这里不做进一步赘述。读者可以参考 West 等[5]和 Kreeger[6]了解更多的信息。

给予生育控制剂是控制野生动物管理的一部分工作。猪卵透明带（ZPZ）是第一个运用于野生物种的免疫性避孕剂[7]，此后在全世界作为一种免疫避孕药物给药并运用于动物园圈养型的动物，其中包括斑马（*Equus grevyi*），长颈鹿（*Giraffa Camelopardalis*）和美国黑熊（*Ursus americanus*）[8]。ZPZ 在澳大利亚也被作为引进的欧洲红狐狸（*Vulpes*）的避孕药；然而，ZPZ 使用后产生了极低的抗体应答[9]。

将避孕药用到个体以及自由放养的动物中最常见的传递系统还是由设备（例如吹管或枪延）伸出的投掷性系统。Kreeger[10]概述了远程传输系统对自由活动动物的优劣势（表 15.1），进入动物体内是决定投掷系统可行性的一个关键特征。

15.2.2 有害的野生动物

在全球范围内的许多野生动物被认为是有害的物种（图 15.1）。一种动物可以被定义为有害的动物是因为(a)它可以引入非自生的生态系统,这通常被称为入侵物种;或是(b)本土动物生长数量过大。有害的野生动物能引发动物传染病、破坏生态环境、与本土动物竞争、消耗本土植物、威胁到濒临灭绝的动物并且牵连到野生动物与人类的冲突(例如,财产损失)。管理有害性野生动物的目标是通过减少有害种群的数量[11]来减轻其带来的有害影响。一种最通常用来控制有害性动物的方法是捕杀;然而,这是有争议的,并带来更多关于人性[12]的问题。

表 15.1 考虑使用远程递送系统向个体以及自由放养的野生动物提供避孕药[10]

优势	劣势
1. 在一个群体中,特定动物可以成为目标	1. 日标动物必须在发射装置的范围内
2. 体重可以估计剂量的准确性	2. 动物应该>15 kg,以便成为合适的目标
3. 每只动物的成本低于捕获和使用避孕药	3. 当治疗很少的动物时,成本很高
4. 配方类型(液体、固体等)的灵活性	4. 由于机械问题,装置可能会失效
5. 可提供各种数量	5. 这个装置产生的噪声可能会吓到附近的目标动物
6. 可能将染料与输送系统结合,标记处理过的动物	6. 需要培训人员有效使用这些装置

由于生物剂防治能中断一个或多个关键的生物学过程,导致目标物种的死亡或不育,故是最好的选择。免疫避孕在文献中作为控制生育的方法已经受到了极大的关注。利用这种技术,动物可以接种与繁殖有关的关键蛋白,如鸡蛋的外壳蛋白或精蛋白。被接种的动物会识别这些自身蛋白产生的免疫应答从而导致不孕。就是说,这种自身蛋白扮演了疫苗的角色。虽然这种策略看似可行,但对于野生动物的免疫避孕仍有许多的局限性[13]。首先第一个限制是在野外给予动物该制剂。迄今为止的研究都是通过注射给药的方式进行[14,15],给动物注射的方法不适用于野外和自由放养的动物,动物个体对免疫应答的反应也有差异;因此,将有一部分的动物不会受到免疫的影响[16]。这方面的一个重要后果是,只有不产生免疫应答的动物才会产生后代。这些动物含有免疫系统不应答的主要遗传基因,它们及其后代有可能是无应答者。因此,对于免疫避孕物质没有成功应答的动物比例会随时间而迅速增加[14]。与此相反,化学不育剂或激素避孕药直接作用于靶细胞或组织中,而不是依赖免疫应答。这方面的研究已主要围绕促黄体生成激素释放激素(LHRH),因其在生殖功能调节中起关键作用。

因为自由放养的或野生的动物大量地分布在不同地区和偏远或无法抵达的地

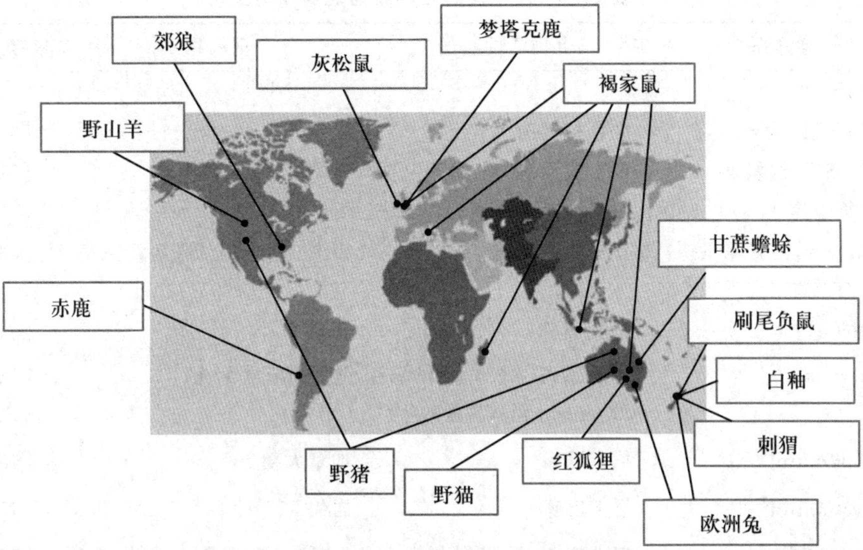

图 15.1 野生有害物种——一个全球性问题

区，免疫避孕物质或化学不育剂面临的挑战是安全地将这些制剂提供给自由放养的或野生的动物。当该制剂应用在较大且不具有经济价值的靶动物时，或陆地面积占地大必须传递时。成本一直是远程传递系统设计中考虑的重要因素，当给予自然生态系统中自由放养动物药物时，目标专一性很重要。大范围地投放含有活性化合物的口服药对非靶动物[17]有潜在的影响；因此针对靶动物的诱饵或引诱剂是大范围投放系统的关键。例如，在澳大利亚，PIGOUT® 产品(表 15.2)是通过鱼香谷物基质来吸引野生猪(野猪)，并且该产品被染成深绿色以避免非靶动物，如鸟类的摄取。产品 FeralMone®(动物控制技术控股有限公司，澳大利亚维多利亚州)是发酵鸡蛋气味的喷雾引诱剂，提高狐狸和野犬的饵料摄取。

接下来的问题是引诱剂剂型的适口性。理想情况下，一个单一的饵料如果充足，它包含的生物活性物质将能够在靶动物上达到预期的生物效应。因此，应考虑该剂型的味道，以确保产品在靶动物上消耗了足够的剂量(如果相关的话还要考虑生物活性)。例如，在 DiazaCon™(表 15.2)的活性成分是苦的，所以有必要加入掩蔽剂来增加适口性[18]。用于鹅的 OvoControl®-G(表 15.2)产品做成一种被染成黄色的玉米形状的饵料，使之类似于鹅的天然食物并被它们所接受[19]。不包含活性成分的预喂食饵料也是一种经常使用在该领域以达到令人满意的饵料摄入量的策略。

表 15.2 用于向野生动物递送药物的实例

递送系统	生物活性递送	靶动物	参考文献
设备			
野猪(船) 运行系统	生育控制剂	野猪	[51]
(BOS™)送料器	疫苗或毒素	野猪	[51]
生物子弹	布氏杆菌疫苗[52]	野牛	
Paxarms 注射器飞镖	各种液体药物	野犬、鲸鱼、熊、猴子	[53]
口服饵料			
PIGOUT®	1080 毒素	野猪	[54]
DiazaCon™	禽流感避孕(20,25-diaza-cholesterol-甾醇二盐酸盐)	鸽子等鸟类野生	[18]
OvoControl®-G	尼卡巴嗪	加拿大鹅	[48]
OvoControl®-P	尼卡巴嗪	岩鸽	[47]
ONRAB®	狂犬疫苗,活腺病毒载体(AdRG1.3)	红狐(赤狐)、条纹臭鼬(沴沴)	[55]
Raboral V-RG®	狂犬疫苗的牛痘	浣熊(浣熊)、土狼(郊狼)	
口服脂质			
Liporale™	BCG 疫苗	刷尾负鼠(刷尾负鼠)、獾(狗獾)	[3]
注射剂			
GonaCon™	LHRH	白尾和黑尾鹿、加利福尼亚州地面松鼠、家猫、野生猪、野马、野牛	[47,48]
微粒给药系统			
免疫刺激复合物(ISCOMs)	Phocid 犬瘟热病毒 1 号	海豹	[34]
Equity™	促性腺激素释放因子疫苗	马	[34,36]

因为可能遇到野外环境的广泛投放,所以野生动物递送系统的另一个特别方面是在极端的环境条件下剂型稳定性的问题[1]。可以预想到的是该制剂将被暴露在一定温度范围内,包括日夜更替、极端的湿度、冻/溶循环、紫外光、雨水和真菌以及微生物污染。因此递送系统必须包括既能保护该生物活性化合物又不损害其效

力的功能。

15.3 野生动物的传递系统

用于自由放养野生动物的传递系统根据其传输方式的不同分为传播递送系统和非传播递送系统。

15.3.1 传播递送系统

传播(或传染)递送系统之所以具有吸引力是因为它们能通过载体的方式独立地将生物活性物质传播给靶动物。研究者以寄生肠线虫为传播系统对刷尾负鼠给药案例做了调查研究,刷尾负鼠在新西兰是一种有害生物,传递的载体是寄生肠线虫(*Parastrongyloides trichosuri*)。线虫可以迅速感染大量动物,一旦引进天生不寄生幼虫的刷尾负鼠群种,线虫在52周内可以传播扩散到400 hm^2 以上的卡胡朗吉国家公园,并维持着高患病率[21]。

目前正在研究的其他传播递送系统是病毒,它有潜力被改造成为免疫避孕物质(immuno contraceptives)来作为携带基因的载体或者是作为病原体。例如,macropod 疱疹病毒(MaHV)给有袋类动物如澳大利亚的沙袋鼠和袋鼠[22]带来致命感染。负鼠腺病毒(PoAdV-1)已通过筛选被认定是最有希望的载体候选者,因为其基因组容易被操纵并且病毒在个体之间很容易被传播。一种单基因型的PoAdV-1已被分离并在新西兰的不同地方被独立机构测序[23];然而,一直无法通过细胞培养复制这种病毒,从而限制了其研究的进一步发展。

在各种转基因生物(GMOs)和传播系统下,这些生物的传播不可避免地引起国际的担忧,它们所携带的基因会影响到所到国家的动物。这仍然是让转基因产品合并到传递系统的一个重大障碍。

15.3.2 非传播递送系统

非传播递送系统的优势在于消除不受控制的传播风险。采用口服诱饵的策略(表15.2)是远程野生动物给药的一种基本技术。有一系列的颗粒传递系统目前处于实验室或田间试验阶段,概述如下。这些颗粒系统极大地利用口服饵料已有的知识如饵料的配方、适口性、田间的稳定性以及田间最佳密度配置。

一种新的名叫菌蜕的非传播递送系统最近被开发使用于兽药给药。菌蜕是完整细胞膜形成的空胞膜,是从一些革兰氏阴性菌里裂解出来的(例如,大肠杆菌、霍乱弧菌和鼠伤害沙门氏菌)[24,25]。重组蛋白填装在菌蜕(内部或外部的细胞膜,周质或胞质空间)中,当菌蜕被宿主的树突细胞吞噬,表达并加工[24]。菌蜕可加强 T 细胞的活化、系统免疫和黏膜免疫,并且已经作为传递系统研究于动物病原体的预防接种疫苗,包括猪的胸膜肺炎放线杆菌[24]。菌蜕的一个优势在于它们保留着自身的免疫膜结构[25];但是,含有 ZP 抗原的空胞让刷尾负鼠口服后无明显的免疫应答[26]。

类病毒颗粒(VLPs)是另一种非传播递送系统,它也是依赖于免疫系统从而引起生物反应。类病毒颗粒由一个可自我组装形成有序的衣壳结构的结构蛋白质组成;一旦形成该结构,这些颗粒会通过一系列的酵母或细菌宿主细胞表达出来。治疗试剂可以包埋在类病毒颗粒的外壳中,并用于传递口服给药的有效载荷。将一个抗原细胞表位与类病毒颗粒结合,类病毒颗粒会模仿天然病毒的免疫刺激性部分并产生它们的生物效应[28]。

由于生产规模的扩大使得产品的不一致性引起的诸多问题,导致类病毒颗粒作为传递系统的潜能还没有得到完全地发挥[27]。而且,获得性免疫可以来自类病毒颗粒的利用,虽然在一定程度上这些可以通过创造嵌合型类病毒颗粒结构来克服[27]。类病毒颗粒疫苗用来预防人类乳头状瘤病毒和乙型肝炎病毒在市场上适用于人和动物患者,但是,它们在野生动物方面的使用未进行试验。

将生物活性物质纳入聚合物纳米载体是用来保护其免受酶催、降解的新颖配方选择,并加强了靶部位的后续摄入。胶体输送技术在人类的领域得到了很好的发展,并在较小的程度上适用于农场和伴侣型动物领域,但是,它在野生动物管理现状下的应用一直受到限制。

胶体系统,例如脂质体,是一种通用型的递送系统,因为它们的大小和构成可以被人为控制,并且它们同时拥有亲脂性和亲水性两块领域,可以用来携带药品和疫苗[30,31]。它们有可能被用于肽和蛋白质的口服给药,尽管在活体内的使用结果是个变量,这是因为脂质体在胃肠道中低 pH 的影响下不稳定[33]。免疫刺激复合物(ISCOMs)属于胶体结构,它是建立在脂质体的基础上将植物皂苷佐剂加入磷脂和胆固醇的脂质体结构。

免疫抗原被嵌入免疫刺激复合物结构中,Morein 等[34]全面综述了免疫刺激复合物的研究进展。ISCOMATRIX 佐剂在近期得到了发展,它是由免疫刺激复合物中除抗原外的相同成分组成的佐剂,它给用户提供了选择抗原的灵活性。例如,ISCOMATRIX 佐剂被使用于股权产品(表 15.2)中用来为马匹节育[36]。

用于牛结核病的疫苗制剂(Tb)在新西兰已被开发应用于刷尾负鼠[37]。卡介苗(BCG)是用于预防那些储在以野生动物为宿主和载体的疾病传染给重要的经济养殖牛和鹿的疫苗。Cross 等[38]已经研发了一种新型的结核病疫苗的口服制剂,通过将疫苗的载体结合到一个诱饵里，从而对刷尾负鼠进行免疫接种。这种制剂是医药级的，可食用的脂类基质能够提供活卡介苗杆菌。这些发明者也将诱食剂（10% 的巧克力和0.67%的茴香油）添加到基质里提高它的适口性，从而增加野生动物对口服饵料的摄取量[38]。一种类似脂质 PK（Lipid-PK）的配方在英国正由 Clark 等研究，它是以一种口服饵料形式为欧亚獾（*Meles meles*）接种疫苗来对抗结核病的。

生物活性载体在聚合物纳米颗粒中为要传递的活性化合物提供保护。纳米颗粒大小为 10～1 000 nm，而在亚微米范围内的颗粒已被证明是通过肠道上皮细胞吸收并进入全身血液循环[40]。纳米颗粒的尺寸小正是使上皮细胞颗粒被吸收的一个优势[41]。纳米粒子的合成过程中形成的聚合物壁一旦被动物摄取的话，就会减少与胃肠道酶降解的接触，因此保护了有效载荷，这是蛋白质和肽的生物活性物质传递的一个重要特征[42,43]。更进一步的优势在于它们在生物体液中的稳定性和药物的控制释放曲线范围可以通过聚合物的选择操作[44]。我们研究小组的研究工作证实了下面的聚氰基乙酸乙酯（PECA）纳米粒子在刷尾负鼠盲肠内管理形成含有 $D\text{-}Lys^6$-GnRH（促性腺素释放激素）衍生物。它在血浆的促黄体生成激素浓度降低后可能会引起生物反应。这为完整的 $D\text{-}Lys^6$-GnRH 肽能够穿过肠上皮细胞进入全身血液循环系统并到达垂体前叶提供了证据[45]。

15.4 对野生动物传递生物活性物质的管理

有极少数的治疗药物被批准使用于野生动物。使用这些化合物如抗生素和麻醉药往往是在类似的动物物种，类似的试验以及错误的情况下借鉴前人的经验。野生动物兽医行业经常使用为牲畜或宠物注册使用的药物，然而这些配方并不是为野生动物设计的。不同动物之间在解剖学和生理学方面的差异，意味着药代动力学和药效学参数不一定通用。读者可参考马丁内兹等[46]对动物物种之间胃肠道生理差异的综述。因此，动物对一种给定药物的服用做出何种应答有着不确定性。

美国食品药品监督管理局兽医中心内的小用途和次要动物药物开发中心的职责是协助批准用于小种动物（包括野生动物）的药物。除了犬、猫、牛、马、猪、鸡和火鸡外，其他物种被归类为“次要动物”。2004 年颁布的次要用途和次要动物（MUMS）的法案批准制药公司提供可使用于次要物种的药物，目的是制造出更多可使用于次要物种的药物。

如上所述，降低生育率是管理有害野生动物最好的选项。在欧洲、美国和澳大利亚用于管理动物生育控制的产品注册有类似的要求。注册机关所需的数据包括化学活性、疗效、代谢动力学和毒理学[47]。控制生育药物的重要性将由发散式分布得到传播,在环境中的命运,对非目标生物和组织残留量的危害也一定得到证实[47,48]。一个新产品的特定数据要求取决于监管机构将其分类为农药还是兽药[47]。

野生动物避孕药是由美国食品和药物管理局的兽药学中心(CVM)通过完成调查新的动物药物试验进行监管。然而,由于野生动物的疫苗是在室外自然环境下(森林、草、地灌木等等)使用,因此环境保护署(EPA)要对它们负起监管责任[13]。OvoControl®-G (表 15.2) 是随着 FDA 新协议的制定被 EPA 注册的第一个避孕药。食品和药物管理中心(FDA)的兽药中心(CVM)也在不断规范着疫苗在动物伴侣、牲畜和动物园物种间的使用[48]。

在欧盟,动物健康的策略是基于世界动物卫生组织(国际兽疫组织 OIE)的标准和准则。在英国,兽药局负责兽药产品的安全和有效使用。在英国和欧洲,生育控制产品的调节是复杂的,又取决于各个国家如何定义化合物的种类(例如,一种杀虫剂或疫苗)[47]。

在新西兰,1997 年农业化合物和兽药法案规定新西兰食品安全局(NZFSA)的农业化合物和兽药(ACVM)团体对所批准兽药负有责任。对于生育控制产品,环境风险管理机构(ERMA)在新西兰是负责批准和登记的。在澳大利亚,所有的农业和兽医产品注册及包括野生动物生育的产品或产品的使用由澳大利亚农药和兽药管理局集中管理[47]。(<http://www.apvma.gov.aucn)

虽然传播型传递系统可能为生物防治剂提供了优势,但它们一旦被定义,其监管将是令人担忧的。当药物释放到环境中,这些药物能够通过动物种群传播[49]。

就传统的兽药来说,野生动物的生育控制剂的全球协调也有望促进新产品的开发[50]。目前兽药的注册要求是通过兽药注册国际协调局 VICH 来控制协调的(对兽药注册技术要求的国际协调合作)。这是一个三边的合作方案包括美国、日本的合作,澳大利亚、新西兰和加拿大的欧洲联盟作为观察者。目前 VICH 对用于野生动物的产品还没有特殊的指导方针;然而,“毒性”作为主题将涉及该方面。(http://www.vichsec.org/en/topics.htm#3)

15.5 结论

针对野生动物的更多复杂传递系统正在进行的研究,使将治疗性化合物有效传递给这些具有挑战性和多样化的动物群体成为可能。制药学和制药技术已经应用于人体研究以外的领域并适用于有害野生动物的管理。用传统制剂的配方策略可用于提高野生动物口服的生物活性。希望野生动物管理人员、生物学家和制药界的科学家之间能继续合作来解决给野生动物传递生物活性剂时遇到的有趣挑战。

参考文献

1. McDowell A, McLeod BJ, Rades T, Tucker IG (2006) Application of pharmaceutical drug delivery for biological control of the common brushtail possum in New Zealand: a review. Wildlife Res 33(8):679–689
2. Coleman J, Caley P (2000) Possums as a reservoir of bovine Tb. In: Montague T (ed) The brushtail possum. Biology, impact and management of an introduced marsupial. Maanaki Whenua Press, Lincoln, New Zealand, pp 92–104
3. Rupprecht CE, Hanlon CA, Slate D (2004) Oral vaccination of wildlife against rabies: opportunities and challenges in prevention and control. Dev Biol 119:173–184
4. Anonymous (2008) Wildlife diseases, vol Postnote Number 307. Parliamentary Office of Science and Technology, London
5. West G, Heard D, Caulkett N (2007) Zoo animal and wildlife immobolization and anaesthesia. Blackwell Publishing, Oxford, UK
6. Kreeger TJ (1997) Handbook of wildlife chemical immobilization, 2nd edn. International Wildlife Veterinary Services Inc., Laramie, WY
7. Kirkpatrick JF, Liu IKM, Turner JW, Naugle R, Keiper RR (1992) Long-term effects of porcine zonae-pellucidae immunocontraception on ovarian function of feral horses (*Equus caballus*). J Reprod Fertil 94:437–444
8. Frank KM, Lyda RO, Kirkpatrick JF (2005) Immunocontraception of captive exotic species—IV. Species differences in response to the porcine zona pellucida vaccine, timing of booster inoculations, and procedural failures. Zoo Biol 24(4):349–358
9. Reubel GH, Beaton S, Venables D, Pekin J, Wright J, French N, Hardy CM (2005) Experimental inoculation of European red foxes with recombinant vaccinia virus expressing zona pellucida C proteins. Vaccine 23:4417–4426
10. Kreeger T (1993) Overview of delivery systems for the administration of contraceptives to wildlife. In: Kreeger TJ (ed) Contraception in wildlife management. Denver Wildlife Research Centre, Denver, CO, pp 29–48
11. Rodger JC (2003) Fertility control for wildlife. In: Holt WV, Pickard AR, Rodger JC, Wildt DE (eds) Reproductive science and integrated conservation. Cambridge University Press, Cambridge, UK, pp 281–290
12. Fitzgerald G, Wilkinson R, Saunders L (2000) Public perceptions and issues in possum control. In: Montague TL (ed) The brushtail possum: biology, impact and management of an introduced marsupial. Manaaki Whenua Press, Lincoln, New Zealand, pp 187–197
13. McLeod SR, Saunders G, Twigg LE, Arthur AD, Ramsey D, Hinds LA (2007) Prospects for the future: is there a role for virally vectored immunocontraception in vertebrate pest management? Wildlife Res 34:555–566
14. Cooper DW, Herbert CA (2001) Genetics, biotechnology and population management of over-abundant mammalian wildlife in Australasia. Reprod Fertil Dev 13(7–8):451–458

15. Duckworth JA, Buddle BM, Scobie S (1998) Fertility of brushtail possums (*Trichosurus vulpecula*) immunised against sperm. J Reprod Immunol 37:125–138
16. Barlow ND (1997) Modelling immunocontraception in disseminating systems. Reprod Fertil Dev 9:51–60
17. Bengsen A, Leung LK-P, Lapidge SJ, Gordon IJ (2008) The development of target-specific vertebrate pest management tools for complex faunal communities. Ecol Manage Restor 9(3):209–216
18. Yoder CA, Bynum KS, Miller LA (2005) Development of Diazacon™ as an avian contraceptive. In: Nolte DL, Fagerstone KA (eds) Proceedings of the 11th Wildlife damage management conference, Traverse City, MI, pp 190–120
19. Bynum KS, Yoder CA, Eisemann JD, Johnston JJ, Miller LA (2005) Development of nicarbazin as a reproductive inhibitor for resident Canada geese. Proceedings of the Wildlife Damage Management Conference, vol 11, pp 179–189
20. Morgan DR (2004) Enhancing maintenance control of possum populations using long-life baits. NZ J Zool 31(4):271–282
21. Ralston M, Cowan DP, Heath DA (2001) Measuring the spread of the candidate possum biocontrol vector *Parastrongyloides trichosuri*. Biological Management of possums Ministry of Agriculture and Forestry, Wellington, New Zealand
22. Zheng T, Dickie A, Lu G, Buddle BM (2001) Marsupial herpesviruses for use in biological control of possums. In: Proceedings of the biological management of possums. National Science Strategy Committee for possum and bovine Tb control, Wallaceville, New Zealand, 2–4 April 2001. Ministry of Agriculture and Forestry, pp 46–50
23. Thomson D, Meers J, Harrach B (2002) Molecular confirmation of an adenovirus in brushtail possums (*Trichosurus vulpecula*). Virus Res 83(1–2):189–195
24. Jalava K, Hansel A, Szostak M, Resch S, Lubitz W (2002) Bacterial ghosts as vaccine candidates for veterinary applications. J Control Release 85:17–25
25. Mayr UB, Walcher P, Azimpour C, Riedmann E, Haller C, Lubitz W (2005) Bacterial ghosts as antigen delivery vehicles. Adv Drug Deliv Rev 57(9):1381–1391
26. Duckworth JA, Mate KE, Scobie S, Jones DE, Buist JM, Molinia FC, Glazier A, Cui X, Cowan DP, Walmsley A, Kirk D, Lubitz W, Haller C (2001) Evaluating zona pellucida antigens and delivery systems for possum fertility control in New Zealand. Biological Management of possums Ministry of Agriculture and Forestry, Wellington
27. Pattenden LK, Middelberg APJ, Niebert M, Lipin DI (2005) Towards the preparative and large-scale precision manufacture of virus-like particles. Trends Biotechnol 23(10):523–529
28. Jiang BM, Estes MK, Barone C, Barniak V, O'Neal CM, Ottaiano A, Madore HP, Conner ME (1999) Heterotypic protection from rotavirus infection in mice vaccinated with virus-like particles. Vaccine 17:1005–1013
29. Noad R, Roy P (2003) Virus-like particles as immunogens. Trends Microbiol 11(9):438–444
30. Sihorkar V, Vyas SP (2001) Potential of polysaccharide anchored liposomes in drug delivery, targeting and immunization. J Pharm Pharm Sci 4(2):138–158
31. Bramwell VW, Perrie Y (2005) Particulate delivery systems for vaccines. Crit Rev Ther Drug 22:151–214
32. Rogers JA, Anderson KE (1998) The potential of liposomes in oral drug delivery. Crit Rev Ther Drug 15(5):421–480
33. Faas H, Schwizer W, Feinle C, Lengsfeld H, de Smidt C, Boesiger P, Fried M, Rades T (2001) Monitoring the intragastric distribution of a colloidal drug carrier model by magnetic resonance imaging. Pharm Res 18(4):460–466

34. Morein B, Hu K, Abusugra I (2004) Current status and potential application of ISCOMs in veterinary medicine. Adv Drug Deliv Rev 56:1367–1382
35. Pearse MJ, Drane D (2005) ISCOMATRIX adjuvant for antigen delivery. Adv Drug Deliv Rev 57:465–474
36. Scheerlinck J-PY, Greenwood DLV (2006) Particulate delivery systems for animal vaccines. Methods 40:118–124
37. Buddle BM, Skinner MA, Wedlock DN, Collins DM, de Lisle GW (2002) New generation vaccines and delivery systems for control of bovine tuberculosis in cattle and wildlife. Vet Immunol Immunopathol 87:177–185
38. Cross ML, Henderson R, Lambeth MR, Buddle BM, Aldwell FE (2009) Lipid-formulated BCG as an oral-bait vaccine for tuberculosos: vaccine stability, efficacy, and palatability to brushtail possums (*Trichosurus vulpecula*) in New Zealand. J Wildlife Dis 45:754–765
39. Clark S, Cross ML, Court P, Vipond J, Nadlan A, Hewinson RG, Batchelor HK, Perrie Y, Williams A, Aldwell FE, Chambers MA (2008) Assessment of different formulations of oral *Mycobacterium bovis* Bacille Calmette-Guérin (BCG) vaccine in rodent models for immunogenicity and protection against aerosol challenge with *M. bovis*. Vaccine 26:5791–5797
40. Damgé C, Aprahamian M, Humbert W, Pinget M (2000) Ileal uptake of polyalkylcyanoacrylate nanocapsules in the rat. J Pharm Pharmacol 52(9):1049–1056
41. Florence AT, Hillery AM, Hussain N, Jani PU (1995) Nanoparticles as carriers for oral peptide absorption: studies on particle uptake and fate. J Control Release 36:39–46
42. Damgé C, Vranckx H, Balschmidt P, Couvreur P (1997) Poly(alkyl cyanoacrylate) nanospheres for oral administration of insulin. J Pharm Sci 86(Dec):1403–1409
43. Hillery AM, Toth I, Florence AF (1996) Copolymerized peptide particles. Part 2. Oral uptake of a novel copolymeric nanoparticulate delivery system for peptides. J Control Release 42(Oct):65–73
44. Moghimi SM, Hunter AC, Murray JC (2001) Long-circulating and target-specific nanoparticles: theory to practice. Pharmacol Rev 53(2):283–318
45. Kafka AP, McLeod BJ, Rades T, McDowell A (2011) Release and bioactivity of PACA nanoparticles containing D-Lys6-GnRH for brushtail possum fertility control. J Control Release 149:307–313
46. Martinez M, Amidon G, Clarke L, Jones WW, Mitra A, Riviere J (2002) Applying the biopharmaceutics classification system to veterinary pharmaceutical products Part II. Physiological considerations. Adv Drug Deliv Rev 54(6):825–850
47. Humphrys S, Lapidge SJ (2008) Delivering and registering species-tailored oral antifertility producits: a review. Wildlife Res 35:578–585
48. Fagerstone KA, Miller LA, Eisemann JD, O'Hare JR, Gionfriddo JP (2008) Registration of wildlife contraceptives in the United States of America, with OvoControl and GonaCon immunocontraceptive vaccines as examples. Wildlife Res 35:586–592
49. Angulo E, Cooke B (2002) First synthesize new viruses then regulate their release? The case of the wild rabbit. Mol Ecol 11:2701–2709
50. Lapidge SJ, Humphrys S, Dall D (2007) Global harmonization in the field of invasive species management product development. Paper presented at the Managing Vertebrate Invasive Species, Fort Collins, CO
51. Massei G, Coats J, Quy R, Storer K, Cowan DP (2011) The boar-operated-system: a novel method to deliver baits to wild pigs. J Wildlife Manage 74:333–336
52. Christie RJ, Findley DJ, Dunfree M, Hansen RD, Olsen SC, Grainger DW (2006) Photopolymerized hydrogel carriers for live vaccine ballistic delivery. Vaccine 24:1462–1469

53. Bush M (1992) Remote drug delivery systems. J Zoo Wildlife Med 23:159–180
54. Cowled BD, Lapidge SJ, Smith M, Staples L (2006) Attractiveness of a novel omnivore bait, PIGOUT®, to feral pigs (*Sus scrofa*) and assessment of risks of bait uptake by non-target species. Wildlife Res 33:651–660
55. Rosatte RC, Donovan D, Davies JC, Brown L, Allan M, von Zuben V, Bachmann P, Sobey K, Silver A, Bennett K, Buchanan T, Bruce L, Gibson M, Purvis M, Beresford A, Beath A, Fehlner-Gardiner C (2011) High-density baiting with ONRAB® rabies vaccine baits to control Arctic-variant rabies in striped skunks in Ontario, Canada. J Wildlife Dis 47:459–465
56. Cross ML, Fleming SB, Cowan PE, Scobie S, Whelan E, Prada D, Mercer AA, Duckworth JA (2011) Vaccinia virus as a vaccine delivery system for marsupial wildlife. Vaccine 29:4537–4543

第16章

人药-兽药制剂技术的交汇点

Alan W. Baird, Michael J. Rathbone & David J. Brayden

新兴药物研发技术打破了传统用于人医应用动物实验的简单周期,为兽医学带来了“衍生”效益。而这些技术通过进一步协调还可以发挥协同优势。本章针对此类专门用于人医或兽医的技术,对其相关特点进行了介绍。我们还对病人和病畜均有效果的通用方法和共同需求进行了研究。

16.1 前言

“人类医学的每次进步都会影响兽医学发展……”【《大英百科全书》第十一版(1910—1911)】,反之兽医学的发展也可能同样促进人类医学的进步。治疗和诊断实践自古以来就凭借物理、化学、生物学、数学以及越来越多依赖计算机的应用。这一说法到至今的100年里,我们有幸经历了分子技术改革以及数学建模改革的时期。研究人员如今可以利用的技术手段是10年前所无可比拟的。本章对人类医学和兽医学以及临床应用如何共同分享技术进步进行探讨。

本书前几章对动物给药治疗中的相关部分进行了与人药比较的研究。虽然本质上所有物种的药代动力学(PK)均取决于解剖学、生理学和生物化学的,但是由于不同物种对于特定药物在口服吸收、蛋白结合、代谢以及通过转运蛋白予以清除的方式较为复杂,据此推算不同物种之间的剂量需求常常会有错误。由于相同物

A. W. Baird · D. J. Brayden (✉)
UCD School of Veterinary Medicine, University College Dublin, Belfield, Dublin 4, Ireland
e-mail: david. brayden @ ucd. ie
M. J. Rathbone
International Medical University, Kuala Lunpur, Malaysia

M. J. Rathbone and A. McDowell (eds.), *Long Acting Animal Health Drug Products: Fundamentals and Applications*, Advances in Delivery Science and Technology, DOI 10. 1007/978-1-4614-4439-8_16,

种中优化后的临床试验设计产生的药代动力学资料都未能实现,所以在儿童、老人或病人各自的清除率可能有所差异,管理机构目前还不要求药代数据。尽管如此,本书中仍然采用以人代表一个完整的其他物种。目前科学仍处于了解物种内和物种之间基因的差异如何影响药物代谢(作用)的初级阶段。啮齿动物的基因组与人类基因组高度相似,在很多情况中甚至保存了遗传连锁。随着此类信息不断增加、了解不断的积累,转基因动物模型在人类疾病的研究越来越重要,而生物信息学也是一个新兴的专业。通过药物基因组学可以对分子进行改编,从而提高物种内和物种间不同等级种群的用药安全和药效,它为兽医和人医的合理用药创造了同等机遇。有时将一系列物种基因组排序以及分子技术等最新技术研究称为"组学",这些强大的技术方法促进了数据管理、计算和分析的发展,催生了系统生物学这一"新"学科。

16.2 生物标记物

生物标记物这一名词在不同领域中有不同的用法。有些重要的公认生物标记物是基于生物液体样品中分析物的化学检测[1]。这一技术同样适用于人医和兽医。例如,对非天然生物物质的化学检测[2]包含环境中污染物的调查,从法医上的应用,运动员(人、灰犬或马)兴奋剂,到低治疗指数药物的监测。此外还对军用生物标记物[3]以及太空医学应用生物标记物[4]进行了描述。生物标记物也用于肉牛添加违法生长促进剂的鉴定[5]和对食物污染物检测[6]等其他用途。诊断参数(心率、血压、增长率、血液生化标记物)属于通过自我平衡保持在正常范围内的生物标记物,也能够有效地指示健康或病理变化。同样,生物标记物也可以用于指示动物使用非天然生物物质是否会影响功能参数,用于治疗时,还可以指示机能是否能恢复正常。

现在已经可以通过微阵列技术(捕获、反相、组织、凝集素和无细胞表达[7])检测出低含量受体指标(包括特定核酸和蛋白质序列以及复杂混合物中翻译后修饰情况等)。这些技术中大多数都有市售并可用于临床诊断,此外在发掘未来生物标记物等蛋白质组学研究、蛋白质相互作用研究、酶底分析、免疫分析和疫苗研发等方面也具有一定的研究价值。对复杂混合物中极低含量蛋白质的检测需求刺激了实时灵敏多路复用检测平台的发展。最近发现了一些可指示人类疾病的生物标记物,如前列腺癌标记物:前列腺特异性抗原(PSA)[8];心脏病[2]标记物:C型反应蛋白[2];以及血浆糖基化血红蛋白[HbA(1c)]和Ⅱ型糖尿病[9]之间的反比关系。血液或尿中的生物标记物为实体瘤中不易接触到的组织、器官或者甚至是细胞提供了相关病理替代标示[10]。此外,对于通过提高预测化验的针对性和灵敏度来研发毒理学方法而言,生物标记物也是必要因素。通过这一方法可以减少毒性试验[11]时使用动物的数量。

通过“组学”技术[12-15]而日益完善的生物标记物加快了识别确定相关的标识物。转录组学(RNA 转录表达研究)、代谢组学(代谢物表达研究)和蛋白质组学(蛋白质表达模式研究)都可用于发现生物标记物。目前,生物标记物经过验证后可用于人医或兽医病理和药物研发高通量筛查以及安全性评估[18]。在表现型和特定生物功能的各种蛋白质和遗传性生物标记物中,识别确认具有临床意义的生物标记物属于扩展研究,可以提高诊断能力[19]。此外,通过生物标记物还可以得到有关疫苗方案和接种方面的有用信息[19]。用于预防接种时,例如出现 BCG 问题[20]时,可以通过生物标记物预测出疫苗的后果和成效。用于治疗接种时,生物标记物通过受检者形成的免疫力特性和类型相关的遗传特征表现,可以预测出受检者的免疫反应和安全性。

生物标记物曾用于提供有关遗传病诊断、预测和治疗方面的信息,也曾用于反映跨物种传染性和非传染性疾病的治疗效果。生物信息学方法根据生物过程中产生的化学指纹图谱可以对生物标记物进行临床代谢组学分析,从而大大提高了生物标记物这一方法的适用性。未来临床应用相关的研究较为复杂,从中收集到的数据通常采用数据挖掘工具进行检索[21]。

除(DNA、RNA 和蛋白质)序列信息以外,表观遗传学也开始形成用于识别确定健康和疾病生物标记物的方法。例如,全基因组关联分析研究(GWAS)中涉及的组蛋白修饰[22,23]或变异 DNA 甲基化模式未来或可用于确定与普通疾病有关的特定位点[24]。在每个诊所、办公室或甚至在农场配备手持式 PCR(聚合酶链反应)机[25]不久也将成为可能。

在结束本节有关生物标记物的内容之前,应注意自古以来现实中就有利用动物或动物群体作为人医毒性的预测性替代生物标记物。例如,通过金丝雀指示煤矿沼气污染、采用环境识别指示器指示环境危害(如鳟鱼对淡水带中镉毒性敏感)等[26,27]。

16.3 通过动物研发出的人药

传统的药物研发是采用整体动物和动物组织进行体内和体外药物研究[28,29]。因此,在新药准入人药市场的研究中总是会用到动物。人类疾病的动物模型[30-32]已经用于基础和应用研究,尽管他们在精确的病理学和毒理学以及对治疗效果预测的相关性取决于疾病的类型[33,34]。一个经常报道的具有历史意义的实例就是通过犬模型[35]发现了胰岛素对人类Ⅰ型糖尿病的作用并且揭开了猪胰岛素进行代替治疗的序幕。动物来源的胰岛素用于人类的治疗使用了数十年后，重组人胰岛素[36,37]克服了该产品含有致敏的免疫源及来源可能引入污染物的缺点。具有讽刺意义的是，当初使用动物疾病和毒理研究模型的新化学药物用于人药的治疗，当人药市场影响到兽药市场的应用时，可能返回到兽用市场。其中一个例子就是瑞士巴塞尔诺华动物保健有限公司(Novartis Animal Health)Clomicalm®(盐酸氯米帕明)研制的新配方人用三环抗抑郁药，该药现已批准可用于治疗犬分离焦虑症[38]。很遗憾，目前人类有很多像肿瘤、中风和阿尔茨海默病等这样疾病都没有有效的动物模型[39-43]，因此也延缓了治疗发展进程。但也很少有人关注到其他那些取得巨大成功并已在人类中取得预期疗效的动物模型。其中一个例子就是试验性自体免疫脑脊髓炎(EAE)啮齿动物模型，它协助了多发性硬化症患者 α4 整合素第一抗体疗法的研发[44]。人类临床医学中目前有相当一部分人采用犬科自生肿瘤临床病例代替啮齿动物肿瘤(通常与人类的相关性有限)进行试验疗法测试[45]。

随着遗传工程的发展，可以构建具有特殊特征的动物，这样的动物称为"基因敲除"或"基因敲入"动物，它们经过设计或带有遗传缺陷，或以有利于了解人类疾病的方式表达特定的基因。虽然大多数转基因研究都使用近亲交配的小鼠，但也有采用家兔[46]、绵羊[47,48]、猪[49,50]、鸡[51]和除人类以外的灵长类动物[52,53]。

从防虫害农作物和细菌药物生产等实例中可以发现基因工程技术已发展成熟。就动物而言，基因工程对常规育种方法的优势在于其速度和特异性。基因工程可以实现"精确"育种[54]，可用于医用"产品"动物源设计、纯种宠物等。当前转基因研究已经发展到在小鼠身上培养"人类"细胞或器官的阶段。甚至还可以创造出对病原体或环境化学物质高度敏感的嵌合体哨兵动物，用作人类传染病的"预警"系统[55]。

通过重组工程技术，可以在转基因动物(嵌合体或杂合体)的基因组中插入人类基因。采用在组织培养中培养的带有需要 DNA 的(胚胎或成熟)干细胞，也可以将需要的(人类)基因直接注入受精卵原核[56]。两种方法都可以用于表达人类基因的动物。目前已经研制出带有活体人类组织、细胞或遗传信息的动物，可专门用于人类疾病动物模型以及新治疗物研制。但因为伦理问题，基因工程一直受到争议[58]。转基因技术应用潜力巨大、范围广泛。例如，转基因益生菌已被认为是目标药物递送的载体[59]，有各种用于基因转移的方法已经被研究[60,61]。而转基因技术的成熟不仅是人类患者同时也是动物患者的福音。同样，由于 siRNA 有可能实现任意目标的基因抑制[62]，因此在针对某些基因活性过高或不足引起的病状时，它对于动物和人类同样有效[63]。

还有一种技术可以将非人类动物进行基因改造来生产用于人类的药物，目前制造出了人类蛋白以及抗凝血酶（首个取得人类治疗注册审批的转基因动物“生物制剂”）（美国马萨诸塞州 ATryn® GTC Biotherapeutics），特别注意由于抗凝血酶在转基因山羊奶中有分泌，因此这一技术还具有另一个生理优势。这也进一步证明了通过动物分泌液，生产生物有效人类重组蛋白的原理。

16.4 通过人类研发出的兽药

动物用药物研发量出现了相对下滑的其中一个原因是新药发明越来越依靠（人类）细胞基础的研究。高通量筛选[65,66]属于细胞筛选的方法之一[64]，基于药效以及安全性评价，这种方法大大增加了候选药物的数量。当前利用动物试验的大多数药物原本都研发用于人药，但阿维菌素却是一个特例。相比之下，微粒体甘油三酯转运蛋白抑制剂®【美国格罗顿辉瑞动物保健公司（Pfizer Animal Health）研发的 Dirlotapide】则是一种仅限于肥胖犬类可用的药物[69]。最近，出现了新批准的化学药物专门为动物设计的趋势。例如酪氨酸激酶抑制剂 Palladia®（美国格罗顿辉瑞动物保健公司研发的 Toceranib），该药在 2009 年经过审批可用于治疗犬类皮肤肥大细胞瘤[70]。美国最近又有一项新进展，一个由 19 所兽医学校组成的联盟邀请宠物主人对明确患有肿瘤的犬使用还未经人用批准的人类肿瘤进行试验，这样可以提供额外的动物安全和疗效数据以及某些情况下的疗效证据[71]。

但是由于药物的剂型和剂量必须根据特定的动物品种需要和使用情况加以设定，因此动物使用药物时，有些方面与人药不同。例如，食用动物以抗菌药物作为生长促进剂，人们因此会因为药品残留而产生抗药性表示担忧。故在法规中对从用药到屠宰供人食用之间的休药期作出了严格的规定。有些药物具有物种相关的敏感性。虽然脊椎动物之间大体相似，但物种内和物种之间的药物吸收情况仍然有所差异。鉴于单胃动物、后肠发酵动物、前肠发酵动物以及反刍动物之间的解剖学差异，其药动学可能也会有明显不同，由此研发出了不同的用药技术，例如给药设备工程发展就对生产动物瘤胃内和阴道内给药发挥了主要作用[72,73]。就单一药品而言，PK 等值（即生物等效）由活性物质体内吸收的速率和浓度决定，不同物种之间存在一定差异。生物等效性研究往往被管理机关用来与参比“母体”药品比较，以此考查仿制的兽医药品的安全性和疗效[74]。

16.5 药物递送

从现代角度已经对兽医物种的药物递送进行了大量综述[75-77]。药物递送技术有以设备为导向、根据特定物进行研究的传统,它并未延续通过动物模型研发药品再用于人药这一模式(在动物保健改善后又重新涌现)。药物递送的目标群体有人类、宠物、食用动物、表演动物、动物园动物、实验室和野生动物，向这些不同的群体递送药物时涉及伦理道德问题。

药物递送的基本术语有生物等效性和生物利用度。保持一定时间段内受体内的活性分子的浓度(可能并非恒定)有一定的挑战性。在某些病例中,药物控制药物的释放由不同需求决定(即当药物血浆或组织浓度要求:①保持在需要的水平不变;②专门作用于特定的组织或器官;③"配体靶向";④以脉动方式施药)。

传统药品(原"魔弹"[78])是典型的低分子质量、中度水溶性口服分子,它可以在双层脂膜中溶解。小分子质量药物的口服生物利用度远远高于大分子质量、亲水性和代谢不稳定的生物技术肽和蛋白质。因此,胰岛素用于治疗时采用注射方式全身用药。虽然迄今为止非注射途径给药的多肽和蛋白药都成功,但目前已有超过 10 种其他人用注射蛋白通过 PEG 修饰延长了半衰期[79]。最近 Mannkind(美国加利福尼亚州)已获许进行两项人体Ⅲ期用餐时吸入胰岛素临床试验[80],因此在辉瑞 Exubera® 研制出以后取消肺胰岛素产品可能还为时尚早。

无论是局部还是全身效应,标准(和非标准)给药途径常根据其给药位置进行分类。标准给药主要分类有:

外用药:也称为局部用药,包括表皮药、灌肠剂、滴眼剂、点耳剂等。

黏膜用药:也称为肠内药,包括口服、直肠、舌下含服、鼻咽、呼吸道、泌尿道、眼睛和皮肤用药。

全身用药:也称为注射用药,包括静脉注射、动脉注射、骨内注射、肌内注射、真皮下注射、皮下注射、心内注射、鞘内注射、腹内注射、膀胱内注射、玻璃体内注射、海绵窦内注射、硬膜外注射、脑内注射和脑室内注射等。

因此,靶动物的解剖学、生物化学以及生理特征限制了药物的递送,这也解释了为何药典中小分子、水溶性药物多于大分子、极性或不溶药剂[81]。按正确的剂量、正确的时间和部位应用此类化合物的需求催生了给药和控制释放这一学科。虽然这一领域发展迅速、进步巨大,但仍有很长一段路要走。如今进行药物设计、优化和选择时还结合了药动学预测。口服给药如今已受到众多关注[82-84]。临床前筛查方案中包括电脑模拟、体外和原位。这些方法的比较和每个方法的相对优势最近已有文章综述[85]。

16.6 药物基因组学、转录组学、蛋白质组学、代谢组学、糖组学和脂类组学

目前兽医学仍处在了解动物遗传差异如何影响药物疗效的初级阶段。药物基因组学促进了人类医学发展,同样也为兽医学带来了希望。药物基因组学研究需要进行基因试验,而基因试验还可以用于确定药品对特定犬种的安全性。美国食品和药物管理局的“关键路径动议”专门帮助安全有效的医疗创新产品从实验室到能够帮助人类和动物患者[86]。

不无讽刺的是,现已开始将“人类基因组计划”绘制图谱前后所取得巨大发展成果与人类和兽医研究结果结合起来。讽刺之处在于我们已愈加意识到个性化医学的重要性,但我们仍然依赖于只具有假想遗传同一性且种类有限的实验动物。不仅如此,宠物和牲畜动物育种计划还会产生近亲交配血统的后果[54]。将快速和廉价的测序技术用于遗传风险和临床应用这可能为人类临床干预创造了一条新途径[87]。无论最后是否有重大突破[88],但各个领域的保健专家都会参与到基因组的应用当中。

就家畜而言,有记录显示不同品种对药物的反应会有所差异[89]。尽管如此,各种研发计划以及管理机关仍然坚持选择近交动物展开工作。但是转基因动物有可能会对未来产生影响[56]。使用近交动物的问题之一就是否定了会有很多干预性措施应用于远交(即基因杂交)群体的事实。比如,目前在世界范围内公认有400多个犬种,有些犬种会有与犬种本身有关的医学问题。其中就包含一些特殊的遗传性代谢疾病。因此,基因组研究对于病犬以及犬病动物模型,尤其是自生肿瘤,都具有重要意义[86]。更广泛一点说,育种利益集团已开始通过基因组学来降低各品种的遗传病发生率。对于基因转移而言,从小鼠上开展的早期原理证明工作现已延伸到大型动物上,而这些大型动物多为远交动物,且与小鼠相比其与人类之间存在的差异更小[90,91]。另外,还建立了宠物基因转移疗法[92]。

16.7 生物药物

下文通过一些特殊示例,对人类和兽医学科学发展如何转换为临床实践应用的特殊事例,作为本书第15章的补充内容。第一个疫苗是来源于牛的人类疾病,如牛痘和天花[93]。现有从动物身上提取的生物制剂可用于Ⅱ型糖尿病,例如艾塞那肽[94-96],它是一种从爬行动物(毒蜥)身上提取的胰高血糖素样肽-1类似物。其

他从动物身上提取的可用于人类治疗的复杂材料包括代替治疗用荷尔蒙(上文所述的牛和猪胰岛素)以及血清蛋白等(如动物免疫球蛋白、特定浓度的抗毒素和抗蛇毒血清)[97,98]。有趣的是,在抗毒素发现者 Emil von Behring 获得第一个诺贝尔医学/生理学奖时,抗毒素对白喉防治的贡献并未受到明显的认可[99]。

生物药物的定义随时间而不断更新,监管当局负责对生物制剂和小分子药品二者进行管理。可用于人类疾病治疗的重组治疗蛋白和单克隆抗体范围不断扩大,这些物质都是通过生物学方法而非化学合成制造而成。对于非注射用药,生物产品成为临床有效药物有一定的挑战。

鉴于当前"未能满足的需求",用于监测、预防、治疗传染病的疫苗及其他手段可能成为未来最有前景的领域。但是,在对两种动物病毒性疾病(口蹄疫和牛疫[100])进行分析比较时发现,表面类似的问题在疫苗效果、病毒传播速率、各病毒不同品种间潜在的交叉反应、区域和国际实施情况以及饲养业和商业部门的成本/效益驱动力方面却有不同的结果。尽管牛瘟现已根除[101],但口蹄疫及其对动物健康和商业的直接影响很可能将会持续很久。

全血或成分血(如上文所述的被动免疫适用抗体)输血已有数百年历史记载。首次有关输血的记载中有一个是发生在17世纪,是将绵羊血输给人[102],当时采用的技术非常简单。虽然当时在人类医学中输血很轻松平常,但有免疫副作用和污染的风险。非人类动物进行治疗性输血时,不同物种会有特定的相容性且相容性水平也有所差异。与人类输血相比,虽然家畜也有不同血型之分,但由于非自身细胞表面抗原抗体未成型表达,因此一般在第一次输血前不需要进行交叉配血。尽管如此,仍然需要进行小心管理[103],且红细胞等人造血成分未来发展后不仅有利于人类患者,也可能同样有助于动物患者[104]。

此外,随着时间的推移,还出现了组织和器官移植。第一个人类患者心脏移植手术使用的是黑猩猩的心脏[105]。有趣的是,这项早期移植的失败并非是由于免疫排斥[106]。异种移植现已取得了巨大进步同时再生医学也在不断发展,包括基因工程动物在内的小鼠在研究中有着首要地位。现在有越来越多的"人化"细胞和组织用于疾病过程研究[107],并为翻译生物学提供帮助[108]。组织或包括干细胞在内的细胞更换过程不在本章的范围内。基因治疗、细胞治疗、克隆以及组织和组织产品利用将不断发展。特别对于像非人类细胞、组织或器官移入人体等异种移植,不能过分强调再生医学研发和商业化伦理和管理的重要性[109,110]。

16.8 医疗器械

医疗器械是一种用于患者的具有医学目的，用于诊断、治疗或手术的医用产品，与药品（药物）不同，它并非通过药理学、代谢或免疫途径达到其主要作用。“医疗器械”是一个法律名词，全球的监管机构都有定义。例如，美国“联邦食品、药物和化妆品法案”就将医疗器械定义为“一种专门用于疾病或其他症状诊断以及人类或其他动物疾病的治疗、缓解、处理和预防，或用于影响人体或其他动物躯体结构或功能的仪器、装置、器具、机械、工具、植入物、体外试剂或其他类似或相关物品及其所含部件、零件或附件。”

医疗器械有简单到复杂等多种类型。此外，医疗器械包括可能有单克隆抗体技术、通用实验室设备、试剂和测试套件等体外诊断产品。有些带有医学要求的医用电子辐射发生产品也符合医疗器械的定义，比如诊断用超声波产品、X射线机和医用激光器。体外诊断是能够检测到疾病、病症和感染的试验。其中有些试验主要用于诊断实验室、其他专业的保健场景、农场（具有商业价值的动物）或个人家用。

促进人类或动物卫生保健的技术进步并非都“深奥难懂”。实用医疗器械技术革新包括移动式应用，这种可以在智能电话和其他移动通信装置上运行的软件程序。移动医疗应用的发展为信息交换技术以及医疗和卫生护理提升技术开辟了新的创新型途径[113]。这些特殊技术发展会配合电话本身的技术发展，对临床实践产生相同的影响[114]。

特别就给药而言，技术进步会促进医疗器械的发展。针对向非人类物种进行挥发性全身麻醉施药这一难题，专门根据目标动物创造了不同尺寸的给药工具。给药方法得到发展后，麻醉机、呼吸机及其他相关设备也有所改进[115]。除此以外，人类和非人类物种给药的其他方面也同样取得了进步。例如，对呼吸道黏膜进行局部用药时，广泛采用气溶胶进行搭载给药[116]。对于这种情况，剂量计量以及病人的配合度问题十分重要。但是通过呼吸道给药治疗全身疾病基本还是没什么作用[117]。宠物使用芬太尼贴片就是一个从人类过渡到动物的典型实例[118,119]。

人造和天然生物材料在人类和动物卫生护理服务中应用广泛。例如，如今研发出的生物材料可以用作替代关节以及骨骼与软骨，还可用作组织黏合剂、正畸移植物、心脏瓣膜、皮肤修复器件（人造组织）和假体。组织工程学[120]以及药物传递学[121]中出现的生物材料新方法令人振奋，催生了大量的专利和新兴著作。虽然如此，但能够研发成功应用的生物材料、器械或系统数量却很少[122]。就（基因、DNA、药品的）“搭载”给药而言，其重心正在向新生物材料、组织工程、干细胞以及非活性基因送递系统转移。如此将更加有利于对细胞/宿主间特定互相作用以及相关特殊生物材料进行评估[123,124]。

16.9 结论和前景

人医和兽医卫生保健所依赖的基本原理相同,两者通过共同研究、技术应用和经验分享,往往都会在不同程度上给予互相支持。现实中,仍然会有医学或兽医学校研究者被灌输每个细胞、组织或器官系统是一个独立单位这样的观念。但我们逐渐发现生物化学和生理原理管控原则十分陈旧保守,而且分子生物学、生理学、药理学、病理学、治疗学、病人护理及牧群保健学之间不存在任何逻辑性的分界。令人鼓舞的是现有许多动物和人类科学方面的"大健康"相关计划正在复苏。想必动物传染性疾病早在"史前"就已经被人类所认识[125]。20 世纪,科学家和许多(并非所有)临床专业人员变得过于专业化,导致人们往往"只见树木不见森林"。但这些先驱者形成了学科的不同拼图板块,拼图完成后就是一幅清晰的统一医学思维图[126,127]。

参考文献

1. Tsikas D (2010) Quantitative analysis of biomarkers, drugs and toxins in biological samples by immunoaffinity chromatography coupled to mass spectrometry or tandem mass spectrometry: a focused review of recent applications. J Chromatogr B Analyt Technol Biomed Life Sci 878:133–148
2. Maurer HH (2005) Multi-analyte procedures for screening for and quantification of drugs in blood, plasma, or serum by liquid chromatography-single stage or tandem mass spectrometry (LC-MS or LC-MS/MS) relevant to clinical and forensic toxicology. Clin Biochem 38:310–318
3. Brooks AL (2001) Biomarkers of exposure and dose: state of the art. Radiat Prot Dosimetry 97:39–46
4. Brooks AL, Lei XC, Rithidech K (2003) Changes in biomarkers from space radiation may reflect dose not risk. Adv Space Res 31:1505–1512
5. Nebbia C, Urbani A, Carletti M, Gardini G, Balbo A, Bertarelli D, Girolami F (2010) Novel strategies for tracing the exposure of meat cattle to illegal growth-promoters. Vet J 189:34–42
6. Gehring AG, Tu SI (2011) High-throughput biosensors for multiplexed food-borne pathogen detection. Annu Rev Anal Chem (Palo Alto Calif) 4:151–172
7. Ray S, Reddy PJ, Jain R, Gollapalli K, Moiyadi A, Srivastava S (2011) Proteomic technologies for the identification of disease biomarkers in serum: advances and challenges ahead. Proteomics 11:2139–2161
8. Shariat SF, Kattan MW, Vickers AJ, Karakiewicz PI, Scardino PT (2009) Critical review of

prostate cancer predictive tools. Future Oncol 5:1555–1584
9. Gallagher EJ, Le Roith D, Bloomgarden Z (2009) Review of hemoglobin A(1c) in the management of diabetes. J Diabetes 1:9–17
10. Lapointe LC, Pedersen SK, Dunne R, Brown GS, Pimlott L, Gaur S, McEvoy A, Thomas M, Wattchow D, Molloy PL, Young GP (2012) Discovery and validation of molecular biomarkers for colorectal adenomas and cancer with application to blood testing. PLoS One 7:e29059
11. Bhattacharya S, Zhang Q, Carmichael PL, Boekelheide K, Andersen ME (2011) Toxicity testing in the 21 century: defining new risk assessment approaches based on perturbation of intracellular toxicity pathways. PLoS One 6:e20887
12. Keun HC (2007) Biomarker discovery for drug development and translational medicine using metabonomics. Ernst Schering Found Symp Proc (4):79–98
13. Schlotterbeck G, Ross A, Dieterle F, Senn H (2006) Metabolic profiling technologies for biomarker discovery in biomedicine and drug development. Pharmacogenomics 7:1055–1075
14. He QY, Chiu JF (2003) Proteomics in biomarker discovery and drug development. J Cell Biochem 89:868–886
15. Colatsky TJ, Higgins AJ, Bullard BR (2004) Editorial overview. Biomarker-enabled drug discovery: bridging the gap between disease and target knowledge. Curr Opin Investig Drugs 5:269–270
16. Gaines PJ, Powell TD, Walmsley SJ, Estredge KL, Wisnewski N, Stinchcomb DT, Withrow SJ, Lana SE (2007) Identification of serum biomarkers for canine B-cell lymphoma by use of surface-enhanced laser desorption-ionization time-of-flight mass spectrometry. Am J Vet Res 68:405–410
17. Doherty MK, Beynon RJ, Whitfield PD (2008) Proteomics and naturally occurring animal diseases: opportunities for animal and human medicine. Proteomics Clin Appl 2:135–141
18. Eckersall PD, Slater K, Mobasheri A (2009) Biomarkers in veterinary medicine: establishing a new international forum for veterinary biomarker research. Biomarkers 14:637–641
19. LaRosa SP, Opal SM (2011) Biomarkers: the future. Crit Care Clin 27:407–419
20. Rowland R, McShane H (2011) Tuberculosis vaccines in clinical trials. Expert Rev Vaccines 10:645–658
21. Baumgartner C, Osl M, Netzer M, Baumgartner D (2011) Bioinformatic-driven search for metabolic biomarkers in disease. J Clin Bioinforma 1(2):1–10
22. Suganuma T, Workman JL (2011) Signals and combinatorial functions of histone modifications. Annu Rev Biochem 80:473–499
23. Yun M, Wu J, Workman JL, Li B (2011) Readers of histone modifications. Cell Res 21:564–578
24. Rakyan VK, Down TA, Balding DJ, Beck S (2011) Epigenome-wide association studies for common human diseases. Nat Rev Genet 12:529–541
25. Lauerman LH (2004) Advances in PCR technology. Anim Health Res Rev 5:247–248
26. Backer LC, Grindem CB, Corbett WT, Cullins L, Hunter JL (2001) Pet dogs as sentinels for environmental contamination. Sci Total Environ 274:161–169
27. Reif JS (2011) Animal sentinels for environmental and public health. Public Health Rep 126(suppl 1):50–57
28. Kong DX, Li XJ, Zhang HY (2009) Where is the hope for drug discovery? Let history tell the future. Drug Discov Today 14:115–119
29. Gershell LJ, Atkins JH (2003) A brief history of novel drug discovery technologies. Nat Rev Drug Discov 2:321–327

30. Orkin M (1967) Animal models (spontaneous) for human disease. Experiments of nature. Arch Dermatol 95:524–531
31. Kitchen H (1968) Comparative biology: animal models of human hematologic disease. A review. Pediatr Res 2:215–229
32. McDonald MP, Overmier JB (1998) Present imperfect: a critical review of animal models of the mnemonic impairments in Alzheimer's disease. Neurosci Biobehav Rev 22:99–120
33. Sartor RB (1997) Review article: How relevant to human inflammatory bowel disease are current animal models of intestinal inflammation? Aliment Pharmacol Ther 11(Suppl 3):89–96
34. van der Spoel TI, Jansen Of Lorkeers SJ, Agostoni P, van Belle E, Gyongyosi M, Sluijter JP, Cramer MJ, Doevendans PA, Chamuleau SA (2011) Human relevance of pre-clinical studies in stem cell therapy: systematic review and meta-analysis of large animal models of ischaemic heart disease. Cardiovasc Res 91:649–658
35. Steenrod WJ Jr (1962) A brief review of the history of diabetes from Aretaeus to insulin. Bull Mason Clin 16:26–30
36. Richter B, Neises G, Bergerhoff K (2002) Human versus animal insulin in people with diabetes mellitus. A systematic review. Endocrinol Metab Clin North Am 31:723–749
37. Brogden RN, Heel RC (1987) Human insulin. A review of its biological activity, pharmacokinetics and therapeutic use. Drugs 34:350–371
38. Horwitz DF (2000) Diagnosis and treatment of canine separation anxiety and the use of clomipramine hydrochloride (clomicalm). J Am Anim Hosp Assoc 36:107–109
39. Steiner I (2011) On human disease and animal models. Ann Neurol 70:343–344
40. Dorner AJ, Schaub R (2011) Evaluating the biological complexity of animal models of human disease and emerging therapeutic modalities. Curr Opin Pharmacol 10:531–533
41. Wendler A, Wehling M (2010) The translatability of animal models for clinical development: biomarkers and disease models. Curr Opin Pharmacol 10:601–606
42. van der Worp HB, Howells DW, Sena ES, Porritt MJ, Rewell S, O'Collins V, Macleod MR (2010) Can animal models of disease reliably inform human studies? PLoS Med 7:e1000245. doi:10.1371/journal.pmed.1000245
43. Van Dam D, De Deyn PP (2011) Animal models in the drug discovery pipeline for Alzheimer's disease. Br J Pharmacol 164:1285–1300
44. Yednock TA, Cannon C, Fritz LC, Sanchez-Madrid F, Steinman L, Karin N (1992) Prevention of experimental autoimmune encephalomyelitis by antibodies against alpha 4 beta 1 integrin. Nature 356:63–66
45. Withrow SJ, Wilkins RM (2010) Cross talk from pets to people: translational osteosarcoma treatments. ILAR J 51:208–213
46. Hammer RE, Pursel VG, Rexroad CE Jr, Wall RJ, Bolt DJ, Ebert KM, Palmiter RD, Brinster RL (1985) Production of transgenic rabbits, sheep and pigs by microinjection. Nature 315:680–683
47. Campbell KH (2002) Transgenic sheep from cultured cells. Methods Mol Biol 180:289–301
48. Rexroad CE Jr, Hammer RE, Bolt DJ, Mayo KE, Frohman LA, Palmiter RD, Brinster RL (1989) Production of transgenic sheep with growth-regulating genes. Mol Reprod Dev 1:164–169
49. Lai L, Park KW, Cheong HT, Kuhholzer B, Samuel M, Bonk A, Im GS, Rieke A, Day BN, Murphy CN, Carter DB, Prather RS (2002) Transgenic pig expressing the enhanced green fluorescent protein produced by nuclear transfer using colchicine-treated fibroblasts as donor cells. Mol Reprod Dev 62:300–306

50. Garrels W, Mates L, Holler S, Dalda A, Taylor U, Petersen B, Niemann H, Izsvák Z, Ivics Z, Kues WA (2011) Germline transgenic pigs by Sleeping Beauty transposition in porcine zygotes and targeted integration in the pig genome. PLoS One 6:e23573
51. Mozdziak PE, Petitte JN (2004) Status of transgenic chicken models for developmental biology. Dev Dyn 229:414–421
52. Salamanca-Gomez F (2009) A new biomedical model: a primate non-human transgenic model. Gac Med Mex 145:351–352
53. Chan AW (2009) Transgenic primate research paves the path to a better animal model: are we a step closer to curing inherited human genetic disorders? J Mol Cell Biol 1:13–14
54. Flint AP, Woolliams JA (2008) Precision animal breeding. Philos Trans R Soc Lond B Biol Sci 363:573–590
55. Halliday JE, Meredith AL, Knobel DL, Shaw DJ, Bronsvoort BM, Cleaveland S (2007) A framework for evaluating animals as sentinels for infectious disease surveillance. J R Soc Interface 4:973–984
56. Dunn DA, Pinkert CA, Kooyman DL (2005) Foundation review: Transgenic animals and their impact on the drug discovery industry. Drug Discov Today 10:757–767
57. Bobrow M (2011) Regulate research at the animal-human interface. Nature 475:448. doi:10.1038/475448a
58. Abbott A (2011) Regulations proposed for animal-human chimaeras. Nature 475:438. doi:10.1038/475438a
59. Yuvaraj S, Peppelenbosch MP, Bos NA (2007) Transgenic probiotica as drug delivery systems: the golden bullet? Expert Opin Drug Deliv 4:1–3
60. Oupicky D (2010) Polymeric biomaterials for gene and drug delivery. Pharm Res 27:2517–2519
61. Petkar KC, Chavhan SS, Agatonovik-Kustrin S, Sawant KK (2011) Nanostructured materials in drug and gene delivery: a review of the state of the art. Crit Rev Ther Drug Carrier Syst 28:101–164
62. Chaturvedi K, Ganguly K, Kulkarni AR, Kulkarni VH, Nadagouda MN, Rudzinski WE, Aminabhavi TM (2011) Cyclodextrin-based siRNA delivery nanocarriers: a state-of-the-art review. Expert Opin Drug Deliv 8:1455–1468
63. Geisbert TW, Lee AC, Robbins M, Geisbert JB, Honko AN, Sood V, Johnson JC, de Jong S, Tavakoli I, Judge A, Hensley LE, Maclachlan I (2010) Postexposure protection of non-human primates against a lethal Ebola virus challenge with RNA interference: a proof-of-concept study. Lancet 375:1896–1905
64. Lundquist S, Renftel M (2002) The use of in vitro cell culture models for mechanistic studies and as permeability screens for the blood-brain barrier in the pharmaceutical industry–background and current status in the drug discovery process. Vascul Pharmacol 38:355–364
65. Lai Y, Asthana A, Kisaalita WS (2011) Biomarkers for simplifying HTS 3D cell culture platforms for drug discovery: the case for cytokines. Drug Discov Today 16:293–297
66. Atienzar FA, Tilmant K, Gerets HH, Toussaint G, Speeckaert S, Hanon E, Depelchin O, Dhalluin S (2011) The use of real-time cell analyzer technology in drug discovery: defining optimal cell culture conditions and assay reproducibility with different adherent cellular models. J Biomol Screen 16:575–587
67. Olaharski AJ, Uppal H, Cooper M, Platz S, Zabka TS, Kolaja KL (2009) In vitro to in vivo concordance of a high throughput assay of bone marrow toxicity across a diverse set of drug candidates. Toxicol Lett 188:98–103
68. Lee MY, Park CB, Dordick JS, Clark DS (2005) Metabolizing enzyme toxicology assay chip

(MetaChip) for high-throughput microscale toxicity analyses. Proc Natl Acad Sci USA 102:983–987
69. Wren JA, Gossellin J, Sunderland SJ (2007) Dirlotapide: a review of its properties and role in the management of obesity in dogs. J Vet Pharmacol Ther 30(Suppl 1):11–16
70. Yancey MF, Merritt DA, Lesman SP, Boucher JF, Michels GM (2010) Pharmacokinetic properties of toceranib phosphate (Palladia, SU11654), a novel tyrosine kinase inhibitor, in laboratory dogs and dogs with mast cell tumors. J Vet Pharmacol Ther 33:162–171
71. Gordon I, Paoloni M, Mazcko C, Khanna C (2009) The Comparative Oncology Trials Consortium: using spontaneously occurring cancers in dogs to inform the cancer drug development pathway. PLoSMed 6:e1000161
72. Hunter RP (2010) Interspecies allometric scaling. Handb Exp Pharmacol 199:139–157
73. Toutain PL, Ferran A, Bousquet-Melou A (2010) Species differences in pharmacokinetics and pharmacodynamics. Handb Exp Pharmacol 199:19–48
74. European Medicines Agency (2010) Guideline on the conduct of bioequivalence studies for veterinary medicinal products. http://www.ema.europa.eu/docs/en_GB/document_library/Scientific_guideline/2009/10/WC500004305.pdf. Accessed, 13th Aug, 2012.
75. Rathbone M, Brayden D (2009) Controlled release drug delivery in farmed animals: commercial challenges and academic opportunities. Curr Drug Deliv 6:383–390
76. Riviere JE (2007) The future of veterinary therapeutics: a glimpse towards 2030. Vet J 174:462–471
77. Brayden DJ, Oudot EJ, Baird AW (2010) Drug delivery systems in domestic animal species. Handb Exp Pharmacol 199:79–112
78. Schwartz RS (2004) Paul Ehrlich's magic bullets. N Engl J Med 350:1079–1080
79. Jevsevar S, Kunstelj M, Porekar VG (2010) PEGylation of therapeutic proteins. Biotechnol J 5:113–128
80. Neumiller JJ, Campbell RK (2010) Technosphere insulin: an inhaled prandial insulin product. BioDrugs 24:165–172
81. Kahn CM (ed) (2005) The Merck veterinary manual, 9th edn. Merck & Co., Inc, Whitehouse station, NJ
82. Balimane PV, Chong S, Morrison RA (2000) Current methodologies used for evaluation of intestinal permeability and absorption. J Pharmacol Toxicol Methods 44:301–312
83. Bohets H, Annaert P, Mannens G, Van Beijsterveldt L, Anciaux K, Verboven P, Meuldermans W, Lavrijsen K (2001) Strategies for absorption screening in drug discovery and development. Curr Top Med Chem 1:367–383
84. Pelkonen O, Boobis AR, Gundert-Remy U (2001) In vitro prediction of gastrointestinal absorption and bioavailability: an experts' meeting report. Eur J Clin Pharmacol 57:621–629
85. Antunes F, Andrade F, Ferreira D, van de Weert M, Nielsen HM, Sarmento B (2011) Models to predict intestinal absorption of therapeutic peptides and proteins. Curr Drug Metab PMID:21933113, Epub ahead of print
86. Fleischer S, Sharkey M, Mealey K, Ostrander EA, Martinez M (2008) Pharmacogenetic and metabolic differences between dog breeds: their impact on canine medicine and the use of the dog as a preclinical animal model. AAPS J 10:110–119
87. Samani NJ, Tomaszewski M, Schunkert H (2010) The personal genome—the future of personalised medicine? Lancet 375:1497–1498
88. Collins F (2010) Has the revolution arrived? Nature 464:674–675
89. Toutain PL (2010) Species differences in pharmacokinetics and pharmacodynamics. Handb

Exp Pharmacol 199:19–48
90. Casal M, Haskins M (2006) Large animal models and gene therapy. Eur J Hum Genet 14:266–272
91. Bauer TR Jr, Adler RL, Hickstein DD (2009) Potential large animal models for gene therapy of human genetic diseases of immune and blood cell systems. ILAR J 50:168–186
92. Sleeper M, Bish LT, Haskins M, Ponder KP, Sweeney HL (2011) Status of therapeutic gene transfer to treat cardiovascular disease in dogs and cats. J Vet Cardiol 13:131–140
93. Baxby D (1965) Inoculation and vaccination: smallpox, cowpox and vaccinia. Med Hist 9:383–385
94. Pinelli NR, Hurren KM (2011) Efficacy and safety of long-acting glucagon-like peptide-1 receptor agonists compared with exenatide twice daily and sitagliptin in type 2 diabetes mellitus: a systematic review and meta-analysis. Ann Pharmacother 45:850–860
95. Norris SL, Lee N, Thakurta S, Chan BK (2009) Exenatide efficacy and safety: a systematic review. Diabet Med 26:837–846
96. Pinelli NR, Hurren KM (2011) Efficacy and safety of long-acting glucagon-like peptide-1 receptor agonists compared with exenatide twice daily and sitagliptin in type 2 diabetes mellitus: a systematic review and meta-analysis. Ann Pharmacother 45:850–860
97. Lavonas EJ, Schaeffer TH, Kokko J, Mlynarchek SL, Bogdan GM (2009) Crotaline Fab antivenom appears to be effective in cases of severe North American pit viper envenomation: an integrative review. BMC Emerg Med 9:13
98. Lovrecek D, Tomic S (2011) A century of antivenom. Coll Antropol 35:249–258
99. Kantha SS (1991) A centennial review; the 1890 tetanus antitoxin paper of von Behring and Kitasato and the related developments. Keio J Med 40:35–39
100. Domenech J, Lubroth J, Sumption K (2010) Immune protection in animals: the examples of rinderpest and foot-and-mouth disease. J Comp Pathol 142(Suppl 1):S120–S124
101. Morens DM, Holmes EC, Davis AS, Taubenberger JK (2011) Global rinderpest eradication: lessons learned and why humans should celebrate too. J Infect Dis 204:502–505
102. Liras A (2008) The variant Creutzfeldt-Jakob Disease: risk, uncertainty or safety in the use of blood and blood derivatives? Int Arch Med 1:9
103. Tocci LJ, Ewing PJ (2009) Increasing patient safety in veterinary transfusion medicine: an overview of pretransfusion testing. J Vet Emerg Crit Care (San Antonio) 19:66–73
104. Callan MB, Rentko VT (2003) Clinical application of a hemoglobin-based oxygen-carrying solution. Vet Clin North Am Small Anim Pract 33:1277–1293, vi
105. Hardy JD, Chavez CM (1968) The first heart transplant in man. Developmental animal investigations with analysis of the 1964 case in the light of current clinical experience. Am J Cardiol 22:772–781
106. Margreiter R (2006) Chimpanzee heart was not rejected by human recipient. Tex Heart Inst J 33:412
107. Brehm MA, Shultz LD, Greiner DL (2010) Humanized mouse models to study human diseases. Curr Opin Endocrinol Diabetes Obes 17:120–125
108. Shultz LD, Ishikawa F, Greiner DL (2007) Humanized mice in translational biomedical research. Nat Rev Immunol 7:118–130
109. Vandewoude S, Rollin BE (2009) Practical considerations in regenerative medicine research: IACUCs, ethics, and the use of animals in stem cell studies. ILAR J 51:82–84
110. Yingling GL, Nobert KM (2008) Regulatory considerations related to stem cell treatment in horses. J Am Vet Med Assoc 232:1657–1661
111. Pelegris P, Banitsas K, Orbach T, Marias K (2010) A novel method to detect heart beat rate

using a mobile phone. Conf Proc IEEE Eng Med Biol Soc 5488–5491
112. Sanches JM, Pereira B and Paiva T (2010) Headset Bluetooth and cell phone based continuous central body temperature measurement system. Conf Proc IEEE Eng Med Biol Soc 2975–2978
113. Choi JS, Yi B, Park JH, Choi K, Jung J, Park SW, Rhee PL (2011) The uses of the smartphone for doctors: an empirical study from samsung medical center. Healthc Inform Res 17:131–138
114. Studdiford JS 3rd, Panitch KN, Snyderman DA, Pharr ME (1996) The telephone in primary care. Prim Care 23:83–102
115. Hartsfield SM (1999) Equipment for inhalant anesthesia. Vet Clin North Am Small Anim Pract 29:645–663, v–vi
116. Smith J, Tiner R (2011) Aerosol drug delivery: developments in device design and clinical use. Lancet 378:982, author reply
117. Scheuch G, Kohlhaeufl MJ, Brand P, Siekmeier R (2006) Clinical perspectives on pulmonary systemic and macromolecular delivery. Adv Drug Deliv Rev 58:996–1008
118. Kyles AE, Papich M, Hardie EM (1996) Disposition of transdermally administered fentanyl in dogs. Am J Vet Res 57:715–719
119. Lee DD, Papich MG, Hardie EM (2000) Comparison of pharmacokinetics of fentanyl after intravenous and transdermal administration in cats. Am J Vet Res 61:672–677
120. Naderi H, Matin MM, Bahrami AR (2011) Review article: Critical issues in tissue engineering: biomaterials, cell sources, angiogenesis, and drug delivery systems. J Biomater Appl 4:383–417
121. Ulery BD, Nair LS, Laurencin CT (2011) Biomedical applications of biodegradable polymers. J Polym Sci B Polym Phys 49:832–864
122. Vert M (2011) Degradable polymers in medicine: updating strategies and terminology. Int J Artif Organs 34:76–83
123. Williams DF (2008) On the mechanisms of biocompatibility. Biomaterials 29:2941–2953
124. Power KA, Fitzgerald KT, Gallagher WM (2010) Examination of cell-host-biomaterial interactions via high-throughput technologies: a re-appraisal. Biomaterials 31:6667–6674
125. Currier RW, Steele JH (2011) One health-one medicine: unifying human and animal medicine within an evolutionary paradigm. Ann N Y Acad Sci 1230:4–11
126. Saunders LZ (2000) Virchow's contributions to veterinary medicine: celebrated then, forgotten now. Vet Pathol 37:199–207
127. Zinsstag J, Schelling E, Waltner-Toews D, Tanner M (2010) From "one medicine" to "one health" and systemic approaches to health and well-being. Prev Vet Med 101:148–156